长江上游梯级水库群多目标联合调度技术丛书

面向水库群调度的水文数值模拟与预测技术

王俊 等著

中国水利水电出版社
www.waterpub.com.cn
·北京·

内 容 提 要

本书系统地介绍了面向水库群调度的水文数值模拟与预测技术的理论、方法和研究进展。通过大量的文献资料和长江流域水文数值模拟与预测的应用示范，对多尺度、多阻断、大流域水文预测预报和非一致性设计洪水计算等关键技术开展了研究。主要内容包括：长江流域水文循环演变规律，多尺度多阻断大流域产汇流特性和水文学、水动力学模拟，长江流域水文预测预报方法，干支流洪水遭遇影响分析，非一致性设计洪水计算方法，面向水库群联合调度的水文预测预报模型集成技术。书中介绍的方法客观全面，既有新理论方法介绍，又便于实际操作应用；在确保防洪安全的前提下，可提高水文预报精度并延长预见期。

本书适用于水利、电力、交通、地理、气象、环保、国土资源等领域内的广大科技工作者、工程技术人员参考使用，也可作为高等院校高年级本科生和研究生的教学参考书。

图书在版编目（CIP）数据

面向水库群调度的水文数值模拟与预测技术 / 王俊等著. -- 北京 : 中国水利水电出版社, 2020.12
（长江上游梯级水库群多目标联合调度技术丛书）
ISBN 978-7-5170-9325-1

Ⅰ. ①面… Ⅱ. ①王… Ⅲ. ①长江流域－上游－梯级水库－水库调度－研究 Ⅳ. ①TV697.1

中国版本图书馆CIP数据核字(2020)第270170号

书　　名	长江上游梯级水库群多目标联合调度技术丛书 **面向水库群调度的水文数值模拟与预测技术** MIANXIANG SHUIKU QUN DIAODU DE SHUIWEN SHUZHI MONI YU YUCE JISHU
作　　者	王俊　等 著
出版发行	中国水利水电出版社 （北京市海淀区玉渊潭南路 1 号 D 座　100038） 网址：www. waterpub. com. cn E - mail：sales@waterpub. com. cn 电话：（010）68367658（营销中心）
经　　售	北京科水图书销售中心（零售） 电话：（010）88383994、63202643、68545874 全国各地新华书店和相关出版物销售网点
排　　版	中国水利水电出版社微机排版中心
印　　刷	北京印匠彩色印刷有限公司
规　　格	184mm×260mm　16 开本　16.5 印张　402 千字
版　　次	2020 年 12 月第 1 版　2020 年 12 月第 1 次印刷
印　　数	0001—1000 册
定　　价	**156.00** 元

前言

随着长江上游大型梯级水库群的开发与建成，以三峡工程为核心的干支流控制性水库群已形成规模，并在我国水资源、水电能源、水生态安全格局中发挥着关键作用。流域水文过程是一个复杂、开放的非线性系统，涉及大气、海洋和陆地之间的能量相互转换作用，梯级水库群建成投运在一定程度上干扰了流域的自然循环过程，使水文预测预报的精确性和时效性受到极大影响。长江流域预报与调度相互影响、互为前提，大型水库与防汛节点既是洪水预报体系中的预报断面，也是调度规则中各规则之间的索引或规则内部的启动条件或控泄目标。预报体系构建需满足长江流域大型水库单库预报调度和联合调度及流域防汛水情预报精度和预见期要求。

本书的第1章论述大流域多阻断水文数值模拟与预测技术存在的研究背景、意义和内容；第2章分析梯级水库群影响下流域水文循环演变规律；第3章开展多尺度多阻断大流域产汇流模拟研究与应用；第4章提出多尺度多阻断大流域水文预测预报方法；第5章分析水库群运行对洪水情势的影响；第6章定量评估水库群蓄水对下游水位的影响；第7章探索非一致性设计洪水计算方法；第8章开发面向水库群联合调度的水文预测预报模型集成技术；第9章总结与展望。本书的出版，希望能为我国进一步开展多尺度多阻断大流域水文数值模拟和预测预报方法研究起到抛砖引玉的作用。

本书第1章由王俊编写，第2章由杨明祥、郭卫、杜涛编写，第3章由徐高洪、陈炼钢、郭卫、李妍清编写，第4章由熊明、冯宝飞、许银山编写，第5章由邵骏、欧阳硕、郭卫、李妍清编写，第6章由王俊、徐高洪、李妍清、欧阳硕编写，第7章由王俊、邵骏、杜涛、郭卫编写，第8章由熊明、冯宝飞、许银山、彭虹编写，第9章由王俊、熊明编写。全书由王俊负责统稿，熊明负责技术审定。

此外，戴明龙、张冬冬、邱辉、张涛、秦昊、金秋、陈黎明、徐祎凡、刘璇、张旭、王永桂、涂华伟等参与了部分研究工作。本书是在综合国内外许多资料的基础上，经过反复酝酿编写而成，其中一些章节融入了作者十多年来的主要研究成果。由于作者水平有限，编写时间仓促，书中难免有缺陷和不妥之处，有些问题有待进一步深入探讨和研究；在引用文献时，也可能存在挂一漏万的问题，希望读者批评指出，请将意见反馈给我们，以便今后改正。

本书是在“十三五”国家重点研发计划项目“长江上游梯级水库群多目标联合调度技术”（2016YFC0402201）资助下完成的。武汉大学教授郭生练、华中科技大学教授周建中、长江水利委员会总工程师仲志余等专家学者对本书进行了审核，提出了许多宝贵的意见和建议，在此一并感谢。

作者

2020 年 2 月于武汉

目录

第1章

绪　论

1.1 研究背景及来源

1.1.1 研究背景

水资源是基础性的自然资源和战略性的经济资源，是生态与环境的控制性要素，事关经济社会可持续发展、国家粮食安全、经济安全和生态安全。长江流域水资源总量相对丰富，但由于时空分布不均、不合理开发利用等原因，流域内水资源短缺、水环境污染、水生态损害等问题突出，制约了流域经济社会的可持续发展。

河川径流是水资源的重要组成部分，是大气降水和流域自然地理条件综合作用的产物。其形成过程是流域内自降雨开始到水量流出河流出口断面的整个物理过程，该过程是水循环过程中最重要环节之一。虽然流域水循环系统的自然水仅来自该流域集水区的降水，但整个径流形成过程往往涉及土壤下渗、壤中流、地下水、蒸发、填洼、坡面流和河槽汇流，是一定时期内气候因素、下垫面条件及大规模人类活动等因素共同作用下的结果，这些因素将影响此流域水循环系统中的总径流量多少。

然而，自19世纪末工业革命以来，全球大气中的CO_2等吸热性强的温室气体逐年增加，气候系统能量平衡遭到破坏，大气温室效应随之增强，全球气候变暖已成为不争的事实（Christensen et al.，2004；IPCC，2013）。联合国政府间气候变化专门委员会（Intergovernmental Panel on Climate Change，IPCC）第五次评估报告明确指出，全球陆地和海洋表面平均温度在1880—2012年升高了0.85℃（90%置信区间为0.65～1.06℃），在有足够完整的资料以计算区域趋势的最长时期内（1901—2012年），全球几乎所有地区都经历了地表增暖。

同时，随着经济社会的发展，水利工程及引调水工程的兴建，长江流域自上而下的天然水力联系被人为阻断，一定程度上干扰了流域水文自然循环过程。水库建成库区水面面积增大，库区局部气候环境发生变化，对降水和蒸发有一定的影响。然而，水利工程群对径流过程的影响更为明显：①水库库区部分陆面变成了水面，改变了天然的产汇流过程，大坝上下游洪水波形态及洪水传播时间也发生了显著的变化；②水库群的径流调节作用显著，通过蓄丰补枯、跨流域调水等，改变了径流的时空分布。

全球气候变化和大规模人类活动的影响将加剧降水量、蒸发量等水文循环中驱动性要素变化幅度，影响洪旱等水文极值事件发生的频率、强度和时空分布特征。在此情况下，由于径流自然状态的随机复杂性及不同空间尺度下垫面综合因素的相互作用，流域径流形成的天然规律将被改变。水利工程胁迫下流域自然径流破碎化导致库区及下游的流场时空演化规律更趋复杂，现有预报方法对径流序列复杂动力特性描述存在不足，模型参数率定困难，且预见期受降水汇流过程制约，难以满足实时调度和库群联合优化运行对入库径流预报精度和预见期的要求。

另外，随着长江上游以三峡为核心的水库群逐步建成运行，经济社会的发展、流域综合管理、环境保护等方面对水库调度提出了更高的要求，由单库调度向水库群联合调度、由单目标调度向多目标综合调度转变。水库群综合调度是极大的系统性工程，涉及水库自身和水库之间防洪、蓄水、消落、发电、航运调度等方面利益，需要精度高、预见期长、断面覆盖全的水文预报成果作为支撑。因此，为满足水库群综合调度需求，加强预报技术研究、提升预报能力是一项长期的基础性工作。

《国家中长期科学和技术发展规划纲要（2006—2020 年）》在“面向国家重大战略需求的基础研究”中，将“大尺度水文循环对全球变化的响应以及全球变化对区域水资源的影响”列为重点研究内容（中共中央国务院，2006）。因此，研究气-陆-库-水系统之间物质、能量和信息反馈机制及耦合作用机理，揭示长江上游梯级水库群建成运行影响下水文循环时空演变规律，提出耦合多尺度数值预报的多阻断大流域水文预测预报方法，具有重要的科学意义和生产实践价值，也是国家现实而迫切的重大战略需求。

1.1.2 研究来源

本书内容主要来源于“十三五”国家重点研发计划“水资源高效开发利用”专项项目“长江上游梯级水库群多目标联合调度技术”课题一“面向水库群调度的水文数值模拟与预测技术”（2016YFC0402201）。该课题设五个专题研究内容：专题 1，梯级水库群影响下流域水文循环演变规律研究；专题 2，多尺度多阻断大流域水文预测预报方法研究；专题 3，控制性水库群洪枯水演进数值模拟研究；专题 4，非一致性条件下设计洪水研究；专题 5，面向水库群调度的水文预测预报模拟模型。

该课题针对巨型水库群建成投运影响下流域水文预测预报问题，研究流域降水、蒸发和径流等水循环要素及极端水文事件时空格局演变趋势和规律；通过耦合气象预报模式、通用调度模型、水动力学模型和水文预测模型，重点推求库群调控方式与汇流过程的响应-反馈机制，研发支撑联合调度的洪、枯水预测预报方法及其河道演进模型；选取长江上游干支流典型水库群组合方案，进行洪水遭遇数值模拟实验，量化分析干支流洪水遭遇及调洪规程对洪水时间序列的影响深度，提取库群联合调度后影响洪水量级的关键因子；运用混合分布、时变矩和条件概率分布等非一致性水文频率分析方法，建立梯级水库群影响下非一致性水文不确定性概率描述方程，提出受上游水库调蓄影响的非一致性设计洪水计算方法；耦合多尺度数值预报的水文预测技术，嵌入汇流模型、水库和闸坝调度模型和水动力学模型，建立气-陆-库-水多尺度水文模型；基于高性能计算技术和大数据技术，采用空间区域分解并行方法，以共享内存并行与不共享内存并行混合处理的方式，提出多尺度大流域水文快速模拟与预测的高性能并行计算技术；在此基础上，遵循水库群智能调度云服务系统平台接口规范，综合运用卫星遥感、雷达测雨、大数据、物联网、云计算等先进信息技术，开发基于三维可视化技术的面向水库群调度的水文预测预报模拟系统。

1.2 国内外研究进展

1.2.1 水文预报模型研究概况

水文预报对于流域水资源优化利用和可持续水资源规划管理具有重要意义，大规模水库群联合优化调度必须依赖可靠的流域水文预报成果。水文预报通过建立水文预报模型推求流域径流未来的变化趋势，然而水文径流系统是一个高度复杂的非线性动力系统，由于受气象、地形、地貌、流域下垫面和人类活动等众多因素影响，极大地制约了径流过程的模拟及预报精度。针对这一问题，国内外学者开展了大量旨在提高预报精度的径流预报模型研究，根据驱动机制大体可以分为系统理论水文模型和概念性水文模型。系统理论水文模型以挖掘时间序列蕴含的信息来演化径流未来的发展趋势，概念性水文模型是以模拟自然水文循环过程为目的，分析自然水文循环过程中的关键因子，将水循环中的各类自然水文要素和现象进行概化，建立能反映真实水文系统水循环过程的数学模型。

国外学者 Linsley 和 Crawford 于 1960 年提出了第一个概念性水文模型——斯坦福流域水文模型（Stanford Watershed Model），该模型是以入渗理论为基础、考虑植物截留层、地下水积蓄层的确定性水文模型。随后，美国天气局水文办公室萨克拉门托（Sacramento）预报中心的 Bernash 和加利福尼亚州水资源部的 McCuen（1982）和日本菅原正巳教授（Sugawara，1984）采用一系列具有一定物理概念的数学表达式对土壤水分的运动特性进行描述，建立了土壤含水量与产流量之间的直接联系，分别提出了 Sacramento 流域水文模型和水箱（Tank）模型。

我国现代水文学领域研究兴起于 20 世纪 60 年代，稍晚于国外。20 世纪 80 年代初赵人俊（1984）引入山坡水文学的思想，考虑流域降雨和稳定下渗的时空变化规律，提出了基于地表径流、壤中水径流和地下径流等三水源的新安江模型。新安江水文模型（赵人俊，1984）主要适用于湿润地区与半湿润地区，是我国少有应用广泛、为国内外学者所赞誉的水文模型，在国内外得到了广泛应用。熊立华等（1996）通过研究分析大时间尺度下水文循环规律，提出了参数较少、便于应用的两参数月水量平衡模型，适宜用于不同气候条件流域的月径流模拟和预测。此外，随着近半个世纪的研究发展，国内学者在水文过程对变化环境的响应机制（张小峰，2001）、水文趋势分析（陈璐等，2011）、水文模型参数率定（Guo et al.，2013）等领域也取得了较为丰硕的成果。

由于水文观测条件限制、水文过程的异常复杂及人类对自然水文循环认识的局限，模型输入、模型结构和模型参数等不确定性因子导致水文预报不可避免地带有不确定性（张铭等，2009；李向阳等，2006）。贝叶斯方法在提取综合信息以减少不确定性和风险方面，提供了一条行之有效的途径，基于贝叶斯理论的区间预报方法是未来的一个研究热点和方向（张洪刚等，2005）。刘艳丽等（2009）通过多准则似然判据方法，对碧流河水库洪水预报的预报误差进行分析。此外，由于区间预报不仅给出水文变量可能出现的一个预测区间，还提供了预报对象可能出现在区间预报内的概率置信水平，区间预报的研究开始受到水文学者的关注（梁忠民等，2010）。

1.2.2 河流水量数学模型研究概况

从建模采用的学科方法来划分，河流水量数学模型可以分为两类：基于水文学方法的河流水量数学模型和基于水动力学方法的河流水量数学模型，下面分别对其研究概况予以简述。

1.2.2.1 基于水文学方法的河流水量数学模型

基于水文学方法的河流水量数学模型主要分为两类：①经验统计模型；②物理概念模型。

经验统计模型依据对大量的各种各样错综复杂情况下监测数据的统计分析和科学归纳，并依靠大量预报经验的积累和运用得出一系列经验相关关系，主要包括：相应水位（流量）法，建立下游站下一时段水位（流量）与上游站前一时段水位（流量）的相关关系；合成流量法，建立上游合成流量与下游流量或洪峰水位的相关关系；水位（流量）涨差法，利用河道上下游水位或流量的涨落差建立相关关系（张建云，2010；刘金平等，2005；林三益，2001）。我国600多个水文预报站共拥有近1000套基于经验统计模型的实用预报方案，这些方案既有一定的理论依据，又有大量实测资料为基础，能充分结合流域特征，一般具有较高的预报精度（张建云，2010）。经验统计模型实质上是一种黑箱模型，输入和输出之间的数学关系不用物理规则导出，模型参数的识别完全依赖于实测的入流、出流资料（孙颖娜，2006）。由于经验统计模型依赖的是历史长系列水文资料之间的统计关系，因而该类模型的适用条件是水文序列具有一致性。但是随着以人类活动和气候变化为主的环境变化的加剧，使得原来的水文序列失去一致性，原有的经验统计关系也失去了代表性，导致模型在变化环境下的应用受到的局限越来越大（张建云，2010）。

物理概念模型是在一维非恒定流圣维南方程组简化的基础上，依据河段的水量平衡原理与蓄泄关系把河段上游断面入流过程演算为下游断面出流过程的方法（林三益，2001），该法将河道概化为若干渠道和水库的组合，以此反映水流在河道中的推移和坦化（李丽，2007），实质上是通过河槽调蓄作用的计算来反映河道水流运动的变化规律。这类模型主要包括：马斯京根法、特征河长法、扩散波模拟法、滞时演进法以及线性动力波法等（林三益，2001）。物理概念模型使用简便，对资料要求不高，适用性强，目前已成为河道汇流计算中重要的一类方法。在上述几种物理概念模型中，最具代表性的是马斯京根法，它开创了河道流量演算的水文学方法。该法是麦肯锡（G. T. MaCarthy）于1938年针对美国俄亥俄州的马斯京根河提出的，已在世界众多河流的流量演算中得到了广泛的应用，其特点是计算简单、所需资料少，当满足其使用条件时精度令人满意（芮孝芳，2002）。自20世纪50年代起，我国对马斯京根法进行了深入的研究，并逐步加以改进，同时在我国7大江河流域的河段流量演算中广泛应用。时至今日，依然有大量的研究在不断改进马斯京根法，并提出了很多优化马斯京根流量演算参数的新方法，如：遗传算法（汪哲荪等，2010；李鸿雁等，2011）、神经网络（陈田庆等，2012）、蚁群算法（詹士昌等，2005）、抗差算法（赵超，2010）、免疫离子群算法（甘丽云等，2010）等。

1.2.2.2 基于水动力学方法的河流水量数学模型

按参数的空间分布特性，水动力学数学模型可分为一维、二维和三维模型。对于河流而言，水深一般较浅，其垂向尺度相比横向尺度和纵向尺度要小很多，因此一般假定水动力要素在垂向上平均分布，将实际复杂的三维水动力学问题简化为平面二维水动力学问题和纵向一维水动力学问题。对于大型流域而言，由于其主要的空间尺度是纵向，再加上计算量的原因，一般从整体上采用一维河网水动力学数学模型计算水流的演进和运动规律；但对于具有侧向入流、排污的局部河段，需要采用平面二维水动力-水质数学模型才能反映侧向入污在达到断面均匀混合之前的空间浓度分布。

1. 一维河网水动力学数学模型

一维河网水动力学数学模型实质上是对一维非恒定圣维南方程组的数值求解，在选择差分格式将圣维南方程组进行差分离散时，有显式和隐式两种不同的方法，显式差分法具有易于理解、便于编制计算程序的优点，但由于显式差分是有条件稳定的，因而用这种差分格式来求解河网非恒定流的模型目前应用很少见，现今绝大多数模型采用隐式来进行河网非恒定流的计算（白玉川等，2000）。在众多隐式离散格式中，Preissmann 四点偏心隐式差分格式是使用较为普遍的一种，该格式具有适用于非均匀空间步长、处理边界条件简单、计算稳定性和收敛性好及显式无迭代求解计算效率高等优点（施勇，2006）。一维河网非恒定流水力计算通常有四种数值解法：直接解法、分级解法、组合单元法、松弛迭代法（徐小明，2001）。

直接解法是早期河网计算中常用的方法，它的基本思想是直接求解由内断面方程和边界方程组成的方程组。该方法未知数较多，在河网规模较大的情况下，所形成的线性方程组的系数矩阵为一极不规则、不对称的大型稀疏矩阵，存在存贮量多、计算量大的问题，从而限制了计算速度的提高。为提高计算效率，需缩小矩阵规模，为此，我国学者李岳生等（1977）提出了河网非恒定流隐式方程组稀疏矩阵解法，该方法能有效地节省存储空间并提高计算速度。然而，该法矩阵中需包含所有断面的未知数，方程规模仍然较大，实际应用受到限制。

分级解法思想首先由荷兰水力学专家 Dronkers 等（1973）提出，其基本思想是先将未知数集中到汊点上，待汊点未知数求出后，再将各河段作为单一河段求解；其目的是减少方程组中的变量个数，从而降低需要求解的线性方程组的阶数，以利于存贮及减少运算量。基于这一思想，我国学者张二骏等（1982）提出了河网非恒定流的三级联合解法，将控制方程分为微段、河段、汊点三级，逐级处理，再联合运算，在汊点上仅保留水位或流量一个未知数，求得河网中各微段断面的水位、流量等值；吴寿红（1985）提出了河网非恒定流的四级解法，实质是在三级连接方程组的基础上，通过外河段追赶方程直接消元反代求解，消去边界点上的未知数，仅保留河网内部汊点的未知数；李义天（1997）在分级解法的基础上发展出汊点分组解法，其特点是根据实际工程需要灵活方便地将河网中的汊点分为任意多组，进一步降低线性方程组的阶数；侯玉等（1999）提出汊点分组解法的一般理论，利用矩阵的分块计算技术将一般分级解法形成的原汊点水位关系应用于汊点分组，从而简化递推过程。在分级解法中，以节点水位法使用较为普遍，效果也较好，该法先将问题归结为关于节点水位的方程组，然后再求解节点间各断面的水位、流量。

组合单元法是由法国水力学专家 Cunge（1975）提出的，其基本思想是将河网地区水力特性相似、水位变幅不大的某一片水体概化为一个单元，取单元几何中心的水位为代表水位，采用谢才公式模拟单元间流量交换，根据水量守恒建立每一单元微分形式的水量守恒方程，离散并得到以单元水位为自变量的代数方程，辅以边界条件即可求出各单元的代表水位及单元间的流量。国内韩龙喜等（1994）曾应用此法进行河网地区水力模拟。组合单元法对河道进行简单概化，以单元为计算单位，计算相对简单，适用于水位、流量变化不大的大尺度水域的水力模拟；但对计算区域内水位、流量变化较大的河网，组合单元法就不再适用。姚琪等（1991）将分级解法与组合单元法相结合，提出了兼含这两种方法优点的混合方法，混合方法的基本思想是将河网的水域分为骨干河道和成片水域两类，对骨干河道采用分级解法，对成片水域则采用组合单元法，同时引入当量河宽的概念，把成片水域的调蓄作用概化为骨干河道的滩地，将其纳入分级解法一并计算。

松弛迭代法是 Fread（1973）提出的，其基本思想是将河网分解为一条条单一河道，再对每条河道分别进行求解，求解时对汇流点处各河道的流量先给预估值，再用松弛迭代方法进行较正，逐步逼近其精确值。这样就将复杂的大型河网水力数值模拟问题简化为一系列单一河道水力数值模拟问题。单一河道采用 Newton - Raphson 方法求解 Saint - Venant 方程组经差分离散所得到的非线性代数方程组。该法最大的优点是求解的每条单一河道所形成的线性方程组非常简单：系数矩阵都为五对角阵，且每行最多仅有 4 个非零元素。国内徐小明等（2000，2001a，2001b，2001c）对该法进行了较为深入的研究和改进。

在上述 4 种一维河网非恒定流数值解法中，分级解法特别是其中的三级解法是目前应用最多和最为成熟的算法（施勇，2006）。

2. 平面二维水动力数学模型

平面二维水动力数学模型常用的数值计算方法有有限差分法、有限元法和有限体积法。

有限差分法是流体力学数值解法中最经典且最常用的方法。它是一种直接将微分问题变为代数问题的数值解法。其基本思想是将微分方程中的各个微分项离散成微小矩形网格上各临近节点的差商，得到一个以各节点上函数值为未知变量的代数方程，然后进行求解。有限差分法建立在经典的数学逼近理论的基础上，数学概念直观、表达简单，其解的存在性、收敛性、稳定性已得到充分证明，是较成熟的方法。平面二维水动力数学模型常采用的差分法有交替方向隐式法（Alternating Direction Implicit Method，ADI 法）和剖开算子法。ADI 法是由 Peaceman - Rachford 和 Douglas 于 1955 年同时提出的，是一种专门求解二维问题的特殊分步解法（姚仕明，2006）。ADI 法具有显式和隐式两种差分格式的优点，表达式简单，不像完全隐式那样，每一步都需要通过迭代求解一个大型代数方程组，因而所需内存少，计算量也相应减小；计算过程中没有显式常常出现的波动现象，具有较好的计算稳定性和精度，因而在河道与河口海岸的二维计算中广泛应用（陈杨等，2009；张莉等，2008；韩志坚等，2004；姚立军等，2004；吕玉麟等，1996；夏军强等，2000）。剖开算子法是由苏联 Yanenko 等于 20 世纪 50 年代末至 60 年代初提出的，是数值计算中的一种分裂解法（谭维炎等，1999）。该法在数学上是将一个微分算子分裂成多个简单算子的线性组合，在各分步长上，分别求这些简单算子的解，从而得到整个步长的数值解。剖开算子法可以将一个复杂的数学物理问题转化为较简单的问题来处理，在数值处理和计算上带来了许多方便之处。国内何少苓等（1985，1984）、周建军等（1991）、王船海等（1987，1991）、胡庆云（1999）、丁道扬等（1989）、吴时强等（1997，1992）都对剖开算子法进行了一定的研究和应用，取得了较好的效果，同时也指出了该法的一些弱点，如物理现象被解体等。在二维水流数学模型计算中，有限差分法得到了广泛的应用，但由于其一般只适应于矩形网格，在计算域概化及数值解精度方面存在着一定的困难，若格式不当将引起解的不稳定甚至出现伪物理现象。

有限元法在流体力学中应用始于20世纪60年代，其基本思想是：将区域划分成若干任意形状的单元，在单元上用插值函数进行插值，然后用一定的权函数将微分方程离散，得到相应的代数方程组然后求解。常见的有限元法有直接法、变分法、加权余量法和能量平衡法等。其优点是网格划分灵活，可以较好地拟合复杂边界，网格节点可局部加密，稳定性好，精度高，适合于几何、物理条件复杂的问题。缺点是物理意义不是很明确，而且占内存较大，计算时间较长。此外，在误差估计、收敛性和稳定性等方面的理论研究与有限差分法相比还显得不够成熟和完善。国内谭维炎等（1984）、韦直林（1990）、江春波等（2002，2004）、李东风等（1999）、龙江等（2007a，2007b）都采用该方法进行过天然河流水沙运动的模拟计算。

有限体积法是McDonald于1971年首次用于求解二维欧拉方程的基础上发展起来的（谭维炎，1998），起初这一算法主要用于空气动力学领域的数值计算，直到20世纪80年代末期才将其引入浅水流动的模拟中（王德爊，2011）。其基本思想是：将计算区域离散成不重复的微小控制体积，将基本方程对每一控制体积分，之后结合有限差分法离散积分后的方程式得出一组以计算节点上物理量为未知数的代数方程组进行求解。有限体积法采用守恒型的积分控制方程，物理意义明确，能在整个计算域上保持守恒，不要求变量的可微性，适于求解含弱解的方程；可采用任意形状的非结构网格单元，能像有限元一样适用于不规则网格和复杂边界情况；形成的离散网格和离散方程接近有限差分法，具备有限差分法离散格式的灵活性和计算的高效率（谭维炎，1998）。我国学者谭维炎等（1998，1991，1992，1994，1996，1995，1992，1999）、胡四一等（1996，1995）在这一领域作出了突出贡献，将空气动力学中一系列高精度、高分辨率的数值计算格式如FVS、FDS、Osher、FCT、TVD等应用于一维、二维浅水流中的河道明渠流、潮汐流场、弯包溢流、溃坝、堰闸、漫滩和决堤流动计算中，成功地解决了水下地形、床面阻力和边界条件等一系列计算问题，特别是静水压力项和底坡项平衡的“和谐”性问题，获得了满意的结果。

在上述三种常用数值算法中，有限体积法兼具有限差分法离散格式灵活和有限单元法拟合复杂边界能力的双重优势，既能高精度计算光滑流动，又能高分辨率自动捕俘激波，且不产生虚假振动，已成为流体计算领域内最有效和最成功的数值计算方法，并在工程实践中得到广泛应用（谭维炎，1998；王德爊，2011；李人宪，2008）。

1.2.3 非一致性设计洪水分析计算方法研究

随着我国长江流域控制性水利枢纽群逐步建成，对流域水文循环的破碎化影响，现有基于稳定环境背景径流系列“一致性”前提不再成立，即概率分布或统计规律在过去和未来保持不变不再成立，进而现有水文模拟和预测方法无法准确地描述变化环境下的流域水文情势演变规律。国内学者从混合分布、时变矩和条件概率分布等不同分析途径对于非一致性水文频率分析方法进行研究。

1.2.3.1 非一致性洪水频率分析

国内外非一致性洪水频率分析主要包含还原/还现法、混合分布法及时变矩法等三个方法。

国内对于非一致性洪水频率分析的研究主要集中在对原始洪水序列的修正方面，较为常用的是还原/还现法。该方法基于如下假定：变异点之前的状态是天然的或近似天然状态，而变异点之后的状态受到气候和人类活动的显著影响。“还原”是将变异点之后的系列修正到变异点之前的状态，而“还现”则是将变异点之前的天然状态修正到变异点之后的状态。修正之后的洪水序列被认为是一致性序列，即可应用传统洪水频率分析方法进行研究，进而推求某一设计频率下的设计值。谢平等（2005，2008，2009，2013）将该理论分别应用于变化环境下基于跳跃分析的水资源评价、基于趋势分析的水资源评价及基于希尔伯特-黄变换的非一致性洪水频率分析等工作。胡义明等（2013）通过假定发生趋势性变异的实测序列存在着某种理想化的平稳性（一致性）状态，且此平稳状态所具有的振动中心（即均值）是序列某分割点前后两实测样本系列均值的线性组合，提出通过综合变异点前后两段系列，进行系列的一致性修正，以获得“总体”的统计特性。然而，无论是“还原”还是“还现”，仅能实现非一致性水文极值序列向现状或历史上某一时期的一致性修正，但是受流域产汇流机理认识及水文模拟方法的局限性，无法准确描述变化环境下的流域水文情势演变规律，特别是未来某个水平年的水文极值序列频率分布特征的变化情况（梁忠民等，2016）。

混合分布法的基本思想是将洪水序列划分为若干个子序列，使各子序列服从相应的子分布，认为总体的分布是由这若干个子分布通过加权混合而成，直接基于非一致性洪水样本序列进行频率分析，并推求某一设计频率下的设计值。Singh 和 Sinclair 早在 1972 年便提出了洪水频率分析的两分布方法。Alila 和 Mtiraoui（2002）采用混合分布模型对具有长系列水文气象资料的 Gila 流域进行研究，发现该模型与实际点据拟合情况优于传统单分布模型。同时提出，为确保模型参数估计的精确性，应注意详细分析洪水形成机制并合理划分子序列，而且子分布的个数也应该尽可能地保持在最低限度以免影响模型参数估计的精度。成静清和宋松柏（2010）通过假设陕北及关中地区非一致性年径流序列变异点前后的序列分别服从 2 个对数正态分布或 2 个 P－Ⅲ分布，全序列服从由这 2 个分布组成的混合分布，采用水文变异点综合诊断方法，确定非一致性年径流序列的变异点，最后采用模拟退火算法对混合分布序列进行统计参数估计，得到的理论频率与经验分布拟合较好。冯平等（2013）采用混合分布法对龙门水库的洪峰序列及年最大洪量序列进行了非一致性频率分析并进一步研究了其设计洪水量级。结果表明，相比于不考虑变异情况的设计洪水量级，考虑变异情况下的不同设计标准的设计洪水量级均有不同程度的减小，说明人类活动导致的入库洪水减小现象明显，有必要进行设计洪水的校核与修订。然而，混合分布法同样仅考虑了历史观测期各子序列的非一致性，同样无法考虑未来时期环境变化对洪水极值序列频率分布特征的影响。

时变矩法是目前国外应用最为广泛的非一致性洪水频率分析方法。其基本思想是：当水文样本序列稳定，具有一致性，则任何时候发生的随机事件都可以用同一个统计分布（分布线型和统计参数都相同）来描述。然而，由于全球气候变化和大规模人类活动的影响，洪水序列一致性遭到破坏，导致不同时期发生的随机事件可能不再服从相同的统计分布，或者线型不同（上文提到的混合分布法），或者统计参数不一样。时变矩法即通过构建概率分布的统计参数随时间或其他物理协变量的变化情况来描述洪水时间序列的非一致性特征。Strupczewski 等（2001a，2001b，2001c）提出一个非一致性洪水频率分析模型，将趋势性成分引入到洪水频率分布的一、二阶矩中，即将均值和方差表示成随时间变化的函数，然后通过洪水频率分布统计参数与均值、方差的关系间接将统计参数表示成随时间变化的函数。选取了六种概率分布线型，每种分布线型考虑四种趋势性成分：①均值存在趋势；②方差存在趋势；③均值和方差都存在趋势，但变差系数为一常数；④均值和方差都存在趋势，但二者无联系。分别采用极大似然法和加权最小二乘法进行参数估计，并采用 Akaike Information Criterion（AIC）准则（Akaike，1974）选取模型。最终将该方法成功应用于 Vistula 流域和 Polish 流域非一致性洪水频率分析中。Coles（2001）对时变矩法应用于非一致性水文频率分析做了较为详细的介绍。Katz 等（2002）将线性趋势引入到 GP 分布的经对数变换后的尺度参数当中，并采用极大似然法进行参数估计。位置、尺度和形状的广义可加模型（Generalized Additive Models for Location，Scale and Shape，GAMLSS）是由 Rigby 和 Stasinopoulos（2005）提出的（半）参数回归模型，可以灵活的模拟随机变量分布的任何统计参数与解释变量之间的线性或非线性关系，近年来在非一致性水文频率分析中得到了广泛的应用。Villarini 等（2009，2010，2012）应用 GAMLSS 模型分别对美国 Little Sugar Creek 流域的年最大洪水流量、罗马的季节性降水、最高最低气温及澳大利亚的极端洪水流量进行非一致性频率分析。除了选取时间作为协变量以外，还选取了具有物理意义的气象因子作为协变量，模拟结果相比于单纯选取时间为协变量更加合理可信。江聪和熊立华（2012）应用 GAMLSS 模型研究宜昌站年平均流量序列和年最小月流量序列的非一致性，结果表明年平均流量序列均值存在明显的线性减少趋势，而年最小月流量线性趋势并不明显，进一步分析发现，该序列均值存在较为明显的非线性趋势变化。该方法可以通过协变量来反应未来环境变化情景下洪水极值序列频率分布特征的演变。

1.2.3.2 非一致性设计洪水计算

目前，国内外对于非一致性设计洪水推求主要集中在基于重现期的超过概率倒数概念、期望超过次数概念、期望等待时间概念等三个途径。

基于重现期的超过概率倒数概念的非一致性设计值计算方法的基本思想是：首先针对非一致性水文极值序列进行频率分析，进而仍然采用传统的重现期概念，即超过概率的倒数，通过超过概率及非一致性统计分布将重现期与相应水文极值事件设计量级联系起来，给定其中某个量来推求另外一个量。Villarini 等（2009）采用 GAMLSS 模型研究了美国 Little Sugar Creek 流域的年最大洪峰流量非一致性，结果表明洪峰流量分布的位置和尺度参数均存在显著的非一致性，且均为时间的三次样条函数。进一步得出传统意义下 100 年一遇的设计洪水量级在非一致性条件下已不再是一个固定值，而是每年都有一个设计值与之对应，该设计值最小为1957年的2.1$m^3/(s \cdot km^2)$，最大为2007年的5.1$m^3/(s \cdot km^2)$。量级为3.2$m^3/(s \cdot km^2)$的设计洪水所对应的重现期同样不再是一个固定值，在1957年的条件下其重现期超过5000年，而在2007年条件下则不足8年。Gilroy和McCuen（2012）提出了一种考虑气候变化和城市化影响下的非一致性洪水频率分析方法，通过建立洪水流量与年最大24h降水、城市人口密度的关系研究非一致性条件下未来时期洪水流量设计值。将该方法应用于美国马里兰州的Little Patuxent流域进行实例验证，最终发现，在一致性条件下2年一遇的设计洪水量级为1620cfs（1cfs＝0.0283168m^3），然而在气候变化和城市化影响下，2100年该设计值将增加到2090cfs。叶长青等（2013，2014）采用时变矩模型对东江流域年最大日流量序列进行非一致性频率分析，结果表明，在传统一致性假设下100年一遇的设计洪水，在非一致性条件下其相应的重现期由水利工程建设前小于100年一遇变化到2000年后的大于400年一遇。

可以发现，国内外诸多研究在非一致性洪水频率分析的基础上都采取传统计算方法（重现期为设计频率的倒数）来进一步推求设计洪水量级，然而该时变设计结果很难应用于具体工程实际当中，因为设计标准不可能逐年变化。近年来有学者针对该问题提出了一些不同的解决办法，主要集中在基于重现期的期望超过次数概念和期望等待时间概念进行非一致性设计洪水研究。

基于重现期的期望超过次数概念的非一致性设计值计算方法：Parey等（2007，2010）采用期望超过次数（Expected Number of Exceedances，ENE）概念来定义极值事件的重现期，即在T年里，出现超过某一极值事件设计值的平均次数为1。将该理论应用于非一致性条件下法国47个气象站年最高气温的设计值研究。结果发现，基于ENE方法的非一致性年最高气温设计值相比于一致性设计结果要高出1～2℃。Rootzén和Katz（2013）在详细介绍了ENE方法优缺点的基础上，将水文风险概念引入到非一致性极值事件设计值的研究中。他们指出，现在的水文风险主要集中于研究对于某单一设计年份，超过一定量级设计值的极值事件发生的概率。然而，在变化环境下水利工程设计、运行及管理中，应该量化两方面的基础信息：①设计期，即水利工程将发挥作用的时期；②设计期风险，即设计期内水文极值事件超过某一特定设计值的概率。Du等（2015）将ENE方法与气象因子统计降尺度技术相结合，研究了渭河流域非一致性枯水流量重现期及风险问题。

基于重现期的期望等待时间概念的非一致性设计值计算方法：Wigley等（1988，2009）采用期望等待时间（Expected Waiting Time，EWT）概念来定义极值事件的重现期，即从初始年起，直到下一次出现超过某一极值事件设计值的平均时间间隔为T年。应用该理论研究了如何将序列非一致性考虑到极端事件重现期和风险的计算当中。选取英国Manley地区的月平均气温为研究对象，并假设其服从均值存在线性趋势的正态分布，最终应用随机模拟方法推求非一致性条件下月平均气温的重现期及风险。在Parey等（2007，2010）和Wigley等（1988，2009）的研究基础上，Cooley（2013）详细介绍并比较了ENE和EWT两种重现期概念下非一致性洪峰流量设计值及重现期的计算。Salas和Obeysekera（2014）将时变超过概率的几何分布引入到非一致性水文极值事件的重现期及风险分析当中，分别选取了具有上升、下降趋势及跳跃突变的实例进行说明。Serinaldi 和 Kilsby（2015）详细总结并比较分析了迄今为止对于非一致性洪水流量设计值及重现期研究的主要方法，最终认为在考虑洪水极值事件分布不确定性的前提下，一致性假设仍然成立。Read 和 Vogel（2015）在 Cooley（2013）以及 Salas 和 Obeysekera（2014）等的工作基础上，指出传统观念下洪水平均重现期等于超过概率倒数这一理论在非一致性背景下已不再适用，并提出应用“可靠性”这一指标来代替重现期将是更加实际可行的方法。

1.3 研究目标与本书内容安排

1.3.1 研究目标

从辨识影响流域水文循环驱动机制的大规模水库运行和气候变化的关键影响因子着手，以巨型水库群作为节点研究构建多尺度气象数值预报模式和分区产流模式，耦合气象模型、产汇流模型、水库和闸坝调度模型、水动力学模型，建立气-陆-库-水多尺度水文模型，提出长江上游巨型水库群多阻断大流域水文预测预报模型。分析长江上游河道渠化条件下的汇流规律，提出水库群通用调洪演算模型与方法，研究基于大数据的多维耦合的高性能计算技术，提高模型模拟精度和效率。研究目标如下：

（1）辨识影响流域水文循环驱动机制的大规模水库运行和气候变化的关键影响因子，构建多尺度气象数值预报模式，研究巨型水库群多阻断大流域水文预测模型，提高建库后的水文预报精度、延长预见期。

（2）建立梯级水库群影响下非一致性水文不确定性概率描述方法，提出受上游水库调蓄影响的设计洪水计算方法。

本书利用长江上游主要控制站点长系列水文观测资料，围绕大规模水库的建成投运和全球气候变化影响，分析气候变化与水文循环的联合分布，剖析水库与流域水文过程的响应关系，研究气候变化和巨型水库群建成运行影响下流域水文循环演变规律，提出多阻断大流域水文预测预报方法和非一致性设计洪水计算方法，提供水库群智能调度水文数值模拟和预测预报服务。

1.3.2 本书主要内容

本书主要内容如下：

（1）第 1 章为绪论。该章介绍本书研究的背景和研究来源、研究内容和技术路线，综述国内外水文预报模型、河流水量数学模型和非一致性设计洪水分析计算方法等方面的研究进展，重点探讨多尺度多阻断大流域水文预测预报研究的方法与问题。

（2）第 2 章为梯级水库群影响下流域水文循环演变规律研究。该章利用水文变异分析方法、数值模拟试验方法，分析长江上游流域水循环要素时空变化趋势；结合暴雨重构技术，进一步研究了不同降雨类型下梯级水库群调度对洪水的影响。

（3）第 3 章为面向水库群的大流域产汇流模拟研究。该章针对长江上游梯级水库群导致的多阻断大型河网，考虑流域复杂河道地形、河网结构、水力学参数等数据条件，以河道径流模拟为核心模块，开展水文学、水力学产汇流模拟方法研究。

（4）第 4 章为多尺度多阻断大流域水文预测预报方法研究。该章基于梯级水库建成后水文气象资料，分析流域产汇流规律，并以长江上游控制性水库、水文站为节点，构建离散化的产汇流模型；以水库群优化调度方案成果为决策控制条件，建立水库群运行影响下的预报调度一体化模型，实现河流水系洪水连续预报计算。

（5）第 5 章为水库群运行对洪水情势影响分析。该章采用水量平衡法进行洪水过程还原计算，推求流域主要控制站点的天然流量过程，进而研究现有调洪规程对干支流洪水遭遇的影响。

（6）第 6 章为水库群蓄水对下游水位影响研究。该章以长江中下游干流为研究对象，分析三峡水库蓄水期间长江宜昌—大通河段的水位、流量等水文要素变化规律，定量评估水库蓄水对干流水文情势的实际影响。

（7）第 7 章为非一致性设计洪水计算方法研究。采用 GAMLSS 模型建立了关联梯级水库群调蓄因素的非一致性洪水频率分布模型，基于重现期的期望等待时间和期望超过次数理论，推求了非一致性条件下设计洪水量级及其不确定性。

（8）第 8 章为面向水库群联合调度的水文预测预报模型集成技术。该章建立了面向水库群联合调度的水文预测预报模型库，研究耦合接口和模型集成技术，设计混合云环境下不同边界模型集成模式，提供水库群智能调度水文数值模拟和预测预报服务。

（9）第 9 章为结论与展望。该章回顾和总结了本书所做的主要工作及所取得的成果认识，对下一步工作进行了展望。

1.4 流域概况

1.4.1 长江流域水系

长江是中国第一大河，发源于“世界屋脊”——青藏高原的唐古拉山格拉丹东雪山西南侧，干流自西向东，横贯中国中部。流域跨青海、西藏、四川等 19 个省、自治区、直辖市，于上海崇明岛以东注入东海，干流全长超过 6300km，流域总面积约为 180 万 km^2。

长江干流江源—湖北宜昌段称上游，长为 4500km，面积为 100 万 km^2。江源为沱沱河，与当曲汇合后—巴塘河口段称通天河，自巴塘河口—岷江汇口的宜宾通称金沙江，宜宾以下始称长江。宜宾—宜昌段又称川江，长约为 1040km。宜昌—江西湖口段称中游，长为 955km，面积为 68 万 km^2。湖口—长江口段称下游，长为 938km，面积为 12 万 km^2。

长江流域水系发达，支流众多，流域面积超过 1000km^2 的河流有 437 条，超过 1 万 km^2 的河流有 49 条，超过 8 万 km^2 的一级支流有雅砻江、岷江、嘉陵江、乌江、沅江、湘江、汉江、赣江等 8 条。

长江上游的主要大支流多偏于左岸，有金沙江段的雅砻江，川江的岷江、沱江、嘉陵江，右岸仅有乌江汇入。

长江中游的主要大支流多偏于右岸，有清江、洞庭湖水系、鄱阳湖水系，左岸仅有汉江水系。

洞庭湖水系总流域面积为26.2万km^2，包括湘江、资水、沅江、澧水。洞庭湖在城陵矶汇入长江。

鄱阳湖水系总流域面积为16.2万km^2，包括赣江、抚河、饶河、信江、修水，鄱阳湖在湖口汇入长江。

1.4.2 主要水文站

本书研究的主要依据站为金沙江下游河段至宜昌干流水文站和主要支流控制站，具体有：干流的攀枝花、华弹（巧家）、屏山（向家坝）、李庄、朱沱、寸滩、宜昌站，支流岷江的高场、沱江的富顺（李家湾）、嘉陵江的北碚、乌江的武隆等站。

1.4.3 上游大型水电站（水库）概况

长江上游目前已建成水电站（水库）众多，其中大型水电站（水库）有雅砻江锦屏一级、二滩水电站（水库），大渡河瀑布沟水电站（水库），岷江紫坪铺水电站（水库），金沙江溪洛渡水电站（水库）、向家坝水电站（水库），嘉陵江亭子口水电站（水库）、宝珠寺水电站（水库），乌江洪家渡水电站（水库）、乌江渡水电站（水库）、构皮滩水电站（水库）和彭水水电站（水库），还有许多水电站（水库）在建，2020年在建的规模较大的水电站（水库）有雅砻江两河口水电站（水库）、金沙江乌东德水电站（水库）和白鹤滩水电站（水库）、大渡河双江口水电站（水库）。

1.4.3.1 雅砻江

雅砻江上已有2座大型水电站（水库），为锦屏一级和二滩水电站（水库），在建的具有较大库容的水电站（水库）为两河口水电站（水库）。

1. 二滩水电站

二滩水电站位于四川省西南部的雅砻江下游，坝址下距雅砻江与金沙江的交汇口约33km，距攀枝花市区46km。二滩水电站以发电为主，电站装机容量为3300MW（6台550MW的混流式水轮发电机组），多年平均发电量为170亿kWh，保证出力为1000MW，年利用小时数为5162h。二滩水电站是川渝电网的骨干电源点，发电量占四川电网的1/3，占川渝电网的1/4，电站担负川渝电网调频、调峰和事故备用任务，为电网的安全、可靠运行作出了巨大贡献。

二滩水电站集水面积为11.6万km^2，正常蓄水位为1200m，相应库容为57.9亿m^3，死水位为1155m，调节库容为33.7亿m^3，具有季调节能力，防洪限制水位为1190m，防洪库容为9亿m^3。每年6—11月为水库蓄水期，12月至次年5月为供水期。二滩水库于1998年5月1日开始蓄水，1999年12月全部机组建成投产。

2. 锦屏一级水电站

锦屏一级水电站位于四川省凉山彝族自治州盐源县和木里藏族自治县境内，是雅砻江干流下游河段（卡拉—江口河段）的控制性水库梯级电站，下距河口约358km。锦屏一级水电站坝址以上流域面积为10.3万km^2，占雅砻江流域面积的75.4%。坝址处多年平

均流量为 $1220m^3/s$，多年平均年径流量为385亿 m^3。锦屏一级水电站规模巨大，主要任务是发电。电站总装机容量为3600MW（6台×600MW），枯水年枯期平均出力为1086MW，多年平均年发电量为166.2亿kWh。水库正常蓄水位为1880m，防洪限制水位为1859m，死水位为1800m，总库容为77.6亿 m^3，防洪库容为16亿 m^3，调节库容为49.1亿 m^3，属年调节水库。

枢纽建筑物由挡水、泄水及消能、引水发电等永久建筑物组成，其中混凝土双曲拱坝坝高305m，为世界第一高拱坝。

3. 两河口水电站

两河口水电站位于四川省甘孜藏族自治州雅江县境内，水电站建于雅砻江与庆大河、鲜水河交汇下游。特殊的水系位置使水电站得名“两河口”，且恰好势成“一坝锁三江”，是雅砻江中下游的“龙头”水库。电站装机容量为3000MW，水库正常蓄水位为2865m，防洪限制水位为2845.9m，死水位为2785m，正常蓄水位以下库容为101.54亿 m^3，防洪库容为20亿 m^3，调节库容为65.6亿 m^3，具有多年调节能力，对雅砻江中下游乃至金沙江、长江的梯级电站都具有十分显著的补偿作用。两河口水电站开发条件良好，它的兴建对改善四川电网电源结构，实现电源优化配置，推进“西电东送”将起到积极作用，是雅砻江乃至西部水电开发，促进社会经济协调发展的战略性工程。

1.4.3.2 金沙江

金沙江水力资源丰富，目前有两座调节性能显著的大型水电站（水库）已建成，即溪洛渡水电站（水库）和向家坝水电站（水库）；同时还有2座调节性能较大的大型水电站（水库）正在建设，即乌东德水电站（水库）、白鹤滩水电站（水库）。

1. 乌东德水电站

乌东德水电站是金沙江下游河段4个水电梯级的第一级，下距白鹤滩水电站180km，控制流域面积为40.61万 km^2，占金沙江流域的86%，多年平均径流量为1207亿 m^3。

按乌东德水电站预可行性研究报告，电站坝址位于陆车林—乌东德段长约12.6km的河段内，乌东德主体建筑由挡水坝（双曲拱坝）、泄洪建筑物、引水发电系统等组成。最大坝高为265m，地下电站厂房位于左右两岸，各安装五台740MW机组。

乌东德水电站正常蓄水位为975m，死水位为945m，防洪限制水位为952m，总库容为74.08亿 m^3，调节库容为30.2亿 m^3，预留防洪库容为24.4亿 m^3，死库容为28.43亿 m^3，电站装机容量为10200MW，年发电量为376.9亿kWh。乌东德水电站是流域开发的重要梯级工程，有一定的防洪、航运和拦沙作用；建设乌东德水电站有利于改善和发挥下游梯级的效益，增加下游梯级电站的保证出力和发电量。

2. 白鹤滩水电站

白鹤滩水电站位于四川省凉山彝族自治州宁南县与云南省巧家县交界的金沙江峡谷，上游与乌东德梯级电站相接，下游尾水与溪洛渡梯级电站相连，是金沙江下游雅砻江口—宜宾河段4个梯级开发的第二级，距宁南县城75km。工程以发电为主，兼有拦沙、防洪、航运、灌溉等综合效益。

电站坝址处控制流域面积为43.03万 km^2，多年平均来水量为 $4170m^3/s$。水库正常蓄水位为825m，相应库容为190.06亿 m^3，死水位765m以下库容为85.70亿 m^3，总库容为 206.27 亿 m^3。防洪限制水位为 785m，预留防洪库容为 75 亿 m^3。调节库容为 104.36 亿 m^3，具有不完全年调节能力，可增加下游溪洛渡、向家坝、三峡、葛洲坝 4 级水电站枯水期保证出力。上游回水 180km 接乌东德水电站，水库正常蓄水位与乌东德水电站尾水位（805.5m）重叠 14.5m，是该河段水头重叠最大的水库。

工程枢纽由拦河坝、泄洪消洪设施、引水发电系统等组成。拦河坝为双曲拱坝，高为 277m，坝顶高程为 827m，顶宽为 13m，最大底宽为 72m。地下厂房装有 16 台 1000MW 的混流式机组，总装机容量为 16000MW，年发电量为 624.43 亿 kWh，保证出力为 5470MW。

3. 溪洛渡水电站

溪洛渡水电站位于四川省雷波县和云南省永善县境内金沙江干流上，是一座以发电为主，兼有防洪、拦沙和改善下游航运条件等巨大综合效益的工程。溪洛渡水电站装机容量为 12600MW。溪洛渡水库是长江防洪体系的重要组成部分，是解决川江防洪问题的主要工程措施之一。通过水库的合理调度，可使三峡库区入库含沙量较天然状态减少 34%以上，由于水库对径流的调节作用，将直接改善下游航运条件，水库区亦可实现部分通航。

溪洛渡水电站由拦河坝、泄洪、引水、发电等建筑物组成。拦河坝为混凝土双曲拱坝，坝顶高程为 610m，最大坝高为 278m，坝顶中心线弧长为 698.09m；左右两岸布置地下厂房，各安装 9 台单机容量为 700MW 的水轮发电机组，年发电量为 571 亿～616 亿 kWh。溪洛渡水库正常蓄水位为 600m，死水位为 540m，防洪限制水位为 560m，水库总容量为 129.1 亿 m^3，调节库容为 64.6 亿 m^3，预留防洪库容为 46.5 亿 m^3，可进行不完全年调节。

溪洛渡水利枢纽工程于 2003 年开始筹建，2004 年工程开工，2013 年竣工投产。

4. 向家坝水电站

向家坝水电站是金沙江最后一级水电站，位于云南省水富市（右岸）和四川省宜宾市（左岸）境内，上距溪洛渡水电站坝址 157km，下距水富县城区 1.5km、宜宾市区 33km。水库为峡谷型水库，控制流域面积为 45.88 万 km^2，占金沙江流域面积的 97%，回水长度为 156.6km。向家坝水库总库容为 51.63 亿 m^3，调节库容为 9.03 亿 m^3，防洪库容也是 9.03 亿 m^3，正常蓄水位为 380m，死水位（防洪限制水位）为 370m。

大坝为重力坝，坝顶高程为 383m，最大坝高为 161m，坝顶长度为 909.3m。向家坝电站装机容量为 6400MW（共 8 台机组，每台 800MW），正常蓄水位为 380m 时，保证出力为 2009MW，多年平均发电量为 307.47 亿 kWh，装机年利用小时数为 5125h。

向家坝工程筹建期从 2004 年 7 月始至 2005 年 12 月。2008 年 12 月 28 日 11 时 26 分成功截流，工程 2012 年 11 月首批机组发电。

1.4.3.3 嘉陵江

嘉陵江上已经建成的大型水电站（水库）有宝珠寺水电站（水库）和亭子口水电站（水库）。

1. 宝珠寺水电站

宝珠寺水电站位于四川省广元市境内嘉陵江支流白龙江下游，于 1996 年年底建成下闸蓄水，坝址以上流域面积为28428km²。

宝珠寺水电站以发电为主，兼有灌溉、防洪等综合效益。水库正常蓄水位为588m，防洪限制水位为583m，死水位为558m，总库容为25.5亿m³，调节库容为13.4亿m³，防洪库容为7.32亿m³，具有不完全年调节性能。水电站装机容量为700MW，年发电量为22亿kWh。

水库大坝为混凝土重力坝，坝顶高程为595m，全长为524.5m。泄水建筑物布置在厂房坝段两侧。左侧有2个表孔和2个底孔，右侧有2个中孔和2个底孔。表孔门尺寸为15m×17.3m，堰顶高程为571m；中孔门尺寸为13m×15m，进口底坎高程为560m；底孔门尺寸为4m×8m，左进口底坎高程为530m，右进口底坎高程为510m。表孔仅在超过千年一遇洪水时启用，各泄水建筑物均采用挑流消能方式，大坝为1级建筑物。

2. 亭子口水电站

亭子口水电站位于嘉陵江中游上段，是开发嘉陵江的龙头水库。亭子口工程是嘉陵江干流唯一具有调蓄能力的大型控制性骨干工程，总库容为40.67亿m³，设计灌溉面积为292.14万亩，可解决63万缺水人口的饮水问题，改善嘉陵江上游航运，拦截来自嘉陵江流入三峡水库的泥沙0.61亿t，是减轻重庆港区和三峡库区泥沙淤积的重要控制工程。

坝址多年平均年径流量为189亿m³，水库正常蓄水位为458m，相应库容为34.68亿m³，死水位为438m，相应库容为17.36亿m³，防洪限制水位为447m，防洪库容为10.6～14.4亿m³，设计洪水位为461.3m，校核洪水位为463.07m。亭子口水库具有年调节性能，调节库容为17.32亿m³，库容系数为9.2%，保证出力为163MW，电站装机容量为1100MW，设计年平均发电量为29.51亿kWh，枢纽开发任务以防洪、灌溉及城乡供水、发电为主，兼顾航运。

1.4.3.4 乌江

乌江上已有较多水电站（水库），已经建成的规模较大的水电站（水库）有洪家渡水电站（水库）、乌江渡水电站（水库）、构皮滩水电站（水库）和彭水水电站（水库）。

1. 洪家渡水电站

洪家渡水电站位于贵州省织金县与黔西县交界的乌江干流北源六冲河下游，距贵阳市154km，坝址以上流域面积为9900km²，是整个乌江干流梯级电站中唯一具有多年调节性能的龙头水电站。于2004年首台机组发电，2006年年底工程全部完工。

洪家渡水库正常蓄水位为1140m，防洪限制水位为1138m，死水位为1076m，总库容为49.47亿m³，调节库容为33.61亿m³，属多年调节水库。电站总装机容量为540MW（3×180MW），保证出力为171.5MW，年发电量为15.94亿kWh。

水电站为一等工程，拦河坝及泄洪系统为1级建筑物，引水发电系统为2级建筑物，各次要水工建筑物为3级建筑物。大坝按可能最大洪水校核，相应入库流量为11000m³/s，校核洪水位为1145.40m，下泄流量为6234m³/s；500年一遇洪水设计，相应入库流量为6550m³/s，设计洪水位为1141.34m，下泄流量为3866m³/s。

2. 乌江渡水电站

乌江渡水电站位于乌江中游，距贵州省遵义市55km。坝址以上控制流域面积为27790km²，工程以发电为主。水库正常蓄水位为760m，死水位为720m，水库总库容为

23亿m^3，调节库容为13.6亿m^3，具有不完全年调节能力，可承担电力系统的调峰、调频及备用任务。

电站安装5台250MW机组和1台防洪备用电源（30MW），总容量为1280MW，多年平均年发电量为40.56亿kWh，保证出力332MW。主要建筑物有拦河坝、泄洪建筑物和发电厂房等。

由于地形狭窄，工程采用多层重叠布置。拦河坝为混凝土拱形重力坝，最大坝高为165m，坝顶弧长为386m，坝顶厚为10m，坝底厚为119.5m。坝身泄洪建筑物分上、中、下三层布置，坝顶有4个溢流表孔和左右两条滑雪道式溢洪道，靠近左右岸各有一个泄洪洞，坝身中部设置左右2个泄洪中孔兼作排沙孔；坝身下部设置一个放空底孔；左右岸还设有导流放空隧洞。设计洪水位时，总泄量达18360m^3/s，最大单宽流量为230$m^3/(s \cdot m)$，最大流速为43m^3/s。

3. 构皮滩水电站

构皮滩水电站位于贵州省余庆县境内乌江干流河段，是乌江干流梯级第7级电站。电站是国家“十五”期间开工建设的大型水电工程项目及贵州西电东送的标志性工程，也是乌江流域水电开发规划中最大的水电站。

水库正常蓄水位为630m，相应库容为55.64亿m^3，死水位为590m，其中，6—7月预留防洪库容为4亿m^3，8月预留防洪库容为2亿m^3，调节库容为29.02亿m^3。电站装机容量为3000MW（5×600MW），保证出力为746.4MW，多年平均年发电量为96.82亿kWh。

在上游水库的调节下，水库可以起到多年调节作用。电站枢纽由高225m的混凝土双曲拱坝、右岸地下式厂房、坝身表中孔泄洪及左岸泄洪洞等建筑物组成。导流工程由左岸2条导流洞、右岸1条导流洞组成。2001年10月30日进入四通一平前期工程建设，2002年7月开挖导流洞，同年11月开挖坝肩，2003年电站工程正式开工建设，2004年实现大江截流，2009年首台机组发电，2011年完建。

4. 彭水水电站

彭水水电站位于乌江干流下游，重庆市彭水县县城上游11km，距乌江口涪陵区147km，坝址以上流域面积为69000km^2，占乌江流域总面积的78.5%。流域多年平均年降水量为1160mm，坝址多年平均流量为1300m^3/s，年径流量为410亿m^3，年平均含沙量为0.354kg/m^3。

彭水水电站是乌江干流水电开发规划的第10个梯级，正常蓄水位为293m，防洪限制水位为287m，死水位为278m，防洪库容为2.32亿m^3，调节库容为5.18亿m^3，为季调节水库。开发任务以发电为主，其次是航运、防洪及其他综合利用，水电站装机容量为1750MW。

1.4.3.5 岷江

岷江紫坪铺水电站（水库）、大渡河瀑布沟水电站（水库）已经建成，分别于2005年、2009年开始蓄水；同时，在大渡河上游还有一座大型水电站（水库）正在建设，即双江口水电站（水库）。

1. 紫坪铺水电站

紫坪铺水电站位于四川省成都市西北60km的岷江上游，都江堰市麻溪乡，坝址以上控制流域面积为22662km^2，水库总库容为11.12亿m^3，为不完全年调节水库。

紫坪铺水库以灌溉和供水为主，兼有发电、防洪、环境保护、旅游等综合效益的大型水利枢纽工程。枢纽主要建筑物包括混凝土面板堆石坝、溢洪道、引水发电系统、冲沙放空洞、1号泄洪排沙洞、2号泄洪排沙洞和左岸堆积体处理工程。

水库校核洪水位为883.10m，相应洪水标准为可能最大洪水流量12700m^3/s；设计洪水位为871.20m，相应洪水标准为千年一遇（P=0.1%）流量为8300m^3/s。水库正常蓄水位为877.00m，汛限水位为850.00m，死水位为817.00m，总库容为11.12亿m^3，正常水位库容为9.98亿m^3。大坝为混凝土面板堆石坝，坝高为156m，坝顶高程为884.00m，水电站装机容量为4×190MW，保证出力168MW，多年平均年发电量为34.17亿kWh。

水库于2005年9月30日下闸进入初期蓄水阶段，2005年11月首批两台机组投产发电，2006年5月最后一台机组投产发电。

2. 瀑布沟水电站

瀑布沟水电站位于岷江支流大渡河上，在四川省雅安市汉源县和凉山彝族自治州甘洛县境内。坝址以上控制流域面积为68512km^2，为季调节水库。

水库校核洪水位为853.78m，设计洪水位为850.24m，正常蓄水位为850m，主汛期汛限水位为841m，死水位为790m；水库正常蓄水位以下库容为50.64亿m^3，防洪库容为7.30亿m^3，调节库容为38.82亿m^3，具有不完全年调节能力。电站装机容量为3600MW（6×600MW），多年平均年发电量为147.9亿kWh。

3. 双江口水库

双江口水库为远景规划建设水库，枢纽工程位于川西高原高程为2200～2600m的四川省马尔康市与金川县交界处，为大渡河流域上游具有年调节能力的控制性水库。

坝址地处大渡河上游足木足河与绰斯甲河汇合口以下约2km河段。坝址控制流域面积为39330km^2，水库正常蓄水位为2500m，水库库容为27.32亿m^3，调节库容为19.17亿m^3，预留最大防洪库容为6.63亿m^3，为年调节水库。最大坝高为314m，装机规模为2000MW，额定水头为215m，年发电量为83.41亿kWh，保证出力为50.3万kW。工程建成后，通过水库调节，可增加下游各梯级电站年发电量23亿kWh，增加保证出力约1782MW，梯级补偿效益显著。

1.4.3.6 三峡工程

三峡工程是中国也是世界上最大的水利枢纽工程，是治理和开发长江的关键性骨干工程。大坝坝址位于宜昌市三斗坪，在已建成的葛洲坝水利枢纽上游约40km处。水库正常蓄水位为175m，防洪限制水位为145m，枯期消落低水位为155m，正常蓄水位以下库容为393亿m^3，防洪库容为221.5亿m^3；水库全长超过600km，平均宽度为1.1km；水库面积为1084km^2。它具有防洪、发电、航运等巨大的综合效益。

三峡电站安装32台700MW水轮发电机组和2台50MW水轮发电机组，总装机容量为22500MW，年发电量超过1000亿kWh，是世界上装机容量最大的水电站。

拦河大坝为混凝土重力坝，坝轴线全长为2309.47m，坝顶高程为185m，最大坝高为181m。泄洪坝段位于河床中部，前缘总长为483m，设有22个表孔和23个泄洪深孔，其中深孔进口高程为90m，孔口尺寸为7m×9m；表孔孔口宽为8m，溢流堰顶高程为158m，表孔和深孔均采用鼻坎挑流方式进行消能。

电站坝段位于泄洪坝段两侧，设有电站进水口。进水口底板高程为108m。压力输水管道为背管式，内直径为12.40m，采用钢衬钢筋混凝土联合受力的结构型式，校核洪水时坝址最大下泄流量为102500m^3/s。

三峡工程于2003年6月开始蓄水发电，汛期按135m运行，枯季按139m水位运行，工程进入围堰发电期。2006年汛后实施二期蓄水后，三峡工程进入初期运行期，汛后水位抬升至156m运行，汛期水位则按144～145m运行。2008年汛末三峡工程进行试验性蓄水，最高蓄水到172.80m；2009年8—9月，三峡工程全面竣工验收完成，开始正常蓄水运行，至此，三峡工程防洪、发电、通航三大效益得以全面发挥。

第 2 章

梯级水库群影响下流域水文循环演变规律研究

2.1 概述

流域水文循环与区域发展息息相关，水文循环主要包括降水、蒸发和径流，其变化直接影响着河流生态系统的连续性和完整性（Poff et al.，1997）。近年，长江上游根据合理利用、有序开发的原则，按梯级开发的方式兴建了一批大型水利水电工程，产生了明显的防洪和兴利效益：汛期对洪水合理调度，达到削峰滞洪的效果，有效避免洪水灾害；枯水期保证正常生活供水，缓解缺水造成的经济损失。但随着长江上游水库数量的增加，对天然径流的扰动也愈加剧烈，显著改变了年内径流过程。

数理统计法是对降水、蒸发和径流等水循环要素进行趋势分析和检验的基本方法。Mann－Kendall 检验法（简称 M－K 检验法）在水文序列分析检验和流域水文情势变化研究中应用广泛（Yue et al.，2002）。M－K 检验法分为 M－K 趋势检验法和 M－K 突变检验法。Zamani 等（2016）使用 M－K 趋势检验法发现卡尔黑河流域降雨和径流在年、季、月尺度上均显著减少，且降水和径流显著相关。徐宗学等（2005）运用 M－K 趋势检验法分析了黄河流域过去 40～50 年间日照时数的长期趋势，总体呈下降趋势。Huang 等（2016）运用 M－K 突变检验法确定黄河流域近 60 年温度突变的时间点，并讨论突变前后的温度变化。

为了定量评估洪枯水对水利工程的响应程度，需要借助考虑下垫面的分布式水文模型。水土评价工具（Soil and Water Assessment Tool，SWAT）作为分布式水文模型集成了遥感、地理信息系统和数字高程模型，可以包含气候、土壤、土地利用等自然因素，在模拟流域水量、水质和泥沙变化等国内外研究中发挥着重要作用（Zhang et al.，2012）。Stone 等（2010）研究了气候变化对密苏里河流域的影响，发现春夏季水量增加而秋冬季减少，流域北部水量增加而南部减少。Schomberg 等（2005）校准 SWAT 模型适用于美国密歇根州和苏明达州流域，评估不同土地利用和土壤类型条件下，年和季的流量、泥沙和营养物质的差异。刘昌明等（2003）在黄河流域采用 SWAT 模型模拟径流，结果表明气候变化是黄河河源区径流变化的主要原因。Zhang 等（2012）基于改进后的 SWAT 模型，研究长江上游梯级水库群调度对三峡水库出入库径流的影响，结果表明汛期使三峡入库流量减少，非汛期使三峡入库增加。

本章通过倾向率、M－K 检验、滑动 T 检验和克里金插值的方法，分析长江上游流域近几十年水循环要素时空变化趋势；通过水文变异分析的方法，分析关键断面在梯级水库群影响下的水文序列变异特征；通过数值模拟试验的方法，定量分析多种水库组合情景下梯级水库群调度对流域洪枯水过程的影响规律，并试图得到一定普适性结论。

2.2 长江上游气温、降水、蒸散发时空变化规律

2.2.1 长江上游气候及水文概况

长江上游为亚热带季风气候和高原气候，气候具有温暖湿润、四季分明的特点；位于青藏高原的江源区为高原气候，多年平均气温为全流域最低，常年低于0℃（任永建等，2013）。长江上游流域年平均气温为8.6～16.8℃，呈现东南高、西北低的分布特点。受地形地貌及季风的共同影响，流域内存在以云贵高原、四川盆地及金沙江谷底为中心向外扩散的高温区或低温区（时光训等，2016）。年平均降水量在1000mm左右，受气候及地形的影响，年降水量的时空分布非常不均匀。汛期为6—9月，枯季为10—5月，其中80%年降雨量和70%的年径流量集中在汛期，且汛期易发生暴雨与洪涝灾害，而枯季降水、径流比重较小（范继辉，2007）。

长江上游河网密集（图2.2-1），可分为长江上游干流（区间）、金沙江、嘉陵江、岷沱江、乌江等五大子流域，径流量占上游总径流量的比例依次为：17.1%、32.8%、16.1%、22.7%、11.3%（范继辉，2007）。长江上游径流主要是通过降水补给，而超过一半的降水会被蒸发，因此蒸发量也是影响长江上游流域水量平衡的重要因素。水面蒸发量年际变化较小，没有明显的地区分布规律，总体趋势为平原和盆地大于山区，南岸大于北岸，流域各陆面蒸发量有着随高程增高而递减的趋势；蒸发量年内分配普遍规律是夏季蒸发量最大、冬季蒸发量最小，春季比秋季蒸发量大（王辉等，2006）。

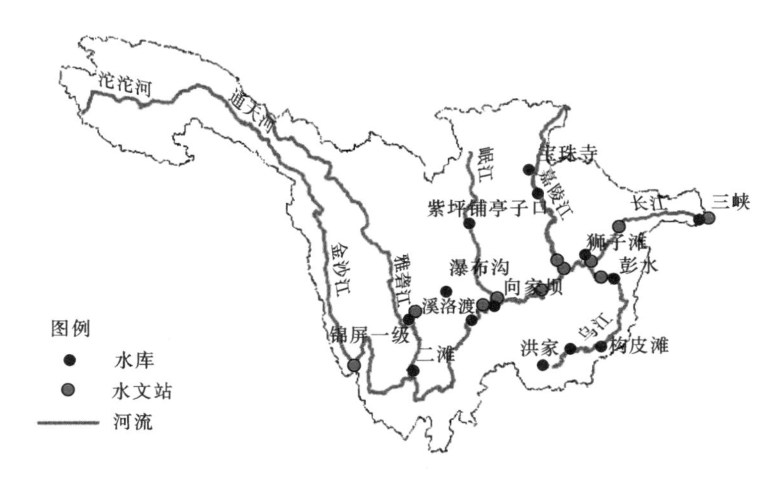

图2.2-1 长江上游流域水系分布示意图

2.2.2 时空变化分析方法

2.2.2.1 倾向率法

采用一次方程来描述时间序列的趋势变化。设某站水文要素的时间序列为 x_1，x_2，…，x_i，…，x_i，x_n，x_i 与 t 之间的一元线性回归方程为

$$y_i = a + bt_i \quad (i=1,2,\cdots,n) \tag{2.2-1}$$

式中：a 为回归常数；b 为回归系数；a 和 b 可以用最小二乘法求得。回归系数 b 作为时间序列变化的倾向率，其大小能反映时间序列的变化速率：$b>0$ 时，时间序列呈上升趋势；$b=0$ 时，时间序列趋势没有变化；$b<0$ 时，时间序列呈下降趋势。其显著性通过 F 检验进行判断：在原假设总体回归系数为 0 的条件下，统计量 F 遵从分子自由度为 1 分母自由度为（$n-2$）的 F 分布，其检验统计量可表示为

$$F = \frac{r^2}{\frac{1-r^2}{n-2}} \tag{2.2-2}$$

式中：r^2 为相关系数，当 $F>F_\alpha$，认为回归方程和相关系数是显著的，F_α 可以通过 F 检验临界值表查询。

2.2.2.2 M-K 趋势检验法

M-K 趋势检验法是一种非参数秩次相关检验方法，是由世界气象组织（WMO）推荐广泛使用的时间序列检验法。M-K 趋势检验法不需要样本遵从正态分布，也少受异常值的干扰，适用于如气象、水文等顺序变量。

在进行趋势性检验时，M-K 趋势检验法如下：原假设，时间序列数据（x_1，x_2，…，x_n）是独立的、随机变量同分布的样本；对所有值 x_i、x_j（i，$j \leqslant n$ 且 $j>i$），x_i、x_j 的分布是不同的。当 $n>1$ 时，趋势检验的统计变量 S 计算如下：

$$\mathrm{S} = \sum_{i=1}^{n-1}\sum_{j=i+1}^{n} \mathrm{sgn}(x_j - x_i) \tag{2.2-3}$$

$$\mathrm{sgn}(x_j - x_i) = \begin{cases} +1 & (x_j - x_i) > 0 \\ 0 & (x_j - x_i) = 0 \\ -1 & (x_j - x_i) < 0 \end{cases} \tag{2.2-4}$$

式中：S 为均值为 0 的正态分布，方差 $\mathrm{var(S)}=[n(n-1)(2n+5)]/18$。

当 $n>10$ 的时候，标准正态统计变量 Z 计算公式为

$$Z = \begin{cases} \dfrac{S-1}{\sqrt{\mathrm{var}(S)}} & (S>0) \\ 0 & (S=0) \\ \dfrac{S+1}{\sqrt{\mathrm{var}(S)}} & (S<0) \end{cases} \tag{2.2-5}$$

原假设该序列没有趋势，采用双边趋势检验，给定的显著性水平 α，若 $|Z| \geqslant Z_{1-\alpha/2}$，则拒绝原假设，即认为在 α 显著水平，时间序列有显著变化趋势。若 $|Z| < Z_{1-\alpha/2}$，则接受原假设，认为趋势不显著。统计变量时，$Z>0$ 时，表示呈上升趋势；$Z<0$ 时，则呈下

降趋势。

2.2.2.3 M-K 突变检验法

当 M-K 突变检验法应用于序列突变检验时，时间序列为 t_1，t_2，…，t_n，构造一秩序列 r_i。定义 S_k：

$$S_k=\sum_{i=1}^{k} r_i \quad (k=2,3,\cdots) \tag{2.2-6}$$

$$\begin{cases} r_i=+1 & t_i>t_j \quad (j=1,2,\cdots;1\leqslant j\leqslant i) \\ r_i=0 & t_i\leqslant t_j \end{cases} \tag{2.2-7}$$

S_k 均值 $E(S_k)$ 以及方差 $\mathrm{var}(S_k)$ 定义如下：

$$E(S_k)=\frac{n(n+1)}{4} \tag{2.2-8}$$

$$\mathrm{var}(S_k)=\frac{n(n-1)(2n+5)}{72} \tag{2.2-9}$$

在时间序列随机独立假定下，定义统计量：

$$UF_k=\frac{S_k-E(S_k)}{\sqrt{\mathrm{var}(S_k)}} \quad (k=1,2,\cdots) \tag{2.2-10}$$

式中：$UF_1=0$；UF_k 为标准正态分布，对于已给定的显著性水平 α，查正态分布表得临界值 U_α，当 $|UF_k|>U_\alpha$，表明序列存在一个明显的增长或减少趋势，所有 UF_k 将组成一条曲线 c_1，通过置信度检验可知其是否具有趋势。把此方法引用到反序列中，再重复上述计算过程，并使计算值乘以 -1，得到 UB_k，UB_k 在图中表示为 c_2。分别绘出 UF_k 和 UB_k 的曲线图，若 UF_k 的值大于 0 则表明序列呈上升趋势，小于 0 则表明呈下降趋势；当它们超过信度线时，即表示存在明显的上升或下降趋势；若 c_1 和 c_2 的交点位于信度线之间，则此点可能就是突变点的开始。

2.2.2.4 克里金插值法

空间气候插值方法很多，优缺点和适用性不同，总体上方法有 3 类（Vicente - Serrano et al.，2003）：整体插值法（趋势面法和多元回归法等）、局部插值法（泰森多边形法、反距离加权法、克里金插值法和样条法）和混合插值法（整体插值法和局部插值法的综合）。何艳红等（2005）比较了降水差值方法的优缺点，考虑高程的协同克里金插值误差较小，模拟效果也较好（Goovaerts，2000）。选择使用协同克里金插值。协同克里金插值的一个前提是水文数据与高程应该有相关性。因此，首先需要用 SPSS 验证水文要素与高程的相关性，检验结果见表 2.2-1。多年平均气温和多年平均降水与高程存在显著相关性，因此可以采用协同克里金插值法；多年平均蒸发与高程并不相关，因此蒸发采用克里金插值法。

表 2.2-1　SPSS 检验结果

SPSS 检验	N	高程
多年平均气温	71	−0.589**
多年平均年降水量	72	−0.384**
多年平均年蒸发量	21	0.285

注　** 表示在 0.01 水平（双侧）上显著相关。

2.2.3 气温变化分析

全球气候变暖是学者关注的热点问题之一。IPCC 第五次气候变化评估报告指出，1880—2012 年全球平均气温上升了 0.85℃，中国近 50 年气温增温非常明显，气温增幅近 0.22℃/10a。中国区域气温在 20 世纪 20 年代及 70 年代中后期有两次明显的增暖期；但是在中国各个子区域，其气温变化的趋势与近十几年来全球变化趋势并不一致。

2.2.3.1 气温年际变化

气象资料均来自中国气象网，选取长江上游 71 个站点 1961—2010 年的气温资料（图 2.2-2）。根据水文特征，将长江上游流域划分为金沙江流域、雅砻江流域、岷江大渡河流域、嘉陵江流域、乌江流域及长江上游干流流域。采用 M-K 检验法和倾向率法对各流域气温年际变化进行趋势分析，用倾向率法分析气温序列如图 2.2-3 所示。金沙江流域、雅砻江流域、岷江大渡河流域、嘉陵江流域、长江上游干流流域及乌江流域平均气温均呈不同幅度的上升趋势，其在 1961—2010 年增温速率依次为：0.313℃/10a、0.204℃/10a、0.187℃/10a、0.135℃/10a、0.115℃/10a 和 0.121℃/10a。流域增温速率即倾向率从上游至下游呈减缓趋势，表明流域上游气温上升较快，流域下游气温上升较慢。

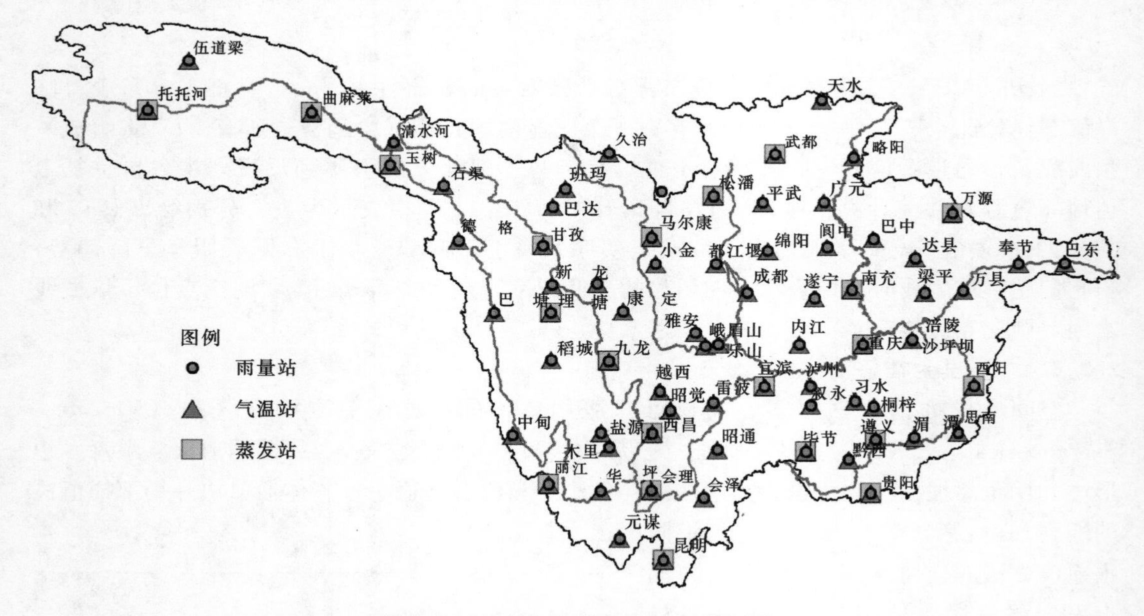

图 2.2-2 长江上游气象站点分布图

对流域年平均气温进行 M-K 趋势检验，得到统计量 Z。通过两种趋势检验方法得到各流域相关统计量见表 2.2-2。各流域年平均气温 M-K 趋势检验法得到的统计量 Z 均为正值，且除长江上游干流流域，其他流域均满足 $|Z|>Z_{0.995}$（$Z_{0.995}=2.58$），即认为在 0.01 显著水平下该流域年平均气温有显著上升趋势。通过倾向率法式（2.2-2）计算各流域检验统计量 F，均满足 $F>F_{0.01}$（$F_{0.01}=7.20$），即通过了置信度为 0.01 的显著性检验，说明各流域年平均气温与时间的相关性是显著的，且气温增加趋势是显著的。

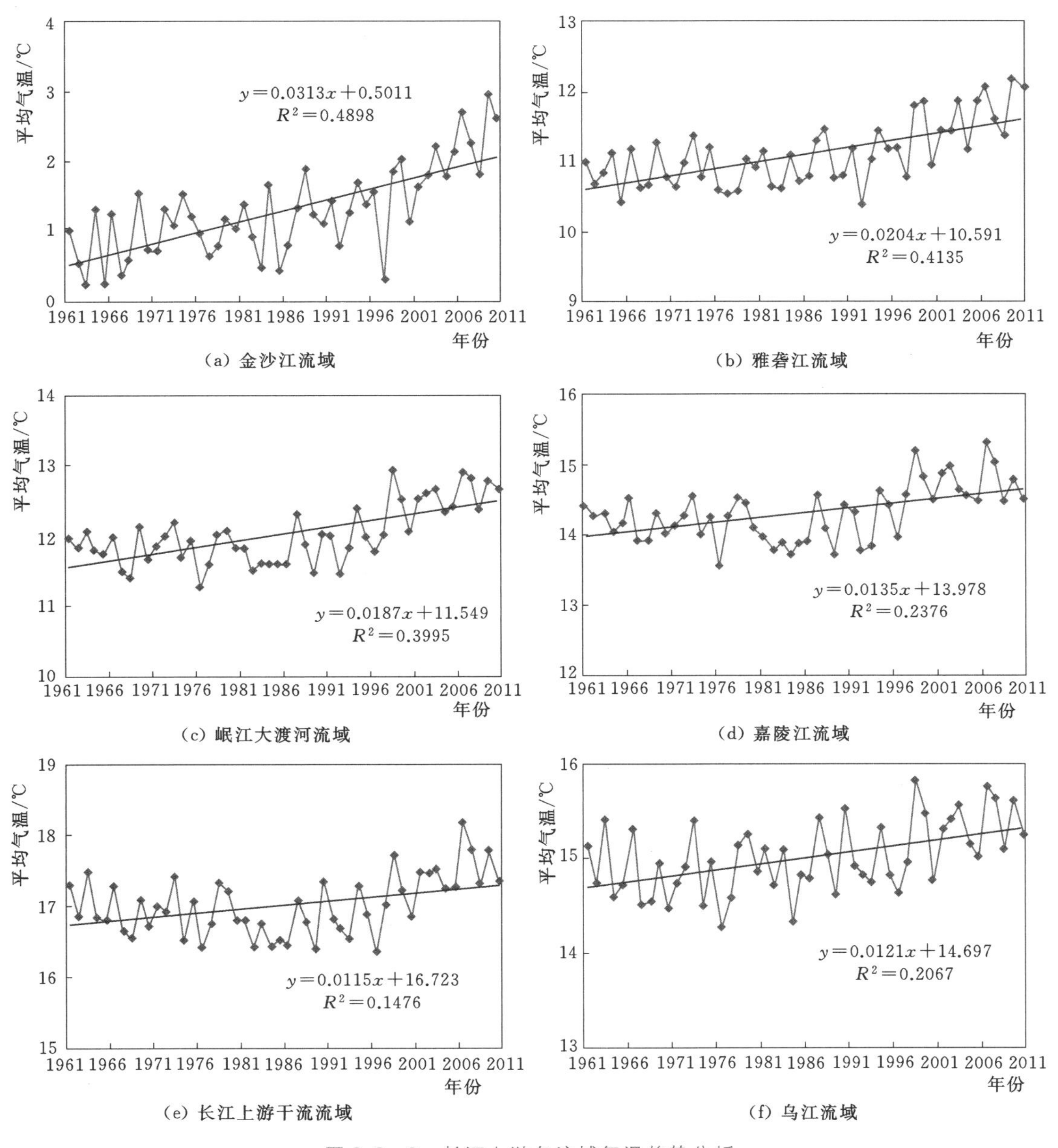

(a) 金沙江流域　(b) 雅砻江流域
(c) 岷江大渡河流域　(d) 嘉陵江流域
(e) 长江上游干流流域　(f) 乌江流域

图 2.2-3　长江上游各流域气温趋势分析

表 2.2-2　长江上游各流域气温趋势检验结果

流　域	金沙江	雅砻江	岷江大渡河	嘉陵江	长江上游干流	乌江
M-K 趋势检验法统计量 Z	5.2782	4.4334	4.0319	2.9946	2.2752	3.1034
倾向率	0.0313	0.0204	0.0187	0.0135	0.0115	0.0121
决定系数 R^2	0.4898	0.4135	0.3995	0.2376	0.1476	0.2067
倾向率法统计量 F	46.0808	33.8414	31.9334	14.9591	8.3116	12.5067

2.2.3.2 气温突变分析

水文突变是指水文要素从一种稳定持续的变化趋势，跳跃式地转变到另一种稳定持续的变化趋势的现象，它表现为水文要素在时空上从一个统计特征急剧变化到另一个统计特征。这种现象普遍存在于气温、降水等水文系统中。大型水库的建成蓄水，打破了原有的水量分布，这种大范围、大比例的水量分布变化可能会对流域水文要素产生一定的影响。虽然国际上对大型水库的生态环境影响问题还存在争议，但一般认为水库建成蓄水对大范围的气候影响并不明显，仅可能会改变当地的小气候（刘红年等，2010）。

结合 1961—2010 年气温资料与 14 个大型水库建库年份，去除建成年份较近，建成蓄水后序列太短的水库，可以进行对比分析的水库有雅砻江流域的二滩水库、嘉陵江流域的宝珠寺水库及乌江流域的乌江渡水库。二滩水库附近的会理站、宝珠寺附近的广元站及乌江渡附近的黔西站是离目标水库最近的气象站点，用 M－K 突变检验法对 3 个气象站点及 6 个流域 1961—2010 年平均气温时间序列进行突变检验，结果如图 2.2－4 所示。

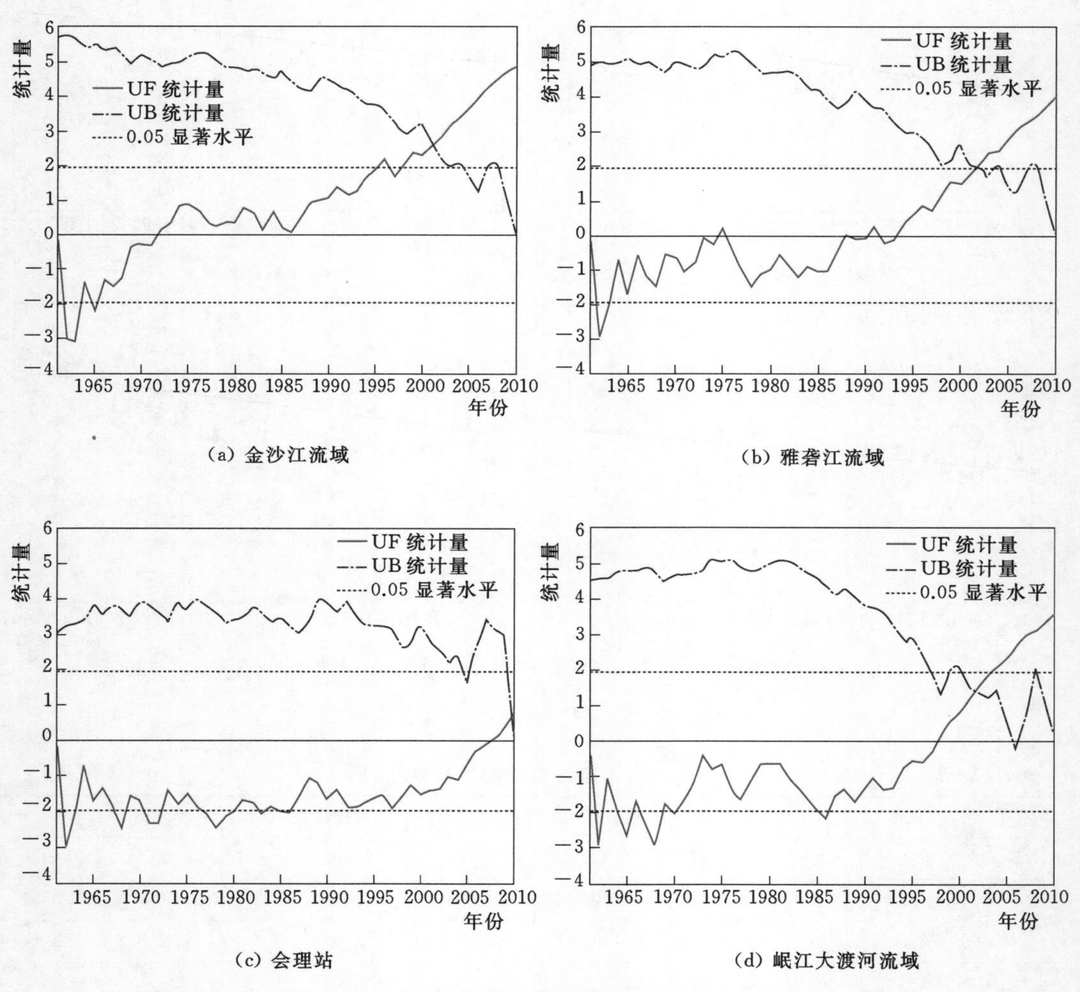

图 2.2－4（一） 长江上游各流域及相关水文站气温 M－K 突变检验法结果

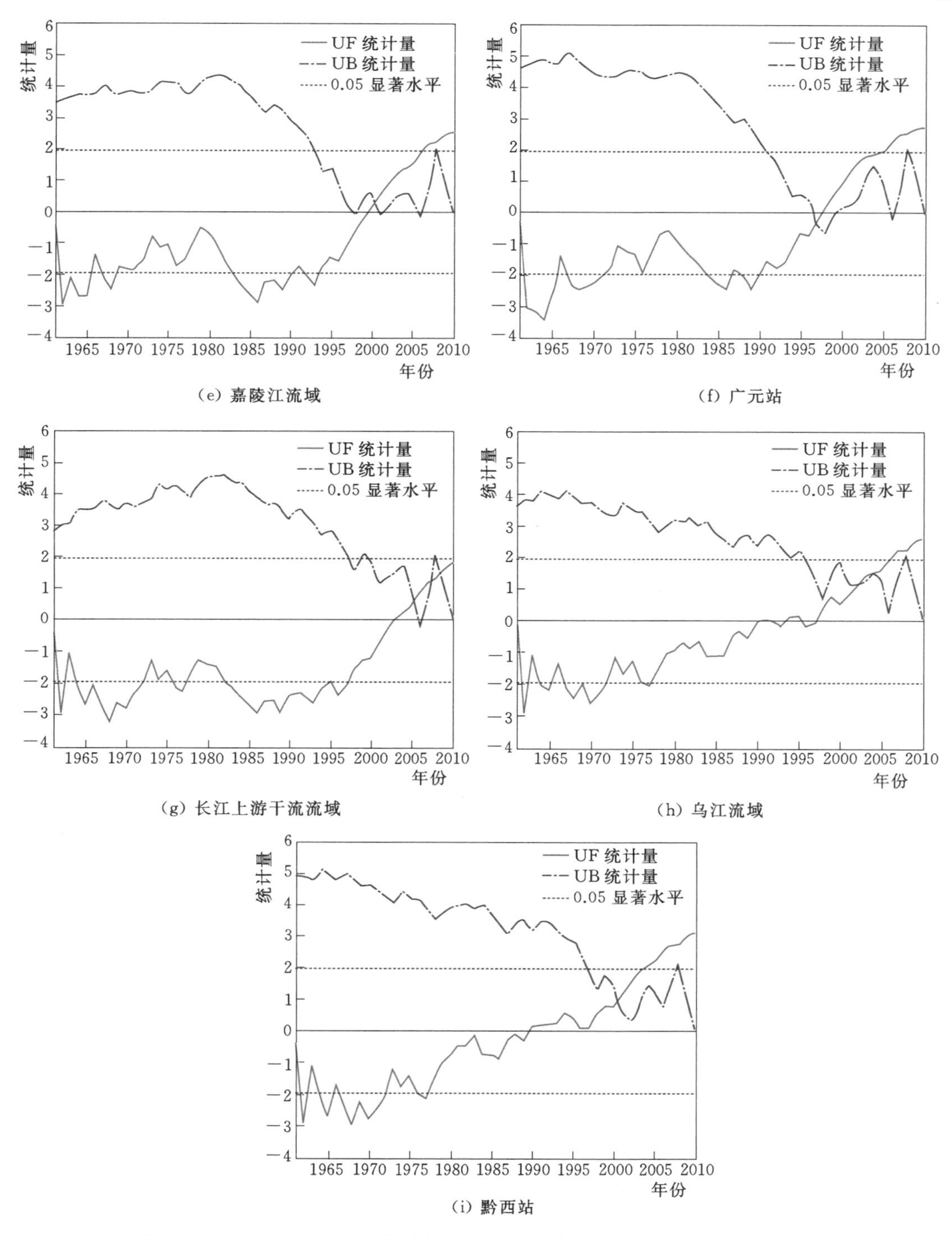

图 2.2-4（二） 长江上游各流域及相关水文站气温 M-K 突变检验法结果

图 2.2-4 (a)～图 2.2-4 (i) 可以得出：金沙江流域、雅砻江流域、岷江大渡河流域及嘉陵江流域气温突变时间可能在 2001 年；长江上游干流流域气温突变时间可能在

2004—2007年；乌江流域气温突变时间可能在2004年。二滩水库附近的会理站气温突变时间可能在2010年；宝珠寺附近的广元站气温突变时间可能在1997年，刚好与宝珠寺水库蓄水时间1996年年末相近，可能是宝珠寺水库蓄水后引起的小范围气温突变；乌江渡附近的黔西站气温突变时间可能在2001年。

2.2.3.3 气温空间分布

采用协同克里金插值法得到长江上游流域气温空间分布如图2.2-5所示。从图2.2-5可以看出多年平均气温从西北至东南逐渐增加，这与长江上游地形的分布相吻合。位于西北端的五道梁站多年平均气温最低，为-5.29℃，位于南端的元谋站多年平均气温最高，为21.58℃，最大温差为26.87℃。

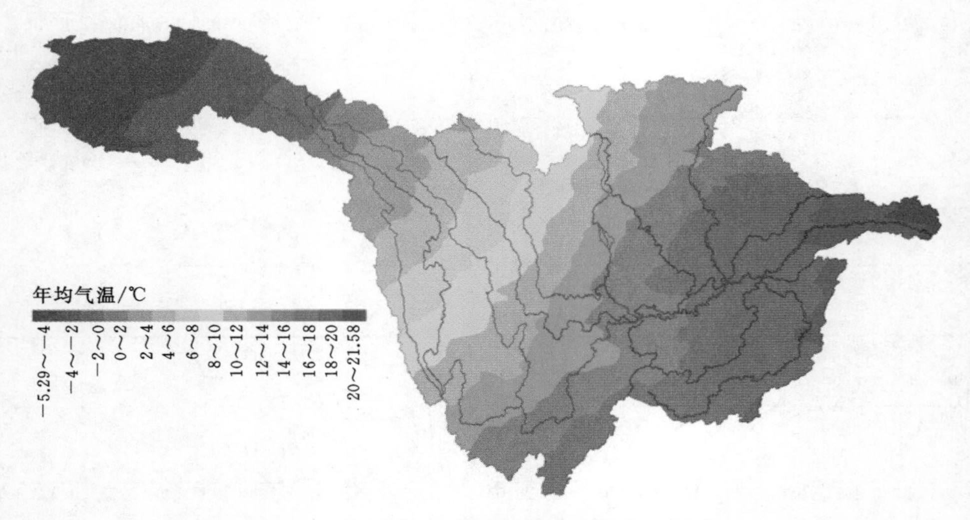

图2.2-5 长江上游流域气温空间分布情况

图2.2-6为长江上游流域气温变化趋势空间分布图。从图2.2-6中可以看出：以金

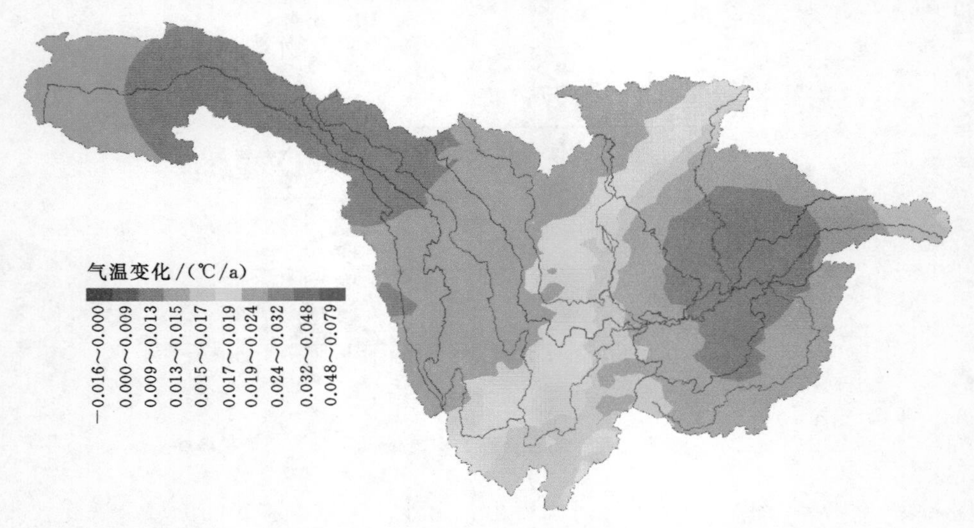

图2.2-6 长江上游流域气温变化趋势空间分布情况

沙江流域清水河站为中心，整个流域年均气温变化趋势向外逐渐减少，其中清水河站这一区域气温变化趋势为0.032～0.048℃/a；以嘉陵江流域的重庆沙坪坝站为中心，整个流域年均气温变化趋势向外逐渐增加，其中沙坪坝站这一区域气温变化趋势为0～0.009℃/a。

2.2.4 降水变化分析

2.2.4.1 降水年际变化

选取长江上游流域内72个雨量站1961—2010年完整的降水资料（图2.2-2），利用泰森多边形方法计算面雨量，以6个流域边界为界限，剪切泰森多边形得到图2.2-7。

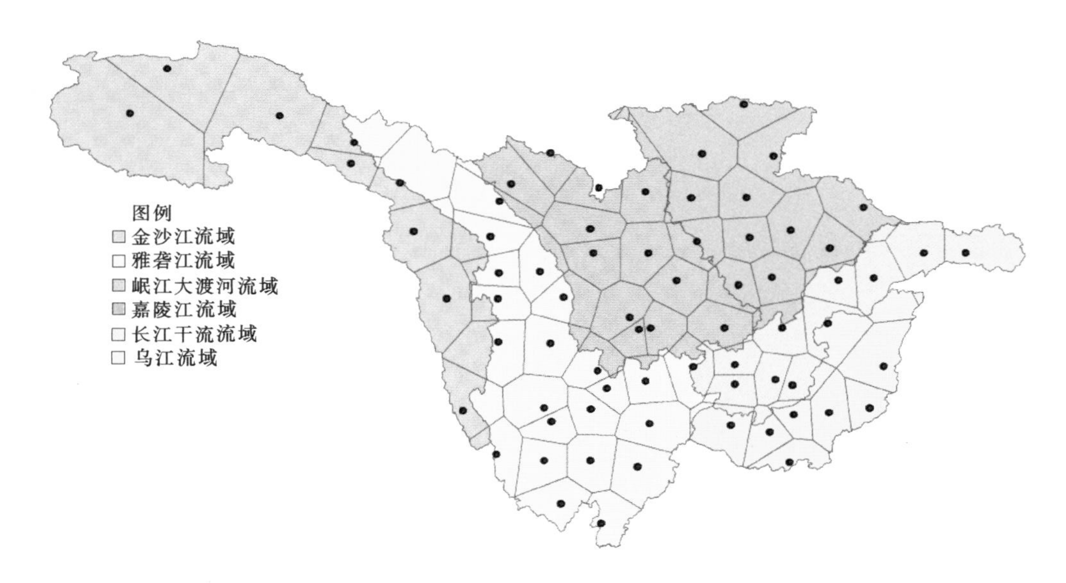

图2.2-7 各流域的雨量站点泰森多边形

用倾向率法分析各流域的长序列年平均降水，结果如图2.2-8所示。金沙江流域和雅砻江流域年平均降水呈不同幅度的上升趋势，在1961—2010年平均降水线性拟合增率依次为9.201mm/10a、1.410mm/10a；岷江大渡河流域、嘉陵江流域、长江上游干流流域及乌江流域年平均降水均呈不同幅度的下降趋势，在1961—2010年平均降水线性拟合减率依次为18.319mm/10a、16.358mm/10a、20.490mm/10a和17.801mm/10a。长江上游流域年平均降水呈上游逐年增加，下游逐年减小的趋势。

从表2.2-3中各流域年平均降水量M-K趋势检验算得的统计量Z可以看出，6个流域都满足$|Z|<Z_{0.995}$（$Z_{0.995}=2.58$），即认为在0.01显著水平下流域年平均降水并无显著的上升或下降趋势。各流域年平均降水统计量F均满足$F<F_{0.01}$（$F_{0.01}=7.20$），都没有通过置信度为0.01的显著性检验，说明各流域平均降水与时间的相关性不显著。

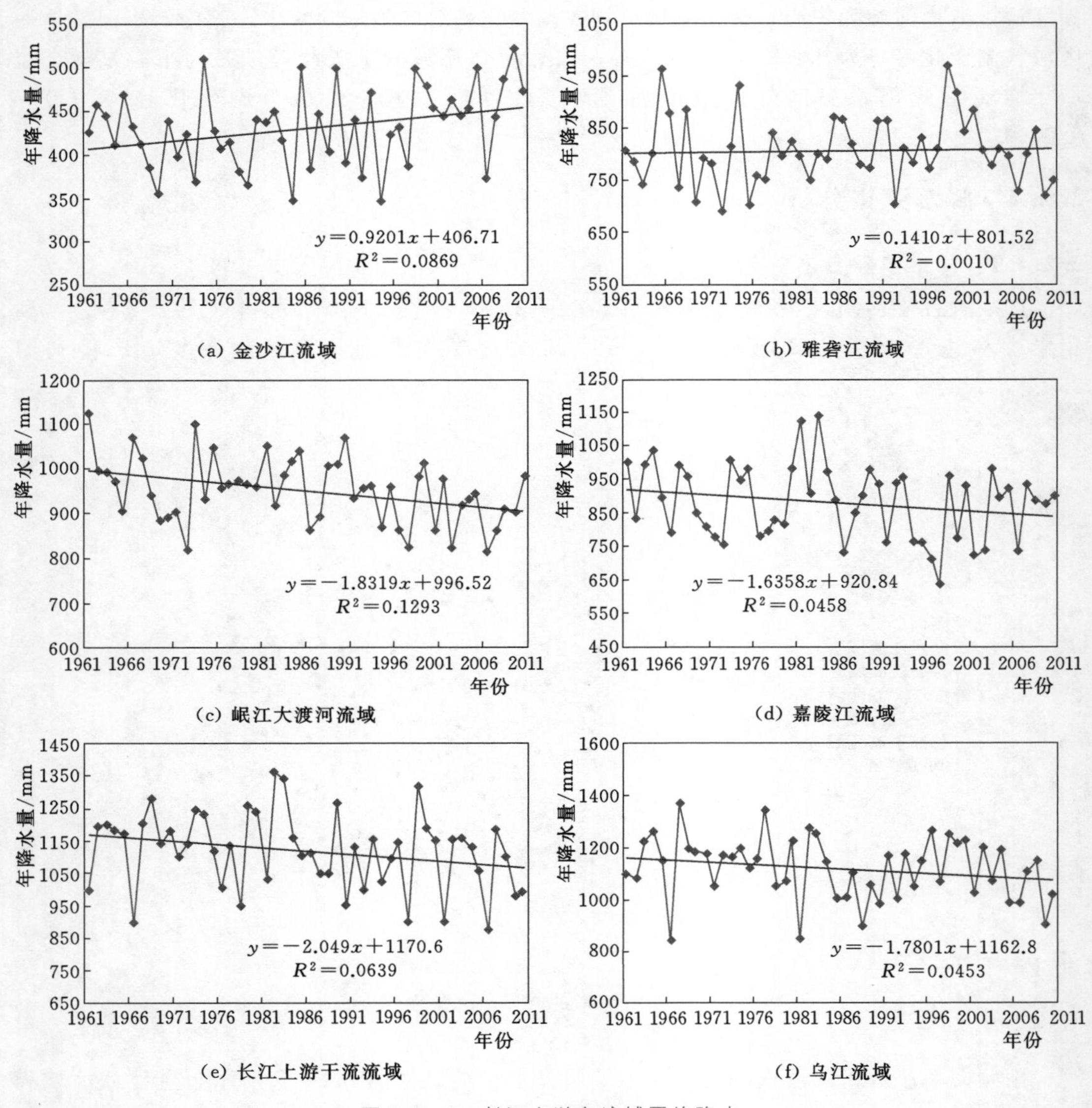

图 2.2-8 长江上游各流域平均降水

表 2.2-3 长江上游各流域降水趋势检验结果

流 域	金沙江	雅砻江	岷江大渡河	嘉陵江	长江上游干流	乌江
M-K 趋势检验法统计量 Z	2.0578	0.3179	0.2844	−2.3087	−1.7901	−1.7984
倾向率	0.9201	0.1410	0.4856	−1.8319	−1.6358	−4.1447
决定系数 R^2	0.0869	0.0010	0.1293	0.0458	0.0639	0.0453
倾向率法统计量 F	4.1754	0.0481	0.0606	6.5043	2.3039	2.3485

2.2.4.2 降水突变分析

用 M-K 突变检验法对 3 个气象站点及 6 个流域 1961—2010 年平均降水时间序列进

行突变检验，结果见图 2.2-9。金沙江流域降水突变时间发生可能在 2008 年，雅砻江流域和二滩附近的会理站降水突变时间可能在 1984 年及 2005 年，岷江大渡河流域降水突变时

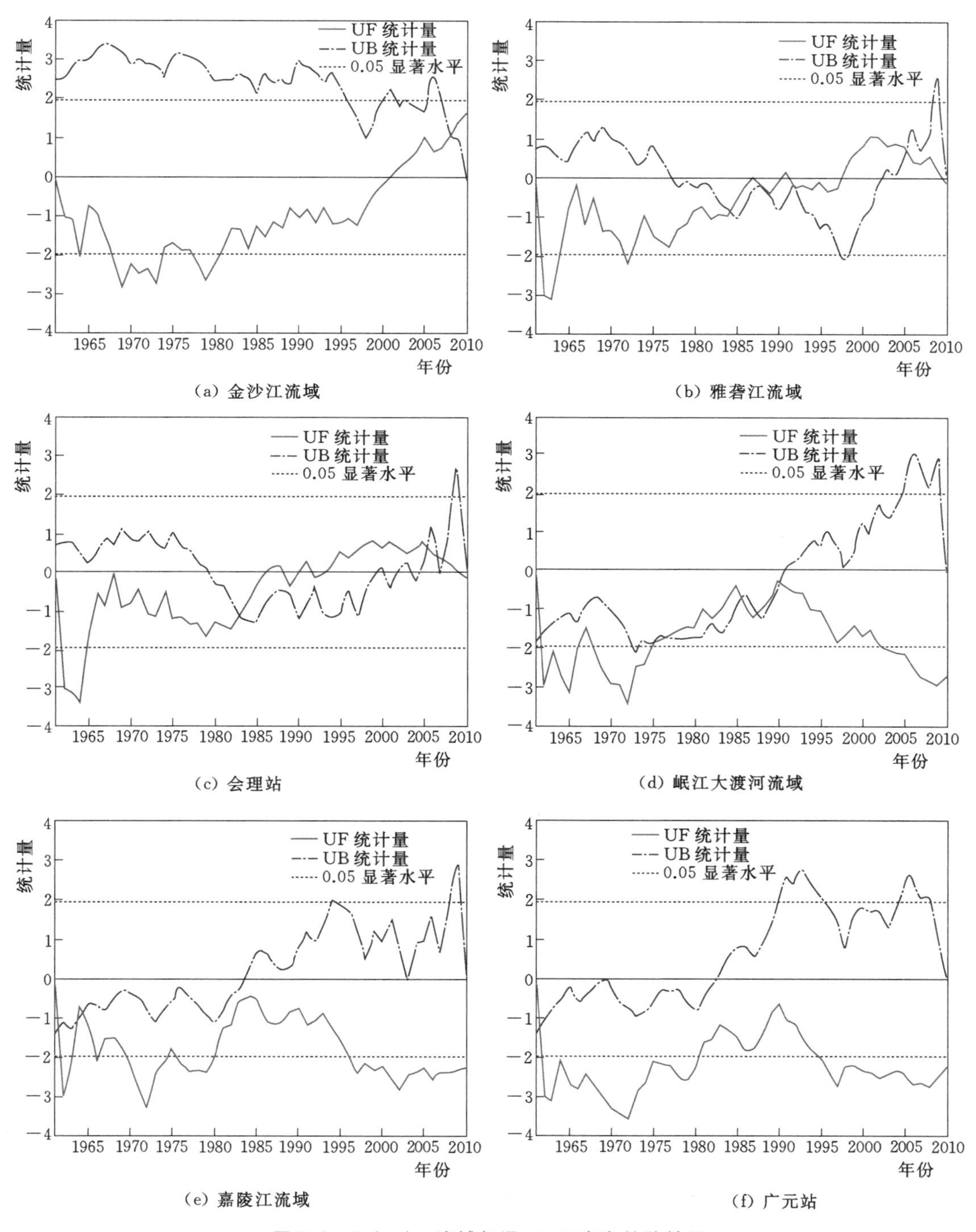

(a) 金沙江流域　(b) 雅砻江流域　(c) 会理站　(d) 岷江大渡河流域　(e) 嘉陵江流域　(f) 广元站

图 2.2-9 (一)　流域气温 M-K 突变检验结果

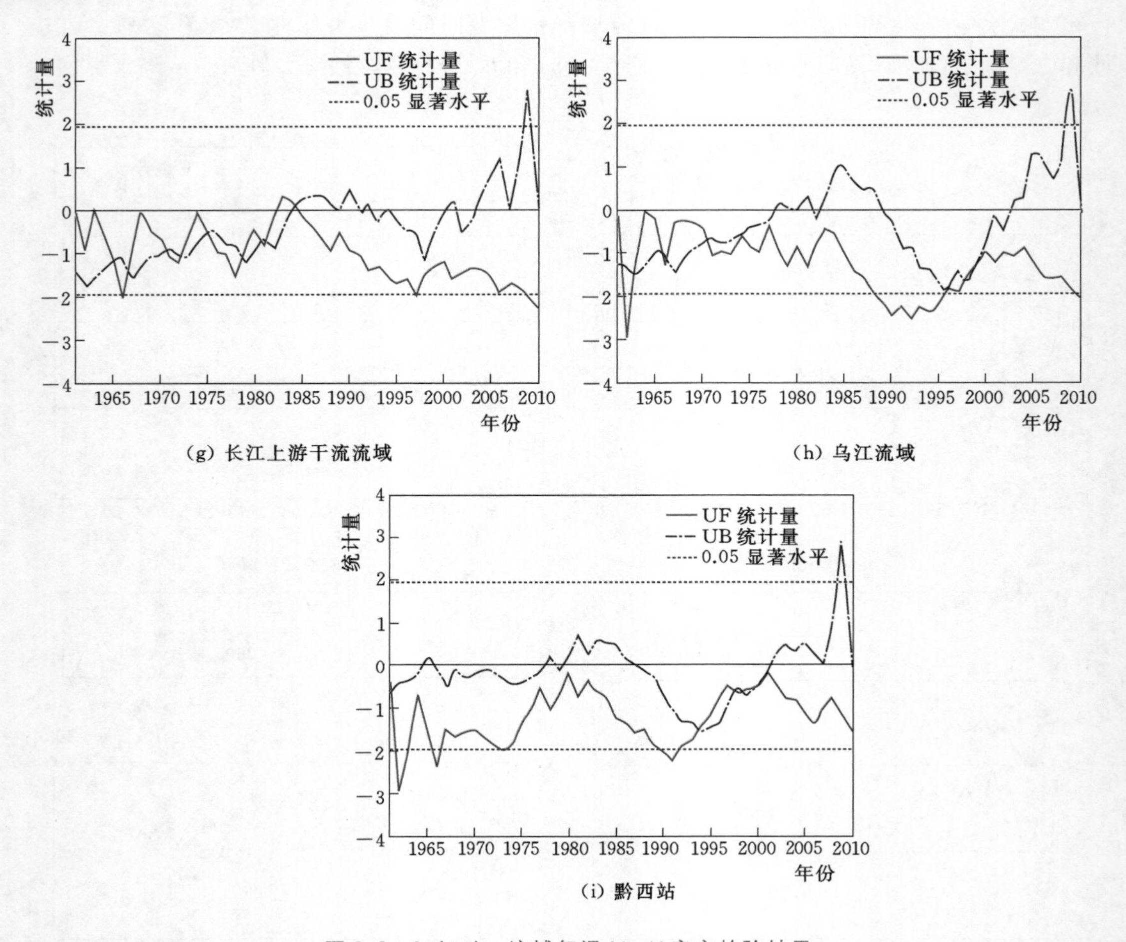

图 2.2-9（二） 流域气温 M-K 突变检验结果

间可能在 1976—1989 年，嘉陵江流域及宝珠寺附近的广元站降水突变时间可能在 1961 年，长江上游干流流域降水突变时间可能在 1965—1984 年，乌江流域降水突变时间可能在 1962—1970 年及 1998 年，乌江渡附近的黔西站降水突变时间可能在 1994 年及 1998 年。

2.2.4.3 降水空间分布

长江上游流域降水空间分布情况如图 2.2-10 所示。多年平均降水量从西北至东南逐渐增加，这与气温的空间分布规律相似，与长江上游地形的分布相吻合。位于西北端的五道梁站多年平均降水最少，为 285.66mm；位于中部的峨眉站多年平均降水最多，为 1748.12mm，最大降水差值达到 1462.46mm。

图 2.2-11 展示了长江上游流域降水变化趋势。以金沙江流域的五道梁站及雅砻江流域的理塘站为中心，年平均降水变化趋势向外逐渐减少，其中五道梁站及理塘站这一区域降水变化趋势为 20.5～31.3mm/10a；以岷江大渡河流域的乐山站为中心，年平均降水变化趋势向外逐渐增加，其中乐山站这一区域降水变化趋势为－56.5～－36.9mm/10a。

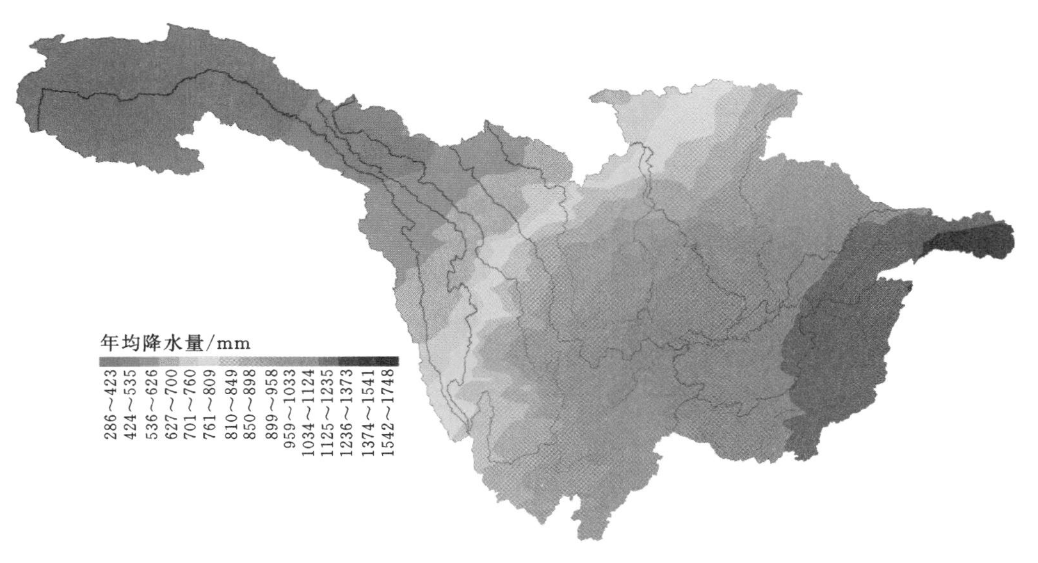

图 2.2-10 长江上游流域降水空间分布情况

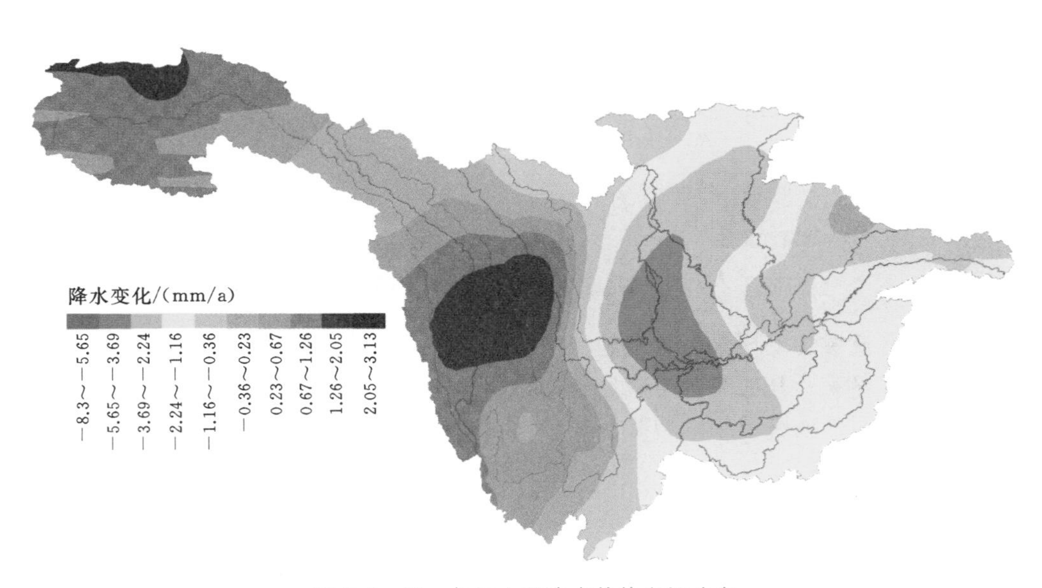

图 2.2-11 长江上游降水趋势空间分布

2.2.5 蒸散发变化分析

2.2.5.1 蒸发年际变化

选取长江上游流域内 21 个蒸发站的小型蒸发皿资料（图 2.2-2），由于部分蒸发站的小型蒸发皿资料缺失，根据小型蒸发皿蒸发量与大型蒸发皿蒸发量比值 $K=E_b/E_s=0.58$（E_b 为大型蒸发皿蒸发量，E_s 为小型蒸发皿蒸发量），利用大型蒸发皿蒸发资料订正并补充小型蒸发皿蒸发资料。运用倾向率法分析金沙江流域、雅砻江流域、嘉陵江流域及乌江流域1961—2010年蒸发皿蒸发量，如图2.2-12所示。结果表明，1961—2010年金沙江流域、雅砻江流域、嘉陵江流域及乌江流域年蒸发量均呈不同幅度的上升趋势，线性拟合增率依次为28.303mm/10a、12.864mm/10a、36.132mm/10a和23.912mm/10a。

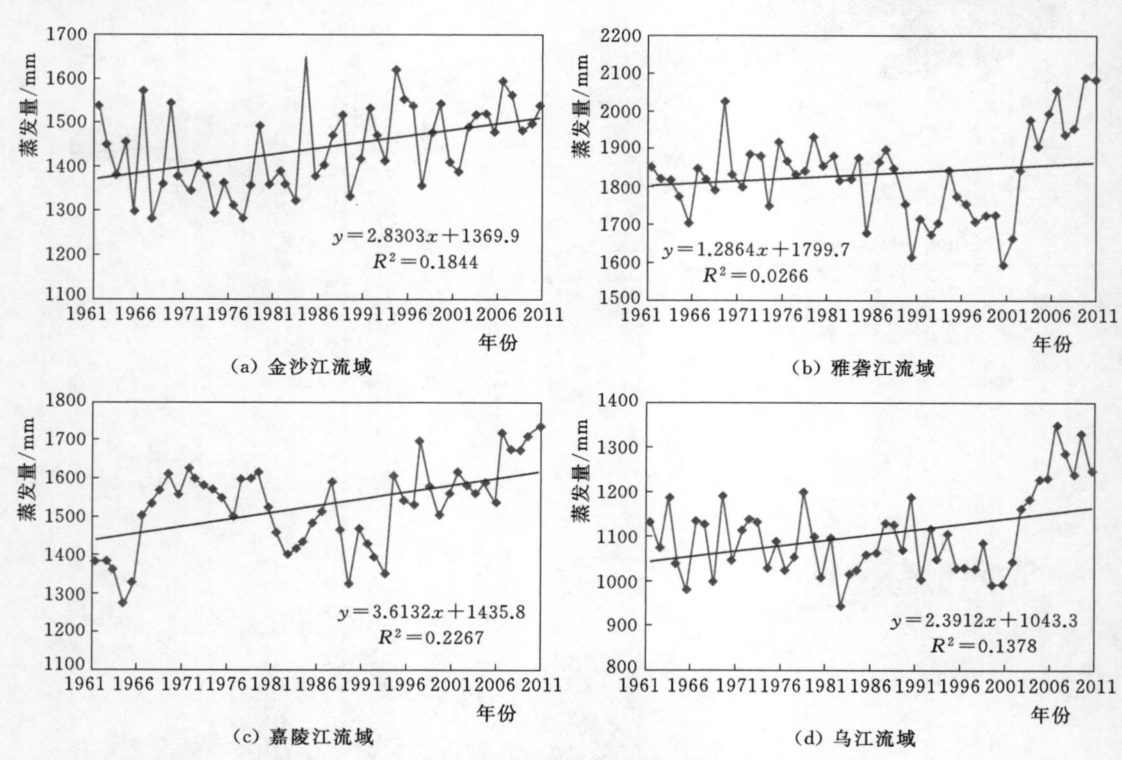

图2.2-12 长江上游各流域年平均水面蒸发结果

长江上游各流域年平均水面蒸发趋势检验结果见表2.2-4，其中雅砻江流域年平均蒸发上升趋势不显著；其他流域均满足$F>F_{0.01}$ ($F_{0.01}=7.20$)，通过了置信度为0.01的显著性检验，说明这些流域年平均蒸发量与时间的相关性显著，且水面蒸发量上升的趋势显著。

表2.2-4 长江上游各流域年平均水面蒸发趋势检验结果

流域	金沙江	雅砻江	嘉陵江	乌江
倾向率	2.8303	1.2864	3.6132	2.3912
决定系数R^2	0.1844	0.0266	0.2267	0.1378
统计量F	10.8524	1.3117	14.0716	7.6715

长江上游流域蒸发站点数据较少，且有许多小型蒸发站的数据是根据大型蒸发散数据订正而成，再加上少数缺测的数据是进行插值得来的，这些因素对M-K突变检验的结果影响较大，因此本节不进行蒸发突变分析。

2.2.5.2 水面蒸发空间分布

图2.2-13为长江上游流域多年平均水面蒸发空间分布情况，可以看出多年平均蒸发

以金沙江流域的丽江站为中心向外逐渐减少，以嘉陵江流域的沙坪坝站为中心向外逐渐增加。位于西南端的丽江站多年平均蒸发最大为2249.47mm，位于中部的宜宾站多年平均水面蒸发最小为979.44mm，最大蒸发差值为1270.03mm。

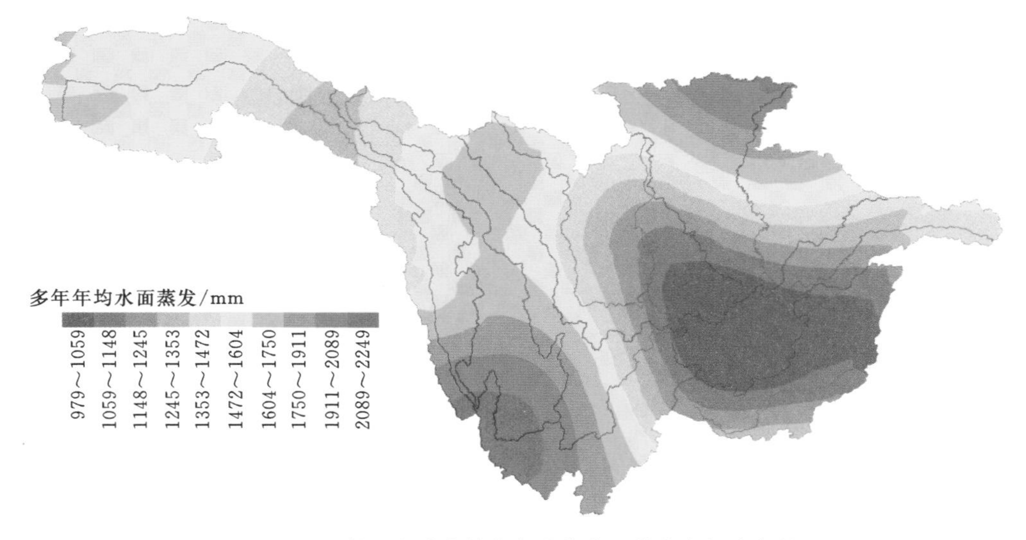

图2.2-13　长江上游流域多年平均水面蒸发空间分布情况

图2.2-14为长江上游流域水面蒸发变化趋势空间分布情况，图2.2-14中以金沙江流域的玉树站、丽江站及嘉陵江流域的武都站为中心，年平均蒸发由上升趋势向外逐渐转变为下降趋势，其中玉树站、丽江站及武都站这一区域蒸发变化趋势为75.5～101.1mm/10a；以雅砻江流域的九龙站为中心，整个流域年平均水面蒸发变化趋势向外逐渐增加，其中九龙站这一区域的变化趋势为－93.0～－61.2mm/10a。

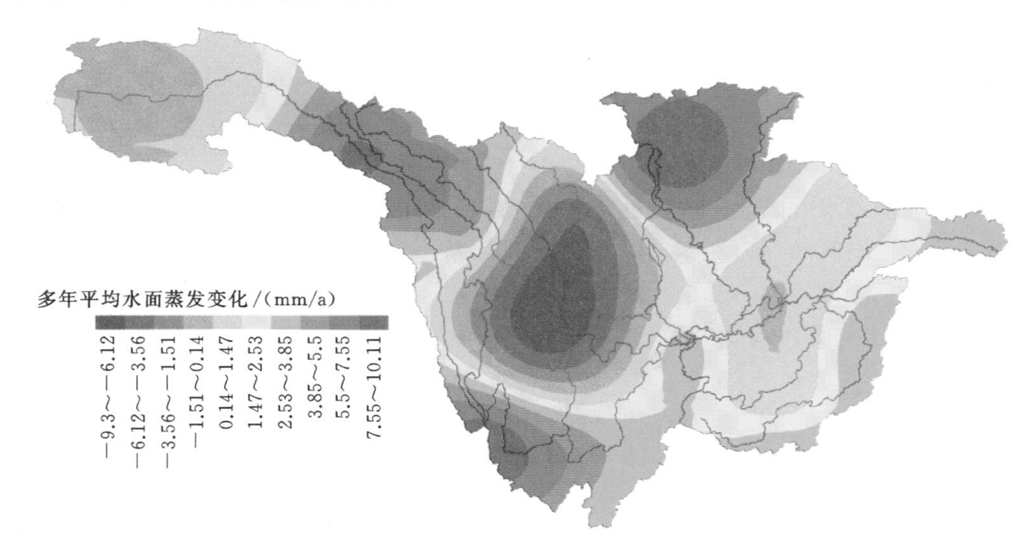

图2.2-14　长江上游流域水面蒸发变化趋势空间分布情况

2.3 水文变异分析方法及变异指标

2.3.1 滑动 T 突变检验法

若一段子序列的前后均值差异超过了一定的显著水平，则认为有突变发生。通过设置某一时刻为基准点，将含 n 个样本量的时间序列 x 划分为基准点前后两段子序列 x_1 和 x_2 的样本为 n_1 和 n_2，其平均值为$\overline{x_1}$和$\overline{x_2}$，方差为 S_1^2 和 S_2^2，定义统计量：

$$t=\frac{\overline{x_1}-\overline{x_2}}{S\sqrt{\frac{1}{n_1}+\frac{1}{n_2}}} \tag{2.3-1}$$

$$S=\sqrt{\frac{n_1S_1^2+n_2S_2^2}{n_1+n_2-2}} \tag{2.3-2}$$

给定显著水平 α，若$|t_i|>t_\alpha$ 则认为发生突变。采用滑动的办法连续设置基准点，基础点前后两个子序列的长度一般相同，$n_1=n_2$；分别计算 t 统计量，得到统计序列 $t_i[i=1,2,\cdots,n-(n_1+n_2)+1]$；通过显著水平 α，查 t_α，若$|t_i|<t_\alpha$ 则认为基准点前后的两个子序列均值无显著差异，否则认为突变时刻即为该基准点。

2.3.2 小波分析法

小波分析是用一簇小波函数来近似表示某一信号特征。因此小波函数是小波分析的关键，它是具有震荡性、能够迅速衰减到零的一类函数。小波函数 $\psi(t)\in L^2(R)$ 且满足：

$$\int_{-\infty}^{+\infty}\psi(t)\mathrm{d}t=0 \tag{2.3-3}$$

式中：$\psi(t)$ 为基小波函数，可通过时间轴上的平移和尺度的伸缩构成一簇函数系：

$$\psi_{a,b}(t)=|a|^{-\frac{1}{2}}\psi\left(\frac{t-b}{a}\right)\quad(a,b\in R,a\neq 0) \tag{2.3-4}$$

式中：$\psi_{a,b}(t)$ 为子小波；a 为反映小波的周期长度的尺度因子；b 为反映时间上平移的平移因子。

选择合适的基小波函数是进行小波分析的前提，在研究中应针对具体情况选择所需的基小波函数。同一时间序列或信号，由于选择的基小波函数不同，得到的结果会有所差异。目前，选择研究所需的基小波函数是通过对比不同小波分析处理的结果误差来判定的。选用 Morlet 小波作为母小波进行变换时，Morlet 小波函数形式为

$$\psi(t)=\pi^{-1/4}\mathrm{e}^{-\mathrm{i}w_0t}\mathrm{e}^{-t^2/2} \tag{2.3-5}$$

式中：w_0 为常数（一般 $w\geqslant 5$）；i 为虚数。

小波变换对于任意函数 $f(x)$ 定义如下：

$$W_f(a,b)=\int_{-\infty}^{+\infty}f(x)\overline{\psi(a,b)}(x)\mathrm{d}x=|a|^{-\frac{1}{2}}\int_{-\infty}^{+\infty}f(x)\overline{\psi}\left(\frac{x-b}{a}\right)\mathrm{d}x \tag{2.3-6}$$

式中：$W_f(a,b)$ 为小波系数，其离散变换如式（2.3-7）所示；$\psi(\cdot)$ 与 $\overline{\psi}(\cdot)$ 互为复共轭函数：

$$W_f(a,b)=|a|^{-\frac{1}{2}}\Delta t\sum_{k=1}^{n}f(k\Delta t)\,\overline{\psi}\left(\frac{k\Delta t-b}{a}\right) \tag{2.3-7}$$

式中：$f(k\Delta t)$ 可通过三维脉冲响应的滤波器输出，其值可同时反映时域参数 b 和频域参数 a 的特性。

将参数 b 作为横坐标、a 作为纵坐标画关于 $W(a,b)$ 的二维等值线图，等值线图能反映水文气象序列变化的小波变化特征。等值线图中实部表示不同特征时间尺度信号在不同时间上的分布信息，模的大小则表示特征时间尺度信号的强弱。

将小波系数的平方值在 b 域上积分可得小波方差，即

$$\mathrm{var}(a)=\int_{-\infty}^{\infty}|W_t(a,b)|^2\mathrm{d}b \tag{2.3-8}$$

小波方差值随尺度 a 的变化过程，称为小波方差图。由式（2.3-8）可知，小波方差图能反映信号波动能量随尺度 a 的分布情况。故小波方差图可用来确定信号中不同种尺度扰动的相对强度和存在的主要时间尺度。

2.3.3 水文变化指标法

2.3.3.1 水文指标改变度

水文指标改变度的定义如下：

$$D_i=\left|\frac{N_i-N_e}{N_e}\right|\times 100\% \tag{2.3-9}$$

式中：D_i 为第 i 个水文指标的改变度；N_i 为第 i 个水文指标变异后仍落于 RVA 目标范围内的年数；N_e 为水文指标变异后预期落于 RVA 目标范围内的年数，由水文指标变异后的年数乘以变异前水文指标落入 RVA 目标范围比例计算得到。当 D_i 值介于 0～33%时，水文指标为低度改变；介于 33%～67%时为中度改变；介于 67%～100%时则为高度改变。

2.3.3.2 基于 CRITIC 法确定水文权重

CRITIC 法是由 Diakoulaki（1995）提出的通过分析各指标间的对比强度和冲突性来综合衡量指标客观权重的方法。该方法能考虑 IHA 指标间的相关性，进而确定各指标的权重。其中对比强度用标准差来衡量，标准差大（小）则该指标反映信息量大（小）。指标间冲突性通过相关系数表示，两指标间负相关系数大（小）则冲突性大（小），说明这两个指标在评价中反映的信息有较大（小）不同，指标所赋权重也相应大（小）。

$$C_j=\sigma_j\sum_{j=1}^{m}(1-\tau_{ij})\quad(j=1,2,\cdots,m) \tag{2.3-10}$$

$$W_j=\frac{C_j}{\sum_{j=1}^{m}(C_j)}\quad(j=1,2,\cdots,m) \tag{2.3-11}$$

式中：C_j 为第 j 个指标所表示的全部信息量；σ_j 为 j 个指标的标准差；τ_{ij} 为第 i 个指标和第 j 个指标的相关系数；W_j 为第 j 个指标权重。

在各指标权重确定后，结合 RVA 法评估河道水文指标整体改变度，公式为

$$D=\sum_{j=1}^{m}W_{mi}D_i \tag{2.3-12}$$

式中：W_{mi} 为各指标的综合权重；D_i 为各指标的改变度；D 的取值范围是从 0 到 1，其值越大表示河流水文情势变化越明显。

2.3.4 案例分析

将岷江作为研究区域，高场水文站位于大渡河与岷江交汇处下游，受两条支流共同影响，是岷江的出口控制站。以岷江流域出口控制站高场水文站的径流变化为研究对象，以龚嘴水库、铜街子水库和紫坪铺水库建成运行时间分别划分水库影响的时间节点，对高场水文站 1950—2015 年（共 66 年）月尺度实测径流进行趋势分析、周期分析和突变分析，并根据突变节点划分径流天然状态和受影响状态，运用水文情势分析法定量分析径流变化程度，探究水库建成运行对流域径流要素的变化规律。

2.3.4.1 径流趋势分析

高场水文站多年平均流量为 2700m^3/s。通过趋势分析，年径流和汛期径流都呈减少趋势，非汛期径流呈增加趋势（图 2.3-1）。显著性水平 $\alpha=0.05$ 时，$Z_{\alpha/2}=1.96$，其中年径流的统计量 $Z=-2.7879$，即认为在 0.05 显著水平下高场站年径流有显著下降趋势。进一步对高场水文站实测月径流量进行趋势分析（表 2.3-1），12 月至次年 4 月径流量呈上升趋势，5—11 月径流量呈现降低趋势。其原因是：随着岷江水库群建设运行，在汛期 5—8 月为保证下游安全及发挥防洪效益，水库控制下泄流量，使汛期洪水过程坦化；9—10 月水库蓄水，使水库下游来水量减少。在非汛期 11 月至次年 4 月，水库为满足河道航

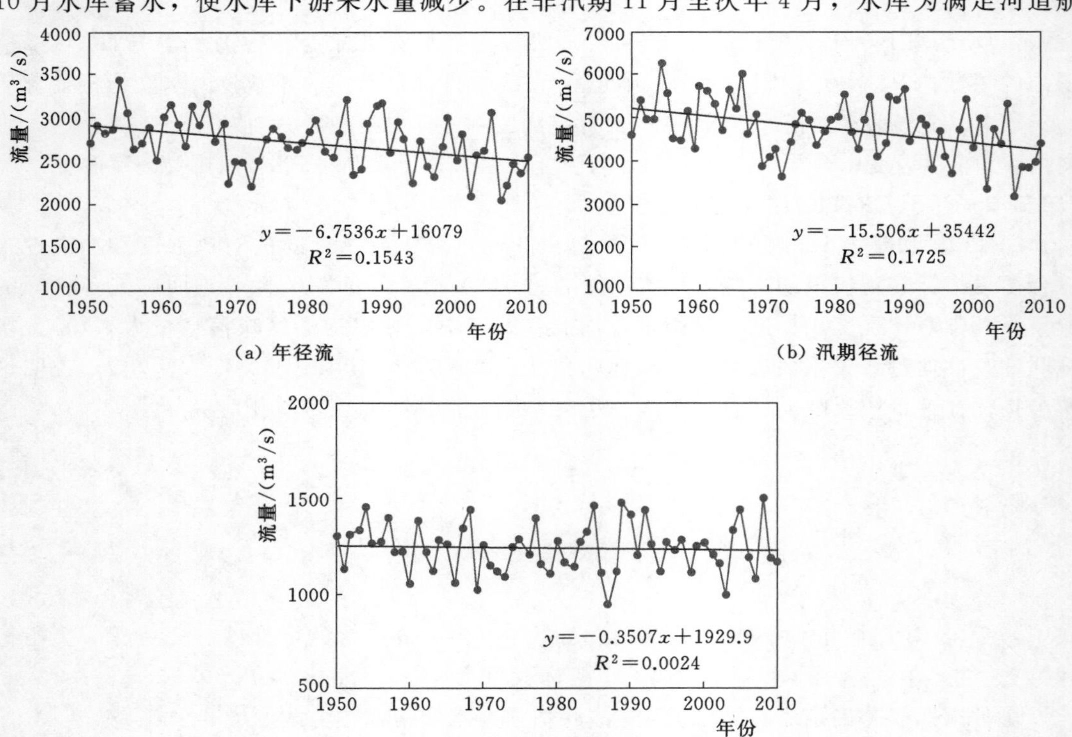

图 2.3-1 高场站径流变化趋势

运、生态供水、发电等需求，库容在消落变化下，使下游河道径流量增加。总体上，受气候变化和人类活动影响，岷江流域径流量呈减少趋势。

表 2.3-1 高场站径流变化趋势表

月份	1	2	3	4	5	6	7
统计量 Z	1.7486	1.5371	0.75297	0.67207	−0.99567	−0.23647	−2.9746
倾向率	1.00	3.42	3.96	2.52	−5.61	−6.61	−23.14
月份	8	9	10	11	12	汛期	非汛期
统计量 Z	−1.2010	−1.7922	−2.8999	−2.7070	0.7343	−3.0617	0.0560
倾向率	−19.75	−20.52	−13.54	−5.22	2.17	−13.44	0.11

2.3.4.2 径流周期分析

径流序列随时间的变化受到多种因素的综合影响。多时间尺度是径流变化过程的重要特征之一。这种变化一般表现为大尺度的变化周期中包含小时间尺度变化周期，即在时间域中径流存在多层次的时间尺度结构和局部变化特征。

本节根据高场站多年的实测径流数据，选用 Morlet 小波函数进行连续复小波变换来分析径流时间序列的多时间尺度特征。图 2.3-2 展示了高场水文站年径流小波分析结果，分别为小波系数实部等值线图、小波系数模等值线图、小波方差图及小波实部过程线图。

实部等值线图可以清晰反映径流变化过程中存在的多时间尺度特征。高场站在流域径

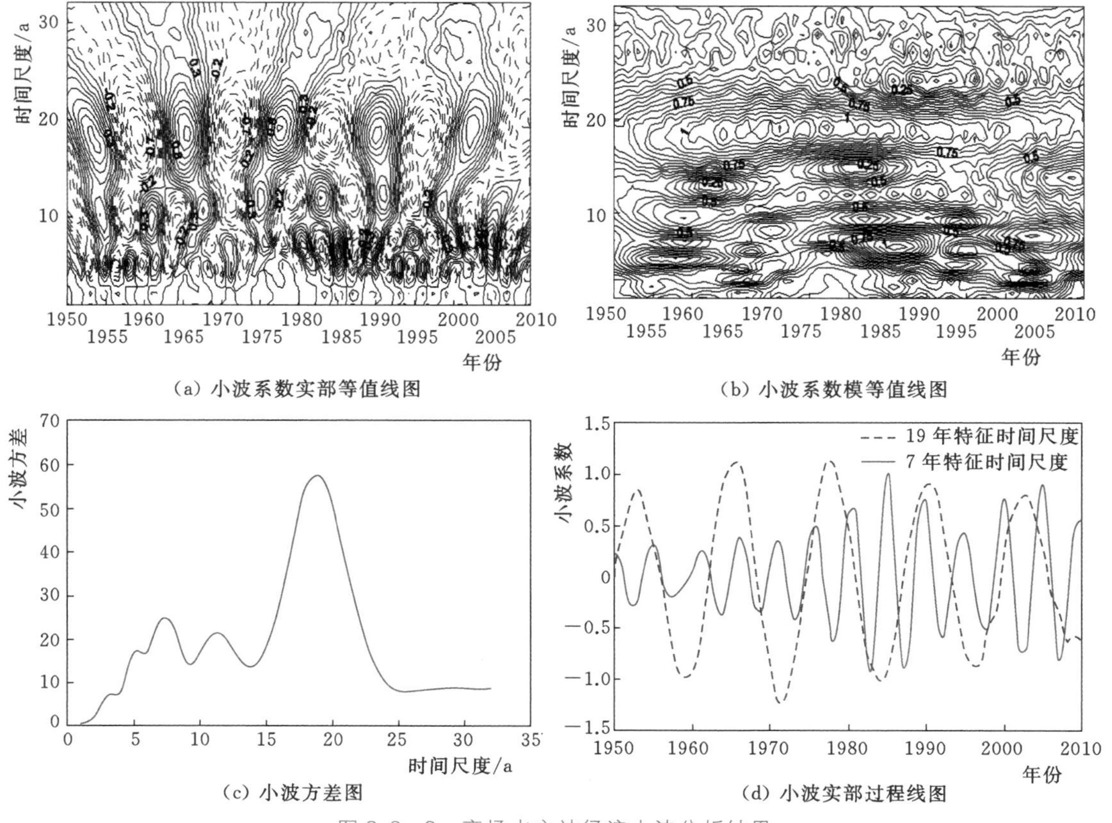

(a) 小波系数实部等值线图

(b) 小波系数模等值线图

(c) 小波方差图

(d) 小波实部过程线图

图 2.3-2 高场水文站径流小波分析结果

流演变过程中存在 3～9 年、10～25 年、25～32 年的三类尺度变化，10～25 年尺度上出现了枯-丰交替的准 5 次震荡，同时可以看出 3～9 年、10～25 年两个尺度的周期变化在整个分析时段表现得非常稳定，具有全域性。

Morlet 小波系数的模值能反映不同时间尺度周期所对应的能量密度在时间域中分布情况，系数模值越大，其对应尺度的周期性越强。从图 2.3-2（b）可以看出，在岷江流域径流演化过程中 10～25 年的模值最大，表明该时间尺度周期变化最明显，而其他时间尺度的周期性变化相对较小。

小波方差图可反映径流序列随时间尺度的波动能量情况，可以直观确定径流演化过程中存在的主周期。在岷江流域的小波方差图即图 2.3-2（c）存在 5 个较为明显的峰值，它们依次对应 3 年、5 年、7 年、12 年、19 年的时间尺度，其中 19 年的时间尺度为最大峰值，说明 19 年左右的周期震荡最强，为年径流变化的第一主周期；7 年时间尺度对应着第二峰值，为径流变化的第二主周期；第三、第四、第五峰值分别对应着 12 年、5 年和 3 年。这五个周期的波动控制着流域径流在整个流域内的变化特征。

结合小波方差计算结果，绘制出控制流域径流演变的第一和第二主周期小波系数图。从图 2.3-2（d）可以得到：在 19 年特征时间尺度上，流域径流变化的平均周期为 12 年左右，大约经历了 5 个丰-枯转换期；在 7 年特征尺度上，流域径流的平均周期为 5 年左右，大约经历了 12 个周期的丰-枯变换。

2.3.4.3 突变及水文情势分析

高场站位于大渡河与岷江交汇处的下游，该站径流变化能反映岷江和大渡河流域水库群调蓄作用的影响程度。本节仅考虑岷江和大渡河流域大（2）型以上水库，水库基本参数见表 2.3-2。

表 2.3-2　研究区大（2）型以上水库基本参数

所属河流	水库名称	控制站	总库容/亿 m^3	运行（建成）年份
大渡河	龚嘴	高场	3.1	1972 年第一台机组运行，1978 年建成
	铜街子		2.0	1992 年第一台机组运行，1994 年建成
	瀑布沟		53.9	2009 年
岷江	紫坪铺		11.2	2006 年下闸蓄水

RVA 法是在 IHA 指标基础上提出的用于评价水利工程对天然径流水文情势影响程度的方法。该方法需将高场站的径流系列划分成天然状态和受影响状态。为避免突变统计分析中突变点缺乏物理解释或者使用突变检验的方法不当可能得到错误的结论，本节利用 M-K 突变检验法和滑动 T 检验法进行比较分析（图 2.3-3）。

通过对高场站年径流序列进行突变检验，得到径流序列突变点结果如表 2.3-3 所示。

表 2.3-3　径流突变分析

站点	可能突变年份		
	M-K 突变检验法	滑动 t 检验法（$n=5$）	滑动 t 检验法（$n=10$）
高场	1973、1993	1968、1973、1993	1968

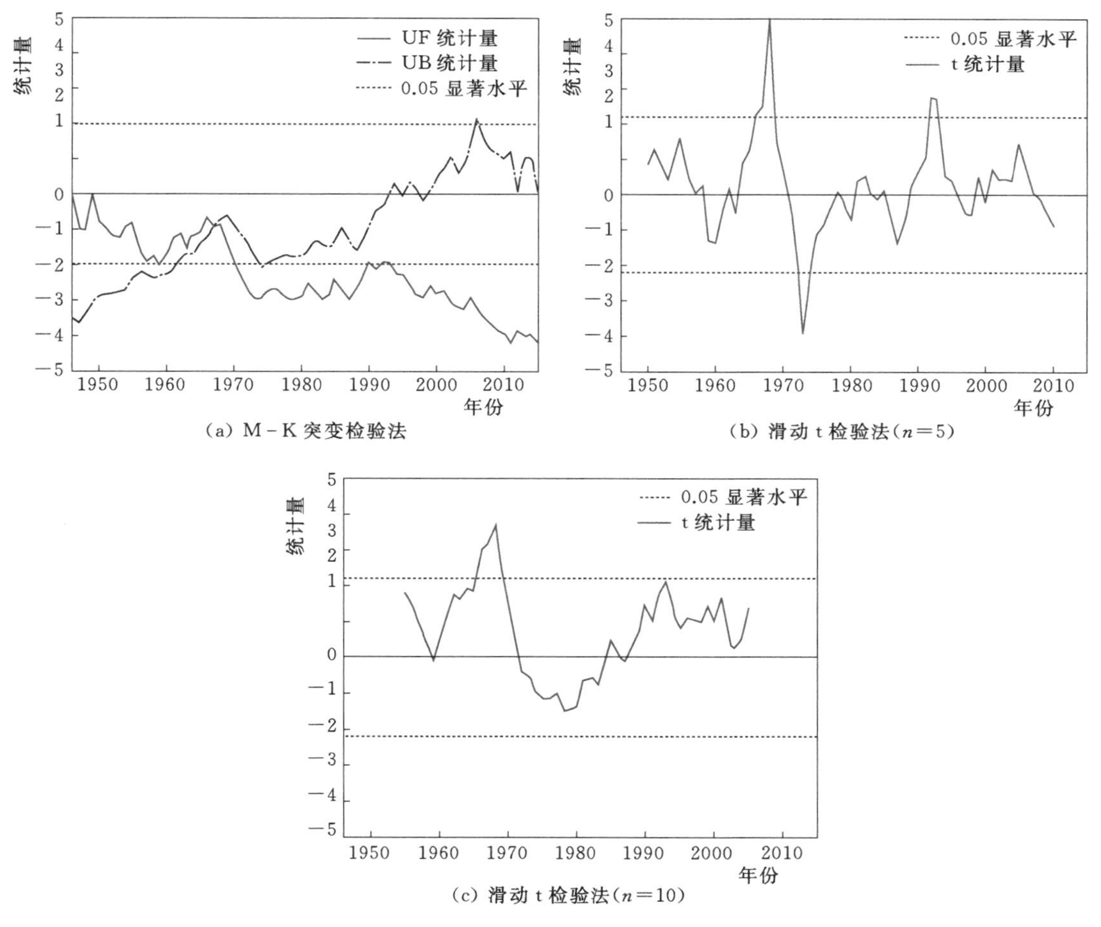

图2.3-3　径流序列突变检验结果

综合考虑两种突变检验结果和大型水库投入运行时间，识别径流突变的时间分界点。在高场站控制面积内，大渡河上龚嘴水库于1972年开始运行，下游铜街子水库于1994年建成运行，形成双库串联运行模式，对高场站水文序列造成显著影响；岷江紫坪铺水库于2006年投产运行，与大渡河内水库群形成水库并联运行模式。因此将高场站径流序列1972年以前作为天然径流；1973—1993年划分为龚嘴水库单库运行影响阶段；1994—2006年划分为龚嘴水库和铜街子水库双库串联运行阶段；2007—2015年划分为龚嘴、铜街子、瀑布沟、紫坪铺等水库并联与混联共同影响阶段，具体见表2.3-4。

表2.3-4　高场水文站径流时间序列划分

站点	天然径流期	单库运行期	双库串联运行期	并联运行期
高场	1950—1972年	1973—1993年	1994—2006年	2007—2015年

高场站是大渡河与岷江的交汇口控制站，以1—12月月平均流量、年最大流量和年最小流量这14个水文指标发生概率的25%和75%作为RVA上限和下限，计算高场站受龚嘴、铜街子、瀑布沟和紫坪铺等水库联合运行模式下的指标改变度，结果见表2.3-5。

表 2.3-5 高场站水文指标改变度

水文站		天然状态			龚嘴单库运行					龚嘴、铜街子双库串联运行					瀑布沟、紫坪铺四库并联运行				
		均值/(m^3/s)	RVA阈值		均值/(m^3/s)	改变程度/%	改变度	权重/%	整体改变度/%	均值/(m^3/s)	改变程度/%	改变度	权重/%	整体改变度/%	均值/(m^3/s)	改变程度/%	改变度	权重/%	整体改变度/%
			下限/(m^3/s)	上限/(m^3/s)															
高场站	1月	780	720	841	774	7.1	低	0.9	13.7	799	15.6	低	1.0	34.3	1169	100.0	高	2.8	38.2
	2月	725	657	793	711	12.3	低	0.8		756	15.0	低	1.3		1101	69.3	高	2.7	
	3月	856	721	991	827	16.4	低	1.7		886	27.3	低	2.5		1292	66.3	中	3.4	
	4月	1236	923	1548	1288	5.9	低	5.4		1283	46.6	中	3.4		1414	58.8	中	1.9	
	5月	2216	1760	2673	2124	5.9	低	6.3		2114	34.4	中	4.6		1708	19.1	低	5.9	
	6月	4104	3333	4875	4096	13.4	低	13.2		4014	2.3	低	10.3		3303	19.1	低	6.3	
	7月	6895	5089	8702	6200	11.0	低	12.9		5081	33.9	中	17.6		5891	8.0	低	22.0	
	8月	6336	4596	8076	5665	28.6	低	14.9		5277	58.8	中	18.2		4747	19.1	低	12.8	
	9月	5047	3767	6326	5187	21.0	低	18.7		4199	22.2	低	15.8		3702	58.8	中	13.1	
	10月	3461	2844	4079	3276	3.6	低	10.0		2762	27.3	低	5.9		2718	32.5	低	6.6	
	11月	1894	1673	2116	1809	12.0	低	3.2		1653	34.4	中	2.8		1535	64.5	中	0.9	
	12月	1114	1005	1222	1151	14.3	低	1.3		1090	26.9	低	1.1		1354	100.0	高	1.0	
	最大值	7447	5778	9116	6545	2.0	低	9.8		5718	43.8	中	14.3		5672	57.1	中	18.5	
	最小值	715	650	779	723	10.0	低	0.8		738	40.9	中	1.3		1048	77.5	高	2.3	

由表 2.3-5 可知，1973—2006 年，高场站月平均流量主要受大渡河水库建设运行的影响，并随着梯级水库数量增加而增大。其中，龚嘴水库运行期间，1—12 月流量均为低度改变；在龚嘴水库和铜街子水库联合运行后，4 月、5 月、7 月、8 月流量均变为中度改变。说明大渡河梯级水库蓄水使下游控制站的汛前和汛中径流影响增大。2007—2015 年四库联合运行期间，高场站非汛期径流呈中高度改变，汛期径流改变度变为中低度改变，河道水文要素整体改变度为 38.2%，属于中度改变。

在龚嘴水库单库运行时，高场站 4—5 月月平均流量改变度出现跳跃式降低；在双库串联和四库并联运行时改变度跳跃降低现象分别发生在 6 月和 7 月。其原因主要是，大渡河、岷江流域的水库一般在 8—9 月蓄水，9 月底完成蓄水；10 月进入消落期，4—5 月消落至死水位再上升，汛前升至汛限水位。

高场站上游梯级水库群运行造成年最大/最小流量相对于天然状态流量变化幅度明显，其中年最大流量分别降低了 12.1%、23.2%、23.8%，年最小流量分别增加了 1.2%、3.2%、46.6%。

为了避免传统 RVA 法过于重视变化程度较大的指标参数，采用 CRITIC 法，对高场站水文要素 14 个指标的变化情况进行分析，计算整体指标改变度。CRITIC 法计算结果表明，高场站 6—10 月月平均流量和最大月流量这 6 个指标所占权重较大，并且随着水库建设增加，这 6 个指标所占权重和均为 70%以上，表明这 6 个指标所含信息量较大，说明水库的建设运行主要影响汛期和最大径流过程。

龚嘴水库单库运行阶段的整体改变度为 13.7%；在龚嘴水库和铜街子水库双库串联运行阶段出现了 7 个指标的中度改变，7 个指标所占权重为 62.17%，整体改变度为 34.3%。在紫坪铺水库和瀑布沟水库建成后，四库并联运行阶段有 4 个指标呈高度改变，5 个指标呈中度改变，其中高度改变指标权重占 8.73%，小于中度改变度指标权重 37.68%，因此中度改变指标对河道水文要素的影响较大。经过改变度权重计算，得到高场站水文要素受上游水库并联运行影响整体改变度为 38.2%，属于中度改变。这是由于紫坪铺和瀑布沟水库的建成形成了并联运行模式，加强了水库群整体的调节能力，其防洪调蓄的作用在汛期尤其突出，大流量过程被拦蓄在水库中，破坏了天然水流过程，从而引发水文指标的强烈变动。

2.4 长江上游干流梯级水库群运行对洪枯水的影响

2.4.1 SWAT 模型

SWAT 模型主要应用领域包括评价分析土地利用、气候变化对水文过程和水质的影响（Parajuli et al.，2009；Yang et al.，2007；Spruill et al.，2000）。模型主要特点有（许继军，2007）：①基于物理机制，物理过程（包括水分和泥沙输移、作物生长和营养成分循环等）直接反映在模型中，模型不仅可应用于缺乏流量等观测数据的流域，还可以定量评价管理措施、气象条件、植被覆盖等变化对水质影响；②模型采用的数据是可以从公共数据库得到的常规观测数据；③计算效率高。

SWAT模型常依据子流域进行流域划分，对每一个子流域，又可以根据其中的土壤类型、土地利用和地形的组合情况，进一步划分为单个或多个水文响应单元（Hydrologic Response Units，HRUs），该水文响应单元是模型中最基本的计算单元。在HRUs上利用水量平衡方程式（2.4-1）模拟陆地水文循环过程，在河道上采用马斯京根法或变动储水系数进行汇流计算（Arnold et al.，1999），并依据河网和水库等特征模拟流域水文过程。本章采用变动储水系数法做汇流计算，公式见式（2.4-2）。

$$SW_{\mathrm{t}} = SW_0 + \sum_{i=1}^{t}(R_{\mathrm{day}} - Q_{\mathrm{surf}} - E_a - w_{\mathrm{seep}} - Q_{\mathrm{gw}}) \tag{2.4-1}$$

式中：SW_{t}为土壤最终含水量，mm；SW_0为土壤前期含水量，mm；t为时间，d；R_{day}为第i天的降雨量，mm；Q_{surf}为第i天的地表径流量，mm；E_a为第i天蒸发量，mm；w_{seep}为第i天土壤剖面的测流量和渗透量，mm；Q_{gw}为第i天地下水含量，mm。

$$q_{\mathrm{out},2} = \left(\frac{2\Delta t}{2TT + \Delta t}\right) q_{\mathrm{in,ave}} + \left(1 - \frac{2\Delta t}{2TT + \Delta t}\right) q_{\mathrm{out},1} \tag{2.4-2}$$

式中：$q_{\mathrm{out},2}$为时间步长末出流量；$q_{\mathrm{out},1}$为时间步长初出流量；Δt为时间步长，$q_{\mathrm{in,ave}}$为时间步长内平均流量。

水库调度的实质即选择适当的蓄水和泄水方式。在实际应用中，进行水库调度通常需要以下资料：①泄流能力曲线；②水位库容曲线，一般需要通过实际测量绘制获得；③下游河道的安全泄量，用于保护水库下游的防洪安全；④水库允许的最小下泄流量，保证下游河道最小生态环境需水量；⑤调度期末水位，是水库的兴利与防洪的矛盾所在；⑥水库允许的最高水位，用于保证水库安全及上游防洪效益；⑦不同泄流设备的运用条件；⑧相邻时段允许的出库流量的变幅等。

SWAT模型中针对有闸门控制水库的建模可以说是对真实调度的一种简单参数化，优点是不需要收集大量水库资料，受到水库资料的限制性小。SWAT模型将实际水库简化为仅存在正常溢洪道和非常溢洪道两类（Arnold et al.，1999），忽略了泄洪隧洞和泄水孔。依据这两种溢洪道启用相应水位和库容，制定汛期和非汛期的目标库容。在具体计算时，首先依据式（2.4-3）确定水库的预期目标库容，然后依据式（2.4-4）计算出库流量。

$$\begin{cases} V_{\mathrm{targ}} = V_{\mathrm{em}} \quad (mon_{\mathrm{fld,beg}} < mon < mon_{\mathrm{fld,end}}) \\ V_{\mathrm{targ}} = V_{\mathrm{pr}} + \dfrac{1 - \min\left[\dfrac{SW}{FC}, 1\right]}{2} \quad (V_{\mathrm{em}} - V_{\mathrm{pr}}) \\ mon \leqslant mon_{\mathrm{fld,beg}} \quad \text{或} \quad mon \geqslant mon_{\mathrm{fld,end}} \end{cases} \tag{2.4-3}$$

式中：V_{targ}为某日目标库容，m^3；V_{pr}为防洪限制水位相应库容，m^3；V_{em}为防洪高水位相应库容，m^3；SW为子流域平均土壤含水量，$\mathrm{m}^3/\mathrm{m}^3$；$FC$为子流域的田间持水量，$\mathrm{m}^3/\mathrm{m}^3$；$mon_{\mathrm{fld,beg}}$为汛期起始月份；$mon_{\mathrm{fld,end}}$为汛期终止月份。

$$q_{\text{出流}} = \frac{V - V_{\text{目标}}}{T_{\text{目标}}} \tag{2.4-4}$$

式中：V 为水库当前库容，m^3；$T_{目标}$为达到目标库容所需时间，s。

2.4.1.1 率定方法及评价指标

SWAT - CUP 2012 具有操作界面简洁、率定校验方法多样、处理速度快等特点，已得到了广泛应用（Khoi et al.，2015；Sellami et al.，2013；杨军军等，2013；刘伟等，2016）。SWAT - CUP 2012 提供了 SUFI2、GLUE、PSO 和 MCMC 4 种参数率定方法，本章选择 SUFI2 方法进行雅砻江流域参数率定和敏感性分析。

参数敏感性分析的目的在于帮助研究者找到对水文过程影响较大的变量，减少参数调试的盲目性，提高率定参数的效率。全局敏感度分析法是在率定的过程中，计算下次率定时所需要的参数敏感性。因此需要结合研究区的实际情况，初步构建流域参数体系，才能进行敏感性分析和再次调试。在统计学中，T - state 值用来确定每个样本的相对显著性，P 值是 T 检验值查表对应的 P 概率值，体现了 T 统计量的显著性。采用 T - state 的绝对值作为敏感性的参考，参数 T - state 的绝对值越大，敏感性越高；同时采用 P - value 来指示的显著性。参数的 P 值越接近 0，显著性越大。

选取适当的评价指标对参数的选择和取值进行合理性评估，从而判断模型构建的适用性。径流模拟效果的评估系数包括决定系数（R^2）和纳什效率系数（NSE），综合两者作为 SWAT 模型的评价标准。决定系数 R^2 用于实测值和模拟值之间数据吻合程度评价，通过线性回归方法求得

$$R^2=\frac{\left[\sum_{i=1}^{n}(Q_{obs}-\overline{Q_{obs}})(Q_{sim}-\overline{Q_{sim}})\right]^2}{\left[\sum_{i=1}^{n}(Q_{obs}-\overline{Q_{obs}})^2\right]\left[\sum_{i=1}^{n}(Q_{sim}-\overline{Q_{sim}})^2\right]} \tag{2.4-5}$$

式中：Q_{obs}和 Q_{sim}分别为观测和模拟径流；$\overline{Q_{obs}}$为评估的整个时间段内观察到流量的平均值；$\overline{Q_{sim}}$为评估的整个时间段的模拟流量的平均值；R^2 为可由模型解释的观测数据中总方差的比例，R^2 的范围为 0～1.0，R^2 越小吻合程度越低，值越高表示性能越好。

纳什效率系数 NSE 是一个整体综合指标，可以定量表征对整个径流过程拟合好坏的程度，这是描述计算值对目标值的拟合精度的无量纲统计参数，一般取值范围为 0～1。

$$NSE=1-\frac{\sum_{i=1}^{n}(Q_m-Q_p)^2}{\sum_{i=1}^{n}(Q_m-Q_{avg})^2} \tag{2.4-6}$$

式中：Q_m 为观测值；Q_p 为模拟值；Q_{avg}为观测平均值；n 为观测次数。若 NSE 值越接近 1，说明模型的模拟效率越高；若 NSE 为负值，说明模型模拟值不具代表性。

根据 Moriasi（2007）的评估标准，该模型的 NSE 为 0.5～0.65 表示模型可接受，为 0.65～0.75 表示模型较好，为 0.75～1.0 表示模型构建优秀。

2.4.1.2 模型构建

数字高程模型（Digital Elevation Model，DEM）能反映地面高程的空间分布情况，是提取流域地形、确定流域边界、划分子流域和生成河网的基础数据。SWAT 模型应用 DS 算法将 DEM 中的水系进行填洼、流向计算，生成流域的水系及分水线信息，这些信

息可以作为坡度、坡向提取，地形参数计算和河网水系生成等的重要基础数据。本章使用的DEM数据是由美国太空总署和国防部国家测绘局联合测量得到的SRTM（Shuttle Radar Topography Mission）DEM数据，其分辨率为90m×90m。长江上游高程范围为28～7143m，见图2.4-1（a）。

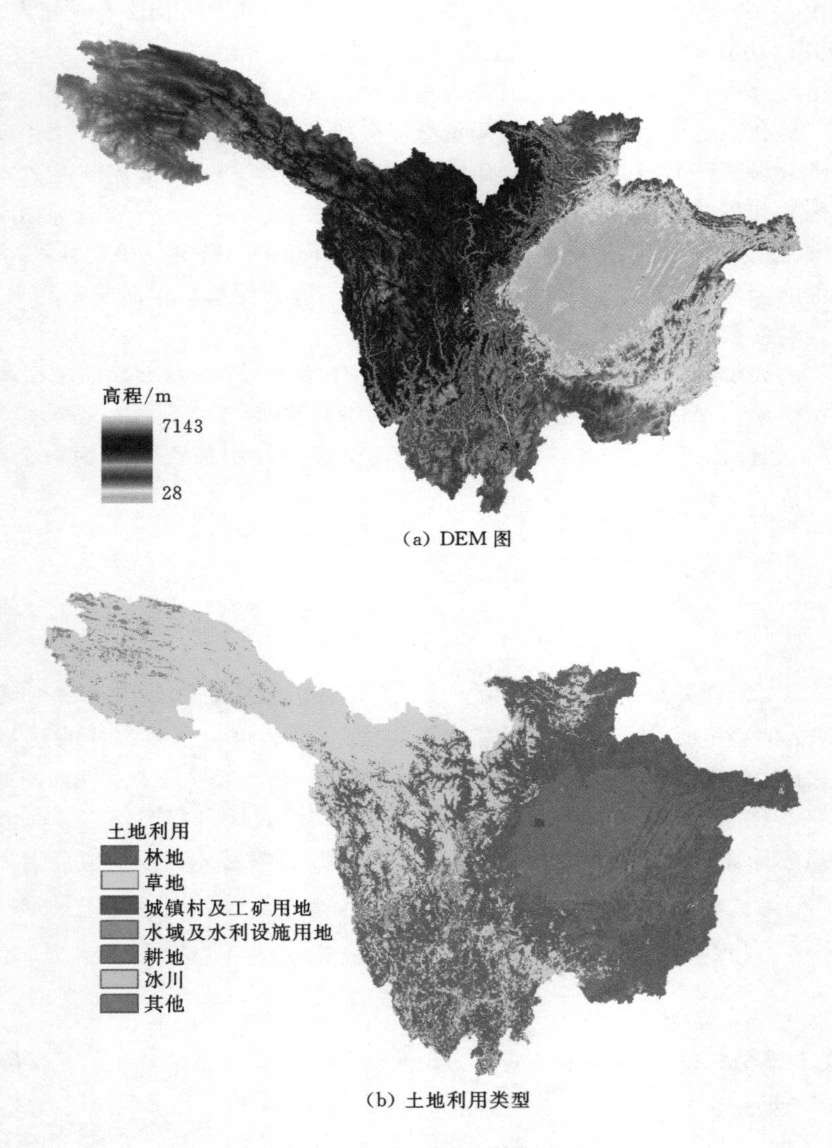

(a) DEM图

(b) 土地利用类型

图2.4-1 长江上游模型数据库

根据美国地质调查的土地利用/作物分类系统，将流域土地利用数据重新划分为7类，并按照SWAT模型要求的土地数据进行重新编码，见表2.4-1。长江上游土地利用类型见图2.4-1（b）。

表 2.4-1 土地利用类型表

土地名称	SWAT 分类	SWAT 代码
水田	耕地	AGRL
旱地		
有林地	林地	FRST
疏林地		
其他林地		
灌木		
高覆盖度草地	草地	PAST
中覆盖度草地		
低覆盖度草地		
河流	水域及水利设施用地	WATR
水库、坑塘		
建设用地	城镇村及工矿用地	URHD
冰川	冰川	SNGA
裸土地	其他	BARN
裸岩、石砾地		

土壤属性是模拟流域水文循环重要的下垫面条件之一。模型需要输入的土壤属性数据包括土层深度、土壤层数、土壤有效含水量和土壤湿密度等，见表 2.4-2。本章使用的土壤资料来自世界土壤数据库的中国土壤数据集（China Soil Map Based Harmonized World Soil Database）。

表 2.4-2 土壤属性参数

参数	参数说明
SNAM	土壤名称
NLAYERS	土壤层数
HYDGRP	土壤水文分组（A，B，C，D）
SOL_CBN	有机碳含量
SOL_ALB	地表反射率
SOL_Z	土层深度/mm
SOL_ZMX	最大根系埋藏深度/mm
SOL_AWC	土壤有效含水量
SOL_BD	土壤湿密度/(mg/m^3)
SOL_K	饱和水力传导系数/(mm/h)
CLAY	黏粒含量，粒径范围（<0.002mm）
SILTT	粉土含量，粒径范围（0.002～0.05mm）
SAND	沙粒含量，粒径范围（0.05～2.0mm）
ROCK	砾石含量，粒径范围（>2.0mm）

气象资料是流域水文模拟最重要的数据来源，是水文过程的驱动因素。本节采用中国气象网（http：//data.cma.cn/）提供的气象数据，分别率为 0.5°×0.5°，包括 2472 个国家级气象观测站，长江上游流域气象站点分布见图 2.4-2。

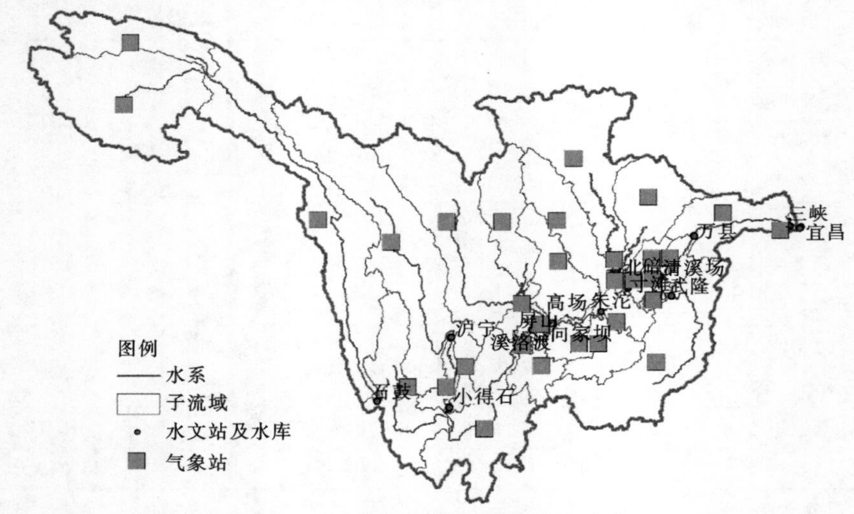

图 2.4-2　长江上游流域气象站点分布图

SWAT 可以通过设定土地利用类型和土壤类型面积阈值，将每个子流域划分为多个水文响应单元。通过比较各子流域中各土地利用类型和土壤类型的比例情况，将土地利用类型面积阈值设为 15%，土壤类型面积阈值设为 15%，最终产生 33 个子流域。

2.4.1.3　率定和验证结果

根据长江上游流域特征，使用流域内 11 个关键水文站的实测数据率定和检验 12 个敏感参数，模型参数敏感性排序和最优值见表 2.4-3。模型率定期为 2001—2003 年，模型检验期为 2004—2005 年。

表 2.4-3　　二滩站 SWAT 模型的参数值

参　数	内　　容	类型	最优值	敏感性排序
CN2	SCS 径流曲线系数	r	0.78	1
ALPHA _ BNK	地下存储系数	v	0.08	2
CH _ N2	主河道曼宁系数	v	0.06	3
GWQMN	浅层地下水径流系数/mm	v	40.13	4
REVAPMN	浅层地下水蒸发深度阈值/mm	v	139.5	5
SOL _ BD（1）	土壤湿密度	r	1.22	6
SOL _ AWC（1）	土壤含水量	r	1.90	7
SOL _ K（1）	饱和导水率	r	0.49	8
ESCO	土壤蒸发补偿系数	v	0.79	9
GW _ DELAY	地下水滞后系数/d	v	158.6	10
ALPHA _ BF	基流系数/d	v	0.84	11

在日尺度上，SWAT 模型模拟结果在长江上游流域的 11 个水文站均取得了令人满意的结果（表 2.4－4），其中宜昌水文站为流域出口控制站。模型率定期，所有站 $R^2>0.60$，$NSE>0.57$，表明率定期长江上游流域的径流模拟结果与日观测值吻合良好；检验期，各水文站的 $R^2>0.69$，$NSE>0.58$，表明该模型适用于长江上游流域。流域出口控制站宜昌站率定期和检验期日径流模拟结果如图 2.4－3 所示。从图 2.4－3 可以看出，模拟序列与观测序列基本一致，总体上 SWAT 模型的表现令人满意。

表 2.4－4　雅砻江流域日尺度模拟结果统计指标值

站点	率定期（2001—2003 年）		检验期（2004—2005 年）	
	R^2	NSE	R^2	NSE
石鼓	0.90	0.88	0.90	0.89
泸宁	0.88	0.82	0.87	0.83
小得石	0.82	0.70	0.82	0.71
屏山	0.91	0.88	0.91	0.90
高场	0.71	0.56	0.69	0.58
朱沱	0.90	0.89	0.90	0.88
寸滩	0.88	0.86	0.87	0.86
武隆	0.60	0.57	0.61	0.58
清溪场	0.87	0.86	0.89	0.88
万县	0.86	0.85	0.87	0.86
宜昌	0.85	0.85	0.86	0.86

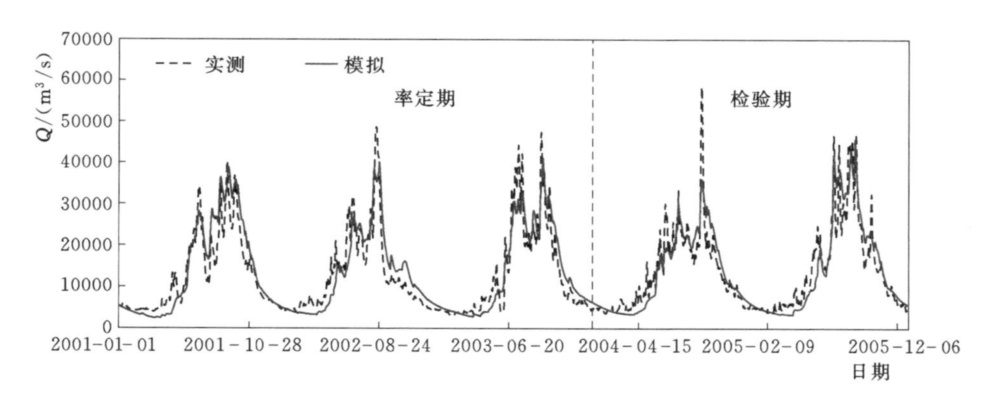

图 2.4－3　宜昌站率定期和检验期日径流模拟结果

2.4.2 洪枯水影响分析

溪洛渡水库、向家坝水库和三峡水库都是特大型水库，目前长江上游干流已形成溪洛渡-向家坝-三峡水库联合调度的模式，概化图见图 2.4－4，水库参数见表 2.4－5。由于溪洛渡水库、向家坝水库和三峡水库运行均晚于 2010 年，以各水库首次蓄至防洪高水位的时间作为划分节点，将2010—2015年划分为3个阶段：2010—2012年为三峡水库单库运行期，2013年为向家坝-三峡双库串联运行期，2014—2015年为溪洛渡-向家坝-三峡水库三库串联运行期，具体划分情况见表2.4-6。

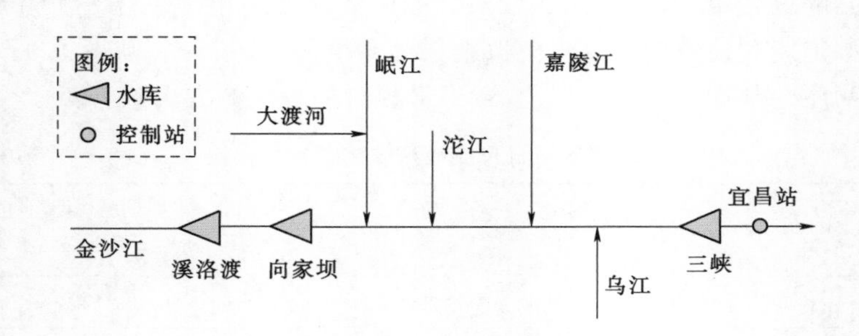

图2.4-4 长江上游干流梯级水库群概化图

表2.4-5 长江上游干流水库参数

水库名称	首次蓄水至防洪高水位年份	防洪高水位		防洪限制水位	
		水位/m	库容/亿 m^3	水位/m	库容/亿 m^3
三峡	2010	175	393	145	171.5
溪洛渡	2014	600	115.7	560	69.2
向家坝	2013	380	49.77	370	40.74

表2.4-6 宜昌站径流时间划分

站点	三峡单库运行期	溪洛渡-三峡双库串联运行期	溪洛渡-向家坝-三峡水库串联运行期
宜昌	2010—2012年	2013年	2014—2015年

以宜昌水文站径流过程为研究对象，分析2010—2015年各阶段梯级水库调度对洪枯水的影响。在洪水径流分析中，采用最大3d洪量、最大洪峰流量和峰现时间等三要素来反映梯级水库群调度对洪水过程的影响；在枯水径流分析中，采用最小30d平均流量、涵养指数及最枯月出现时间等三个指标反映枯水径流特征。

水库对枯季径流调节与流域面积、年降水量和降雨分布都有关系，难以单独用枯季径流来衡量。涵养指数可以更好地对水库调蓄能力进行评价。涵养指数是无量纲参数，计算公式见式（2.4-7），它消去了流域面积和年降水量大小的影响，能够体现河流的平稳程度，也能反映出该流域水源供给的保证率。

$$涵养指数=\frac{Q_{枯}}{Q_{年}} \tag{2.4-7}$$

式中：$Q_{枯}$为最枯月平均流量；$Q_{年}$为年平均流量。

涵养指数越大，说明该地区的水库调节能力越强。

2.4.2.1 洪水分析

宜昌站2010—2015年各阶段梯级水库调度对洪水的影响分析结果见表2.4-7。相比于无水库情况，2010—2012年三峡单库运行期间，最大3d洪量减少32.2%～48.8%，最大洪峰流量减少32.4%～49.5%，洪峰推迟-3～10d；2013年向家坝-三峡水库串联运行期间，最大3d洪量减少40.0%，最大洪峰流量减少40.6%，洪峰推迟4d；2014—2015年溪洛渡-向家坝-三峡水库三库串联运行期间，最大3d洪量减少44.4%～50.6%，最大洪峰流量减少46.3%～51.2%，洪峰推迟4～23d。

表2.4-7　　宜昌站各阶段洪水特性分析

年份	指标	无水库	三峡单库运行期		溪洛渡-三峡双库串联运行期		溪洛渡-向家坝-三峡水库串联运行期	
		值	值	改变程度	值	改变程度	值	改变程度
2010	$W_{3,max}$	95.2亿m^3	64.6亿m^3	32.2%				
	$Q_{1,max}$	36940m^3/s	24966m^3/s	32.4%				
	$T_{Q1,max}$	7月28日	8月7日	10d				
2011	$W_{3,max}$	94.8亿m^3	60.4亿m^3	36.3%				
	$Q_{1,max}$	37150m^3/s	23311m^3/s	37.3%				
	$T_{Q1,max}$	8月6日	8月3日	-3d				
2012	$W_{3,max}$	191.1亿m^3	97.9亿m^3	48.8%				
	$Q_{1,max}$	74790m^3/s	37802m^3/s	49.5%				
	$T_{Q1,max}$	7月24日	7月26日	2d				
2013	$W_{3,max}$	115.3亿m^3			69.2亿m^3	40.0%		
	$Q_{1,max}$	44960m^3/s			26691m^3/s	40.6%		
	$T_{Q1,max}$	7月23日			7月27日	4d		
2014	$W_{3,max}$	115.0亿m^3					64.0亿m^3	44.4%
	$Q_{1,max}$	45930m^3/s					24677m^3/s	46.3%
	$T_{Q1,max}$	9月2日					9月6日	4d
2015	$W_{3,max}$	126.9亿m^3					62.7亿m^3	50.6%
	$Q_{1,max}$	49540m^3/s					24190m^3/s	51.2%
	$T_{Q1,max}$	8月21日					9月13日	23d

注　$W_{3,max}$表示最大3d洪量，$Q_{1,max}$为最大洪峰流量，$T_{Q1,max}$为洪峰出现时间。

因此，随着长江上游干流梯级水库群的建设运行，对流域洪水的调蓄效果更好，对洪峰、洪量的削减作用逐渐增大，洪峰出现时间变晚。

2.4.2.2　枯水分析

宜昌站2010—2015年各阶段梯级水库调度对枯水的影响分析结果见表2.4-8。相比于无水库情况，2010—2012年三峡单库运行期间，最小30d平均流量增大60.5%～71.5%，涵养指数提高58.5%～68.9%，最枯月份出现时间不变；2013年向家坝-三峡水库串联运行期间，最小30d平均流量增大89.7%，涵养指数提高93.4%，最枯月份出现时间晚一个月；2014—2015年溪洛渡-向家坝-三峡水库三库串联运行期，最小30d平均流量增大107.5%～132.7%，涵养指数提高111.4%～125.0%，最枯月份出现时间晚一个月。

表 2.4-8 宜昌站各阶段枯水特性分析

年份	指标	无水库	三峡单库运行期		溪洛渡-三峡双库串联运行期		溪洛渡-向家坝-三峡水库串联运行期	
		值	值	改变程度	值	改变程度	值	改变程度
2010	$Q_{30,\min}$	2860m³/s	4707m³/s	64.6%				
	涵养指数	0.23	0.39	68.9%				
	最枯月	3	3					
2011	$Q_{30,\min}$	2896m³/s	4647m³/s	60.5%				
	涵养指数	0.26	0.41	58.5%				
	最枯月	4	4					
2012	$Q_{30,\min}$	2590m³/s	4442m³/s	71.5%				
	涵养指数	0.19	0.31	66.6%				
	最枯月	3	3					
2013	$Q_{30,\min}$	2811m³/s			5333m³/s	89.7%		
	涵养指数	0.20			0.40	93.4%		
	最枯月	3			4			
2014	$Q_{30,\min}$	2599m³/s					6047m³/s	132.7%
	涵养指数	0.20					0.46	125.0%
	最枯月	3					4	
2015	$Q_{30,\min}$	3255m³/s					6755m³/s	107.5%
	涵养指数	0.23					0.48	111.4%
	最枯月	3					4	

注 $Q_{30,\min}$表示最小30d流量。

因此，随着长江上游干流梯级水库群的建设运行，对枯水的调节能力逐渐增大，对流域枯水的补给效果更好，最枯月份出现时间变晚。

2.5 多因子影响下梯级水库群调度对流域洪枯水过程影响规律及归因分析——以雅砻江流域为例

2.5.1 雅砻江流域区域概况

雅砻江位于青藏高原东南部，发源于巴颜喀拉山南麓，介于东经96°～103°、北纬26°～34°之间。作为金沙江左岸最大的一级支流，雅砻江干流全长为1535km，流域面积约为13万km²，天然落差为3192m，于四川攀枝花汇入金沙江（俞烜等，2008）。雅砻江流域属川西高原气候区，干湿季分明，雨季（5—10月）降雨较为集中，雨量约占全年的90%～95%。降水空间分布为由北向南递增，且东侧大于西侧，年降水量为500～2470mm。流域各地多年平均气温为－4.9～19.7℃，总分布趋势由南向北呈递减趋势，并随海拔的增加而递减（李信，2015）。雅砻江支流众多，水系发育较好，多年平均径流量为593亿m^3，径流分布总体上与降雨分布一致。雅砻江流域水系分布情况见图2.5-1。

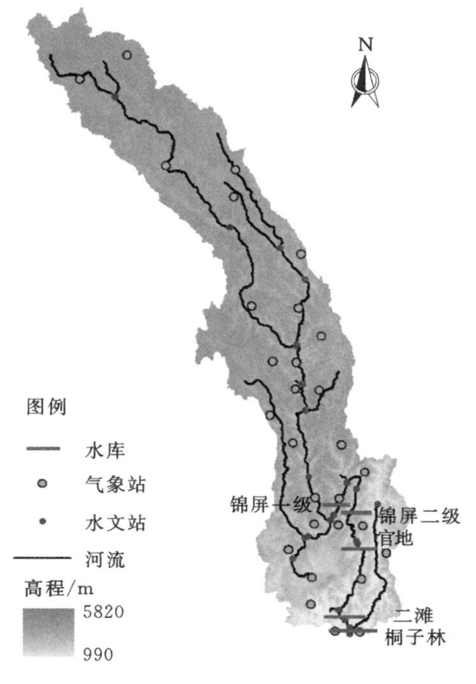

图2.5-1 雅砻江流域水系分布

2.5.2 水文模型构建及验证

由于二滩水库1998年建成投运，其他水库2012年后运行，因此2008—2012年二滩水库以上流域为天然流域。采用ArcSWAT模拟二滩水库以上流域的水文过程，方法与2.4节相同。

2.5.2.1 雅砻江流域模型

雅砻江流域总体高程为990～5820m，南部为流域出口，见图2.5-2（a）；土地利用数据集见图2.5-2（b），主要土地利用类型为草地和林地。

研究表明，大气同化数据集可提供更高精度的数据源，从而提高模型输出结果的精确

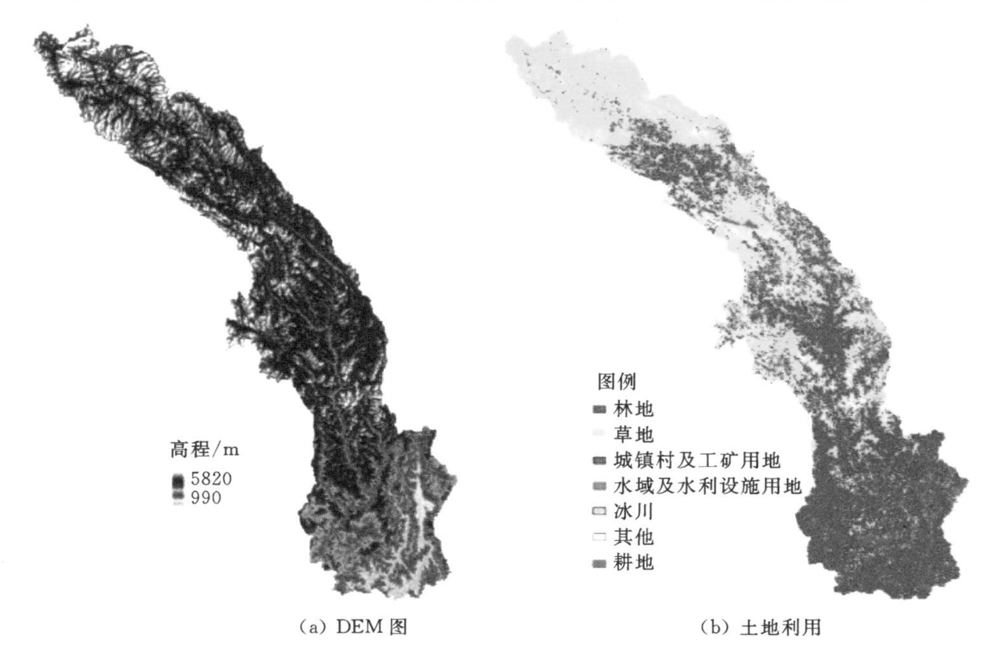

图2.5-2 雅砻江流域模型数据库

性（Sheffield et al.，2004；Aaron et al.，2003）。因此本节采用更符合我国真实气象场的大气同化数据集（The China Meteorological Assimilation Driving Datasets for the SWAT model，CMADS）建立气象数据库。CMADS 已在青海高原区、汉江流域和金沙江流域均有较高的精度（Liu et al.，2018；李紫妍，2019；Zhao et al.，2018）。CMADS V1.0 系列数据集空间覆盖整个东亚，空间分辨率分别为 1/3°，时间尺度为 2008—2016 年，时间分辨率为逐日，雅砻江流域内站点数 31 个（图 2.5-3）。可提供包括日最高/最低气温、日均风速、日均相对湿度、日降水量和日太阳辐射等气象要素。

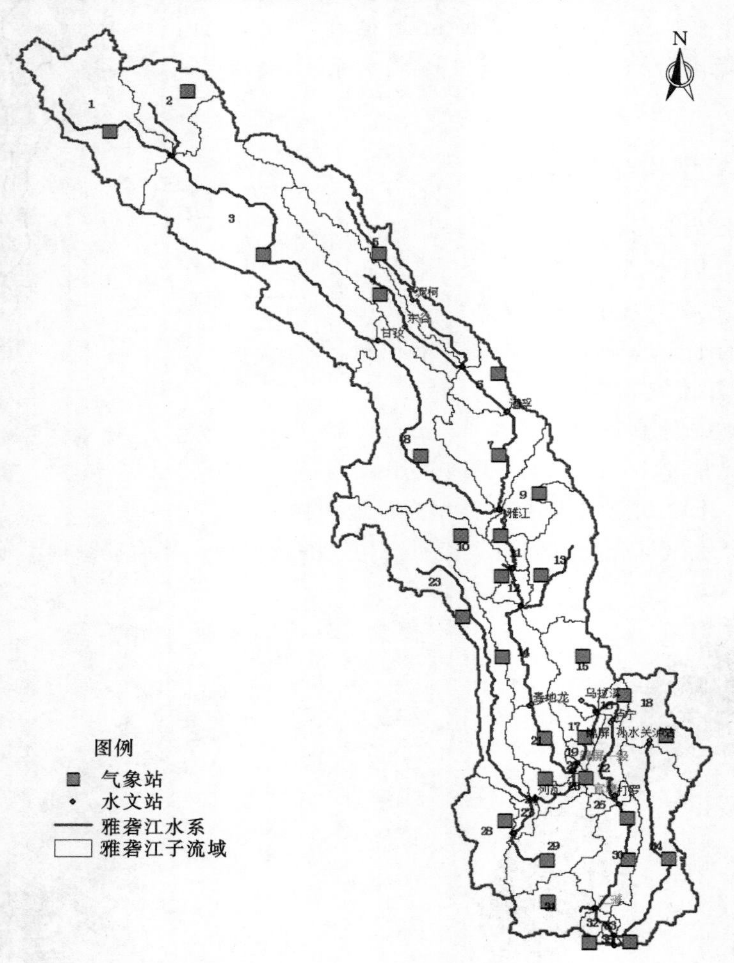

图 2.5-3 雅砻江流域划分

通过比较各子流域中土地利用和土壤类型的比例情况，将土地利用类型面积阈值设为 5%，土壤类型面积阈值设为 5%，最终产生 34 个子流域（图 2.5-3）。

2.5.2.2 率定及验证结果

根据 SWAT 模型敏感性分析和雅砻江流域特征，使用流域内 7 个关键水文站的实测数据率定和检验 17 个敏感参数。模型率定期为 2010—2011 年，模型检验期为 2009 年。

由于2012年之前二滩站以上流域是天然流域，因此将二滩站作为出口控制站。表2.5-1给出了二滩站参数敏感性排序和最优值。

表2.5-1 二滩站SWAT模型的参数值

参数	内　容	类型	最优值	敏感性排序
CN2	SCS径流曲线系数	r	0.06	1
ALPHA_BNK	地下存储系数	v	0.84	2
EPCO	植物蒸腾补偿系数	v	0.12	3
SLSUBBSN	平均坡长	r	−0.25	4
REVAPMN	浅层地下水蒸发深度阈值/mm	v	262.98	5
GW_DELAY	地下水滞后系数/d	v	270.5	6
GWQMN	浅层地下水径流系数/mm	v	50.81	7
CH_N2	主河道曼宁系数	v	0.14	8
ESCO	土壤蒸发补偿系数	v	0.94	9
TLAPS	温度下降速率	v	−4.42	10
SOL_BD (1)	土壤湿密度	r	0.21	11
CH_K2	主河道水利有效传导系数	v	304.5	12
SOL_AWC (1)	土壤含水量	r	3.23	13
ALPHA_BF	基流系数/d	v	0.34	14
SOL_K (1)	饱和导水率	r	0.10	15
SMFMN	最小融雪速率	v	10	16
SFTMP	融雪温度	v	1.734	17

在日尺度上，SWAT模型模拟结果在雅砻江流域的7个站均取得了令人满意的结果（表2.5-2）。模型率定期，所有水文站$R^2>0.78$，$NSE>0.73$。这些评价指标表明，率定期雅砻江流域的径流模拟结果与日观测值吻合良好。检验期，各水文站$R^2>0.80$，$NSE>0.77$，表明该模型适用于雅砻江流域。二滩站的率定期和检验期日径流模拟结果如图2.5-4所示。从图2.5-4中可以看出，模拟序列与观测序列基本一致，总体上SWAT模型的表现令人满意。

表2.5-2 雅砻江流域日尺度模拟结果统计指标值

数　据	指标	水　文　站						
		雅江	麦地龙	列瓦	锦屏	泸宁	打罗	二滩
率定期（2010—2011年）	R^2	0.84	0.84	0.78	0.85	0.85	0.85	0.87
	NSE	0.73	0.76	0.76	0.75	0.78	0.77	0.80
检验期（2009年）	R^2	0.85	0.86	0.80	0.90	0.91	0.92	0.93
	NSE	0.77	0.82	0.79	0.86	0.89	0.85	0.89

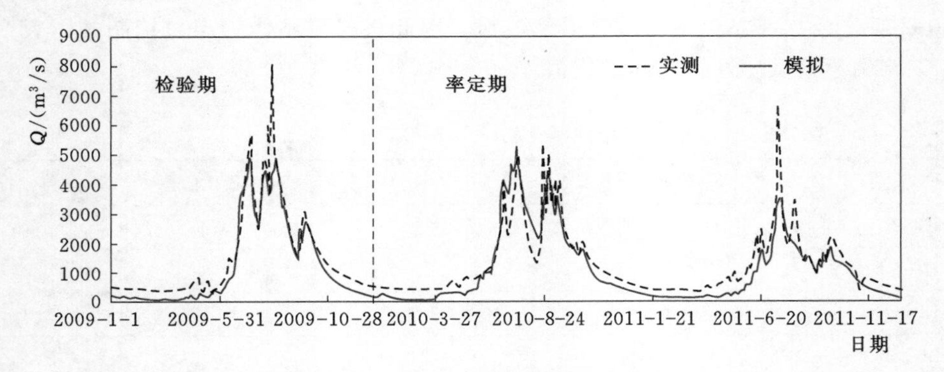

图 2.5-4 二滩站检验期和率定期日径流模拟结果（2009—2011 年）

2.5.3 径流变化归因分析

雅砻江流域出口的径流量变化可分解为气候变化导致的径流量变化及人类活动导致的径流量变化，其中人类活动导致的径流变化又可进一步细分为土地利用变化引起的径流变化、人类取用水和水库群等水利工程的建设运行引起的径流变化。考虑到官地、锦屏一级、锦屏二级水电站均于 2012 年之后投产，故将 2008—2011 年无水库阶段作为基准期，选择 2012—2015 年作为变化期，本节着重分析这两个阶段径流量差异的原因。

2.5.3.1 分析原理

随着地区经济发展及水利工程增多，流域年供水量成增加趋势。据《2015 年四川省水资源公报》《2015 年青海省水资源公报》资料，金沙江石鼓以下总年供水量达 29.4 亿 m^3，约占二滩站多年平均年径流量的 5.6%，故认为人类取用水活动导致的径流变化较大。由此得出，二滩站 2012—2015 年相对于 2008—2011 年的径流变化由气候变化、土地利用变化和水利工程（人类取用水和水库）三个因素引起。

其中，气候变化尤其是降水量的年际差异被认为是径流变化的最主要原因；流域土地利用的变化反映了下垫面条件的改变，是人类活动和环境变化的重要体现，与产流和汇流过程息息相关；人类取用水，包含农业、工业、生活和生态用水，近年均呈显著增加的态势；水库建设会对坝区地形、植被造成较大变化，同时水域面积增加使流域蒸散发和下渗增加，改变局部水文循环，对下游径流量产生影响。

对比 2015 年与 2010 年的雅砻江流域土地利用数据可知（表 2.5-3），5 年间耕地、林地、草地均有所减少，而城镇工矿用地则增加了 26.7%，表明雅砻江流域在这段时间的城镇化加速。同时，水域面积也有所增加，主要原因为官地、锦屏一级、锦屏二级 3 座水电站在 2013 年、2013 年和 2014 年依次建成投产。

经过上述分析，下面采用控制变量法分别量化气候变化、土地利用变化和水利工程所引起的径流改变量，具体步骤如下：

（1）记 2012—2015 年实测径流为 Q_2，设 2008—2011 年实测径流为 Q_1，两者之差为气候变化、土地利用变化及水利工程建设引起的径流总改变量 ΔQ，即

表 2.5-3　　雅砻江流域 2010 年与 2015 年土地利用类型对比

年份	占雅砻江流域面积比例/%						
	耕地	林地	草地	水域	城镇用地	冰川	其他
2015	5.52	35.61	51.35	0.44	0.19	0.13	6.76
2010	5.55	35.63	51.39	0.39	0.15	0.13	6.76

$$\Delta Q=Q_2-Q_1=\Delta Q_u+\Delta Q_c \tag{2.5-1}$$

式中：ΔQ_u 为人类活动影响（土地利用和水利工程）引起的径流变化；ΔQ_c 为气候变化引起的径流变化。

（2）以 2010 年土地利用数据和 2008—2011 年气象数据率定 SWAT；输入 2012—2015 年气象数据，保持其他条件不变，模拟所得流量 Q_2'，则

$$\Delta Q_u=Q_2-Q_2' \tag{2.5-2}$$

$$\Delta Q_c=Q_2'-Q_1 \tag{2.5-3}$$

（3）输入 2012—2015 年气象数据和 2015 年土地利用数据，保持其他条件不变，模拟所得流量 Q_2''，则

$$\Delta Q_l=Q_2''-Q_2' \tag{2.5-4}$$

$$\Delta Q_r=\Delta Q_u-\Delta Q_l=Q_2-Q_2'' \tag{2.5-5}$$

式中：ΔQ_l 为土地利用引起的水量变化；ΔQ_r 为水利工程引起的水量变化。

上述方法理论上要求率定得到的模型能够精确模拟各时段的水量平衡，率定期和验证期 R^2、NSE 均大于 0.73，故可以认为上述方法模拟、量化的径流各影响因素是准确可靠的。

2.5.3.2　径流变化归因分析

根据上述方法，由 2010 年的土地利用资料和基准期（2008—2011 年）气象数据率定得到 SWAT 模型，输入变化期（2012—2015 年）的气象数据来模拟变化期二滩的月径流量。两个时段二滩站径流模拟值与实测值的对比结果如图 2.5-5 所示。

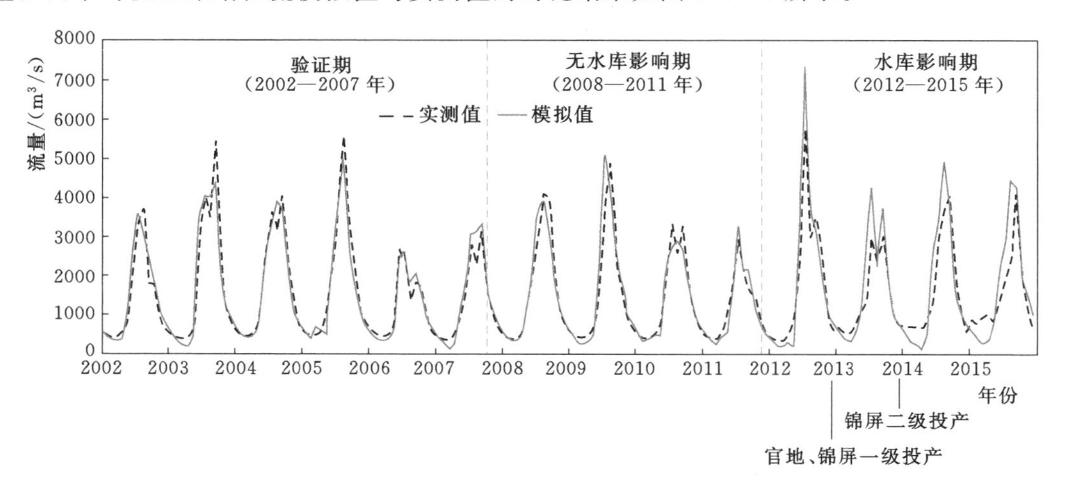

图 2.5-5　无水库影响期及水库影响期二滩站月径流模拟效果

变化期实测径流值与模拟径流值之差即为土地利用及水利工程共同造成的径流量变化。从图2.5-5明显看出，随着官地水电站、锦屏一二级水电站的陆续投产，实测最大月平均流量相比模拟值明显减少；同时，实测最小月平均流量相比模拟值明显增加；意味着上游水库群能在汛期削洪、在枯水期提高出流量以满足发电量。为进一步量化区分气候变化、土地利用变化和水利工程造成的径流改变，采用式（2.5-3）、式（2.5-4）、式（2.5-5）分别计算得到月平均 ΔQ_c、ΔQ_l、ΔQ_h，如图2.5-6所示。

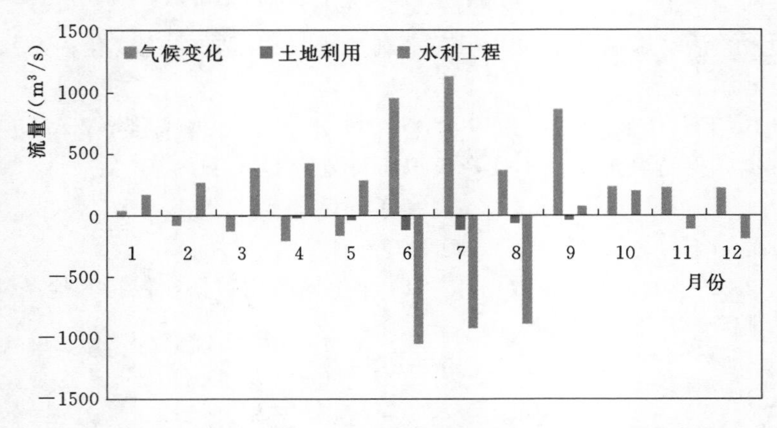

图2.5-6 气候变化、土地利用变化和水利工程的径流变化

变化期（2012—2015年）二滩年平均流量相对于基准期（2008—2011年）增加135.4m³/s。其中，气候变化造成二滩年平均流量增加284.7m³/s，土地利用变化造成二滩年平均流量减少36.2m³/s，水利工程运行造成二滩年平均流量减少113.1m³/s（表2.5-4）。水利工程包含人类取水用水工程和梯级水库群，而水库通常只改变年内分配过程。研究结果表明水利工程产生的影响，主要由三部分原因造成：①随着地区经济发展、人口及水利工程增多，流域年供水量呈增加趋势。据《2015年四川省水资源公报》《2015年青海省水资源公报》，金沙江石鼓以下总年供水量达29.4亿m³，约占二滩站多年平均年径流量的5.6%。因此人类取用水对径流的影响较大。②官地、锦屏一级和锦屏二级水库先后于2013年和2014年建成运行，由于水库运行初期大量蓄水，造成雅砻江流域径流量减少。因此水库蓄水初期加大了水库运行对径流的影响。③水利工程尤其是水库建成后，增大了库区水面面积，改变了库区及周边水汽条件，增加了坝址以上土壤含水量，抬高了地下水。因此水库运行使蒸发损失和下渗有所增加。

表2.5-4 不同时段各因素对径流的影响

年份	实测流量/(m³/s)	流量变化/(m³/s)	气候变化/(m³/s)	土地利用/(m³/s)	水利工程运行/(m³/s)
2008—2011	1442.1	135.5	284.7	−36.2	−113.1
2012—2015	1577.6				

2.5.4 梯级水库群调度对洪枯水影响分析

为了分析梯级水库群建成投运对流域洪枯水产生的影响，并探究水库库容、位置和运行方式等多因子对水文极值事件的影响，以雅砻江流域为例，选取2008—2016年作为研究期，由于研究时间较短，暂不考虑气候变化带来的影响，系统地开展雅砻江流域梯级水库群调度对洪枯水的影响规律研究。

2.5.4.1 多情景设置

水库的库容、位置和运行方式不同，对下游水文情势的影响也存在差异。本节通过控制变量法，设置了8种水库建设运行情景模拟2009—2016年二滩站径流过程，包括：保持水库位置不变，库容设为年调节、季调节和日调节三种情景（情景2、情景3和情景4）；采用年调节水库，位置设在干流下游、干流上游和支流（情景2、情景5和情景6）；双水库联合运行，调整双库相对位置（情景7和情景8）。具体情景模式见表2.5-5，不同情景水库的分布情况见图2.5-7。对比8种情景下二滩站的洪枯水过程，进而探究水库库容、位置及双水库联合调度方式对洪枯水的影响。

表2.5-5 情景模式

情景	目的	描述	运行位置	图
情景1	作对照	天然情景		
情景2	水库库容的影响	年调节水库	19号子流域	图2.5-7（b）
情景3		季调节水库	19号子流域	图2.5-7（b）
情景4		日调节水库	19号子流域	图2.5-7（b）
情景5	水库位置的影响	年调节水库	9号子流域	图2.5-7（a）
情景6		年调节水库	22号子流域	图2.5-7（c）
情景7	水库联合调度的影响	年调节水库+日调节水库	19号和24号子流域	图2.5-7（d）
情景8		日调节水库+年调节水库	19号和24号子流域	图2.5-7（d）

以二滩站径流过程为研究对象，在洪水径流分析中，采用最大3d洪量、最大洪峰流量和峰现时间等三要素来反映梯级水库群调度对洪水过程的影响；在枯水径流分析中，采用最小30d平均流量、涵养指数及枯水各月发生频次等三个指标反映枯水径流特征。

表2.5-6为年调节水库（锦屏一级）、季调节水库和日调节（官地）水库具体参数。其中季调节水库参数是根据调节系数（β）为兴利库容与多年平均来水量的比值设置，锦屏β为0.13，官地β为0.0027，季调节水库一般为0.02～0.08，这里取$\beta=0.05$。由年平均径流量可推知兴利库容，进而求得其他参数。

表2.5-6 水库参数

水库类别	防洪高水位			防洪限制水位		
	水位/m	库容/亿 m³	面积/hm²	水位/m	库容/亿 m³	面积/hm²
年调节水库	1330.0	72.92	1469.0	1328.0	70.07	1436.0
季调节水库	1838.1	47.93	6011.7	1827.1	41.60	5456.9
日调节水库	1880.0	77.65	8255.0	1859.1	61.62	7064.9

2.5.4.2 洪水分析

1. 最大3d洪量

采用最大3d洪量评估梯级水库群调度对洪水的影响（表2.5-7），其中削减率指各

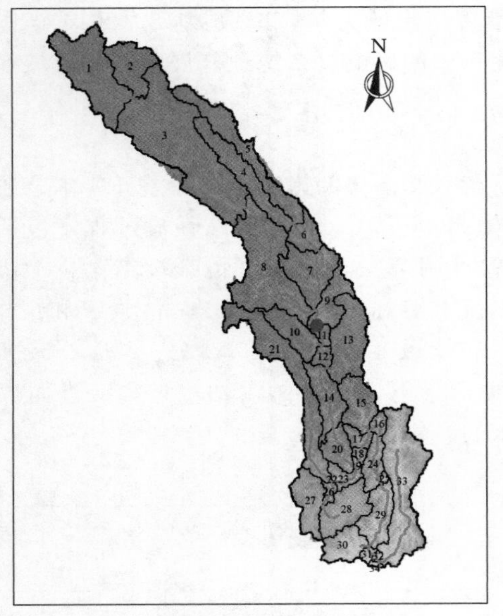

(a) 水库位于9号子流域出口

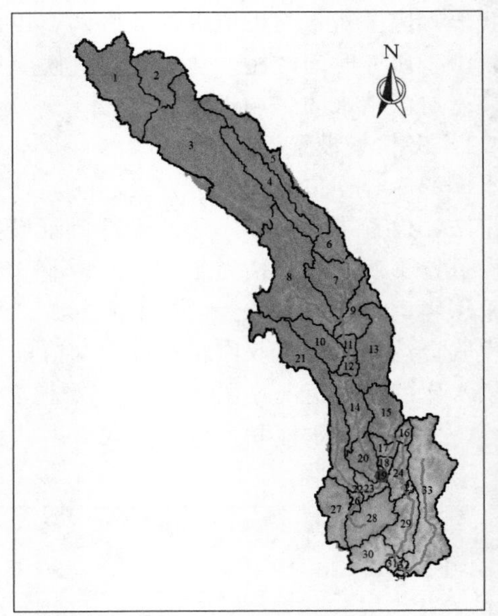

(b) 水库位于19号子流域出口

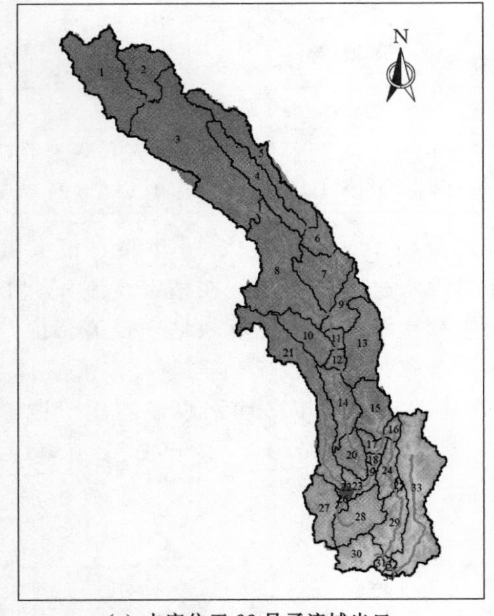

(c) 水库位于22号子流域出口

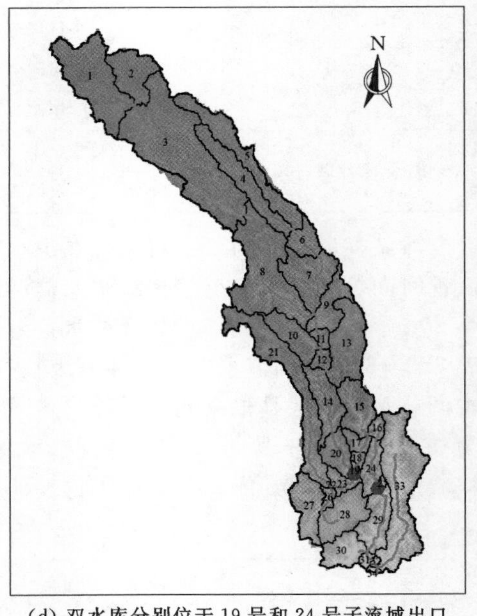

(d) 双水库分别位于19号和24号子流域出口

图例

● 水库 —— 水系 ▭ 流域 ▭ 子流域

图2.5-7 不同情景下水库的分布情况

情景相对于情景1（无水库天然情景）洪量的改变程度。情景2～情景8中（有水库的情景），年最大3d洪量均呈不同程度地减少。相比于无水库情况，情景2最大3d洪量平均减少33.8%，情景3平均减少25.0%，情景4平均减少7.6%。库容对最大3d洪量的影响如图 2.5-8 (a) 所示，构建防洪库容与最大 3d 洪量的关系，如图 2.5-8 (b) 所示，多项式关系为 $y=0.0247x^2-0.7324x+18.957$，$R^2=1$，拟合效果很好。因此，库容与最大 3d 洪量的关系：随着库容增大，水库对洪水的削减作用逐渐增大，但增加趋势变缓；防洪库容平均每增加 1 亿 m^3，最大 3d 洪量减少 0.18 亿～0.57 亿 m^3。

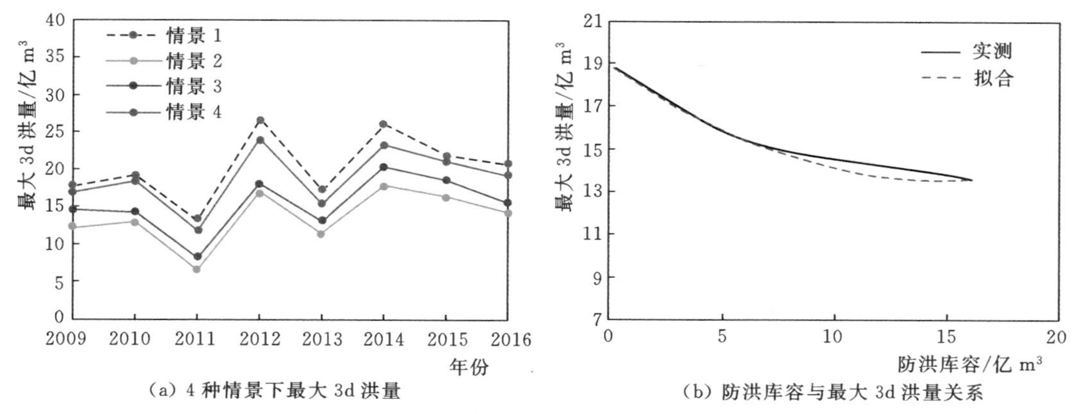

(a) 4 种情景下最大 3d 洪量　　(b) 防洪库容与最大 3d 洪量关系

图 2.5-8　水库库容对最大 3d 洪量的影响

水库位置和双水库联合调度对最大 3d 洪量的影响如图 2.5-9 所示。图 2.5-9 (a) 展示了水库位置对最大 3d 洪量的影响排序：情景 2>情景 5>情景 6。情景 2、情景 5 和情景 6 多年平均最大 3d 洪量依次为 13.6 亿 m^3、15.8 亿 m^3 和 17.8 亿 m^3，情景 5 和情景 6 最大 3d 洪量削减率均值分别为 23.3%、12.0% (表 2.5-7)。因此，水库位于支流时，对洪量的削减作用最小；位于干流下游时，对洪量的削减作用最大。

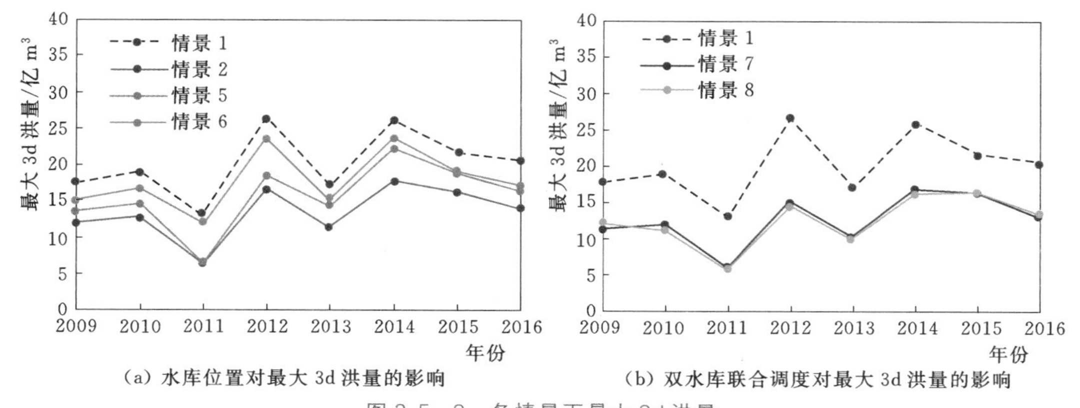

(a) 水库位置对最大 3d 洪量的影响　　(b) 双水库联合调度对最大 3d 洪量的影响

图 2.5-9　各情景下最大 3d 洪量

表 2.5-7　二滩站最大 3d 洪量削减率分析　%

情景	2009 年	2010 年	2011 年	2012 年	2013 年	2014 年	2015 年	2016 年	均值
情景 2	31.5	31.9	49.2	36.9	33.3	31.7	24.8	31.4	33.8
情景 3	18.5	25.1	38.5	32.5	23.4	22.1	14.7	25.1	25.0
情景 4	5.1	3.7	10	10.1	10.5	11.1	3.7	6.8	7.6
情景 5	23	22	48.5	31	15.2	14.1	12.8	19.8	23.3

续表

情景	2009年	2010年	2011年	2012年	2013年	2014年	2015年	2016年	均值
情景6	14	11.5	8.5	11.6	11.7	8.8	12.8	16.9	12.0
情景7	34.8	36.6	53.1	43.3	39.2	35.5	25.2	36.2	38.0
情景8	31.5	40.3	54.6	44.8	40.9	37	24.3	35.3	38.6

情景7和情景8多年平均最大3d洪量分别为12.7亿m^3和12.6亿m^3，两种情景最大3d洪量的削减率差异在4%以内波动，图2.5-9（b）情景7与情景8的曲线接近重合。因此，双水库相对位置对洪量的影响较小；且小水库位于大水库上游时，更有利于发挥水库的调蓄作用。主要是由于大水库位于小水库上游时，大水库的调节能力将受到下游小水库的限制，这将削弱水库联合运行的整体性能。

由表2.5-7可知，有水库的情景中，2012—2014年最大3d洪量减少最多，2015年最小。这表明水库对较大洪水具有更强的调蓄作用。2015年减少最小可能是由于2014年发生的大洪水，仍然影响到下一年，导致水库调蓄洪水的能力降低。

2. 年最大洪峰流量

采用年最大洪峰流量评估梯级水库群调度对洪水的影响（表2.5-8）。相比于无水库情况，情景2年最大洪峰流量平均减少31.7%，情景3平均减少23.7%，情景4平均减少6.2%。因此，随着库容增大，水库对洪峰的削减效果逐渐增大。情景5年最大洪峰流量平均减少22.4%，情景6年最大洪峰流量平均减少11.7%。因此，库容相同时，水库位于支流时，对洪峰的削减作用最小；位于干流下游时，对洪峰的削减作用最大。情景7和情景8多年平均削峰率分别为36.4%和37.1%，相差0.7%。因此两种情景对年最大洪峰流量的调节作用差异并不大。

表2.5-8　　二滩站最大洪峰流量削峰率分析　　%

情景	2009	2010	2011	2012	2013	2014	2015	2016	均值
情景2	28.9	29.1	48.9	33.8	30.4	34.3	16.8	31.1	31.7
情景3	18.5	24.0	39.1	30.0	21.0	25.0	6.6	25.0	23.7
情景4	6.2	4.0	8.1	10.3	8.8	9.7	−3.0	5.2	6.2
情景5	22.6	21.1	48.0	29.7	12.4	17.8	9.4	18.2	22.4
情景6	14.3	10.8	8.1	11.7	11.1	7.3	12.1	17.9	11.7
情景7	35.2	33.3	52.3	42.1	37.6	37	16.8	36.5	36.4
情景8	32.1	34.0	55.0	42.4	41.6	39.7	16.5	35.3	37.1

3. 峰现时间

采用峰现时间评估梯级水库群调度对洪水的影响（表2.5-9）。无水库天然情景下，年最大洪峰流量主要集中在7月和8月。情景2和情景3中，年最大洪峰流量大多出现在9月，平均延迟天数分别为39d和26d；情景4年最大洪峰流量推迟8d以内（除2013年洪峰提前了55d）。建立防洪库容与最大洪峰流量推迟天数关系，见图2.5-10。两者呈较好的多项式关系：$y=-0.2309x^2+6.4907x-5.7061$，拟合效果$R^2=1$。因此，随着库容增大，洪峰出现时间越晚；防洪库容平均每增大1亿m^3，最大洪峰流量推迟1.3～5d。

表 2.5-9　二滩站峰现时间分析　单位：d

情景	2009年	2010年	2011年	2012年	2013年	2014年	2015年	2016年	均值
情景1	8月17日	7月17日	7月18日	7月16日	9月11日	7月6日	9月5日	7月6日	
情景2	34	45	70	47	0	34	6	76	39
情景3	−17	45	18	47	0	34	6	76	26
情景4	0	0	5	5	−55	0	6	8	−4
情景5	−16	45	−5	47	0	53	6	62	24
情景6	−37	0	−1	0	0	0	−5	0	−5
情景7	5	45	72	47	0	58	6	74	38
情景8	12	45	36	57	0	58	6	87	38

注　情景1为二滩站洪峰出现时间，情景2～情景8为相比于情景1峰现时间提前（负值）或者推迟（正位）的天数。

情景5峰现时间平均推迟24d，情景6洪峰出现时间表现为提前或不推迟，峰现时间平均提前5d。因此，水库位于干流下游推迟洪峰效果较好，位于支流甚至会使洪峰提前出现。情景7和情景8洪峰平均推迟38d。因此，双水库相对位置对峰现时间的影响不大。

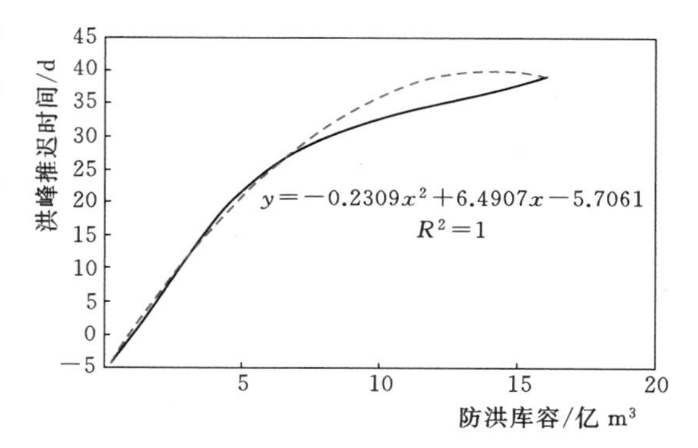

图 2.5-10　防洪库容与最大洪峰流量推迟天数的关系

2.5.4.3　枯水分析

1. 最小30d平均流量

采用最小30d平均流量评估梯级水库群调度对枯水的影响（表2.5-10），不同水库组合方案，均对流域枯季径流有较大影响，比天然径流有明显增加。相比于无水库天然情况，情景2、情景3和情景4多年平均最小30d流量增大2.47倍、0.23倍和0.02倍。构建防洪库容与最小30d平均流量的关系，如图2.5-11（b）；两者呈较好的多项式关系即 $y=1.8502x^2-7.1243x+152.72$，拟合效果 $R^2=1$。因此，得到防洪库容与最小30d平均流量的关系：随着库容增大，水库对枯水的补给作用逐渐增大，且增加趋势更陡；防洪库容平均每增加1亿 m³，最小30d平均流量增加 5.1～34.2m³/s。

表 2.5-10　二滩站最小30d平均流量特性分析

情景	Q_{30}/(m³/s)									改变程度
	2009年	2010年	2011年	2012年	2013年	2014年	2015年	2016年	均值	
情景1	83.0	105.3	145.5	85.5	200.3	152.0	257.4	155.6	148.1	
情景2	377.8	497.6	490.5	423.0	603.0	535.6	659.8	523.0	513.8	2.47倍
情景3	111.8	149.0	173.5	99.5	240.8	181.6	301.3	196.5	181.7	0.23倍
情景4	86.2	109.2	148.6	85.1	201.9	151.5	264.0	160.1	150.8	0.02倍

续表

情景	Q_{30}/(m³/s)									改变程度
	2009年	2010年	2011年	2012年	2013年	2014年	2015年	2016年	均值	
情景5	439.8	463.5	487.7	419.5	565.2	509.1	637.2	498.9	502.6	2.39倍
情景6	412.6	450.4	271.1	125.6	552.6	510.5	613.3	494.5	428.8	1.90倍
情景7	416.0	494.1	510.6	423.3	603.8	537.8	664.0	538.8	523.6	2.54倍
情景8	200.7	397.3	278.4	245.0	581.2	371.1	504.4	338.6	364.6	1.46倍

注 Q_{30}表示最小30d平均流量。

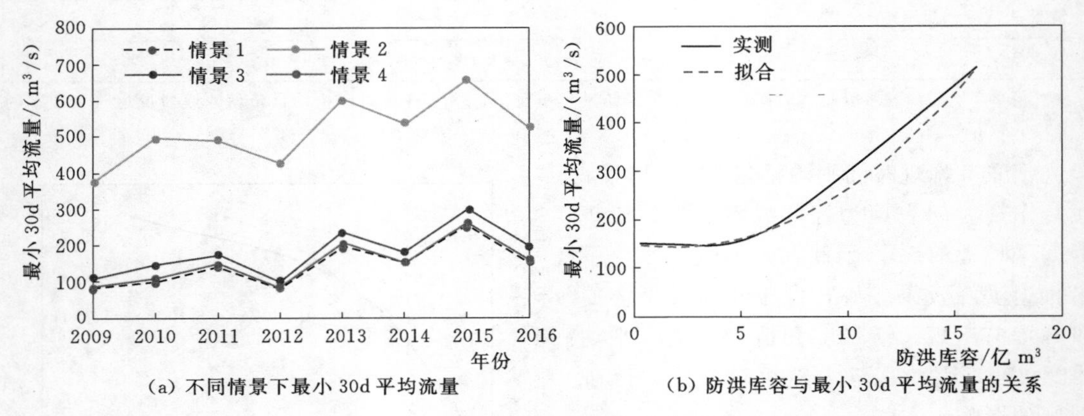

(a) 不同情景下最小30d平均流量 (b) 防洪库容与最小30d平均流量的关系

图2.5-11 库容对最小30d平均流量的影响

情景5和情景6多年平均最小30d流量分别为502.6m³/s和428.8m³/s，相比于天然情景提高2.39倍、1.90倍。情景6各年最小30d平均流量波动较大，如图2.5-11(a)所示。因此，库容相同时，位于干流下游的水库可以更好地调节年内径流，补给枯水，保证下游用水；位于支流的水库则对枯水调节能力最弱。

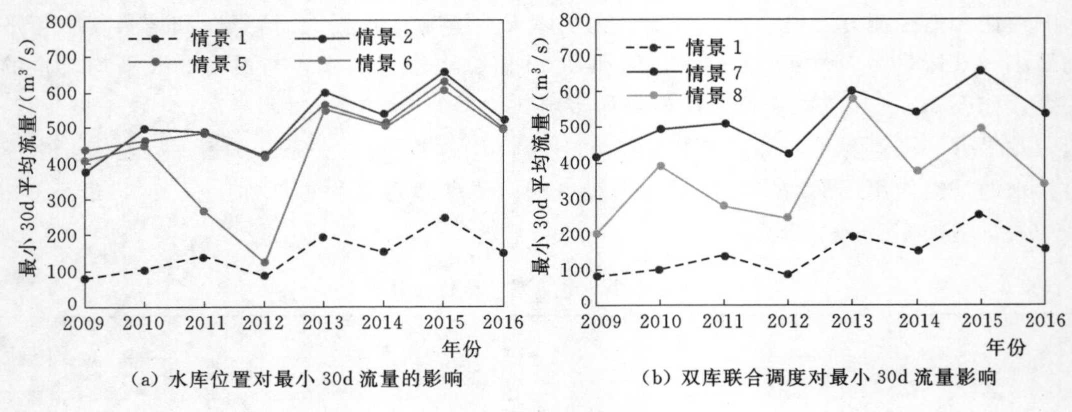

(a) 水库位置对最小30d流量的影响 (b) 双库联合调度对最小30d流量影响

图2.5-12 各情景下最小30d平均流量

情景7和情景8多年平均最小30d流量分别为523.6m³/s和364.6m³/s，相比于天然情景提高2.54倍、1.46倍(表2.5-10)。情景8各年最小30d平均流量波动较大，如图

2.5-12（b）所示。情景7对枯水的补给优于情景8，可能是由于大水库位于小水库上游时，起龙头水库作用，因此对枯季流量补给作用更强。

2. 涵养指数

图2.5-13给出了各情景下的涵养指数，水库库容、水库位置、数量不同，其对枯季径流的调节能力也不同，且水库对枯水的调节能力影响因子中，水库位置的敏感性较库容的要小。从图2.5-13中可以看出，在水量较枯的年份水库对枯季径流的影响更大，在水量丰沛年份水库对枯季的影响偏小。

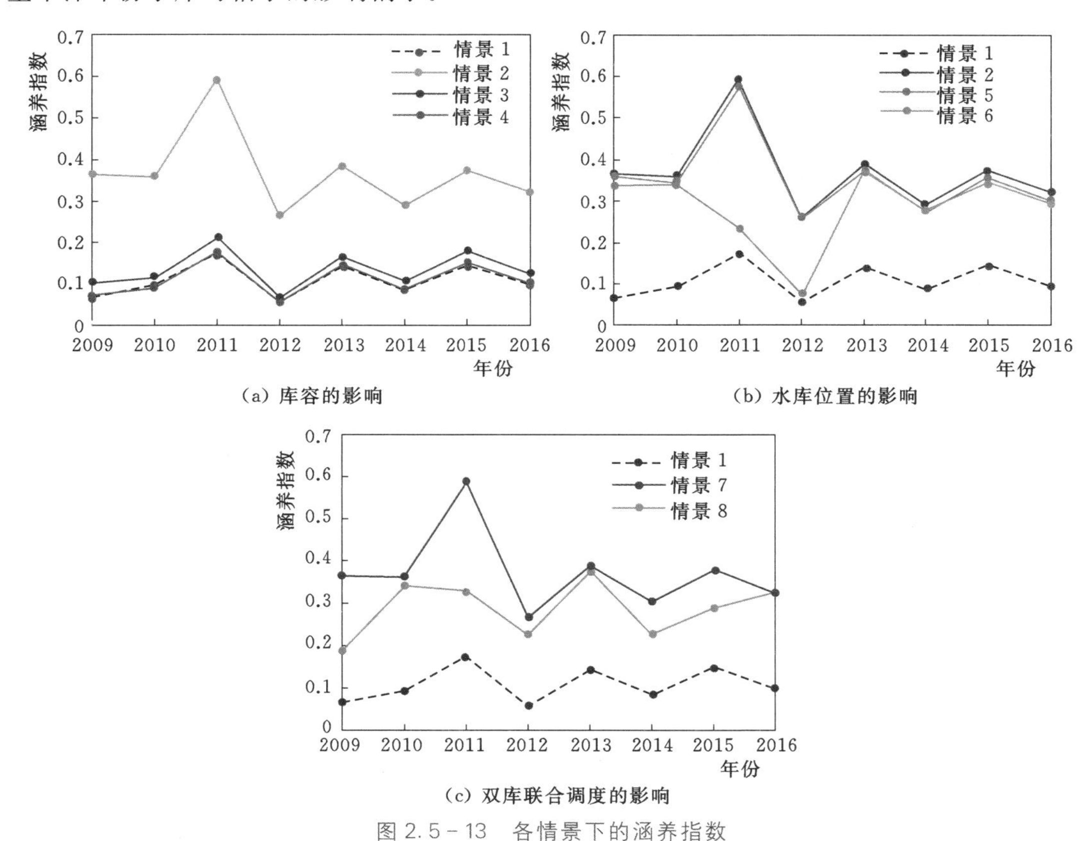

图2.5-13 各情景下的涵养指数

表2.5-11为各情景下雅砻江流域的涵养指数。情景2、情景3和情景4涵养指数分别为无水库天然情况的2.39倍、0.22倍和0.01倍。因此，随着库容减小，涵养指数逐渐减小，水库对枯水的调节能力也逐渐减小。

表2.5-11 各情景下雅砻江流域的涵养指数

情景	2009年	2010年	2011年	2012年	2013年	2014年	2015年	2016年	均值	改变程度
情景1	0.07	0.10	0.18	0.06	0.15	0.09	0.15	0.10	0.11	
情景2	0.37	0.36	0.60	0.26	0.39	0.29	0.38	0.32	0.37	2.39倍
情景3	0.10	0.11	0.21	0.06	0.17	0.10	0.18	0.13	0.13	0.22倍
情景4	0.07	0.09	0.18	0.05	0.15	0.09	0.15	0.10	0.11	0.01倍

续表

情景	2009年	2010年	2011年	2012年	2013年	2014年	2015年	2016年	均值	改变程度
情景5	0.36	0.34	0.58	0.26	0.38	0.27	0.36	0.30	0.36	2.25倍
情景6	0.34	0.34	0.23	0.08	0.37	0.27	0.35	0.30	0.29	1.61倍
情景7	0.36	0.36	0.59	0.27	0.39	0.30	0.38	0.33	0.37	2.40倍
情景8	0.19	0.34	0.33	0.23	0.38	0.22	0.29	0.32	0.29	1.63倍

情景5和情景6涵养指数均值分别为0.36、0.29，是天然情景的2.25倍和1.61倍。表明干流水库调节能力大于支流的，下游水库调节能力大于上游的。情景7和情景8涵养指数均值分别为0.37和0.29，分别是天然情景的2.40倍和1.63倍，情景2和情景7明显优于情景8。因此，双水库联合调度时，大水库位于小水库上游，梯级水库整体的调节能力更强；参与调度水库数量增加，对枯季径流的调节能力并不一定增加。

3. 枯水各月发生频次

采用最枯月份在各月发生的频次评估梯级水库群调度对枯水的影响（表2.5-12）。天然情景下最枯月份主要集中在2月和3月，情景2最枯月份发生在3月和4月，情景3和情景4最枯月份主要发生在3月。因此，随着水库库容增大，最枯月份发生时间越晚。情景5中有7年最枯月份发生在3月，情景6最枯月份在12月至次年4月均有分布。情景7中3月和4月出现最枯月的频次等同，情景8最枯月有6年出现在6月。从枯水月发生情况来看，库容对最枯月份发生时间影响不大。双水库时，情景8最枯月份出现时间最晚。

表2.5-12　　二滩站各情景下枯水各月发生频次分析　　单位：次

情景	各月发生频次											
	1月	2月	3月	4月	5月	6月	7月	8月	9月	10月	11月	12月
情景1		2	5	1								
情景2			5	3								
情景3			7	1								
情景4			7	1								
情景5			7	1								
情景6	1	2	3	1								1
情景7			4	4								
情景8			1	1		6						

2.5.5 暴雨重构技术下梯级水库调度对流域洪水影响

针对梯级水库调度对径流影响的研究并未考虑降雨特性的问题，选取雅砻江流域典型洪水过程和对应场次降雨。通过暴雨重构技术，对该场次降雨的降雨中心重构，降雨强度重构及降雨量重构，设置三种不同降雨方案，进而研究不同降雨类型下水库调度对洪水特性的影响。

2.5.5.1 典型洪水

雅砻江流域洪水大多是由暴雨形成的，流域暴雨一般出现在6—9月，且多连续降雨，一次降雨过程为3d左右。为选取典型洪水过程，以最大3d洪量作为衡量指标，从2008—2016年中择取由暴雨产生的最大3d洪量最大的年份作为研究年。2012年最大3d洪量为26.8亿m^3，最大洪峰流量为7419m^3/s，因此将2012年作为研究年，其流量过程见图2.5-14（a），2012年5月15日至2012年8月23日为第一场洪水过程，如图2.5-14（b）所示，将此场洪水过程作为典型洪水研究。

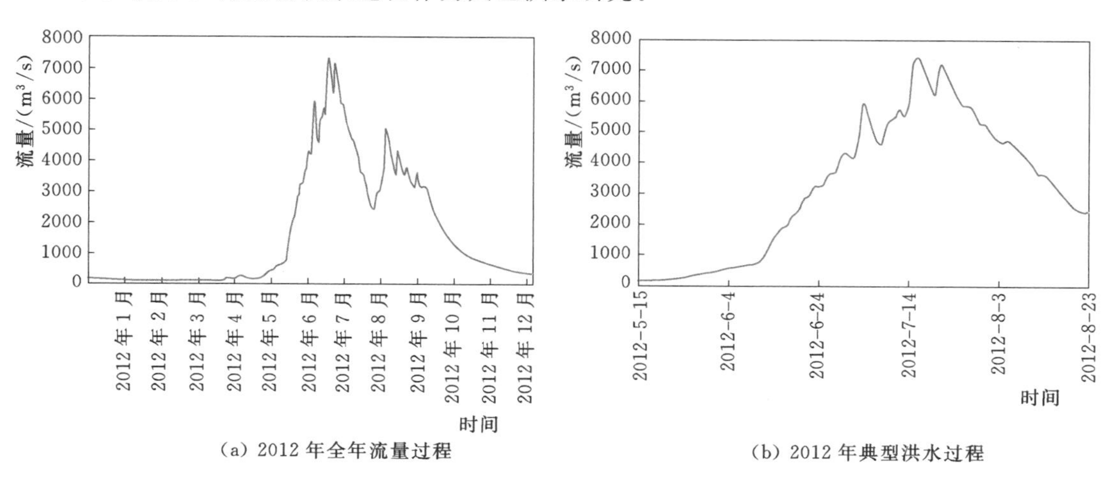

(a) 2012年全年流量过程　　(b) 2012年典型洪水过程

图2.5-14　2012年二滩站径流情况

2.5.5.2 暴雨重构方案

2012年5月15日至2012年8月23日该场典型洪水由多场连续降雨形成，其中主雨段为2012年7月14—15日连续2d暴雨［图2.5-15（a）］，形成2012年7月16日洪峰。为进一步研究梯级水库调度对流域洪水过程的影响，通过三种方式对7月14—15日2d天气系统中的降雨过程重构，从而进一步揭示不同降雨特性下梯级水库对洪水的影响。具体的暴雨重构方案见表2.5-13。

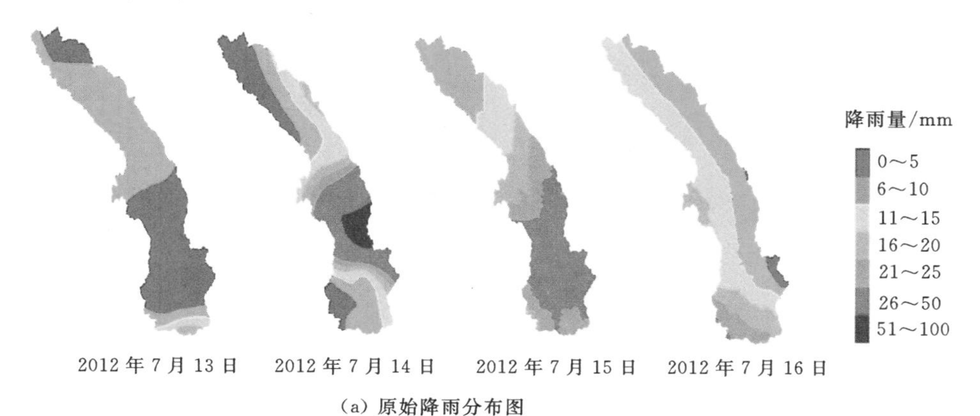

(a) 原始降雨分布图

图2.5-15（一）　雅砻江流域降雨分布图

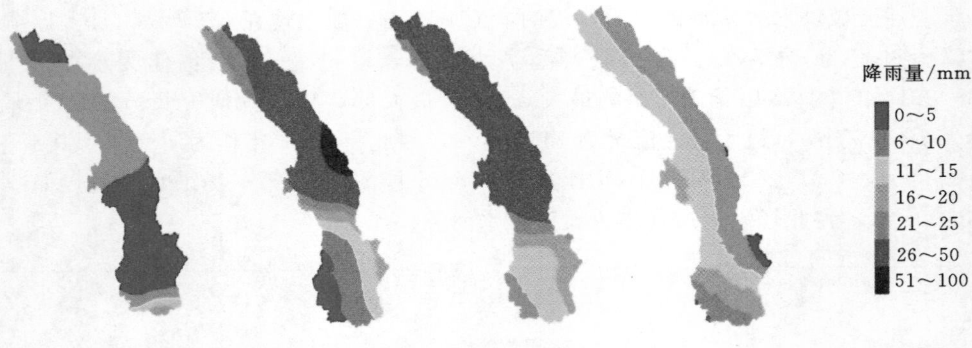

2012年7月13日　2012年7月14日　2012年7月15日　2012年7月16日

(b) 降雨中心重构下降雨分布图

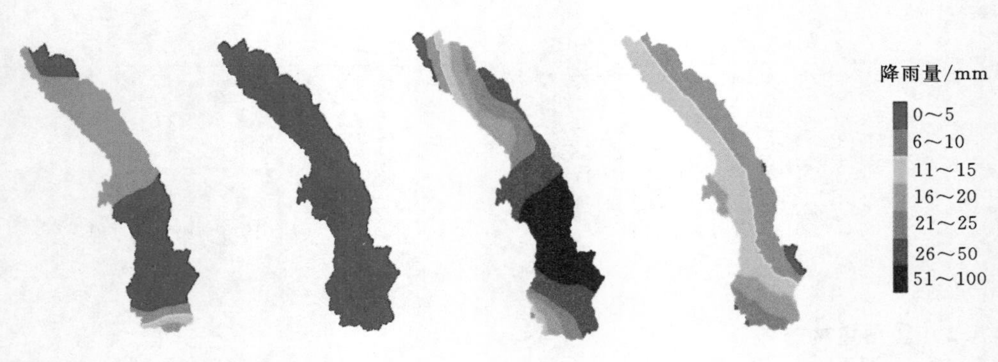

2012年7月13日　2012年7月14日　2012年7月15日　2012年7月16日

(c) 降雨强度重构下降雨分布图

2012年7月13日　2012年7月14日　2012年7月15日　2012年7月16日

(d) 降雨量重构下降雨分布图

图2.5-15（二）　雅砻江流域降雨分布图

表 2.5-13 暴雨重构方案

方案	内容	图示
原始气象		图 2.5-15 (a)
降雨中心重构	降雨中心由下游移至上游	图 2.5-15 (b)
降雨强度重构	降雨量不变，将 7 月 14—15 日 2d 降雨集中至 7 月 15 日	图 2.5-15 (c)
降雨量重构	7 月 14—15 日降雨强度不变，增加 30%的雨量至 7 月 16 日	图 2.5-15 (d)

2.5.5.3 暴雨重构技术下梯级水库调度对洪水影响

运用暴雨重构方法改变天气系统中的降雨特性，图 2.5-16 展示了三种暴雨重构方案

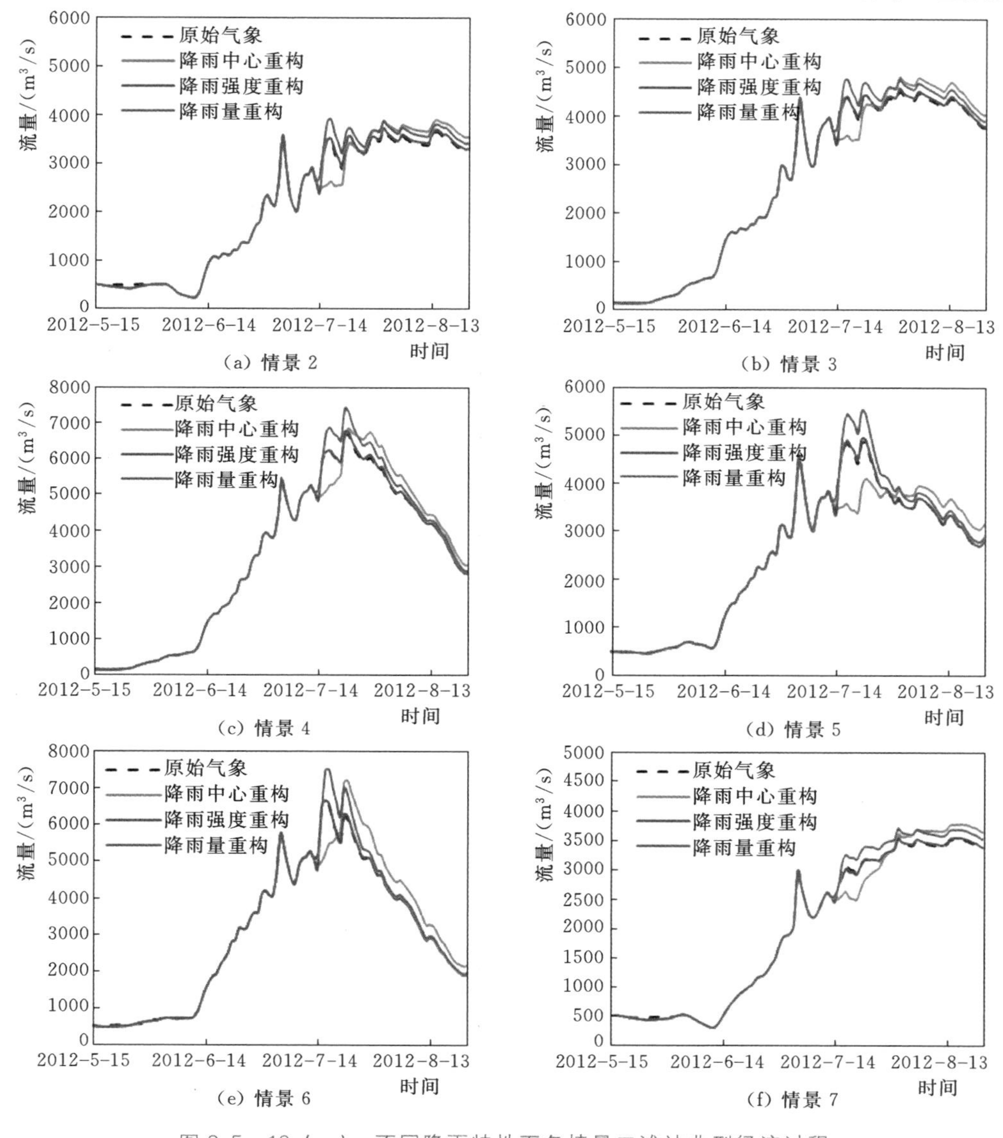

图 2.5-16 (一) 不同降雨特性下各情景二滩站典型径流过程

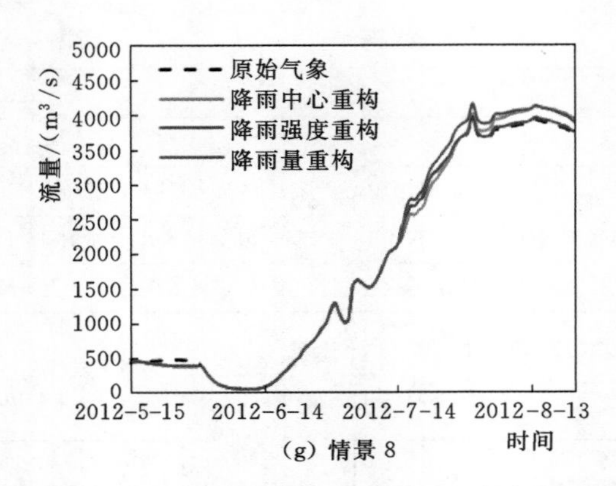

(g) 情景 8

图 2.5-16 (二) 不同降雨特性下各情景二滩站典型径流过程

下各情景梯级水库调度对典型汛期径流（5 月 15 日至 8 月 23 日）的影响。情景 2～情景 8，降雨中心重构方案下各情景水库调度对汛期径流调节效果最好，降雨强度重构方案下各情景水库对汛期径流调节效果与原始气象相近，降雨量重构方案下汛期径流会增加。

本节依然采用最大 3d 洪量、洪峰流量、峰现时间 3 个指标，研究不同降雨特性下梯级水库群调度对洪水的影响。

暴雨重构方案下二滩站最大 3d 洪量特性分析见表 2.5-14。由表 2.5-14 可知，暴雨重构方案下最大 3d 洪量的削减程度均大于原气象条件。降雨中心重构方案最大 3d 洪量削减率为原气象条件的 1.11 倍，降雨强度和降雨量重构方案最大 3d 洪量削减率为原气象条件的 1.01 倍和 1.02 倍，仅略高于原气象条件。因此，对于降雨中心在上游、降雨强度及降雨量偏大的降雨所引起的洪水，水库调洪效果更好；其中降雨中心位于上游时水库调洪效果最佳。

表 2.5-14 暴雨重构技术下二滩站最大 3d 洪量特性分析

项目	原始气象削减率/%	降雨中心重构		降雨强度重构		降雨量重构	
		削减率/%	倍数	削减率/%	倍数	削减率/%	倍数
情景 2	−50.5	−51.9	1.09	−51.0	1.02	−52.8	1.05
情景 3	−39.1	−40.9		−39.7		−41.8	
情景 4	−10.1	−15.9		−10.7		−10.2	
情景 5	−35.0	−49.1	1.17	−35.1	1.01	−33.4	0.98
情景 6	−11.6	−12.2		−11.9		−8.8	
情景 7	−51.8	−53.1	1.04	−52.4	1.01	−54.2	1.05
情景 8	−46.4	−48.9		−47.2		−49.0	
均值	−34.9	−38.9	1.11	−35.4	1.01	−35.7	1.02

情景 4，降雨中心上移的气象下洪量削减率比其他气象条件高 4%以上，说明小型水库对降雨中心在上游引起的洪水调洪效果更好。情景 5，降雨中心上移后洪量削减程度比其气象条件高 14%以上，表明位于上游的水库，对暴雨中心在流域上游的降雨所引起的洪水，调洪效果更好。对于某一场洪水，情景 7 的防洪效果优于情景 8，大水库在小水库

上游削减洪量效果更好。

暴雨重构技术下二滩站洪峰特性分析见表2.5-15。由表2.5-15可知，降雨中心重构方案的平均削峰率约为原气象条件的1.16倍，降雨强度重构方案略高于原气象条件，降雨量重构方案的平均削峰率约为原气象条件的1.07倍。因此，对于降雨中心在上游、降雨强度及降雨量偏大的暴雨所引发的洪水，水库调节效果更好；且降雨中心上移后水库表现最佳。

表2.5-15 暴雨重构技术下二滩站洪峰特性分析

项目	原始气象削减率/%	降雨中心重构		降雨强度重构		降雨量重构	
		削减率/%	倍数	削减率/%	倍数	削减率/%	倍数
情景2	−50.4	−54.1	1.17	−51.2	1.03	−53.8	1.11
情景3	−39.0	−43.4		−40.0		−43.8	
情景4	−10.3	−19.2		−11.4		−12.6	
情景5	−34.9	−46.2	1.23	−35.2	1.02	−35.0	1.05
情景6	−11.7	−15.2		−12.5		−11.4	
情景7	−52.6	−55.5	1.07	−53.4	1.02	−56.3	1.08
情景8	−46.9	−51.4		−47.9		−51.0	
均值	−35.1	−40.7	1.16	−35.9	1.02	−37.7	1.07

情景5中，降雨中心上移的气象下，削峰率比其他两种暴雨重构方案高11%以上。表明位于上游的水库，对于暴雨中心在流域上游的降雨所引起的洪水调节效果更好。对于某一场洪水，情景7的削峰效果均优于情景8，即大水库在小水库上游削减洪峰效果更好。

暴雨重构技术下二滩站峰现时间分析见表2.5-16。从多情景平均来看，原气象条件的峰现时间平均推迟9.4d，降雨中心重构、降雨强度重构和降雨量重构方案的峰现时间平均推迟10d、12d和1.1d。在降雨量重构方案下，单水库情景洪峰均表现为提前或未推迟状态，表明降雨强度不变降雨量增大，不利于水库推迟洪峰。因此，降雨中心上移和降雨强度增大后，有利于水库推迟洪峰；而降雨量增大后，不利于水库推迟洪峰。

表2.5-16 暴雨重构技术下二滩站峰现时间分析

项目	偏差/d			
	原始气象	降雨中心重构	降雨强度重构	降雨量重构
情景2	15	24	15	−4
情景3	15	10	15	−4
情景4	5	1	5	0
情景5	1	−17	5	0
情景6	0	1	0	−4
情景7	15	27	30	10
情景8	15	24	15	10
均值	9.4	10	12	1.1

第3章

面向水库群的大流域产汇流模拟研究

3.1 面向水库群的大流域产汇流方式分析

水利工程尤其是水库建成后，增大了库区水面面积，改变了库区及周边水汽条件，增加了坝址以上土壤含水量，抬高了地下水位。对产流过程的蒸发、下渗及地表和地下径流的产生均有不同程度的影响。库区水深增加，洪水波主要表现为重力波形态，显著缩短了洪水至坝前的传播时间；水库成库后通常按照防洪、发电、航运等多目标进行约束运行，对天然来水进行人为蓄泄，当闸门启闭时，洪水波主要表现为急变洪水波（断波），改变了天然洪水波的传播规律。

预报与调度相互影响，互为前提，大型水库与防汛节点既是洪水预报体系中的预报断面，也是调度规则中各规则之间的索引或规则内部的启动条件或控泄目标。预报体系构建需满足长江流域大型水库单库预报调度和联合调度及流域防汛水情预报精度和预见期要求。以大型水库、重要水文站、防汛节点等为控制断面，构建长江三峡以上流域分布式产汇流拓扑结构。现阶段预报模型主要采用传统水文模型——降雨径流相关模型（API）、新安江模型，以及马斯京根法和合成流量法等。

1. 金沙江中游

金沙江中游水系主要包括干流石鼓—攀枝花河段及主要支流硕多岗河、水洛河、五郎河、漾弓江、落漏河、桑园河、渔泡江、马过河及新庄河，这些干支流站基本可控制金沙江上中游洪水的沿程变化规律。干流主要控制站包括石鼓站、中江站、攀枝花站，为满足石鼓站预报需求，将预报上边界可外延至巴塘，增加控制站巴塘站和奔子栏站；主要支流控制站有下桥头站、水洛站、总管田站、鹤庆站、黄坪站、大惠庄站、地索站、仁里站、石龙坝站。

2. 雅砻江流域

锦屏一级水库上游水系主要包括雅砻江干流及支流鲜水河、理塘河，干流主要水文站有甘孜站、新龙站、和平站、雅江站、吉居站、麦地龙站；鲜水河主要水文站有炉霍站、道孚站；理塘河主要水文站有濯桑站、四合站、呷姑站、列瓦站及盖租站、巴基站、甲米站。

锦屏一级水电站至二滩水电站之间有锦屏二级水电站和官地水电站。锦屏二级水电站坝址位于锦屏一级水电站坝址下游18km，利用150km锦屏大河湾的天然落差，裁弯取直开挖隧洞引水发电，锦屏二级水库具有日调节性能，调节库容为402万m^3，调节能力较小；官地水电站是径流式电站，水库调节能力也较小，因此，不考虑锦屏二级、官地水库的调节影响。二滩水库入库径流主要为锦屏一级水库出库流量和锦屏一级水库—二滩水库坝址区间径流。锦屏一级—二滩坝址区间干流主要水文站有泸宁站、打罗站，主要支流水文站有九龙河乌拉溪站。二滩水电站至桐子林水电站区间左岸有安宁河汇入。

3. 金沙江下游梯级水库

攀枝花水文站控制中游来水，下游主要水文站有三堆子、龙街、乌东德、华弹、白鹤滩、溪洛渡、向家坝等，主要支流控制水文站有雅砻江桐子林、龙川江小黄瓜园、蜻蛉河多克、黑水河宁南、西溪河昭觉、美姑河美姑、牛栏江大沙店、普渡河尼格等。根据主要水文站点布设、水系分布及工程建设，向家坝来水预报以干流攀枝花站流量及雅砻江二滩水库出库为输入进行流域产汇流预报，将向家坝以上预报区划分为攀枝花（桐子林）—三堆子、三堆子—龙街、龙街—乌东德、乌东德—华弹、华弹—白鹤滩、白鹤滩—溪洛渡、溪洛渡—向家坝及支流蜻蛉河、龙川江、普渡河、黑水河、西溪河、美姑河、牛栏江共15个产汇流分区。

4. 瀑布沟以上流域

瀑布沟水库位于岷江支流大渡河上，到2015年，其上游没有大型控制性水库。大渡河干流瀑布沟水库以上重要水文（水位）站有足木足站、大金站、丹巴站、泸定站、石棉站。主要支流水文站有绰斯甲河绰斯甲站、梭磨河马尔康站、小金川河小金川站、革什扎河布科站、瓦斯河康定站、田湾河大泥口站、流沙河站。

根据控制性水文站点布设、水系分布，将大渡河瀑布沟水库以上流域划分为干流大金以上、小金以上、大金（小金）—丹巴、康定以上、丹巴（康定）—泸定、泸定—石棉、流沙河、石棉（流沙河）—瀑布沟区间，共8个产汇流分区。

5. 紫坪铺以上流域

紫坪铺水库位于岷江干流上啊，其上游干流主要水文站有镇江关站，主要支流水文站有黑水河沙坝站、杂谷脑河杂谷脑站。

根据水文站及水系分布，将紫坪铺以上流域划分为干流镇江关以上、支流黑水河沙坝站以上、杂谷脑河杂谷脑站以上及镇江关（沙坝、杂谷脑）—紫坪铺区间，共4个产汇流分区。

6. 宝珠寺水库以上流域

宝珠寺水库位于嘉陵江支流白龙江上，其上游有碧口水库，碧口—宝珠寺区间流域面积约为2430km^2。宝珠寺以上白龙江干流主要水文站有白云、舟曲、武都。根据工程及水文站分布，将宝珠寺以上划分为白云以上、白云—舟曲、舟曲—武都、武都—碧口、碧口—宝珠寺共5个产汇流分区。

7. 亭子口以上流域

亭子口水库位于嘉陵江中游上段广元—苍溪河段，其上游干流无大型控制性水库，右岸有白龙江入汇，白龙江有碧口、宝珠寺两座大型水库。主要水文站有凤州、茨坝、谈家庄、略阳、广元及支流控制站成县、镡家坝、三垒坝、上寺等。

8. 乌江流域

乌江干流梯级开发已基本完成，干流大型水库有洪家渡、乌江渡、构皮滩、思林、沙沱、彭水，基本呈现首尾相连的形势，上一级水库的出库为下一级水库的入库，预报体系不宜分开，因此将乌江流域乌江渡以下梯级水库水情预报体系一并考虑。干流主要控制性水文站有思南、沿河、彭水、武隆；主要支流控制水文站有余庆、石阡、印江、保家楼、长坝、五家院子。

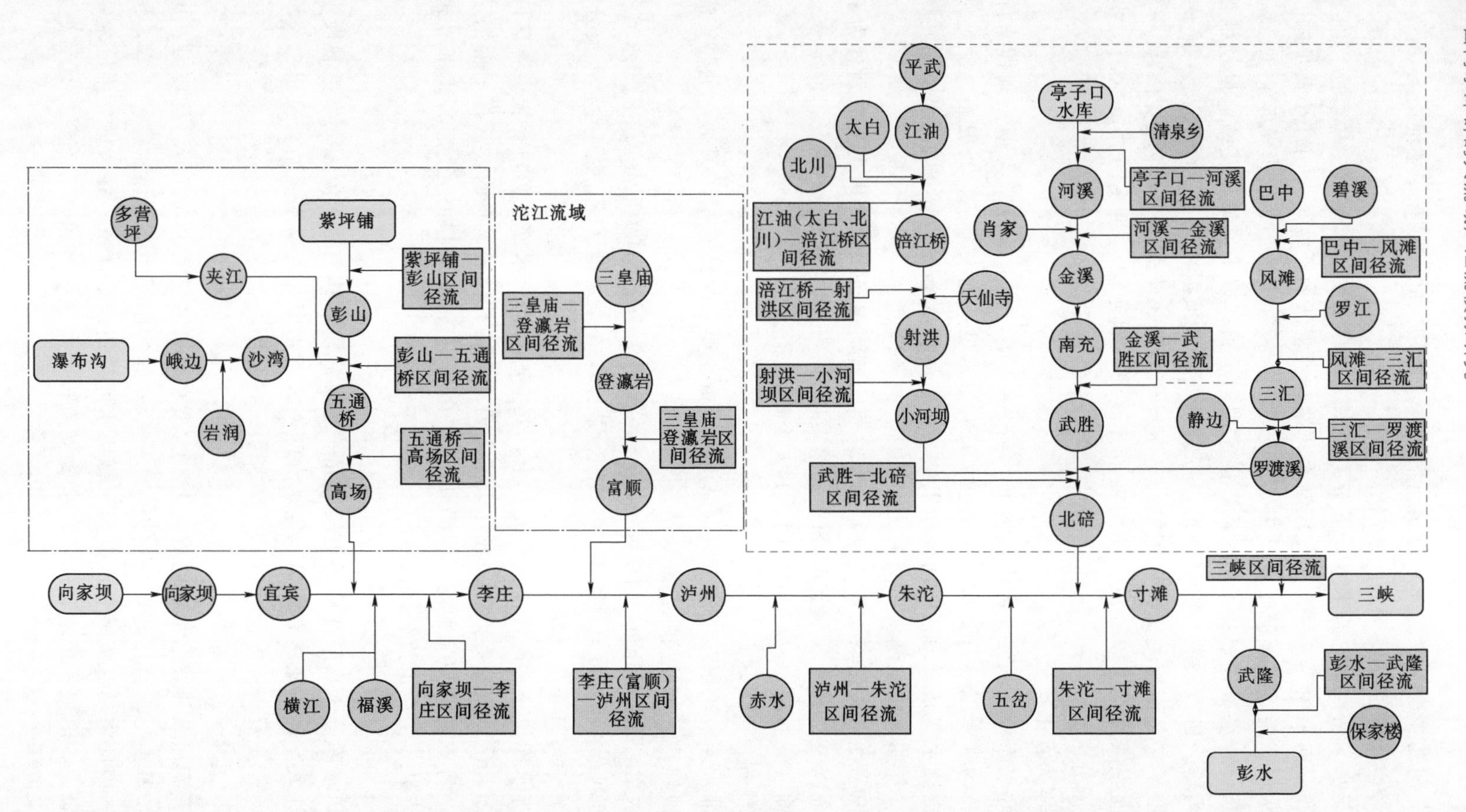

图 3.1-1 三峡以上流域分布式产汇流拓扑结构图

9. 三峡以上流域

三峡以上流域产汇流区间以前述干支流控制性水库或水文站为上边界，包括向家坝—三峡干流区间、岷江流域瀑布沟和紫坪铺以下区间、沱江流域、嘉陵江流域亭子口以下区间及乌江流域武隆以下区间。

根据重要水文（水位）站、水库及水系分布，将三峡预报流域划分为41个产汇流分区。三峡以上流域分布式产汇流拓扑结构见图3.1-1。

3.2 径流演进水文学模拟方法研究

长江上游宜昌以上集水面积为1005501km^2，支流众多，针对长江上游梯级水库建成前后洪水传播规律有所变化的新形势，需要研究长江上游子流域洪水的演算方法，建立长江上游子流域洪水演进模型。

径流演进水文学模拟模型适用于河道水下地形资料缺乏、无法进行高精度水动力学模拟的河流，由于水文监测断面一般设置在河口以上数十千米甚至上百千米的位置，需要将上游水文监测断面的实测流量过程通过径流演进水文学模拟模块演算得到河口的出流过程，以旁侧入流的形式汇入一维河网水动力学模拟模型。本节结合长江上游已有水文模拟参数率定成果，采用马斯京根法推求长江上游各子流域重要控制断面的天然洪水过程，为建立嵌套水文学和水动力学的全区域一维河网水量模拟模型提供技术支撑。

3.2.1 马斯京根法

马斯京根法是将河段的槽蓄量分为柱体槽蓄量KO和楔体蓄量$Kx(I-O)$两部分，总蓄量为

$$W=KO+Kx(I-O)=K[xI+(1-x)O]=KO' \tag{3.2-1}$$

式中：x为楔蓄形状系数；K为入流、出流过程线重心间隔的时间；O'为示储流量，表示河槽蓄量大小的一种流量。

与河段水量平衡方程联合则有马斯京根法流量演算公式：

$$O_2=C_0I_2+C_1I_1+C_2O_1 \tag{3.2-2}$$

其中

$$\begin{cases} C_0=\dfrac{0.5\Delta t-Kx}{K-Kx+0.5\Delta t} \\ C_1=\dfrac{0.5\Delta t+Kx}{K-Kx+0.5\Delta t} \\ C_2=\dfrac{K-Kx-0.5\Delta t}{K-Kx+0.5\Delta t} \end{cases} \tag{3.2-3}$$

且
$$C_0+C_1+C_2=1.0$$

式中：Δt为计算时段；I_1、I_2为时段初、末入流；O_1、O_2为时段初、末出流。

当确定了河段的K、x和Δt值，C_0、C_1、C_2值可求得，即可逐时段推求下游断面出流量过程。

3.2.2 子流域参数率定

以宜昌控制断面为例，考虑径流一致性，选取三峡建库前（1960—2002 年）宜昌站实测径流系列，采用最小二乘法对马斯京根演算公式进行参数率定。将径流模拟计算得到的 1960—2002 年坝址洪水统计特征值，分别同宜昌实测流量的洪峰、时段洪量统计值进行比较。1960—2002 年坝址洪峰流量前八位年份及 1954 年的年最大场次洪水流量过程见图 3.2-1～图 3.2-8。

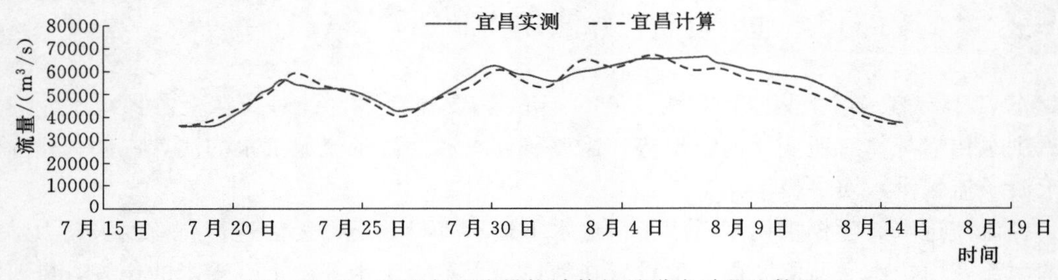

图 3.2-1　1954 年径流模拟计算坝址洪水过程比较图

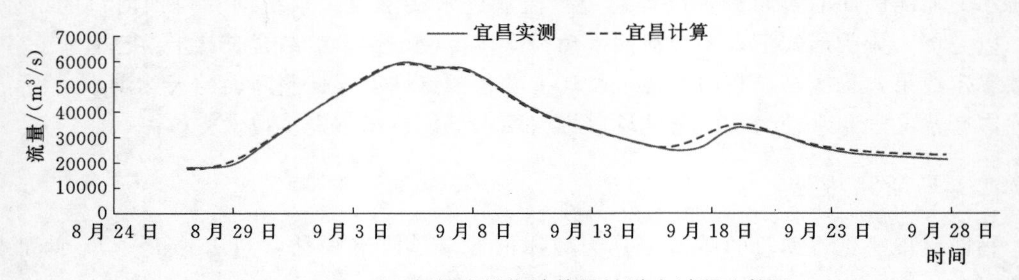

图 3.2-2　1966 年径流模拟计算坝址洪水过程比较图

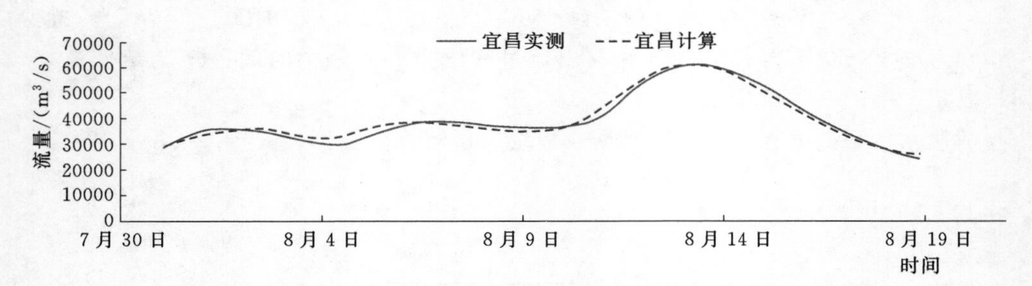

图 3.2-3　1974 年径流模拟计算坝址洪水过程比较图

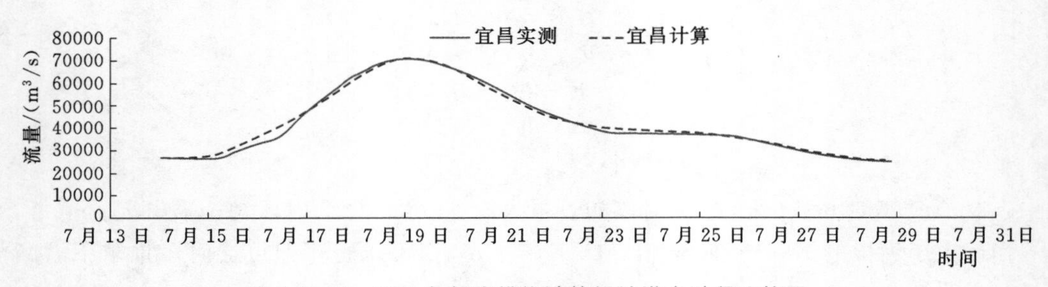

图 3.2-4　1981 年径流模拟计算坝址洪水过程比较图

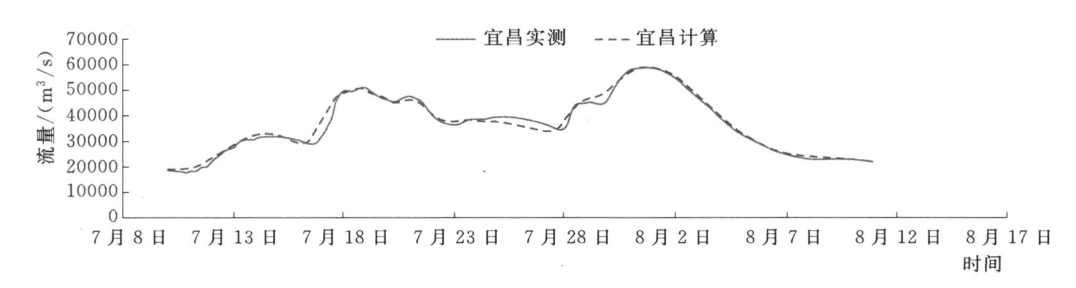

图 3.2-5 1982 年径流模拟计算坝址洪水过程比较图

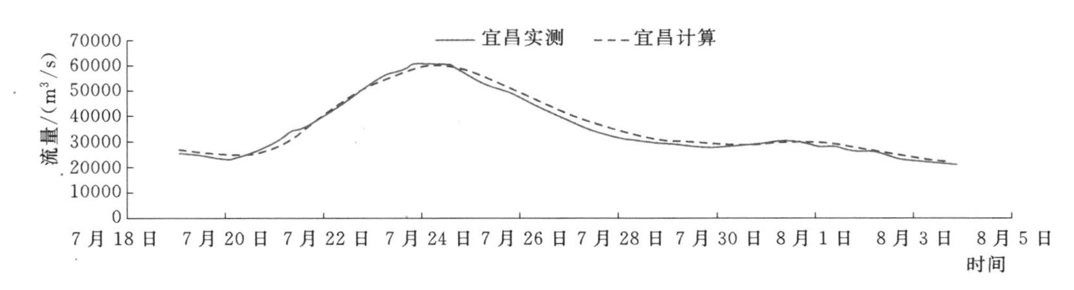

图 3.2-6 1987 年径流模拟计算坝址洪水过程比较图

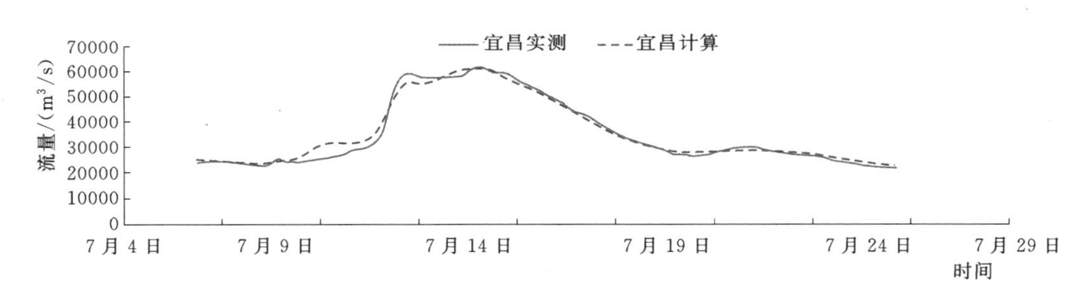

图 3.2-7 1989 年径流模拟计算坝址洪水过程比较图

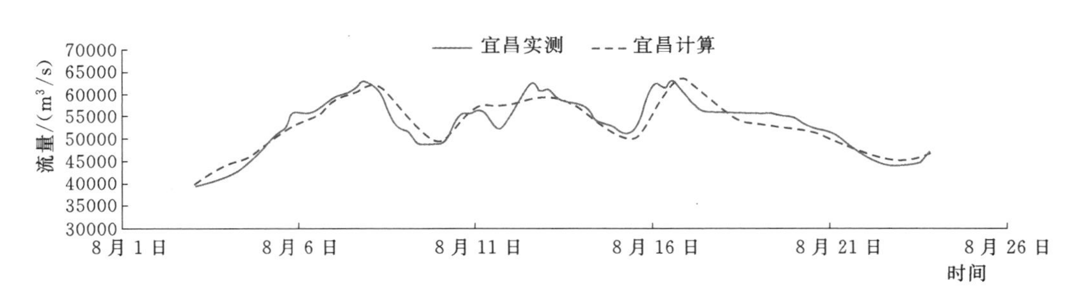

图 3.2-8 1998 年径流模拟计算坝址洪水过程比较图

分析可以看出，洪峰、洪量计算误差均在 5%以内，峰现时间误差为 2d 以内，各统计值多年平均误差不超过 0.5%，有较高精度。

总体来看，三峡建库前采用径流模拟计算坝址洪水，对洪峰、洪量模拟效果均较好，因此该方法可用于2003年后的坝址洪水的还原计算。

3.3 一维河网水动力学模拟方法研究

针对多阻断河流洪枯水演进特点，基于Preissmann四点加权差分格式离散Saint-Venant方程组，采用Newton-Raphson方法求解一维水动力非线性离散方程组；采用汊点水位预测校正法处理汊点处的回水效应，实现了复杂河网天然汊点和阻断汊点的数值解耦；克服了分级解法需要建立和求解总体矩阵的缺点，能有效提高计算的稳定性和效率。

本节选取长江上游攀枝花—宜昌干支流河段，基于多阻断河流洪枯水演进数值模拟模型，构建了由金沙江模块（攀枝花—宜宾）和川江模块（向家坝—宜昌）组成的长江上游洪枯水演进数值模拟模型，并实现了与水文预报模型的接口互通。率定验证结果表明，所建模型能够较高精度地模拟长江上游洪枯水演进的时空特征及规律。

3.3.1 控制方程

3.3.1.1 非恒定流动基本方程

根据流体的质量守恒原理和动量守恒原理，可以推导出河流一维非恒定流动的基本方程——圣维南方程；综合各方面的影响，在考虑侧向汇入、局部损失、动量修正等因素后，对一维非恒定水流方程进行修正，控制方程可以写为

连续方程：
$$\frac{\partial A}{\partial t}+\frac{\partial Q}{\partial x}=q \tag{3.3-1}$$

动量方程：
$$\frac{\partial Q}{\partial t}+\frac{\partial}{\partial x}(\beta QU)+gA\frac{\partial h}{\partial x}=gA\left(S_0-S_f-\frac{h_E}{\Delta x}\right)+qU_q \tag{3.3-2}$$

式中：t为时间坐标，s；x为空间坐标，m；A为过水面积，m^2；Q为流量，m^3/s；U为断面平均流速，m/s；g为重力加速度，m/s^2；S_0为河床底坡；S_f为摩阻坡度，计算河床摩阻的方法很多，其中最为常用的为谢才公式，其表达式可以写为

$$S_f=\frac{|U|Un^2}{R^{4/3}}$$

式中：n为曼宁系数；R为水力半径，对于宽浅河流，近似按照A/B计算。

3.3.1.2 汊点和结构物处连接条件

在河网中各河道连接的汊点处需要补充连接条件，如下述方程所示：

$$\sum Q=\sum Q_{\mathrm{i}}-\sum Q_{\mathrm{o}}=0 \tag{3.3-3}$$

$$Z_{\mathrm{i}}-Z_{\mathrm{o}}=0 \tag{3.3-4}$$

式中：下标i和o代表流入和流出汊点的河道断面变量值。

在河网中往往存在各种结构物，在结构物附近流态十分复杂，其流量决定条件可分为

两类：一类流量由上下游流动情况共同决定；另一类流量只由上游水位决定。这两类条件与上下游流量相等条件共同构成结构物处连接条件。因此结构物处的连接条件可如下式表示：

$$Q_u = Q_d = Q \tag{3.3-5}$$

$$f(Q, Z_u, Z_d) = 0 \tag{3.3-6}$$

其中式（3.3－6）表示需要给定的结构物处水位与流量的关系。

3.3.2 数值算法

圣维南方程的连续方程和控制方程为双曲线方程，要得到非恒定的、高精度的数值求解，需要设计稳定的、有效的数值求解方法。该模型选用 Preissmann 提出的稳定性比较好的四点加权隐式格式进行求解。

3.3.2.1 Preissmann 隐式格式

Preissmann 隐式格式是 1961 年提出的四点加权隐式格式，由于该格式稳定性好，计算精度高而得到广泛的应用。Preissmann 格式示意如图 3.3－1 所示。

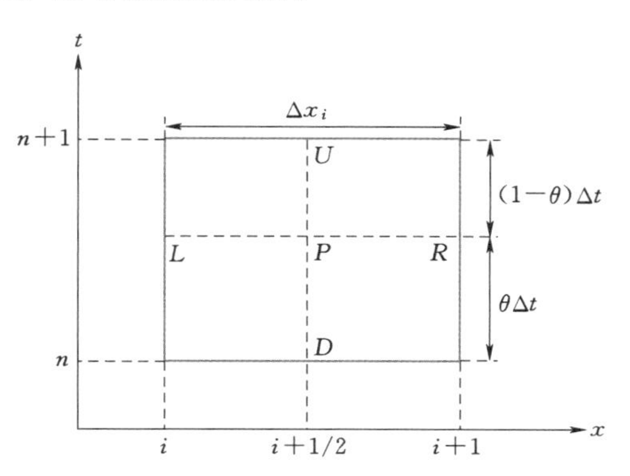

图 3.3－1 Preissmann 格式示意

在图 3.3－1 中，河道系统被离散为空间和时间上的若干结点，其中空间步长为 Δx_i，时间步长为 Δt。如果用 P 来表示时空域内的某一点，可以用 P 点周围 L、R、U、D 4 个结点的值来计算任一偏点 $P(i+1/2, \theta\Delta t)$ 的偏导数和加权平均值，如下：

$$\frac{\partial f}{\partial x} = \frac{1}{\Delta x_i}[\theta(f_{i+1}^{n+1} - f_i^{n+1}) + (1-\theta)(f_{i+1}^n - f_i^n)] \tag{3.3-7}$$

$$\frac{\partial f}{\partial t} = \frac{1}{2\Delta t}(f_{i+1}^{n+1} + f_i^{n+1} - f_{i+1}^n - f_i^n) \tag{3.3-8}$$

$$f = f_{i+\frac{1}{2}}^{n+\theta} = \frac{\theta}{2}(f_i^{n+1} + f_{i+1}^{n+1}) + \frac{1-\theta}{2}(f_i^n + f_{i+1}^n) \tag{3.3-9}$$

式中：f 为函数变量；Δt 为时间步长，s；θ 为权重系数；Δx_i 为空间步长，m；上标为时间坐标，下标为空间坐标。

Preissmann 隐式格式的稳定条件与精度取决于权重系数 θ 的取值，当 $0.5 \leqslant \theta \leqslant 1$ 时，Preissmann 隐式格式无条件稳定，当 $\theta < 0.5$ 时，Preissmann 隐式格式有条件稳定；对于任意的 θ 取值，精度为一阶；当 $\theta = 0.5$ 时，精度为二阶，但会出现局部震荡；当 $\theta > 0.5$ 时会产生人工阻尼，从而消除震荡。

3.3.2.2 控制方程离散

根据 Preissmann 隐式格式的定义，连续方程可以离散为

$$\frac{1}{2\Delta t_j}(A_i^{j+1}+A_{i+1}^{j+1}-A_i^j-A_{i+1}^j)+\theta\left[\frac{1}{\Delta x_i}(Q_{i+1}^{j+1}-Q_i^{j+1})\right]-\theta\left(\frac{q_{i+1}^{j+1}+q_i^{j+1}}{2}\right)+$$

$$(1-\theta)\left[\frac{1}{\Delta x_i}(Q_{i+1}^j-Q_i^j)\right]-(1-\theta)\left(\frac{q_{i+1}^{j+1}+q_i^{j+1}}{2}\right)=F_i(Q_{i+1},Q_i,A_{i+1},A_i)=0 \tag{3.3-10}$$

采用Preissmann格式对动量方程进行离散得

$$\begin{aligned}
&\frac{1}{2\Delta t_j}(Q_i^{j+1}+Q_{i+1}^{j+1}-Q_i^j-Q_{i+1}^j)\\
&+\theta\left\{\frac{1}{\Delta x_i}\left[\left(\frac{Q^2}{A}\right)_{i+1}^{j+1}-\left(\frac{Q^2}{A}\right)_i^{j+1}\right]\right\}+\theta g\left(\frac{A_{i+1}^{j+1}+A_i^{j+1}}{2}\right)\left[\frac{1}{\Delta x_i}(h_{i+1}^{j+1}-h_i^{j+1})\right]\\
&+\frac{g\theta}{2}\left[\left(\frac{n^2|Q|Q}{AR^{4/3}}\right)_{i+1}^{j+1}\left(\frac{n^2|Q|Q}{AR^{4/3}}\right)_i^{j+1}\right]-\theta g\left(\frac{A_{i+1}^{j+1}+A_i^{j+1}}{2}\right)\left(\frac{S_{o_{i+1}}+S_{o_i}}{2}\right)\\
&+\theta\left(\frac{A_{i+1}^{j+1}+A_i^{j+1}}{8}\right)\left\{\frac{K_E}{\Delta x_i}\left[\left(\frac{Q^2}{A^2}\right)_{i+1}^{j+1}+\left(\frac{Q^2}{A^2}\right)_i^{j+1}\right]\right\}\\
&-\theta\left(\frac{q_{i+1}^{j+1}+q_i^{j+1}}{2}\right)\left(\frac{U_{q_{i+1}}^{j+1}+U_{q_i}^{j+1}}{2}\right)\\
&+(1-\theta)\left\{\frac{1}{\Delta x_i}\left[\left(\frac{Q^2}{A}\right)_{i+1}^{j}-\left(\frac{Q^2}{A}\right)_i^{j}\right]\right\}+g(1-\theta)\left(\frac{A_{i+1}^j+A_i^j}{2}\right)\left[\frac{1}{\Delta x_i}(h_{i+1}^j-h_i^j)\right]\\
&+\frac{g(1-\theta)}{2}\left[\left(\frac{n^2|Q|Q}{AR^{4/3}}\right)_{i+1}^{j}\left(\frac{n^2|Q|Q}{AR^{4/3}}\right)_i^{j}\right]-g(1-\theta)\left(\frac{A_{i+1}^j+A_i^j}{2}\right)\left(\frac{S_{o_{i+1}}+S_{o_i}}{2}\right)\\
&+(1-\theta)\left(\frac{A_{i+1}^j+A_i^j}{8}\right)\left\{\frac{K_E}{\Delta x_i}\left[\left(\frac{Q^2}{A^2}\right)_{i+1}^{j}+\left(\frac{Q^2}{A^2}\right)_i^{j}\right]\right\}\\
&-(1-\theta)\left(\frac{q_{i+1}^j+q_i^j}{2}\right)\left(\frac{U_{q_{i+1}}^j+U_{q_i}^j}{2}\right)=G_i(Q_{i+1},Q_i,A_{i+1},A_i)=0
\end{aligned} \tag{3.3-11}$$

除基本控制方程以外，边界条件也需要进行离散。上游边界给定的水位或过流面积条件，离散为

$$F_0=A_i^{j+1}-A_u(t)=0 \tag{3.3-12}$$

下游边界可以离散为

$$F_N=A_N^{j+1}-A_d(t)=0 \tag{3.3-13}$$

如果边界条件给定流速或流量，可以表达为

$$F_0=Q_i^{j+1}-Q_u(t)=0 \tag{3.3-14}$$

$$F_N=Q_N^{j+1}-Q_d(t)=0 \tag{3.3-15}$$

3.3.2.3 方程组集成与求解

将离散方程式（3.3-10）和式（3.3-11）应用于干流及各支流的各个结点，则形成$2N-2$个方程、$2N$个未知数的方程组，再与两个边界条件联立，可以使方程组闭合。将两个边界条件写成$G_0(Q_1,A_1)$和$G_N(Q_N,A_N)$的形式，$2N$个非线性方程组可以写为

$$\begin{cases} G_0(Q_1, A_1)=0 \\ F_1(Q_2, A_2, Q_1, A_1)=0 \\ G_1(Q_2, A_2, Q_1, A_1)=0 \\ \cdots \\ \cdots \\ F_i(Q_{i+1}, A_{i+1}, Q_i, A_i)=0 \\ G_i(Q_{i+1}, A_{i+1}, Q_i, A_i)=0 \\ \cdots \\ \cdots \\ F_{N-1}(Q_N, A_N, Q_{N-1}, A_{N-1})=0 \\ G_{N-1}(Q_N, A_N, Q_{N-1}, A_{N-1})=0 \\ G_N(Q_N, A_N)=0 \end{cases} \tag{3.3-16}$$

上述非线性方程组可以采用两种方式求解。比较简单的办法是利用第 j 时间步的数值对方程的非线性项进行线性化，再求解线性方程组，但这种方法对于梯度变化较大的工况模拟并不理想。该模型采用精度较高的牛顿法对非线性方程组进行求解。牛顿法求解是在泰勒展开的基础上，利用迭代的方法使每步的残差逐步减小，最后得到非线性方程组解的方法。将该方法应用到控制方程的求解，得到

$$\begin{cases} \dfrac{\partial G_0}{\partial Q_1}\mathrm{d}Q_1+\dfrac{\partial G_0}{\partial A_1}\mathrm{d}A_1=R_{2,0}^k \\ \dfrac{\partial F_1}{\partial Q_2}\mathrm{d}Q_2+\dfrac{\partial F_1}{\partial A_2}\mathrm{d}A_2+\dfrac{\partial F_1}{\partial Q_1}\mathrm{d}Q_1+\dfrac{\partial F_1}{\partial A_1}\mathrm{d}A_1=R_{1,1}^k \\ \dfrac{\partial G_1}{\partial Q_2}\mathrm{d}Q_2+\dfrac{\partial G_1}{\partial A_2}\mathrm{d}A_2+\dfrac{\partial G_1}{\partial Q_1}\mathrm{d}Q_1+\dfrac{\partial G_1}{\partial A_1}\mathrm{d}A_1=R_{2,1}^k \\ \cdots \\ \cdots \\ \dfrac{\partial F_i}{\partial Q_{i+1}}\mathrm{d}Q_{i+1}+\dfrac{\partial F_i}{\partial A_{i+1}}\mathrm{d}A_{i+1}+\dfrac{\partial F_i}{\partial Q_i}\mathrm{d}Q_i+\dfrac{\partial F_i}{\partial A_i}\mathrm{d}A_i=R_{1,i}^k \\ \dfrac{\partial G_i}{\partial Q_{i+1}}\mathrm{d}Q_{i+1}+\dfrac{\partial G_i}{\partial A_{i+1}}\mathrm{d}A_{i+1}+\dfrac{\partial G_i}{\partial Q_i}\mathrm{d}Q_i+\dfrac{\partial G_i}{\partial A_i}\mathrm{d}A_i=R_{2,i}^k \\ \cdots \\ \cdots \\ \dfrac{\partial F_{N-1}}{\partial Q_N}\mathrm{d}Q_{i+1}+\dfrac{\partial F_{N-1}}{\partial A_N}\mathrm{d}A_N+\dfrac{\partial F_{N-1}}{\partial Q_{N-1}}\mathrm{d}Q_{N-1}+\dfrac{\partial F_{N-1}}{\partial A_{N-1}}\mathrm{d}A_{N-1}=R_{1,N-1}^k \\ \dfrac{\partial G_{N-1}}{\partial Q_N}\mathrm{d}Q_{i+1}+\dfrac{\partial G_{N-1}}{\partial A_N}\mathrm{d}A_N+\dfrac{\partial G_{N-1}}{\partial Q_{N-1}}\mathrm{d}Q_{N-1}+\dfrac{\partial G_{N-1}}{\partial A_{N-1}}\mathrm{d}A_{N-1}=R_{2,N-1}^k \\ \dfrac{\partial G_N}{\partial Q_N}\mathrm{d}Q_{i+1}+\dfrac{\partial G_N}{\partial A_N}\mathrm{d}A_N=R_{2,N}^k \end{cases} \tag{3.3-17}$$

式（3.3－17）中的各项可以根据下列公式进行计算：

$$\begin{cases} R_{2,0}^{k}=G_{0}(Q_{1}^{k},A_{1}^{k}) \\ R_{1,1}^{k}=F_{1}(Q_{2}^{k},A_{2}^{k},Q_{1}^{k},A_{1}^{k}) \\ R_{2,1}^{k}=G_{1}(Q_{2}^{k},A_{2}^{k},Q_{1}^{k},A_{1}^{k}) \\ \qquad\cdots \\ \qquad\cdots \\ R_{1,i}^{k}=F_{i}(Q_{i+1}^{k},A_{i+1}^{k},Q_{i}^{k},A_{i}^{k}) \\ R_{2,i}^{k}=G_{i}(Q_{i+1}^{k},A_{i+1}^{k},Q_{i}^{k},A_{i}^{k}) \\ \qquad\cdots \\ \qquad\cdots \\ R_{1,N-1}^{k}=F_{N-1}(Q_{N}^{k},A_{N}^{k},Q_{N-1}^{k},A_{N-1}^{k}) \\ R_{2,N-1}^{k}=G_{N-1}(Q_{N}^{k},A_{N}^{k},Q_{N-1}^{k},A_{N-1}^{k}) \\ R_{2,N}^{k}=G_{N}(Q_{N}^{k},A_{N}^{k}) \end{cases} \tag{3.3-18}$$

$$\begin{cases} dQ_{1}=Q_{1}^{k+1}-Q_{1}^{k} \\ dA_{1}=A_{1}^{k+1}-A_{1}^{k} \\ \qquad\cdots \\ \qquad\cdots \\ dQ_{i}=Q_{i}^{k+1}-Q_{i}^{k} \\ dA_{i}=A_{i}^{k+1}-A_{i}^{k} \\ \qquad\cdots \\ \qquad\cdots \\ dQ_{N}=Q_{N}^{k+1}-Q_{N}^{k} \\ dA_{N}=A_{N}^{k+1}-A_{N}^{k} \end{cases} \tag{3.3-19}$$

$$\frac{\partial F_{i}}{\partial A_{i}^{j+1}}=\frac{1}{2\Delta t_{j}} \tag{3.3-20}$$

$$\frac{\partial F_{i}}{\partial Q_{i}^{j+1}}=\frac{\theta}{\Delta x_{i}} \tag{3.3-21}$$

$$\frac{\partial F_{i}}{\partial A_{i+1}^{j+1}}=\frac{1}{2\Delta t_{j}} \tag{3.3-22}$$

$$\frac{\partial F_{i}}{\partial Q_{i+1}^{j+1}}=\frac{\theta}{\Delta x_{i}} \tag{3.3-23}$$

$$\frac{\partial G_{i}}{\partial Q_{i}^{j+1}}=\frac{1}{2\Delta t_{j}}+\theta\left[\frac{-2}{\Delta x_{i}}\frac{Q_{i}^{j+1}}{A_{i}^{j+1}}+\frac{g}{2}\frac{n_{i}^{2}\left|Q_{i}^{j+1}\right|}{A_{i}^{j+1}(R_{i}^{j+1})^{4/3}}+2\left(\frac{A_{i+1}^{j+1}+A_{i}^{j+1}}{8\Delta x_{i}}\right)K_{E}\frac{Q_{i}^{j+1}}{(A_{i}^{j+1})^{2}}\right] \tag{3.3-24}$$

$$\frac{\partial G_{i}}{\partial Q_{i+1}^{j+1}}=\frac{1}{2\Delta t_{j}}+\theta\left[\frac{-2}{\Delta x_{i}}\frac{Q_{i+1}^{j+1}}{A_{i+1}^{j+1}}+\frac{g}{2}\frac{n_{i+1}^{2}\left|Q_{i+1}^{j+1}\right|}{A_{i+1}^{j+1}(R_{i+1}^{j+1})^{4/3}}+2\left(\frac{A_{i+1}^{j+1}+A_{i}^{j+1}}{8\Delta x_{i}}\right)K_{E}\frac{Q_{i+1}^{j+1}}{(A_{i+1}^{j+1})^{2}}\right] \tag{3.3-25}$$

$$\frac{\partial G_i}{\partial A_i^{j+1}}=\theta\left\{\frac{1}{\Delta x_i}\left(\frac{Q^2}{A^2}\right)_i^{j+1}+\frac{g}{2\Delta x_i}\left[(h_{i+1}^{j+1}-h_i^{j+1})-\frac{A_{i+1}^{j+1}+A_i^{j+1}}{B_i^{j+1}}\right]\right.$$

$$\times\frac{gn_i^2}{6}\frac{|Q_i^{j+1}|Q_i^{j+1}}{A_i^{j+1}(R_i^{j+1})^{4/3}}\left[\frac{-7}{A_i^{j+1}}+\frac{4\left.\frac{\mathrm{d}B}{\mathrm{d}h}\right|_i^{j+1}}{(B_i^{j+1})^2}+\frac{6\left.\frac{\partial n}{\partial h}\right|_i^{j+1}}{n_iB_i^{j+1}}\right]$$

$$\left.-\frac{g}{2}\left(\frac{S_{o_{i+1}}+S_{o_i}}{2}\right)+\frac{K_E}{8\Delta x_i}\left[\left(\frac{Q^2}{A^2}\right)_{i+1}^{j+1}-\left(\frac{Q^2}{A^2}\right)_i^{j+1}\left(1+\frac{2A_{i+1}^{j+1}}{A_i^{j+1}}\right)\right]\right\}\quad(3.3-26)$$

$$\frac{\partial G_i}{\partial A_{i+1}^{j+1}}=\theta\left\{\frac{-1}{\Delta x_i}\left(\frac{Q^2}{A^2}\right)_{i+1}^{j+1}+\frac{g}{2\Delta x_i}\left[(h_{i+1}^{j+1}-h_i^{j+1})+\frac{A_{i+1}^{j+1}+A_i^{j+1}}{B_{i+1}^{j+1}}\right]\right.$$

$$\times\frac{gn_{i+1}^2}{6}\frac{|Q_{i+1}^{j+1}|Q_{i+1}^{j+1}}{A_{i+1}^{j+1}(R_{i+1}^{j+1})^{4/3}}\left[\frac{-7}{A_{i+1}^{j+1}}+\frac{4\left.\frac{\mathrm{d}B}{\mathrm{d}h}\right|_{i+1}^{j+1}}{(B_{i+1}^{j+1})^2}+\frac{6\left.\frac{\partial n}{\partial h}\right|_{i+1}}{n_iB_i^{j+1}}\right]$$

$$\left.-\frac{g}{2}\left(\frac{S_{o_{i+1}}+S_{o_i}}{2}\right)+\frac{K_E}{8\Delta x_i}\left[\left(\frac{Q^2}{A^2}\right)_i^{j+1}-\left(\frac{Q^2}{A^2}\right)_{i+1}^{j+1}\left(1+\frac{2A_i^{j+1}}{A_{i+1}^{j+1}}\right)\right]\right\}\quad(3.3-27)$$

利用牛顿法求解一维非恒定流动的连续方程和动量方程的数值解的过程如下。

第一步：根据初始条件或上一时间步的迭代结果，确定当前时间步上各个结点的 Q_i^j 和 A_i^j。

第二步：将第一步中的 Q_i^j 和 A_i^j 值作为牛顿迭代的初始值，既 $k=1$ 并将它们代入函数 F 和 G，计算 $k=1$ 时的余量 R_{ji}^1，同时，利用式（3.3-20）～式（3.3-27）估算各项的偏导数。当 $k>1$ 时，利用上一步迭代的结果计算余量和各项偏导数。

第三步：将所求余量和各偏导数代入式（3.3-17），集成线性方程组 $[\boldsymbol{M}]^k\{\boldsymbol{D}\}^k=\{\boldsymbol{R}\}^k$。求解线性方程组，得到 $\{\boldsymbol{D}\}^k$。线性方程组具体形式为

$$\begin{bmatrix}
\frac{\partial G_0}{\partial A_1} & \frac{\partial G_0}{\partial Q_1} & & & & & & \\
\frac{\partial F_1}{\partial A_1} & \frac{\partial F_1}{\partial Q_1} & \frac{\partial F_1}{\partial A_2} & \frac{\partial F_1}{\partial Q_2} & & & & \\
\frac{\partial G_1}{\partial A_1} & \frac{\partial G_1}{\partial Q_1} & \frac{\partial G_1}{\partial A_2} & \frac{\partial G_1}{\partial Q_2} & & & & \\
 & & \cdots & \cdots & \cdots & \cdots & & \\
 & & \cdots & \cdots & \cdots & \cdots & & \\
 & & \frac{\partial F_i}{\partial A_i} & \frac{\partial F_i}{\partial Q_i} & \frac{\partial F_i}{\partial A_{i+1}} & \frac{\partial F_i}{\partial A_{i+1}} & & \\
 & & \frac{\partial G_i}{\partial A_i} & \frac{\partial G_i}{\partial Q_i} & \frac{\partial G_i}{\partial A_{i+1}} & \frac{\partial G_i}{\partial A_{i+1}} & & \\
 & & \cdots & \cdots & \cdots & \cdots & & \\
 & & \cdots & \cdots & \cdots & \cdots & & \\
 & & & & \frac{\partial F_{N-1}}{\partial A_{N-1}} & \frac{\partial F_{N-1}}{\partial Q_{N-1}} & \frac{\partial F_{N-1}}{\partial A_N} & \frac{\partial F_{N-1}}{\partial Q_N} \\
 & & & & \frac{\partial G_{N-1}}{\partial A_{N-1}} & \frac{\partial G_{N-1}}{\partial Q_{N-1}} & \frac{\partial G_{N-1}}{\partial A_N} & \frac{\partial G_{N-1}}{\partial Q_N} \\
 & & & & & & \frac{\partial G_N}{\partial A_N} & \frac{\partial G_N}{\partial Q_N}
\end{bmatrix}
\begin{bmatrix}
\mathrm{d}A_1^k \\ \mathrm{d}Q_1^k \\ \mathrm{d}A_2^k \\ \mathrm{d}Q_2^k \\ \vdots \\ \vdots \\ \mathrm{d}A_i^k \\ \mathrm{d}Q_i^k \\ \mathrm{d}A_{i+1}^k \\ \mathrm{d}Q_{i+1}^k \\ \vdots \\ \vdots \\ \mathrm{d}A_{N-1}^k \\ \mathrm{d}Q_{N-1}^k \\ \mathrm{d}A_N^k \\ \mathrm{d}Q_N^k
\end{bmatrix}
=
\begin{bmatrix}
R_{2,0}^k \\ R_{1,1}^k \\ R_{2,1}^k \\ \vdots \\ R_{i,1}^k \\ R_{i,2}^k \\ \vdots \\ R_{N-1,1}^k \\ R_{N-1,2}^k \\ R_{N,2}^k
\end{bmatrix}$$

（3.3-28）

第四步：线性方程组求解后，将所求的差值向量 $\{\boldsymbol{D}\}^k$ 的值添加到 Q 和 A 的原有的估值上，得到 Q 和 A 的新的估计值。

$$Q_i^{j+1,k+1}=Q_i^{j+1,k}+\mathrm{d}Q_i^k \tag{3.3-29}$$

$$A_i^{j+1,k+1}=A_i^{j+1,k}+\mathrm{d}A_i^k \tag{3.3-30}$$

第五步：检验残差值向量 $\{\boldsymbol{D}\}^k$，如果其各元素绝对值的最大值小于指定的容许误差，则迭代终止，从而得到 $j+1$ 时间步长上的 A 和 Q 的值。如果大于容许误差，则采用新得到 $Q_i^{j+1,k+1}$ 和 $A_i^{j+1,k+1}$ 值，继续从第二步到第五步的迭代。

3.3.2.4 汊点连接条件处理

模型采用汊点水位预测校正法（Junction - Point Water Stage Prediction and Correction，JPWSPC）处理汊点处的回水效应。首先采用 Newton - Raphson 法求解汊点连接方程式（3.3 - 3)和式（3.3 - 4）得

$$\sum\Delta Q_{\mathrm{i}}-\sum\Delta Q_{\mathrm{o}}+f=0 \tag{3.3-31}$$

$$\Delta A_{\mathrm{i}}/B_{\mathrm{i}}-\Delta A_{\mathrm{o}}/B_{\mathrm{o}}+g=0 \tag{3.3-32}$$

根据非恒定渐变缓流的特点，流入和流出汊点断面的流量受汊点水位的影响，若规定流入为正、流出为负，当汊点水位高于实际水位时，汊点处净流量为负，反之汊点处净流量为正。根据这一特点，在一次时间步的计算过程中，首先采用一个预测步，预测各汊点水位，再用若干校正步，使汊点处的条件满足式（3.3 - 3）和式（3.3 - 4）的要求，这就是 JPWSPC 法。

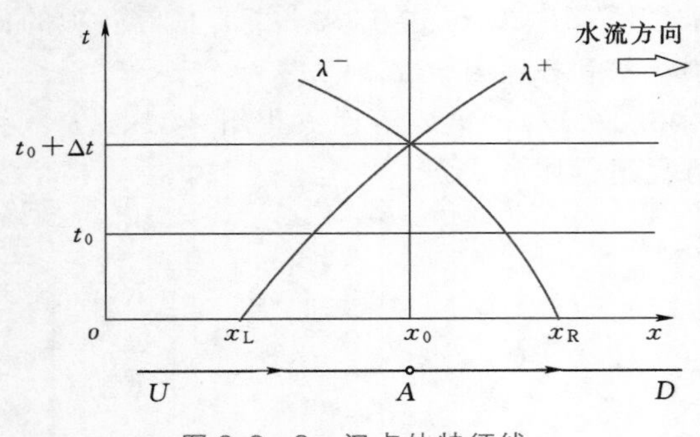

图 3.3 - 2　汊点处特征线

如图 3.3 - 2 所示，A 点代表一汊点，其坐标为 x_0，UA 和 AD 分别代表汇于汊点 A 的两分支河道，水流方向如图中箭头所示，λ^+ 和 λ^- 分别为流经点（$x_0, t_0+\Delta t$）的正负特征线，根据圣维南方程组的性质，在分支河道 UA 和 AD 中，水深和流量分别近似满足式（3.3 - 33）和式（3.3 - 34）所示关系：

$$\mathrm{d}h_{\mathrm{i}}=\frac{\mathrm{d}Q_{\mathrm{i}}}{\sqrt{gA_{\mathrm{i}}B_{\mathrm{i}}}-Q_{\mathrm{i}}B_{\mathrm{i}}/A_{\mathrm{i}}} \tag{3.3-33}$$

$$\mathrm{d}h_{\mathrm{o}}=\frac{\mathrm{d}Q_{\mathrm{o}}}{\sqrt{gA_{\mathrm{o}}B_{\mathrm{o}}}+Q_{\mathrm{o}}B_{\mathrm{o}}/A_{\mathrm{o}}} \tag{3.3-34}$$

根据这两个关系，代入式（3.3 - 31），可以构造汊点水位的迭代关系为

$$\sum Q+\{\sum[Q_{\mathrm{i}}B_{\mathrm{i}}/A_{\mathrm{i}}-\sqrt{gA_{\mathrm{i}}B_{\mathrm{i}}}]\Delta h_{\mathrm{i}}-\sum[Q_{\mathrm{o}}B_{\mathrm{o}}/A_{\mathrm{o}}+\sqrt{gA_{\mathrm{o}}B_{\mathrm{o}}}]\Delta h_{\mathrm{o}}\}=0 \tag{3.3-35}$$

又因为 $\Delta h=\Delta A/B$，$\Delta h_{\mathrm{i}}=\Delta h_{\mathrm{o}}$，式（3.3 - 35）进一步变形为

$$\frac{\Delta A}{B}=\frac{\sum Q}{\sum(\sqrt{gA_iB_i}-Q_iB_i/A_i)+\sum(\sqrt{gA_oB_o}+Q_oB_o/A_o)} \tag{3.3-36}$$

为了简单起见，引入变量 AC 如式（3.3－37）所示：

$$AC=\alpha[\sum(\sqrt{gA_iB_i}-Q_iB_i/A_i)+\sum(\sqrt{gA_oB_o}+Q_oB_o/A_o)]\Delta t \tag{3.3-37}$$

其中，α 为可调整的常数，反映式（3.3－33）和式（3.3－34）推导过程中所作假设的影响，根据经验，α 可以取为1.0～2.0，较大的 α 值有利于计算稳定，较小的 α 值有利于提高收敛速度。式（3.3－36）进一步变形为

$$\frac{\Delta A}{B}=\frac{\Delta t\sum Q}{AC} \tag{3.3-38}$$

将式（3.3－38）代入汊点处的内边界条件，JPWSPC 法系数矩阵示意如图 3.3－3 所示。这样，通过 JPWSPC 法，可实现汊点处的解耦，各河段的变量形式上不再互相联系。在每一 Newton－Raphson 迭代步，河网的离散矩阵都由彼此独立的五对角矩阵组成，各五对角矩阵可以独立求解。显然，应用 JPWSPC 方法，求解过程非常简洁，易于程序实现，而且不需要求解不规则的稀疏整体连接矩阵。

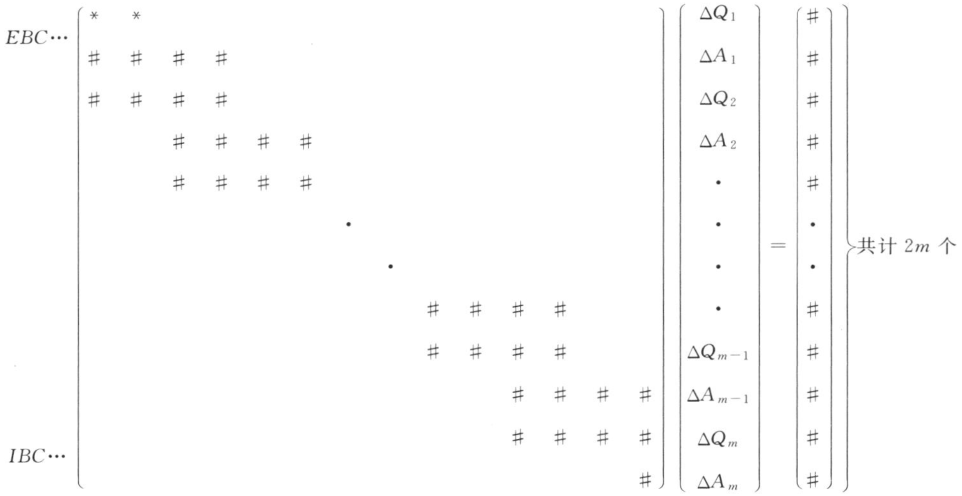

$$
\begin{array}{l}
EBC\cdots \\ \\ \\ \\ \\ \\ \\ \\ \\ \\ \\ \\ IBC\cdots
\end{array}
\begin{pmatrix}
* & * & & & & & & & & & & & & \\
\# & \# & \# & \# & & & & & & & & & & \\
\# & \# & \# & \# & & & & & & & & & & \\
 & & \# & \# & \# & \# & & & & & & & & \\
 & & \# & \# & \# & \# & & & & & & & & \\
 & & & & & & \cdot & & & & & & & \\
 & & & & & & & \cdot & & & & & & \\
 & & & & & & & & \# & \# & \# & \# & & \\
 & & & & & & & & \# & \# & \# & \# & & \\
 & & & & & & & & & & \# & \# & \# & \# \\
 & & & & & & & & & & \# & \# & \# & \# \\
 & & & & & & & & & & & & & \#
\end{pmatrix}
\begin{pmatrix}
\Delta Q_1 \\ \Delta A_1 \\ \Delta Q_2 \\ \Delta A_2 \\ \cdot \\ \cdot \\ \cdot \\ \cdot \\ \Delta Q_{m-1} \\ \Delta A_{m-1} \\ \Delta Q_m \\ \Delta A_m
\end{pmatrix}
=
\left.\begin{pmatrix}
\# \\ \# \\ \# \\ \# \\ \# \\ \cdot \\ \cdot \\ \# \\ \# \\ \# \\ \# \\ \#
\end{pmatrix}\right\}\text{共计 } 2m \text{ 个}
$$

图 3.3－3　JPWSPC 法系数矩阵示意图

3.3.2.5　结构物连接条件处理

对于过流量仅由前侧水位决定的建筑物，需要在建筑物前侧给定水位过程或者水位—流量关系。另外，一般认为建筑物处上、下游流量相等。因此建筑物处的连接条件可写为

$$Q_U-Q_D=0 \tag{3.3-39}$$

$$g_U(Q_U,Z_U)=0 \tag{3.3-40}$$

式中：下标 U 和 D 分别表示位于建筑物前侧和后侧；g 为建筑物前侧水位和流量之间满

足的关系。

需要指出的是，在建筑物前侧给定水位过程的情况可以视为式（3.3-40）在满足 $\partial g_U/\partial Q_U=0$ 时的特例。式（3.3-40）可以作为建筑物前侧河道端点的边界条件直接进行离散如下：

$$\partial g_U/\partial Q_U \cdot \Delta Q_U+\partial g_U/\partial Z_U \cdot \Delta Z_U+R(g_U)=0 \tag{3.3-41}$$

但是，因为式（3.3-39）中同时含有建筑物上、下游河道中的流动变量，如上文所述，直接离散将破坏系数矩阵的带状特征，本文采用 JPWSPC 方法解决该问题，在每一时间步，首先假设紧邻各建筑物下游节点的水位 Z_D，并在后续迭代步校正此水位直至建筑物处的连接条件得到满足。

根据非恒定渐变缓流的特点，紧邻建筑物下游节点的流量和水位互相联系，可以表示为 $Q_D=g_D(Z_D)$，将此关系代入式（3.3-39）整理得

$$g_D(Z_D)-Q_U=0 \tag{3.3-42}$$

其中，Q_U 的值根据建筑物上游河道的求解结果确定，间接受到 Z_D 取值的影响，实践表明该影响可以近似忽略，所以式（3.3-42）是关于 Z_D 的方程，同样采用 Newton 下山法迭代求解该方程，整理得到

$$\alpha(\mathrm{d}g_D/\mathrm{d}Z_D)\Delta Z_D+R[g_D(Z_D)]-Q_U=0 \tag{3.3-43}$$

式中 α 可与汊点处理过程中的 α 取同样的数值，求解式（3.3-43）的关键在于确定 $\mathrm{d}g_D/\mathrm{d}Z_D$，与上一节中内容类似，在建筑物下游，根据负特征线上的特征关系，变量之间满足如下关系：

$$\mathrm{d}h_D=\mathrm{d}Q_D/(\sqrt{gA_DB_D}+Q_DB_D/A_D) \tag{3.3-44}$$

由于 $\mathrm{d}Z_D=\mathrm{d}h_D$，得到

$$\mathrm{d}g_D/\mathrm{d}Z_D\approx\sqrt{gA_DB_D}+Q_DB_D/A_D \tag{3.3-45}$$

3.3.3 模型验证

3.3.3.1 模型率定

采用 2015 年水文序列对长江上游一维水动力学模型进行率定，主要站点水位率定结果见图 3.3-4，主要站点流量率定结果见图 3.3-5。从图 3.3-4 和图 3.3-5 中可以看出，模型计算的水情成果与实测水情变化趋势吻合很好，精度评定显示研究区控制站水位和流量 R^2 均值分别为 0.994 和 0.966，说明通过率定后采用的模型参数合理，所建模型能够反映长江上游在多阻断控制下水流的演进特征和规律。

3.3.3.2 模型检验

在模型参数率定的基础上，采用 2016 年水文序列对长江上游一维水动力学模型进行检

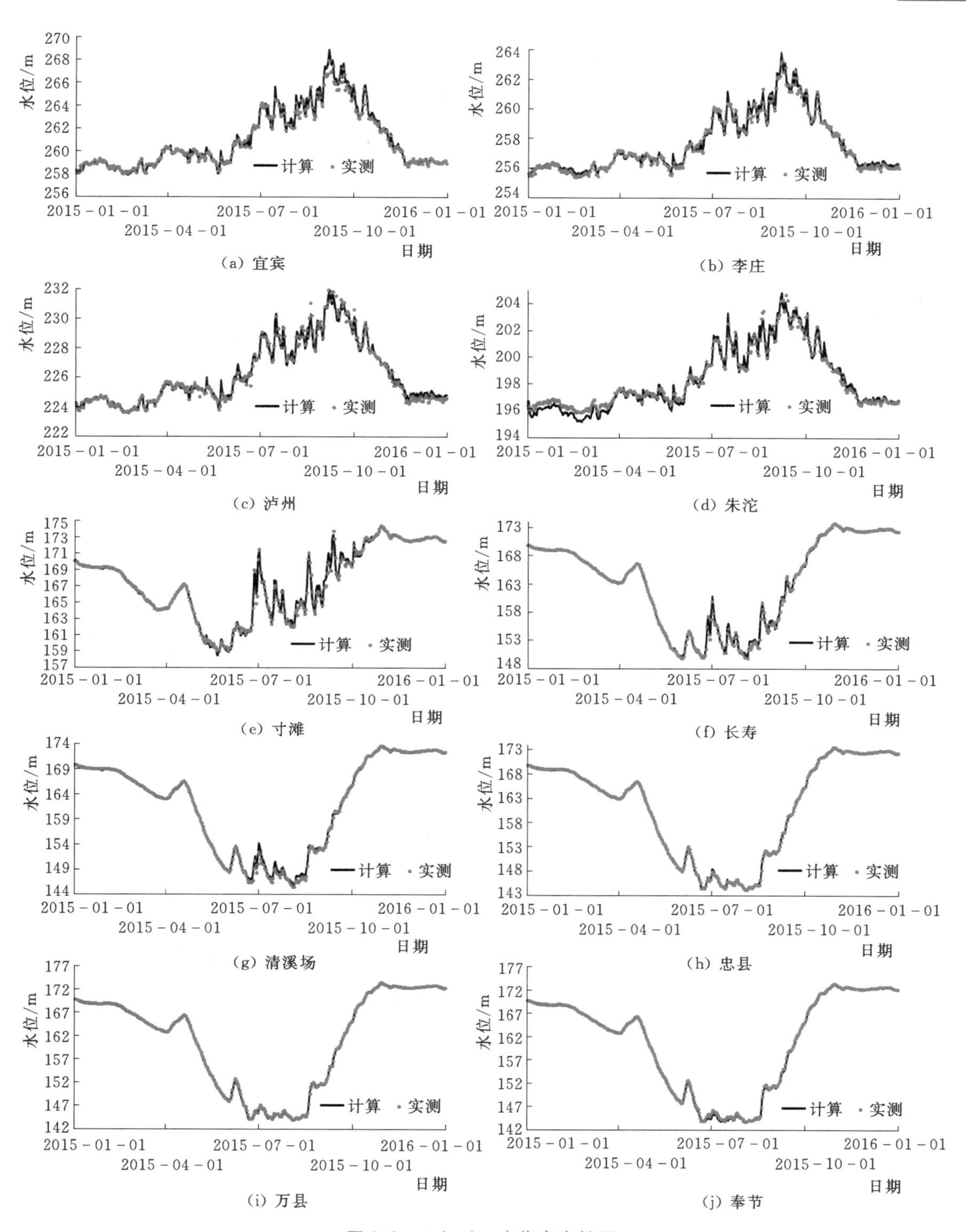

图 3.3-4（一） 水位率定结果

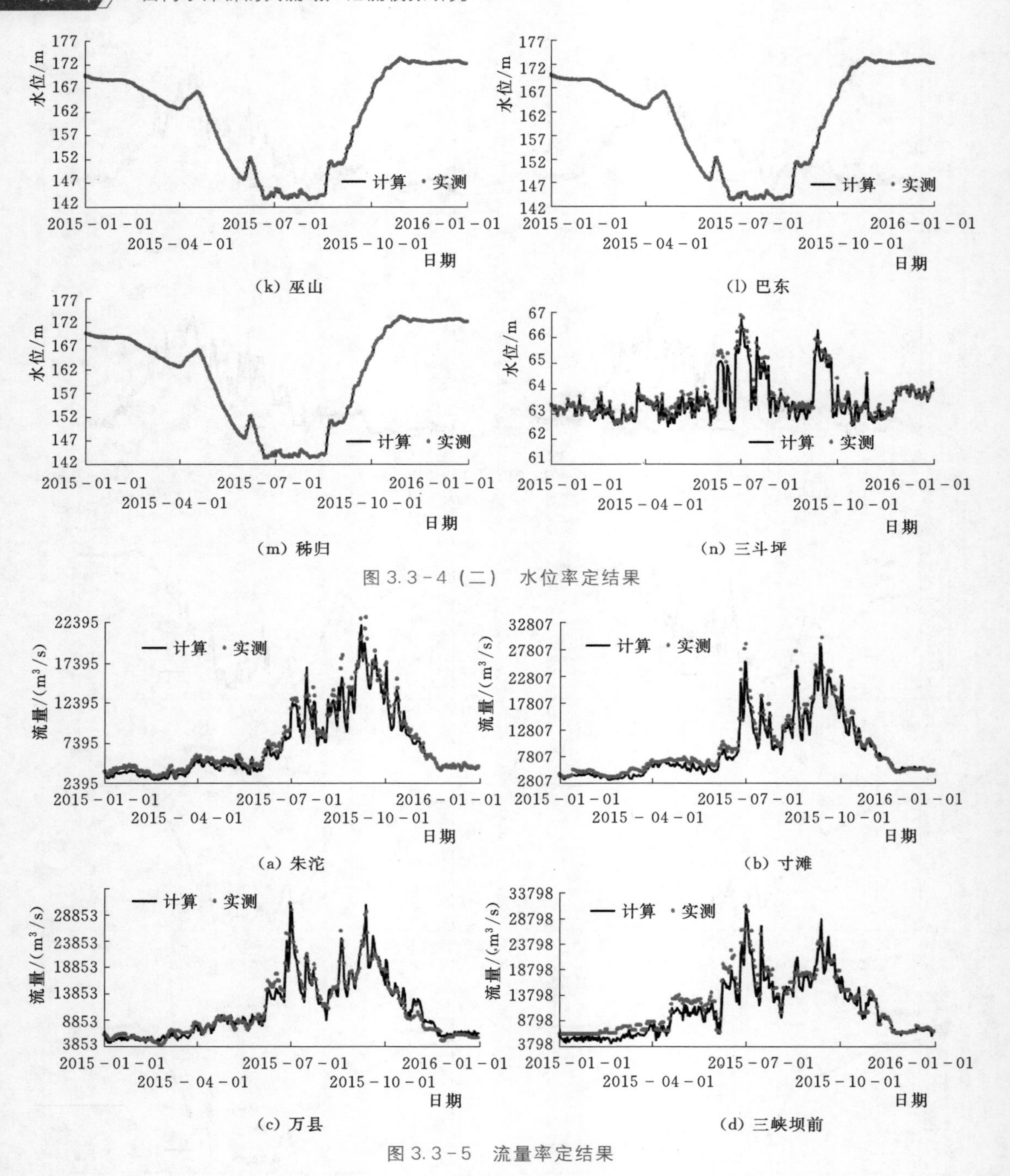

图 3.3-4（二） 水位率定结果

图 3.3-5 流量率定结果

验，主要站点水位检验结果见图 3.3-6，主要站点流量检验结果见图 3.3-7。从图 3.3-6 和图 3.3-7 中可以看出，模型计算的水情成果与实测水情变化趋势吻合很好，精度评定显示研究区控制站水位和流量 R^2 均值分别为 0.993 和 0.963，说明通过率定后采用的模型参数合理，所建模型能够反映长江上游在多阻断控制下水流的演进特征和规律。

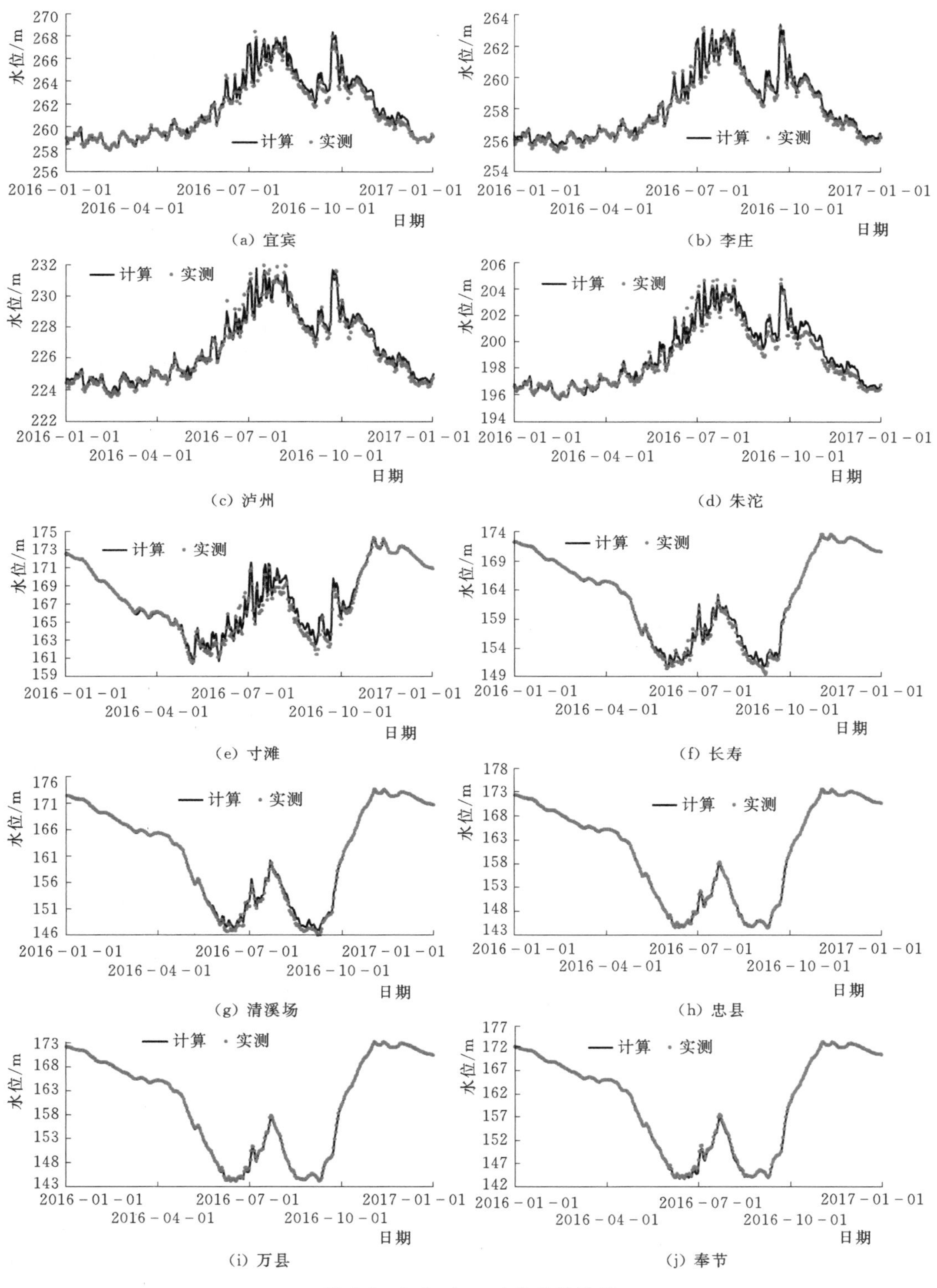

图 3.3-6 (一) 水位检验结果

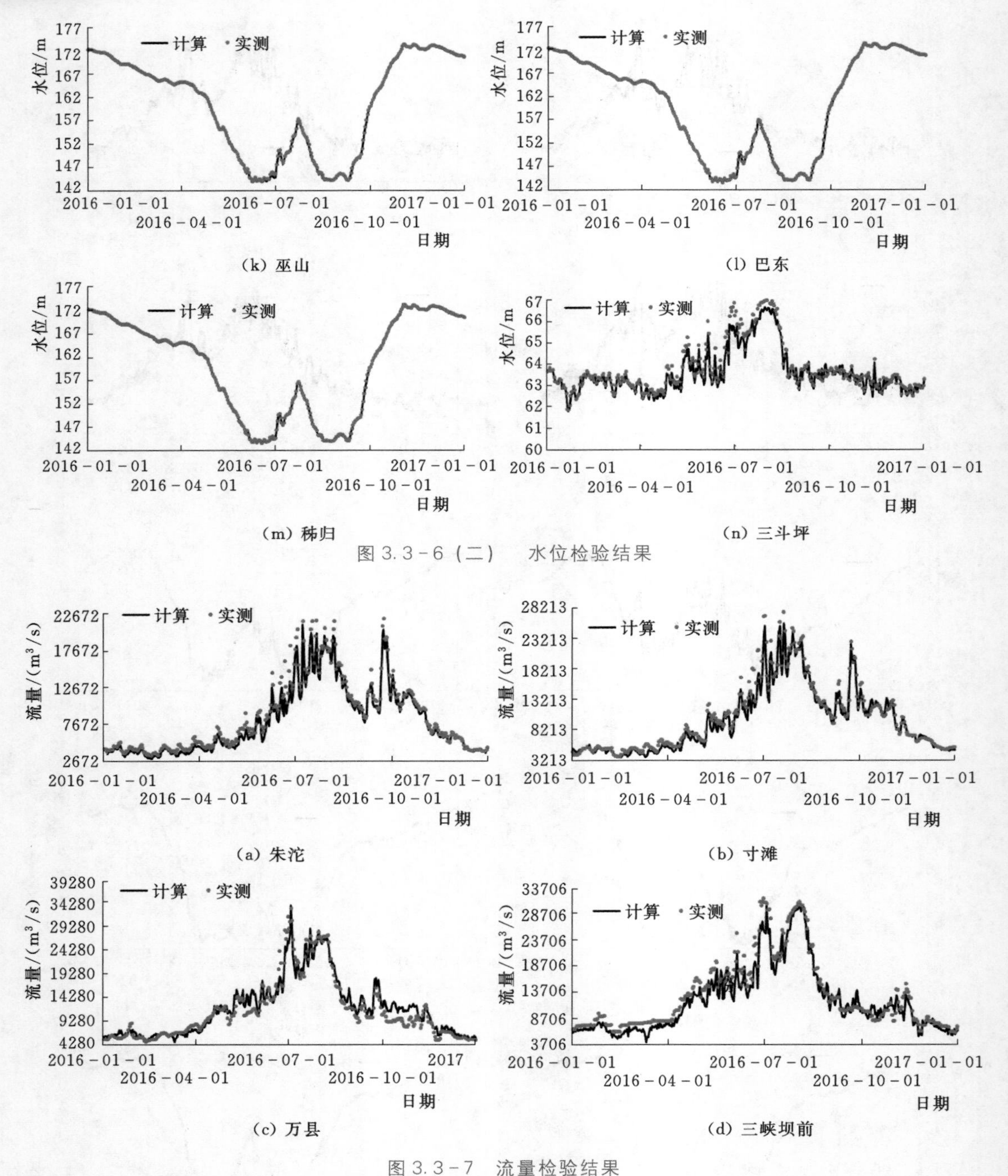

图 3.3-6（二） 水位检验结果

图 3.3-7 流量检验结果

3.3.3.3 精度评定

精度评定就是对模型计算值和实测值之间的误差进行计算，以评定模型的可靠性和有效性。本书采用 Nash 效率系数 E、决定系数 R^2、平均值相对误差 $MEEP$ 等 3 个误差表征值来对模型精度进行评定。其中，Nash 效率系数 E 表征的是模型计算值与平均实测值的关系，值的变化区间为$-\infty$～1，值越大表明模型计算值与实测值的吻合程度越高，值为0时表明采用模型进行预测其精度还不如直接用平均实测值作为未来的预测值。决定系数R^2表征的是模型计算值与实测值之间的线性相关程度，值的变化区间为0～1，值越大表明模型计算值的变化趋势和实测值的变化趋势越接近，一般认为$R^2>0.64$模型计算值与实测值之间的相关性较好。平均值相对误差*MEEP*表征的是模型对长系列水情过程模拟的有效性，值越小表明模型越有效。3个误差表征函数的计算公式为

$$E=1-\frac{\sum_{i=1}^{n}(P_i-O_i)^2}{\sum_{i=1}^{n}(O_i-\overline{O})^2} \tag{3.3-46}$$

$$R^2=\frac{\left[\sum_{i=1}^{n}(P_i-\overline{P})(O_i-\overline{O})\right]^2}{\sum_{i=1}^{n}(P_i-\overline{P})^2\cdot\sum_{i=1}^{n}(O_i-\overline{O})^2} \tag{3.3-47}$$

$$MEEP=\frac{|\overline{P}-\overline{O}|}{\overline{O}}\times 100\% \tag{3.3-48}$$

采用上述3个误差表征值对模型的率定精度进行评定，其中水位率定精度见表3.3-1，流量率定精度见表3.3-2。从表3.3-1和表3.3-2中可以看出：研究区域内各站点水位Nash效率系数均值为0.991，水位R^2均值为0.994，平均水位绝对误差均值为-0.02m；流量Nash效率系数均值为0.945，流量R^2均值为0.966，平均流量相对误差均值为-6.83%。

表3.3-1　水位率定精度

站点	Nash效率系数	R^2	平均实测水位/m	平均计算水位/m	平均水位绝对误差/m
宜宾	0.991	0.996	268.776	268.900	0.04
李庄	0.987	0.995	260.990	261.104	0.03
泸州	0.990	0.992	257.685	257.768	0.02
朱沱	0.987	0.989	226.287	226.324	−0.03
寸滩	0.975	0.981	198.472	198.417	0.03
长寿	0.992	0.993	167.413	167.456	0.02
清溪场	0.998	0.999	163.258	163.298	0.05
忠县	0.998	0.999	161.943	162.022	−0.05
万县	1.000	1.000	161.311	161.232	−0.05
奉节	1.000	1.000	161.129	161.048	−0.07
巫山	1.000	1.000	160.995	160.876	−0.04
巴东	1.000	1.000	160.899	160.840	−0.02
秭归	1.000	1.000	160.797	160.771	0.00
三斗坪	0.941	0.970	63.692	63.551	−0.22
平均	0.991	0.994	—	—	−0.02

表 3.3-2 流量率定精度

站点	Nash效率系数	R^2	平均实测流量/(m^3/s)	平均计算流量/(m^3/s)	平均流量相对误差/%
朱沱	0.961	0.982	7571	6959	-8.09
寸滩	0.952	0.979	9651	8766	-9.17
万县	0.959	0.960	10716	10575	-1.32
三峡坝前	0.908	0.943	11968	10922	-8.74
平均	0.945	0.966	—	—	-6.83

采用3个误差表征值对模型的检验精度进行评定，其中水位检验精度见表3.3-3，流量检验精度见表3.3-4。从表3.3-3和表3.3-4中可以看出：研究区域内各站点水位Nash效率系数均值为0.987，水位R^2均值为0.993，平均水位绝对误差均值为0.02m；流量Nash效率系数均值为0.946，流量R^2均值为0.963，平均流量相对误差均值为-4.12%。

表 3.3-3 水位检验精度

站点	Nash效率系数	R^2	平均实测水位/m	平均计算水位/m	平均水位绝对误差/m
宜宾	0.965	0.987	261.482	261.752	0.12
李庄	0.975	0.992	258.018	258.220	0.10
泸州	0.985	0.995	226.638	226.792	0.08
朱沱	0.984	0.990	198.816	199.075	0.07
寸滩	0.963	0.977	167.551	167.843	0.13
长寿	0.972	0.979	163.054	163.241	0.17
清溪场	0.995	0.997	161.569	161.735	0.11
忠县	0.998	0.999	160.834	160.784	0.10
万县	1.000	1.000	160.634	160.545	-0.03
奉节	1.000	1.000	160.472	160.324	-0.06
巫山	0.999	1.000	160.358	160.279	-0.09
巴东	1.000	1.000	160.230	160.199	-0.05
秭归	1.000	1.000	160.185	160.190	-0.02
三斗坪	0.946	0.973	63.766	63.616	-0.24
平均	0.987	0.993	—	—	0.02

表 3.3-4 流量检验精度

站点	Nash效率系数	R^2	平均实测流量/(m^3/s)	平均计算流量/(m^3/s)	平均流量相对误差/%
朱沱	0.964	0.983	8672	8044	-7.24
寸滩	0.962	0.972	10201	9669	-5.21
万县	0.934	0.941	11474	11986	4.46
三峡坝前	0.925	0.954	13134	12021	-8.48
平均	0.946	0.963	—	—	-4.12

第4章

多尺度多阻断大流域水文预测预报方法研究

近年来长江流域水文气象预报技术不断发展，新理论、新技术逐步应用，长江水文预报逐步形成“短中长期相结合、水文气象相结合、预报调度相结合”的技术路线，研究工作基于先进、实用的预报调度模型构建了基本覆盖全流域的预报方案体系和水文预报调度一体化系统。通过水文气象耦合预报，短中长期相结合，运用模型计算、实时校正等方法，结合人工交互分析，提供较高精度、较长预见期的预报成果，利用水文预报调度一体化系统可快速制作洪水预报，为长江上游水库群优化调度提供技术保障。

4.1 多尺度数值气象预报模式

目前，水文气象部门按照预报时效的长短将降水预报划分为短期预报（1～3d）、中期预报（4～7d）、延伸期预报（30d以内）和月尺度以上年尺度以内的长期预测。

长江流域降水预报目前采用的是短中期、延伸期和长期相结合的预报方法，其中，短中期降水预报对象为长江流域39个分区未来7d的逐24h定量面雨量预报，同时根据水文预报需求可提供加密分区、逐6h滚动预报；延伸期降水预报对象为长江流域14个大分区8～20d的降水过程预报，主要是对未来强降雨过程进行预判；长期降水预测是对未来1个月至1年内的降水趋势进行预测，即流域降水相对于多年平均态偏多偏少的趋势，根据预测时效长短可分为逐月、汛期、蓄水期、枯季、年度降水趋势预测等。

4.1.1 短中期面雨量预报

国内水文气象业务开展短中期定量降水预报，主要是基于数值模式，其中，预见期24h内的预报还结合天气学方法进行融合订正，24h以外随着预见期延长，则更主要依赖数值天气预报模式，数值天气预报方法是在一定的初始场和边界条件下，近似求解支配大气运动的流体动力学和热力学方程组来预报未来的大气环流形势和天气要素的方法，数值天气预报已经成为国内外天气预报业务发展的主流方向。国外的数值天气业务预报经验显示，数值天气预报是实现天气预报定时、定点、定量的最根本有效的科学途径，也是提高天气气候预测水平最具潜力的方法。但是目前的数值天气预报能力不能完全解决天气预报业务中的各种需求，因此，天气预报业务中在强调以数值天气预报为基础的同时，也提出要综合应用多种资料和多种技术方法的预报技术路线。

欧洲中期天气预报中心、日本、美国和中国都推出了全球气候数值模式预报产品，可提供高度场、风场、水汽、温度场等气象要素预报数据，更有直接的网格化降水预报数据可供长江流域降水预报做参考。欧洲中期天气预报中心、日本和美国等国际主流数值天气预报模式是目前公认的预报质量较高的业务化预报产品，中国自行研发的全球区域一体化同化预报系统（GRAPES）已经实现了业务化，替代了原T639模式。具体可接收到的数值天气预报产品如下。

（1）ECMWF模式。ECMWF模式作为全球最稳定、准确率最高的全球尺度模式，定期进行改进以提高预报准确率，2016年确定性数值天气预报模式分辨率从16km提高到9km。研究工作所获取的模式产品有降水格点预报信息、其他气象要素场（如气压、温度、湿度、风等）预报信息等，预报时效为10d，空间分辨率为0.125°×0.125°，时间分辨率最小为3h。

（2）日本气象厅全球谱模式。日本气象厅的全球谱模式TL959网格分辨率0.1875°×0.1875°，最多可提供未来11d的预报，时间分辨率为6h（132h以内）和12h（132h之后）。研究工作所获取的模式产品有降水格点预报信息、其他气象要素场（如气压、温度、湿度、风等）预报信息等，预报时效为4d，空间分辨率为0.5°×0.5°，时间分辨率为6h。

（3）美国国家环境预报中心（National Centers for Environmental Prediction，NCEP）全球预报系统（Global Forecast System，GFS）。GFS采用了当今最先进的全球资料同化系统，对各种来源（地面、船舶、无线电探空、测风气球、飞机、卫星等）的观测资料进行质量控制和同化处理，目前水平分辨率约13km。研究工作可获取的有降水、高度场、气温、气压等多种气象要素产品，分辨率为0.5°×0.5°，预报时效为15d，时间分辨率最小为3h。

（4）中国自行研发的全球区域一体化同化预报系统（GRAPES）。GRAPES是在科技部和中国气象局支持下我国自主发展的新一代数值天气预报系统。我国数值天气预报研究始于20世纪70年代，前期多以引进吸收国外模式为主。GRAPES已经实现了业务化，其中有限区域版本GRAPES-MESO的水平分辨率已经提高到10km，全球模式版本GRAPES-GFS水平分辨率为0.25°×0.25°，垂直层数为60层。与ECMWF模式、日本气象厅全球谱模式等国际主要数值天气预报产品相比，GRAPES·GFS虽与国际一流水准尚存在一定差距，但相对T639模式已经有较为明显改进。研究工作可获取分辨率0.1°×0.1°、预报时效4d、时间分辨率1h、逐3h滚动预报的降水场。

除此之外，研究工作还可接收德国、ECMWF、日本等业务中心的粗网格降水及其他气象要素场的预报产品。在制作中期逐日降雨预报时，利用多种模式的要素场及物理量场数值天气预报产品进行天气学方法分析预报，可最大限度地提高预报水平。

考虑到降水预报受区域地形等多种因素影响，长江水利委员会水文局（简称长江委水文局）于2012年年底建立了WRF（the Weather Research and Forecasting Model）模式自动化预报系统，可实现7d内长江上游分辨率9km、长江流域分辨率27km的降水预报。

WRF模式是美国的一款开源天气模式，主要应用于中小尺度天气系统的精细化研究，具有完善的参数化方案，可实现单向嵌套、多向嵌套和移动嵌套，可以很好地模拟从几米到几千千米尺度的各种天气系统。目前WRF模式所提供的物理参数化方案越来越完善、成熟，是一个可以做各种不同广泛应用的数值模式，如业务单位正规预报、空气质量模拟、理想个例模拟实验等，具有广阔的应用前景。该模式可以免费公开下载，对软硬件需求不高，一般业务部门均可开展相关研究。我国多个省（自治区、直辖市）气象部门及科研机构也开展了相关应用研究。2019 年将版本更新到 WRF4.0，模式的初始条件和侧边界条件采用 NCEP 分辨率为 0.5°×0.5°的 GFS 数据，总积分时间调整为 4d，使用三重双向嵌套网格，水平格距分别为 81km、27km、9km。WRF 模型产品输出有两种形式：一种是图像文件产品；另一种是文本文件产品。输出的气象要素包括降水、气温、风向、风速、相对湿度、气压等。其中降雨数据根据流域计算其面雨量信息，供预报员预报及与洪水预报系统耦合使用。

以 2016 年长江中下游最强一次降雨过程为例，评估本地化 WRF 模式的预报效果。2016 年 6 月 30 日至 7 月 6 日，长江中下游发生了入汛以来最强的一次的降雨过程。强降雨过程自长江上游开始，在长江中下游长时间维持，考虑到模式缺报的问题，这里对预报业务中常用的四种模式（ECMWF 模式、日本模式、T639 模式、WRF 模式）6 月 30 日 20 时对未来 3d 累计雨量预报进行分析。7 月 1—3 日实况降雨主要位于洞庭湖至长江下游一线上，从雨带分布来看，四种模式对该次降雨过程雨带分布基本都模拟出来了，但从量级上来看，WRF 模式的预报与实况最为接近，其次为 ECMWF，T639 降雨量级预报偏小（图 4.1-1）。

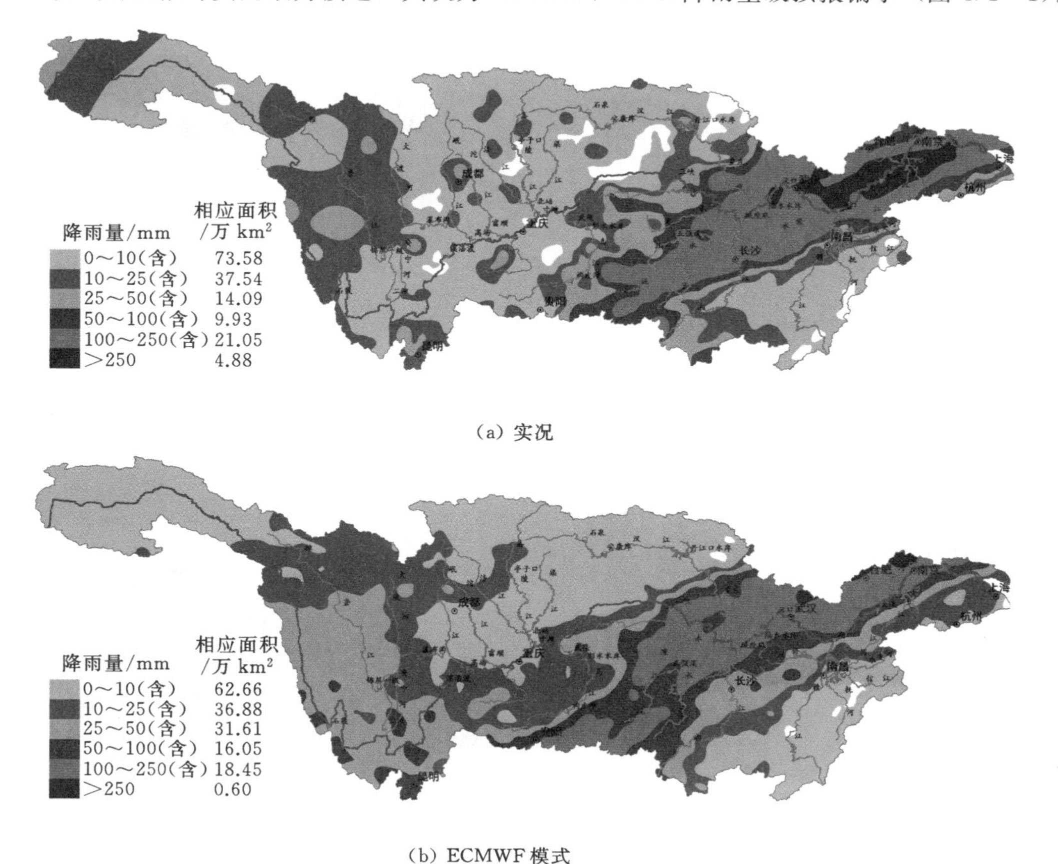

(a) 实况

(b) ECMWF 模式

图 4.1-1（一） 长江流域 7 月 1—3 日实况累计降雨及四种模式 6 月 30 日 20 时对未来 3d 累计雨量预报分布图

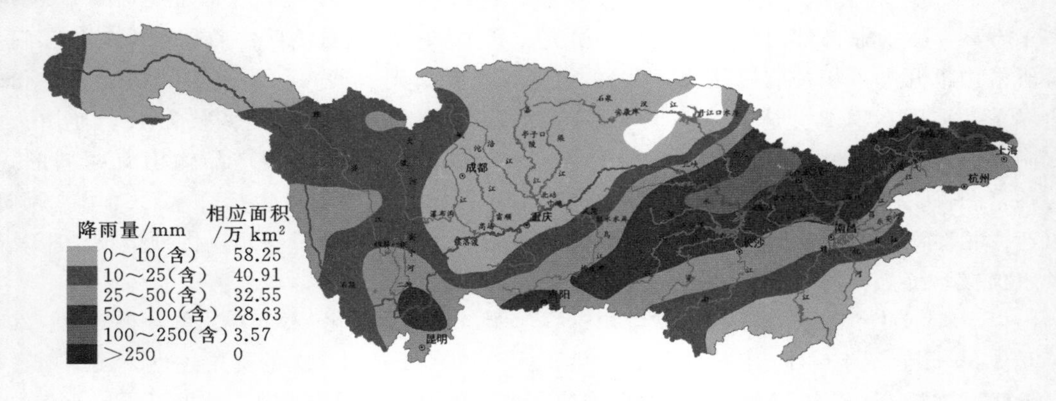

(c) 日本模式

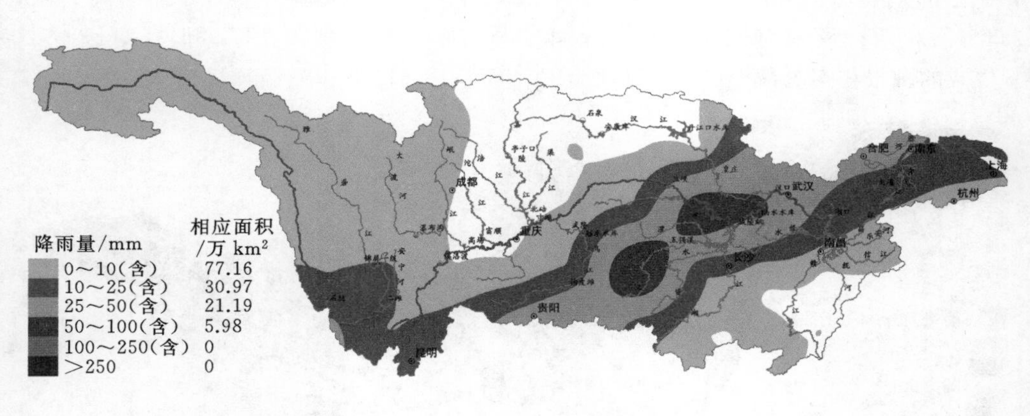

(d) T639 模式

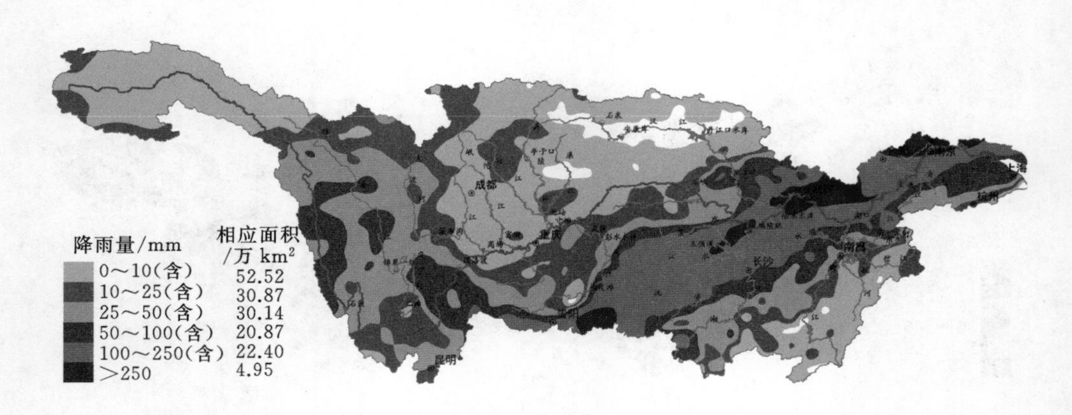

(e) WRF 模式

图 4.1-1（二） 长江流域 7 月 1—3 日实况累计降雨及四种模式 6 月 30 日 20 时对未来 3d 累计雨量预报分布图

随着气象预报向精细化方向发展，国内流域气象和水文部门大多建立了数值模式与人工订正相融合的定量降水预报业务。长江委水文局正在尝试开展多模式降水预报产品动态集成技术研究，尽可能地综合挖掘应用不同数值天气模式的优点，并将预报员的经验客观化，改进和完善数值天气预报产品的解释应用水平。长江流域短中期降雨预报方案见图 4.1-2。

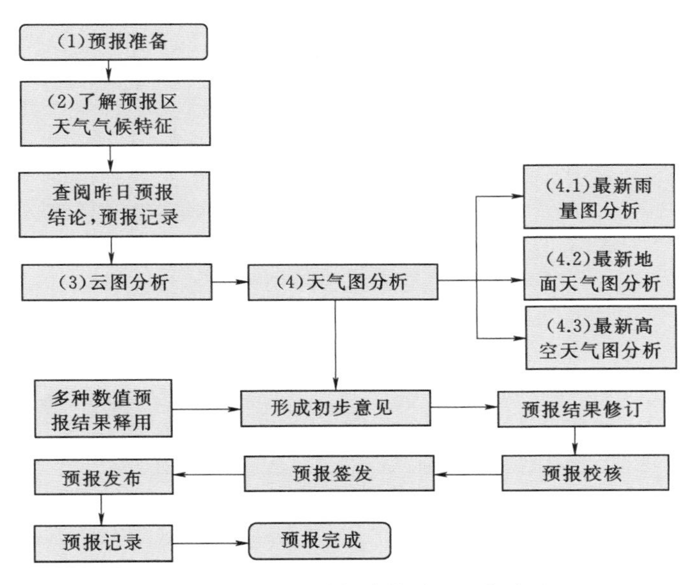

图 4.1-2　长江流域短中期降雨预报方案图

随着流域加密站网的建设、水文预报及水库调度、水旱灾害防御等业务需求的发展，对水文气象预报产品的精度要求越来越高。长江流域短中期面雨量预报在时空尺度上渐趋精细，产品展现形式上也日渐丰富。考虑到太过精细的尺度不利于充分发挥专家经验进行融合订正，而分区尺度偏大又不能完全满足各方业务需求，因此按照长江流域水系分布、暴雨洪水特性、水文水库站节点，并兼顾水文预报体系分区等，将长江流域划分为 39 个分区，发布未来 7d 逐 24h 各分区面雨量预报（表 4.1-1），并绘制逐日面雨量预报图，提供降雨时空变化趋势分析材料，遇特殊水雨情和水情险情时按照防御需求，可将分区及时间尺度更进一步加密。

表 4.1-1　　长江流域分区面雨量预报示例

长江流域各区短中期降雨预报

第 104 期　　2019 年 6 月 18 日 8 时　　单位：mm

序号	分区名称	6 月 18 日		6 月 19 日		6 月 20 日		6 月 21 日		6 月 22 日		6 月 23 日		6 月 24 日		累计雨量
		范围	倾向值	范围	倾向值	范围	倾向值	范围	倾向值	范围	倾向值	范围	倾向值	范围	倾向值	
1	金上流域	1～5	1	1～5	1	1～5	1	1～5	1	5～10	6	1～5	1	1～5	1	12
2	金中流域	1～5	1	1～5	1	1～5	1	1～5	1	5～15	9	1～5	5	5～10	6	24
3	金下流域	1～5	1	1～5	1	1～5	2	5～15	11	10～20	16	5～15	10	10～20	16	57
4	雅砻江	1～5	1	1～5	1	1～5	2	5～10	8	5～15	12	1～5	5	5～10	6	35
5	岷江	1～5	1	1～5	3	5～10	7	15～25	22	10～20	16	5～15	12	1～5	4	65

续表

序号	分区名称	6月18日		6月19日		6月20日		6月21日		6月22日		6月23日		6月24日		累计雨量
		范围	倾向值	范围	倾向值	范围	倾向值	范围	倾向值	范围	倾向值	范围	倾向值	范围	倾向值	
6	沱江	1～5	2	5～15	9	5～15	11	15～25	20	15～25	19	5～15	9	1～5	1	71
7	嘉陵江	1～5	1	5～15	10	5～15	12	5～10	8	5～10	8	5～10	7	1～5	1	47
8	涪江	1～5	1	5～15	11	5～15	10	5～15	10	10～20	13	5～15	10	1～5	1	56
9	渠江	1～5	1	10～20	16	15～25	23	5～15	9	1～5	4	1～5	4	0	0	57
10	向家坝—寸滩区间	1～5	2	1～5	2	10～20	13	30～50	37	15～25	21	5～10	7	1～5	2	84
11	乌江上游	1～5	2	0	0	1～5	1	20～40	35	20～40	26	5～15	11	1～5	1	76
12	乌江中游	1～5	3	1～5	1	5～15	9	40～60	51	5～15	10	1～5	4	0	0	78
13	乌江下游	1～5	3	1～5	2	5～15	10	30～50	43	5～10	6	1～5	1	0	0	65
14	寸滩—万县区间	1～5	3	1～5	5	15～25	20	20～40	30	1～5	5	1～5	1	0	0	64
15	万县—宜昌区间	1～5	3	5～10	8	20～40	28	10～20	15	1～5	1	1～5	1	0	0	56
16	清江	1～5	4	5～10	6	15～25	25	15～25	24	1～5	1	1～5	1	0	0	61
17	江汉平原	5～10	8	5～10	8	20～40	28	10～20	17	0	0	1～5	1	1～5	1	63
18	澧水	5～10	6	1～5	4	10～20	16	20～40	33	1～5	1	1～5	1	0	0	61
19	沅江	1～5	4	1～5	1	1～5	4	40～60	49	15～25	21	5～15	11	1～5	1	91
20	资水	5～10	6	1～5	1	1～5	2	30～50	39	15～25	25	15～25	19	1～5	1	93
21	湘江	1～5	2	1～5	1	1～5	1	15～25	25	30～50	44	20～40	35	15～25	22	130
22	洞庭湖区	5～15	10	1～5	4	5～15	9	20～40	35	1～5	1	1～5	4	1～5	1	64
23	陆水	10～20	17	5～10	7	10～20	16	20～40	34	1～5	1	1～5	1	1～5	3	79
24	石泉以上	1～5	1	5～15	12	15～25	20	1～5	1	1～5	3	1～5	4	1～5	1	42
25	石泉—白河区间	1～5	1	10～20	16	30～50	37	1～5	2	1～5	1	1～5	1	0	0	58
26	白河—丹江口区间	1～5	1	15～25	24	20～40	31	1～5	2	1～5	1	1～5	1	0	0	60
27	丹江口—皇庄区间	1～5	2	15～25	24	20～40	33	1～5	3	0	0	0	0	0	0	62
28	皇庄以下	5～10	7	5～15	12	30～50	43	10～20	14	0	0	0	0	1～5	1	77
29	鄂东北	5～15	12	15～25	19	30～50	41	15～25	19	0	0	1～5	1	1～5	5	97
30	武汉	5～15	11	15～25	18	40～60	46	15～25	21	0	0	0	0	1～5	2	98
31	修水	10～20	14	5～10	8	5～15	10	40～60	46	1～5	1	1～5	3	5～15	12	94
32	赣江	1～5	2	1～5	4	1～5	1	20～40	28	15～25	23	15～25	22	15～25	22	102
33	抚河	1～5	4	5～10	7	1～5	1	30～50	45	10～20	14	15～25	23	15～25	25	119
34	信江	5～10	7	5～15	11	1～5	5	50～100	70	5～10	7	5～15	9	20～40	28	137
35	饶河	20～40	29	20～40	26	15～25	19	50～100	63	1～5	1	1～5	1	30～50	39	178
36	鄱阳湖区	15～25	18	10～20	16	10～20	13	40～60	57	1～5	1	1～5	4	30～50	37	146
37	长江下游干流区间	20～40	31	10～20	14	40～60	53	15～25	23	0	0	1～5	1	15～25	18	140
38	滁河	10～20	15	5～10	8	50～100	70	5～10	6	0	0	0	0	20～40	29	128
39	青弋水阳江	30～50	44	15～25	19	20～40	35	20～40	28	0	0	0	0	15～25	20	146

4.1.2 延伸期降水预报

国内气象部门常规的天气预报和预测业务包括10d以内的短中期预报和30d以上的月、季尺度的长期预报，而10～30d预见期预报仍缺少客观的预报方法和工具。延伸期预报（一般为10～30d）作为现有中期预报的延伸，衔接了现有天气预报和气候预测之间的时间缝隙，开始受到了越来越多的关注。延伸期预报的难点在于其预报时效超越了确定性预报的理论上限（2周左右），而预报对象的时间尺度又小于气候预测的月、季时间尺度。10～30d延伸期预报不同于其他尺度的预报，在这一时段内，初始场所包含的信息随着预报时间增长而逐渐耗散，但是此时外强迫所起的作用还未完全占主导。因此，在对10～30d延伸期进行预报的过程中，既需要考虑初值的作用，也要考虑边值的影响，这在客观条件上就决定了该时间尺度的预报难度是非常大的。

数值天气预报作为现代气象业务的基础，在延伸期预报中扮演着不可或缺的角色。但受限于科学理论和计算能力的发展，延伸期预报的模式发展相对缓慢，预报准确率也不如短中期天气预报和短期气候预测，主要因为传统的天气模式没有考虑海洋、陆面等下垫面的影响，而气候模式分辨率往往较低，且对天气尺度信息忽略不计。但近年来，随着天气数值模式的不断发展，尤其是集合数值模式的发展使得延伸期预报能力大大提高。ECMWF在这方面的工作全球领先，2004年开始正式发布延伸期时效天气预报，最初两周更新一次，2011年实现每周更新两次，主要提供周或候平均的降水、气温等趋势和概率预报。

为进一步加强水文与气象结合，延长预见期，解决延伸期8～20d预报技术方案问题，针对长江流域延伸期的降水预报，长江委水文局基于对月尺度数值天气预报模式的释用，开展了延伸期面雨量过程预报（8～20d）试验，并直接纳入长江防汛会商平台供决策参考。延伸期预报介于中期天气预报和短期气候预测之间，是有相当难度的科学问题，当前的预报水平仍然比较低，但对强降雨过程有一定的预测意义。目前，长江委水文局开展的延伸期降水预报主要采用的方法有：

（1）基于多源短中期数值天气预报产品的专家经验外推分析预报方案。针对长江流域的延伸期降雨预报，专家经验外推预报方案主要预报内容是未来8～15d降雨过程预测，从可获取的ECMWF、NCEP的8～15d形势场及降雨预报产品，对8～20d的天气形势变化进行外推，从而预测强降雨过程。目前，基于专家经验难以实现分区预报，仅能根据气象预报员的经验和对大气环流形势的外推分析判断是否有较明显的降雨过程出现。

（2）基于对CFS模式产品释用的延伸期降雨预报方案。对美国国家环境预报中心（National Centers for Environmental Prediction，NCEP）的气候预测系统（Climate Forecast System，CFS）数值天气预报产品进行解释应用，可以获得8～30d东亚地区高空场、地面降雨量场预报产品及长江流域分区面雨量信息。CFS可以为全球提供最新的多时间尺度预测资料，该预测系统的第一代CFSv1从2004年8月开始业务运行，2011年3月CFSv2开始进行业务实时预测。该系统每天发布4次未来45d的预报产品及未来9个月的预报产品，已经成为NCEP气候预报中心及其他业务、研究机构开展月和季节预报和研究的重要工具。该模式产品为全球预报产品，长江委水文局2014年4月开始对CFS预报产品进行解释应用，考虑到实际业务应用，对12时（UTC）的四个样本预报结果进行解释应用，输出结果有高空场和地面降水场的图形产品、面雨量预报结果（表4.1-2）。目前，已经实现了资料的自动下载、产品可视化处理、面雨量自动计算等。

表4.1-2　美国环境预报中心CFS产品释用产品示例表

预报区域	6月7日	6月8日	6月9日	6月10日	6月11日	6月12日	6月13日	6月14日	6月15日	6月16日	6月17日
金沙江	4.7	5.0	3.8	5.5	7.0	7.1	7.0	9.5	9.6	7.9	8.6
金沙江中下游	1.7	4.0	2.0	6.9	6.8	7.1	7.0	11.5	12.8	11.3	9.3
岷沱江流域	6.8	13.8	8.4	10.7	5.3	9.2	7.3	14.0	8.0	4.3	6.2
嘉陵江流域	7.0	12.8	10.5	2.5	1.8	1.6	2.2	3.4	4.7	1.6	1.5
锦屏—寸滩区间	0	10.9	6.8	14.8	5.3	5.7	5.3	6.2	9.8	6.7	3.8
乌江流域	0.2	3.4	2.1	16.8	14.6	4.8	1.3	2.0	5.7	6.4	5.3
三峡、清江	0.7	9.3	9.9	13.8	6.9	0.8	0.9	2.6	3.1	1.2	5.2
长江中游干流	0.2	6.5	5.7	19.5	19.2	2.8	0.3	0.7	0.9	0.6	2.8
汉江上游地区	2.0	4.4	11.8	2.8	1.6	0.3	2.0	2.3	3.1	1.7	0.6
汉江下游地区	0.3	1.0	9.4	6.0	1.4	0.5	0.8	1.1	0.3	0.4	0.1
洞庭湖水系	1.7	5.3	3.2	9.7	22.0	16.5	11.5	7.0	5.9	8.1	6.1
鄱阳湖水系	1.9	8.2	3.5	5.8	24.7	21.3	8.7	11.5	11.1	9.8	7.0
长江下游	0	1.0	4.5	16.1	17.8	7.2	0.1	0.2	1.0	1.4	2.4
武汉	0	4.4	3.1	21.1	15.8	2.7	0.1	0.3	0.4	0.5	0.2

由于延伸期预报是目前尚需解决的技术难题之一，延伸期预报的理论基础还处在探索阶段，因此，单一的预报方法还不能满足日常业务预报需求，不同延伸期预报方法或方案具有不同特性，还需要尽可能参考应用多种预报方法或手段，进一步提高预报效果。

2016年汛期开始正式开展的延伸期降雨试验预报主要针对分区面雨量预报（参见表4.1-3），预报时效为8～20d，目前日常延伸期预报的基本方法主要采用动力数值模式产品为主、大气低频信号演变和数理统计为辅参考的综合预报方法。动力数值模式主要有欧洲中心的中期数值天气预报产品、CFS的预报产品及GFS的预报产品。

表4.1-3　延伸期降雨试验预报表

长江流域延伸期降雨试验预报

第16期　　雨量单位（mm）　　2017年6月19日

预报区	第8天	第9天	第10天	第11天	第12天	第13天	第14天	第15天	第16天	第17天	第18天	第19天	第20天
	6月26日	6月27日	6月28日	6月29日	6月30日	7月1日	7月2日	7月3日	7月4日	7月5日	7月6日	7月7日	7月8日
金沙江中下游	5	5	16	9	7	7	15	8	10	14	6	5	6
岷沱江流域	1	4	9	4	5	15	10	3	15	7	3	12	2
嘉陵江流域	0	1	4	3	1	11	2	1	5	4	2	4	2
向家坝—寸滩区间	3	0	5	5	3	5	17	11	9	24	2	7	2
乌江流域	6	1	2	5	3	2	7	11	7	19	9	3	4

续表

预报区	第8天	第9天	第10天	第11天	第12天	第13天	第14天	第15天	第16天	第17天	第18天	第19天	第20天
	6月26日	6月27日	6月28日	6月29日	6月30日	7月1日	7月2日	7月3日	7月4日	7月5日	7月6日	7月7日	7月8日
三峡、清江	1	2	3	9	1	2	5	2	5	12	7	7	7
长江中游干流区间	3	2	2	9	9	3	9	3	5	10	11	8	8
汉江上游	1	1	2	4	1	6	4	1	3	2	1	2	4
汉江中下游	1	0	1	3	1	3	7	1	2	2	3	3	8
洞庭湖水系	15	2	1	15	8	6	4	6	7	7	11	8	10
鄱阳湖水系	20	10	3	16	28	12	5	6	7	8	9	10	6
长江下游干流区间	3	1	0	3	22	8	10	11	5	7	8	9	8
武汉地区	1	2	1	5	17	3	14	4	4	15	13	13	13
简要分析	预计：6月26—27日两湖水系南部仍有强降雨维持；29日，西太平洋副高加强西伸，29—30日，长江中下游干流及其以南有中～大雨；7月上旬，受西风带冷空气和副高外围暖湿气流共同影响，长江流域强降雨频繁												

目前鉴于延伸期预报的技术水平，对其的研究和应用多聚焦在流域内系统性降雨过程的预报方面，此预报信息仅为洪水过程的宏观把握参考使用，可为水库调度提供更长的预见期，一定程度上增加了一周以上预见期水库调度的主动性。

4.1.3 长期降水预测

长期降水预测主要指月、季、年时间尺度的预测，属于短期气候预测范畴。短期气候预测曾经被称为长期天气预报，但随着混沌现象的揭示，人们逐渐认识到气候系统是一个复杂的混沌系统，天气预报的实效不超过两周，月以上的只能作为气候预测，所以改称短期气候预测。

由于数值天气预测方法是从大气内部的物理规律出发建立数学物理模型，用数学物理方法并借助巨型计算机技术来预测未来天气气候变化，因此相对于天气学的定性预测及统计预测来说更有优势，已被广泛用于短期、中期、月、季天气气候预测业务中。目前，气候模式已经成为现代气候研究及预测的重要手段，是当前发达国家气候预测的主流和国际上的发展方向。

目前用于短期气候预测的动力学模式主要有大气环流模式、热力学模式、距平滤波模式等。国际上包括欧洲中期数值预报中心、英国气象局、美国国家环境预报中心等在内的主要业务机构均在利用气候模式开展季节内到季节—年际尺度的短期气候预测。我国短期气候预测业务中，国家气候中心建立了一套由月动力延伸预报模式、海气耦合的全球气候模式、高分辨区域气候模式和ENSO（ElNiño - Southern Oscillation）预测模式及前处理、后处理系统组成的月、季和年际尺度的业务动力模式系统，这套系统在进行月、季、年际时间尺度的气候预测业务试报中表现出一定的预报能力。与物理统计预测方法相比，气候模式的优势是充分考虑气候系统的物理过程，通过不断改进、采用集合预报等方法，气候模式的预测能力在不断提高，在业务预测中的作用和地位得到明显加强。但就目前来看，动力学方法的预测水平还不能满足业务预测的要求，并且对大量历史信息利用不足，预报技巧仍有待提高。目前我国主要以统计和动力模式相结合的方式开展短期气候预测。

长期降水预测是长期来水量预测的重要输入，当前长江委水文局开展了长江流域汛期旱涝趋势及三峡水库不同运行阶段（蓄水期、供水期、消落期、汛期等）来水量趋势预测，使用的方法主要包括：基于数值模式及解释应用的方法、气候特征相似合成法、要素变化趋势分析法、突变检验方法、相关分析、正交函数分解方法、聚类分析方法、小波分析方法等多种方法。随着自动化技术的发展和水利调度需求的提高，长江委水文局引入了三个可自动或半自动运行的长期降水/来水量预测系统，以多系统综合分析的方式进一步提升长期预测能力。系统简介如下：

（1）RegCM气候模式预测系统。区域气候模式RegCM诞生于美国国家大气研究中心（NCAR），其理论框架主要是基于中尺度气象模式MM4，并在此基础上进行改进，使之具备气候尺度模拟的能力。2010年6月，意大利国际理论物理中心（ICTP）发布了第四代区域气候模式RegCM4，ICTP开发的RegCM系列模式是全球最具代表性的区域气候模式之一。长江委水文局与南京大学合作引入了该模式，并根据长江流域的气候、水系、地形等特征对该模式的参数进行了调整，同时建立了一套与之配套的可自动下载、运行并生成产品的自动化系统，该系统已于2016年汛期正式投入业务运行。长江流域RegCM4预测系统每旬自动对未来3个月的降水进行预测，水平分辨率为30km，初始场及边界条件采用欧洲中心再分析资料EC－earth。采用3种陆面方案，输出产品种类丰富，包括：旬、月降水预报图，旬、月平均气温预报图，旬、月长江流域降雨距平预报图和分区面雨量预报表，逐日长江流域分区面雨量预报表及旬、月各格点累计降雨量表。RegCM4模式预报产品示例如图4.1－3所示。

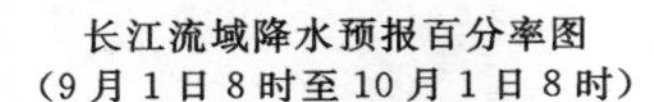

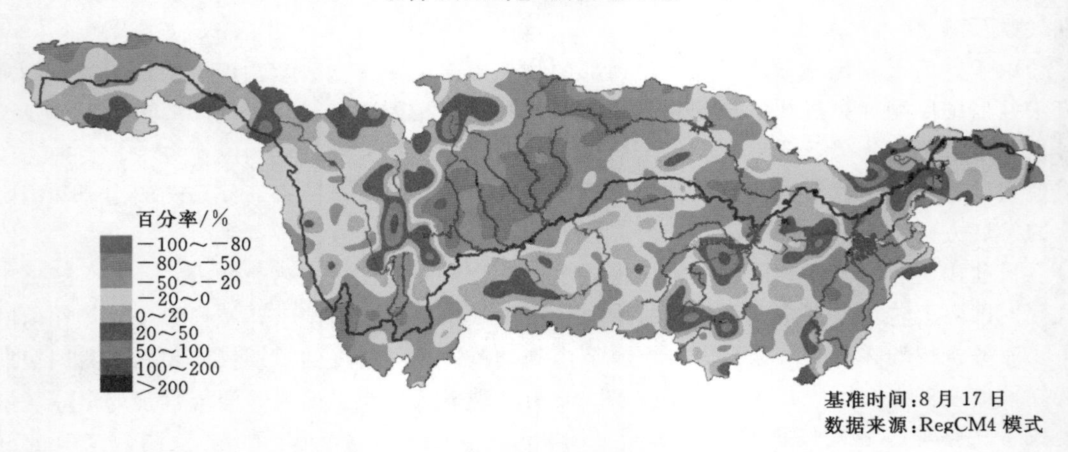

图4.1－3 RegCM4模式预报产品示例图

（2）CFS本地化自动处理系统。美国NCEP的CFS预报系统是当前全球预报质量较好、可共享的长期降雨预测系统，它可以为全球提供最新的多时间尺度预测产品，该系统每天4个时次滚动发布未来45d、3个月和9个月的预报产品。长江委水文局于2014年建立CFS模式本地化自动处理系统，该系统可以每天定时从NCEP网站上下载全球尺度的

CFS格点降水预测资料，根据长江流域的预报分区和需求对产品进行本地化处理和加工，每天自动获取长江流域未来30d逐日、未来3旬及未来9个月的降水、高空场等预报产品，供长江流域延伸期及长期降水趋势预测使用。CFS月预报产品示例如图4.1-4所示。

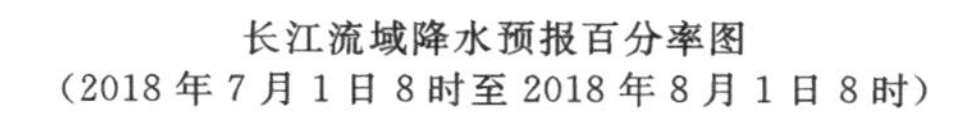

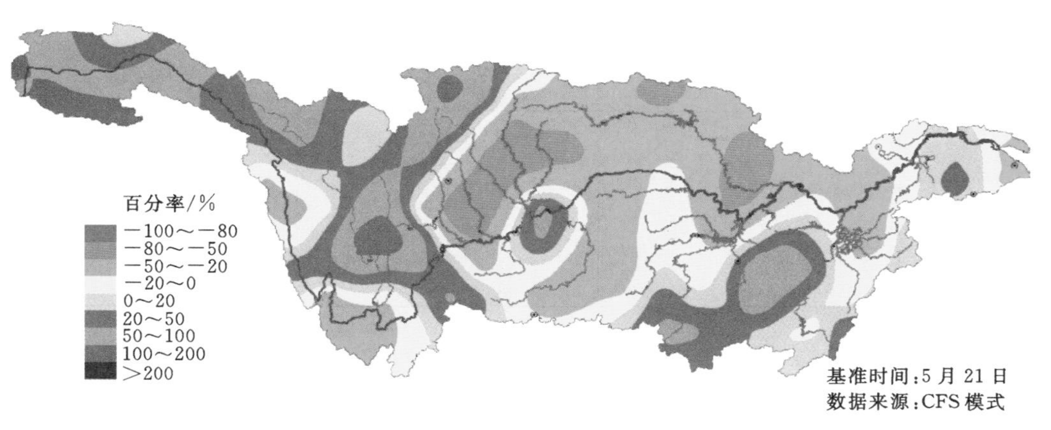

图4.1-4 CFS月预报产品示例图

（3）聚类模型预测系统。长期降水量/来水量主要受到外界气候强迫因子（包括海温、海冰、高原积雪、大气环流因子等）的影响，这些因子数量庞大、种类繁多，人工分析各类因子与长江流域降水/来水量的关系存在很大难度，因此长江委水文局建立了一套聚类模型预测系统。该系统可以自动统计多种外界强迫因子与长江流域降水/来水量的关系，寻找出与降水/来水量最相关的因子，并利用这些因子建立一套统计模型，从而实现长江流域的长期降水/来水量预测。由于聚类模型的预报因子种类较多，覆盖面广，在前期的预报中取得了较好的效果。聚类模型的建立分为预报因子的初选、预报因子的优选、回归方程的建立、二次回归计算、制作回归聚类预报图等步骤。最终的聚类预报图可以给出预测对象的定量预报，见图4.1-5和图4.1-6。

图4.1-5 聚类模型预测系统界面

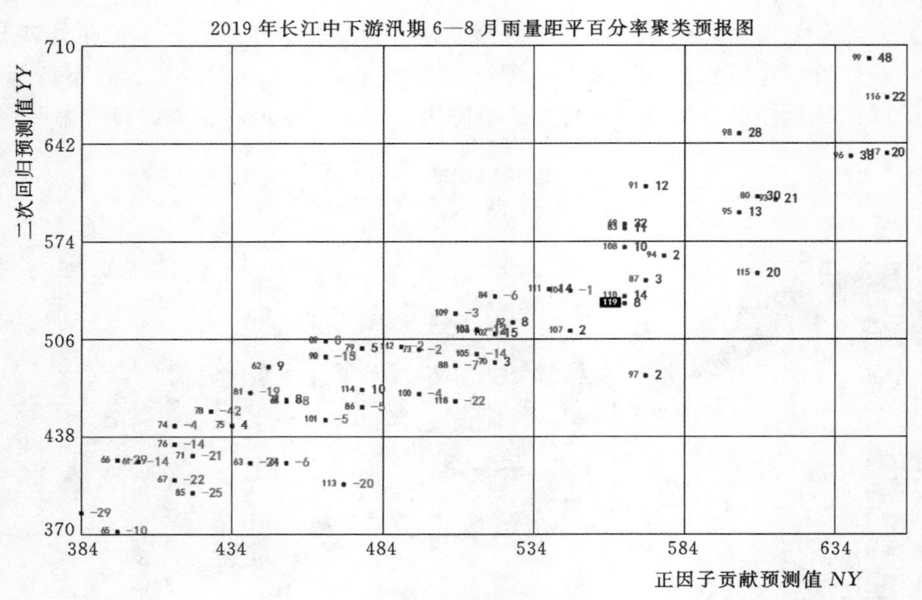

图 4.1-6 聚类模型预测结果展示

4.2 水文预测预报方法研究

随着人们对水文循环过程的不断了解，水文学家在研究中开始引入系统理论的思想，将流域水文循环当作一个有机的整体，提出了“流域模型”的概念，随后关于水文模型的研究进入飞速发展时期。流域水文模型通过采用数学模拟方法对复杂的水文系统进行刻画，实现对流域径流等水文要素的变化模拟和预报。根据系统建模原理的不同，水文模型一般可分为具有物理意义的概念性水文模型与类似“黑箱”的系统理论水文模型，根据对流域空间的离散程度，概念性水文模型又分为集总式水文模型与分布式水文模型。

水文预报模型按模拟要素又可分为降雨径流计算、河道演算、调洪计算模型等。在长江流域实时水文预报中，采用的降雨径流模型主要有 API、新安江、NAM、水箱、SWAT、VIC 等模型；河道洪水演算模型主要有相关图法、合成流量法、马斯京根法、汇流系数法和水动力学方法；水库调洪演算方法通常有静库容调洪演算法、基于动库容曲线的调洪演算方法及基于水动力学的调洪演算方法。在此基础上，随着水文信息获取技术、降水数值预报模式、空间地理信息处理技术及计算机技术的发展，水力学模型、分布式水文模型的研究及应用范围和深度不断扩展。

4.2.1 分布式水文模型研究及应用

在长江上游选取典型流域，从分析典型流域的产汇流机制入手，并在分析、掌握分布式水文模型的结构原理等基础上，选择合适的分布式水文模型展开研究；对典型流域进行标准化离散，研究分布式水文模型的参数特性，对离散化后的分区进行模型参数率定。可了解分布式水文模型在长江上游的适应性和推广前景，是丰富长江上游的预报技术手段、推动预报技术进步的一次尝试。

4.2.1.1 典型流域选取及基础分析

提出了选取典型流域应具备的基础条件，通过对比长江上游沱江、嘉陵江支流渠江、向家坝—寸滩区间支流赤水河等流域，经调研查勘和综合分析，最终选定渠江及赤水河作为该次研究对象（典型流域）。在此基础上分析了典型流域水文气象要素特征，进而选择近几年典型流域发生的大洪水分析其特性。最后基于中国科学院资源环境科学数据中心对外发布的1990—2010年中国土地利用遥感监测数据，分析典型流域土地利用/覆被变化情况，为典型流域分布式水文模型的构建提供基础分析资料。

渠江流域有其独特的水文特性：①汛期时间长，雨洪来得早去得迟；②降水、径流年内分配极为不均，枯季缺雨少水，主汛期常常连降暴雨，流量变化大，极易形成灾害性洪水；③河道两岸坡降大，产汇流时间短，河道水位涨落急剧，变幅大；④降水量、蒸发量从源头到中下游逐步变小，暴雨中心也往往发生在中上游地区；⑤秋汛特征明显，是三峡水库汛末蓄水的重要水源。赤水河年降水分布不均匀，流域中、下游暴雨发生次数超过上游，6—8月为暴雨集中的时期；每遇暴雨就形成陡涨陡落的洪水，且洪水多呈单峰型，一次洪水过程总历时多在5d左右，洪量主要集中在1～3d内。进入21世纪以后渠江及赤水河流域土地利用/覆被变化趋势趋缓，2000—2010年土地利用/覆被类型变化不大。

4.2.1.2 分布式水文模型调查及综合对比分析

渠江及赤水河流域属于湿润地区，站网布设合理，水文气象资料完整，有较为丰富的洪水过程资料，符合蓄满产流机制和三水源划分。流域河网具体信息和地形数据如DEM（数字高程数据）等较易获得，均可基于ArcGIS平台进行流域网格离散化处理。由于MIKE SHE模型对资料要求非常高，并且可能出现过参数化的缺点，以及TOPMODEL二水源的限制和SWAT模型无法模拟次洪，因此，研究工作选择分布式新安江模型和DDRM模型进行试验性研究，并对两种模型的模拟效果进行了比较。

新安江模型在我国广大的湿润和半湿润的地区试用获得很大的成功，这些地区大致包括长江、淮河及其以南的地区，太行山、燕山及其东南地区等也基本符合。水文学者们对新安江模型的分布式处理进行了大量研究，得到了较为满意的模拟精度。且新安江及DDRM模型原理简单，易于编程实现。模型的模块化也易于嵌入各个预报系统中，操作便捷。

典型分布式水文模型分析对比见表4.2-1。

表4.2-1 典型分布式水文模型分析对比

模型名称	模型分类	资料要求	优点	缺点	适用流域	适用范围
MIKE SHE	分布式	土壤、地形、河道、气象、水文等大量详细资料	物理意义明确，精度高	需要大量精确的参数和数据支撑，应用受限，参数率定耗时	均适用，但在洪水预报领域应用较少	与地表水、地下水有关的生态问题、水资源规划、湿地管理与修复、地下水管理
TOPMODEL	半分布式	地形信息、水文资料	结构简单、参数较少，有明确物理意义，可用于无资料地区模拟	未考虑降水蒸发的空间分布、二水源划分有限制	湿润、半湿润地区，在我国钱塘江等流域成功应用	水文预报、缺资料地区径流模拟

续表

模型名称	模型分类	资料要求	优点	缺点	适用流域	适用范围
VIC	分布式	土壤、气象、水文资料	考虑了能量平衡和水量平衡、下垫面因素的空间分布不均匀性	资料要求高，气象可能需要天气发生器模拟，模型可视化程度低，现行汇流方案不适用于次洪模拟	湿润、干旱地区大尺度流域	流域径流模拟、气候变化对水资源的影响，陆气耦合、流域土壤含水量模拟、干旱评价
SWAT	分布式	土壤、土地利用、气象、水文资料	输入资料易获得，模块化易于扩展，可进行长时间连续演算	时间尺度较大，不能进行次洪模拟	具有不同土壤类型、不同土地利用方式的复杂大流域	污染物迁移、水土流失、土地利用变化的径流影响模拟
分布式新安江	分布式	土壤、气象、地形、水文资料	三水源划分符合中国南方实际产汇流特点，参数较少，物理意义明确，考虑了下垫面分布不均	需设置网格汇流计算路径	湿润、半湿润地区各种尺度流域	水文预报、水土流失、气候变化下的降雨径流变化
分布式DDRM	分布式	气象、地形、水文资料	蓄满产流符合南方河流的产流特点，参数少，物理意义明确，考虑了下垫面分布不均	—	湿润、半湿润地区各种尺度流域	水文预报、降雨径流模拟、土壤水分模拟

4.2.1.3 分布式新安江及DDRM模型基本原理

1. 分布式新安江模型

以传统新安江模型理论为基础，保留传统新安江模型中蓄满产流、分水源、分阶段汇流的经典方法，以流域内DEM栅格作为计算单元进行产汇流计算。提取网格基本信息（平均坡度、河长等），构建网格间拓扑关系、根据流域平均蓄水容量理论公式和彭曼蒸散发原理获得网格内*WM*和*EP*，以时空插值后的网格降雨作为输入，进行产汇流计算。模型参数见表4.2-2，模型结构见图4.2-1。

表4.2-2 分布式新安江模型参数表

层次		参数符号	参数意义	敏感程度	取值范围
第一层次	蒸散发	KC	流域蒸散发折算系数	敏感	
		UM	上层张力水容量	不敏感	10～20mm
		LM	下层张力水容量	不敏感	60～90mm
		C	深层蒸散发折算系数	不敏感	0.10～0.20
第二层次	产流	WM	流域平均张力水容量	不敏感	120～200mm
		B	张力水蓄水容量曲线方次	不敏感	0.1～0.4
		IM	不透水面积占全流域面积的比例	不敏感	0.01～0.04
第三层次	分水源	SM	表层自由水蓄水容量（单位：mm）	敏感	
		EX	表层自由水蓄水容量曲线次方	不敏感	1.0～1.5
		KG	表层自由水蓄水库对地下水的日出流系数	敏感	
		KI	表层自由水蓄水库对壤中流的日出流系数	敏感	

续表

层 次		参数符号	参 数 意 义	敏感程度	取值范围
第四层次	汇流	CI	壤中流消退系数	敏感	
		CG	地下水消退系数	敏感	
		CS	河网蓄水消退系数	敏感	
		L	滞时（单位：h）	敏感	
		KE，XE	马斯京根演算参数	敏感	

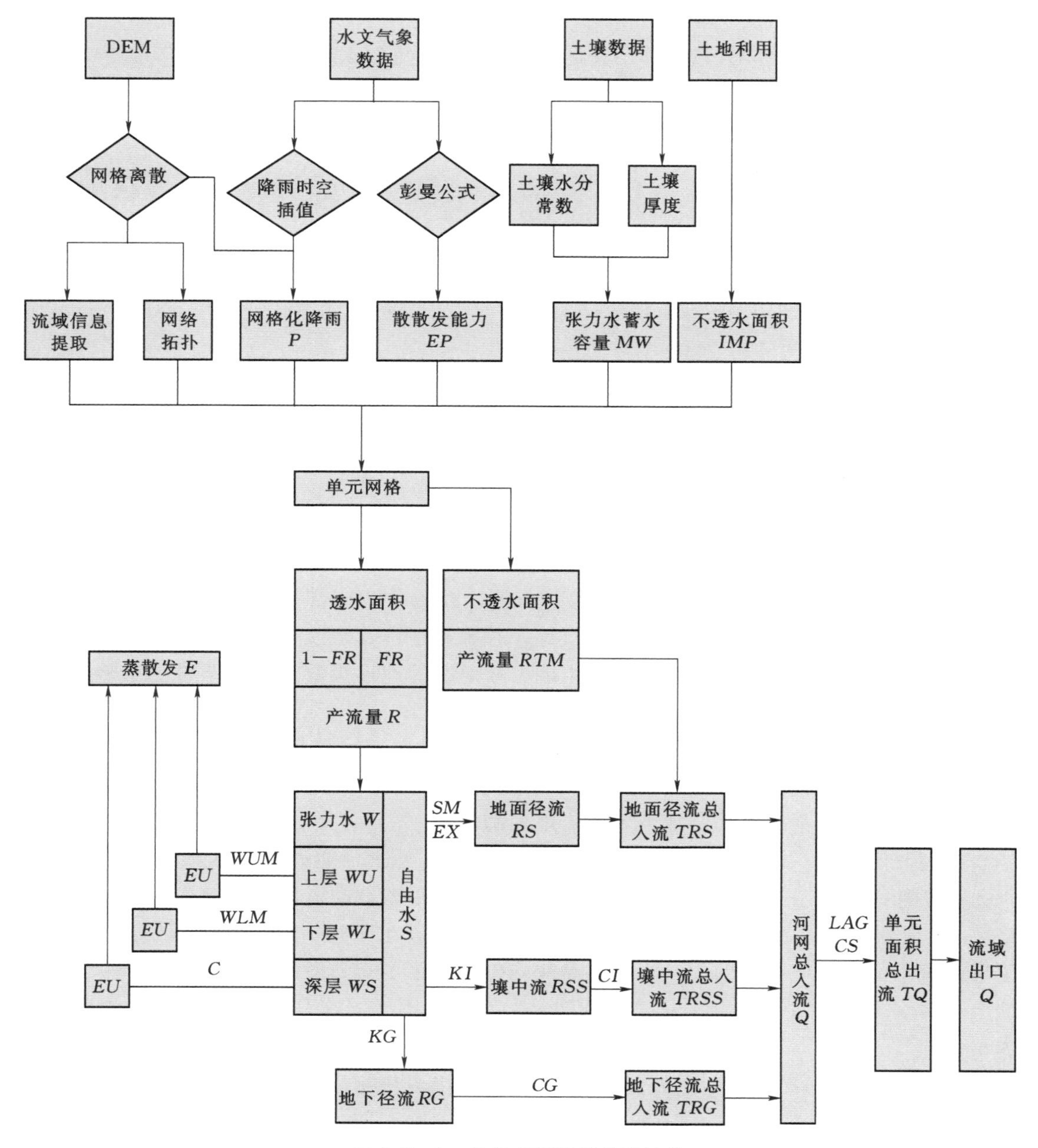

图 4.2－1 分布式新安江模型结构

流域平均张力水蓄水容量 WM 反映流域平均的最大可能缺水量，代表流域蓄满的标准。所谓蓄满，是指包气带的土壤含水量达到田间持水量。根据定义，其传统求解公式可表示为

$$WM=(\theta_f-\theta_r)\times L \tag{4.2-1}$$

式中：WM 为平均张力水蓄水容量，mm；θ_f 为田间持水量，%；θ_r 为凋萎含水量，%；L 为包气带厚度，mm。

由式（4.2-1）可知土壤中的田间持水量、凋萎含水量和包气带厚度将直接影响着张力水蓄水容量的大小。从土壤层面上说，田间持水量是指土壤中毛管悬着水达到最大时的土壤含水量，而毛管水的含量和移动速度取决于土壤质地、结构、土体构造等能影响土壤孔隙状况的因素和地下水的深度等。

彭曼公式作为最常见的蒸散发能力计算公式，其输入包括太阳辐射、气温、相对湿度和风速，公式为

$$E_0=\frac{\Delta}{\Delta+\gamma}R_n+\frac{\gamma}{\Delta+\gamma}E_a \tag{4.2-2}$$

式中：Δ 为饱和水汽压—气温曲线的斜率；R_n 为地表的净辐射通量，MJ/(m^2·d)；γ 为干湿表常数，当温度以℃、水汽压以 kPa（千帕）为单位时 $\gamma=0.066$；E_a 为水面附近的空气干燥力，MJ/(m^2·d)。

从式（4.2-2）可以看出，彭曼公式由两部分加权所得，其中第一部分为水体吸收净辐射热量引起的蒸发，第二项为风速和饱和差引起的蒸发。

L 和 CS 取决于河网的地貌条件，与河道比降、河长和河道断面等因素有关，因此可通过与单元面积平均坡度、平均汇流长度建立相关关系来推求。

2. DDRM 模型

DDRM 模型的主体结构可分为两部分：栅格产汇流模块和河网汇流模块，具体结构如图 4.2-2 所示。模型的产流机制为蓄满产流，以 GIS 为支撑平台，通过 DEM 数据提取河网水系、划分子流域、计算地形指数等，并采用土壤蓄水能力作为模型参数来反映流域土壤特征。模型假设各栅格的土壤蓄水能力和对应的地形指数有关，即通过地形指数值来反映栅格的蓄水能力的空间异质性。

分布式 DDRM 模型假定每个栅格是具有物理意义的单元流域，各个单元流域有自己的物理特性数据，包括高程、坡度、地形指数等数据和降雨量。在 DEM 的每个栅格上，假设有三种不同的蓄水单元：地下土壤、地表和河道。

模型假定流域产流机制为蓄满产流，降雨 P 落在地表后会直接进入地下土壤，土壤水通过某种机制流出当前栅格，在地形坡度的作用下沿着坡向流向其他栅格。对于任一栅格 i，其地下土壤的蓄水能力用 $S_{mc,i}$ 来表示，而实际蓄水量用 S_i 表示。流域各个栅格的土壤的蓄水能力可能是均匀的，也可能是非均匀的。为了充分考虑到不同情况，假设各点的土壤蓄水能力 $S_{mc,i}$ 和对应的湿度指数 $\ln(\alpha/\tan\beta)_i$ 有关，采用如下的非线性关系式来表示：

$$S_{mc,i}=S_0+\left\{\frac{\ln(\alpha/\tan\beta)_i-\min\limits_j[\ln(\alpha/\tan\beta)_j]}{\max\limits_j[\ln(\alpha/\tan\beta)_j]-\min\limits_j[\ln(\alpha/\tan\beta)_j]}\right\}^n\times SM \tag{4.2-3}$$

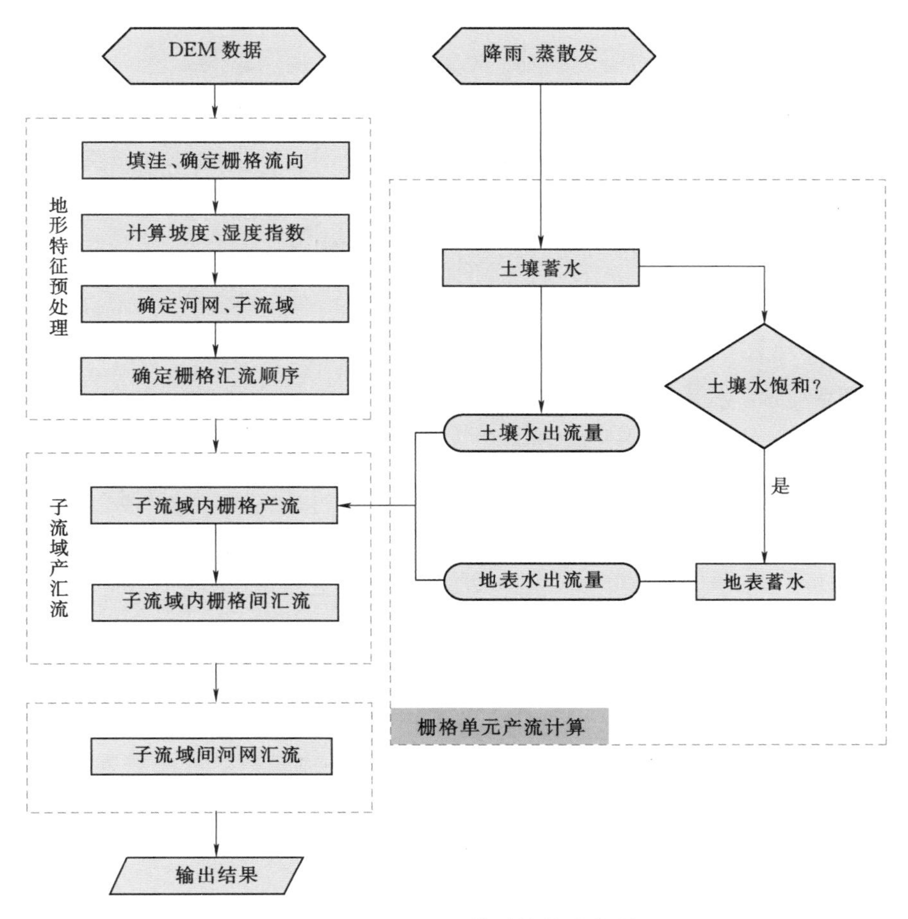

图 4.2-2 DDRM 模型结构示意图

式中：i 为栅格空间位置；S_0 为全流域最小蓄水能力，可取一常数；SM 为全流域蓄水能力变化幅度；n 为经验指数，需优选。当 $n=0$ 时，$S_{mc,i}$ 就会与湿度指数无关，变成全流域均匀分布。

对某些低洼处的栅格 i 而言，在某一时刻汇入土壤的水量会超过其缺水量。在这种情况下，假设来水量在使得土壤蓄满后，剩余部分就会冒出地面形成地表水，浅层地表水体积记为 $S_{p,i}$。浅层地表水在重力作用下会产生坡面流，记其流量为 $Q_{p,i}$，假设栅格的坡面流全部从两侧汇入栅格内微河道。土壤水没有蓄满时的栅格示意图如图 4.2-3 所示（$S_p=0$）。此时只产生地下水出流，不产生浅层地表径流。

栅格单元上的每段河道，其水文属性可以用上、下游断面处的流量来描述，分别记为 Q_{in} 和 Q_{out}。通常采用 D8 算法来确定栅格水流方向，因此栅格上游流量 Q_{in} 实际上是相邻上游栅格 j 流向当前栅格 i 的河道出流量之和，即

$$Q_{\text{in},i}=\sum_{j\to i}Q_{\text{out},i} \tag{4.2-4}$$

栅格河道的水流通过河道洪水演进，直到流域出口，由此形成流域出口的径流过程

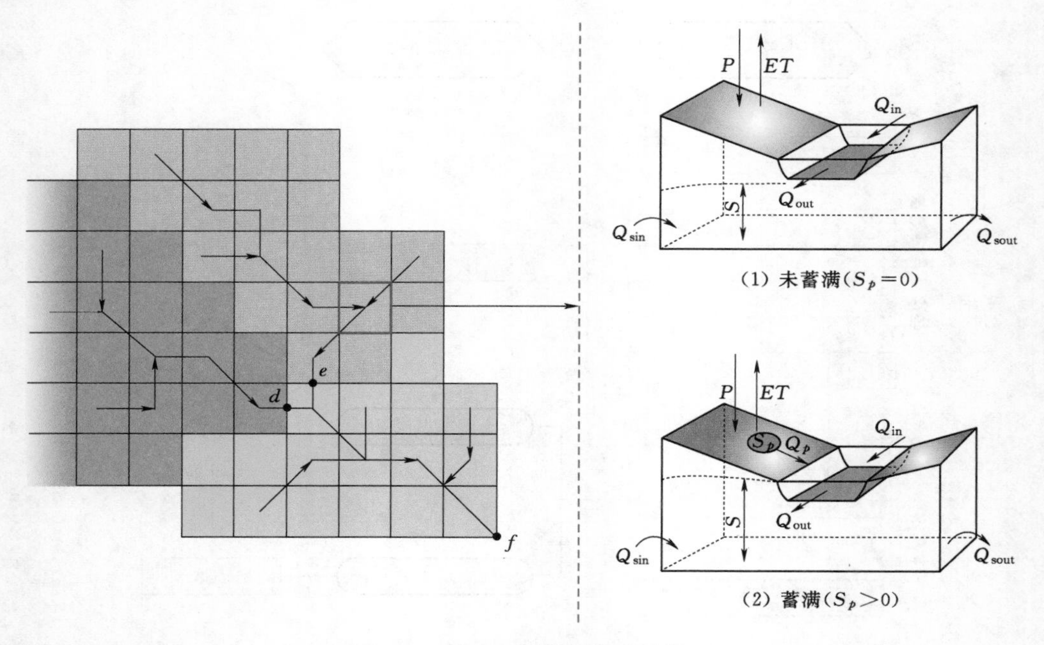

图 4.2-3 DDRM 模型物理过程

系列。

DDRM 模型的参数可以分为两大类：产流参数和汇流参数。产流参数包括 S_0、SM、T_s、T_p、α、b 和 n，汇流参数包括栅格间汇流参数 c_i（$i=0$，1，2）和河道汇流参数 hc_i（$i=0$，1，2），其物理意义及取值范围见表 4.2-3。

表 4.2-3 DDRM 模型参数表

参数	范围	单位	描述
S_0	5～50	mm	全流域栅格土壤最小蓄水能力
SM	5～500	mm	全流域栅格土壤蓄水能力变化幅度
T_s	2～200	h	时间常数，反映地下水出流特性
T_p	2～200	h	时间常数，反映浅层地下水坡面流特性
α	0～1		经验参数，反映地下水出流特性
b	0～1		经验参数，反映坡度对地下水出流的影响
n	0～1		经验参数，反映土壤蓄水能力 S_{mc} 与对应地形指数 $\ln(\alpha/\tan\beta)$ 之间的非线性关系
c_i($i=0$，1，2)	0～1		栅格内河道汇流马斯京根法参数，$c_0+c_1+c_2=1$
hc_i($i=0$，1，2)	0～1		子流域之间河道汇流马斯京根法参数，$hc_0+hc_1+hc_2=1$

4.2.1.4 长江上游典型流域分布式水文模型构建及参数率定

对比分布式新安江和 DDRM 模型 2km 栅格在不同站的模拟精度评定结果，见表 4.2-4。表 4.2-4 中数据均为平均值（包括检验期和率定期）。由表 4.2-4 中结果可见，碧溪、巴中、静边三站分布式新安江模型的模拟效果较优，对于罗江、赤水河、赤水三站两种模型的模拟效果相差不大，风滩、三汇、罗渡溪和茅台四站分布式 DDRM 模型的模拟效果较优。

表 4.2-4　　分布式新安江和 DDRM 模型模拟效果比较

流域	站名	分布式新安江			分布式 DDRM		
		洪峰误差/%	峰时误差/h	确定性系数	洪峰误差/%	峰时误差/h	确定性系数
渠江	碧溪	17.97	1.33	0.75	41.32	2.00	0.58
	巴中	30.96	5.10	0.53	31.91	7.89	0.38
	风滩	42.60	1.88	0.58	31.31	7.45	0.66
	罗江	21.62	2.50	0.61	27.95	2.50	0.62
	三汇	33.18	6.47	0.60	21.55	5.36	0.72
	静边	22.46	5.14	0.78	18.68	3.00	0.69
	罗渡溪	37.76	6.86	0.53	27.20	7.33	0.71
赤水河	赤水河	41.30	2.40	0.51	34.78	2.72	0.54
	茅台	33.71	6.00	0.41	30.13	4.00	0.58
	赤水	16.79	6.86	0.59	23.52	5.83	0.58

进一步分析，对于罗渡溪站，2010—2016 年分布式新安江模型的模拟结果整体较分布式 DDRM 偏大，如图 4.2-4～图 4.2-6（均为 2km 栅格的模拟结果）。由图 4.2-4～图 4.2-6 中结果可见，对于洪峰大于 15000m³/s 的较大洪水，分布式新安江模型的模拟效果更好，而对于洪峰流量小于 10000m³/s 的洪水，分布式 DDRM 模型的模拟效果更好。

对于赤水站，2010—2016 年两种模型的模拟效果总体相差不大，分布式新安江模型模拟的洪水过程更尖瘦，如图 4.2-7～图 4.2-9（均为 2km 栅格的模拟结果）。由图 4.2-7～图 4.2-9 中结果可见，分布式新安江模型对年最大洪水的模拟效果较优。

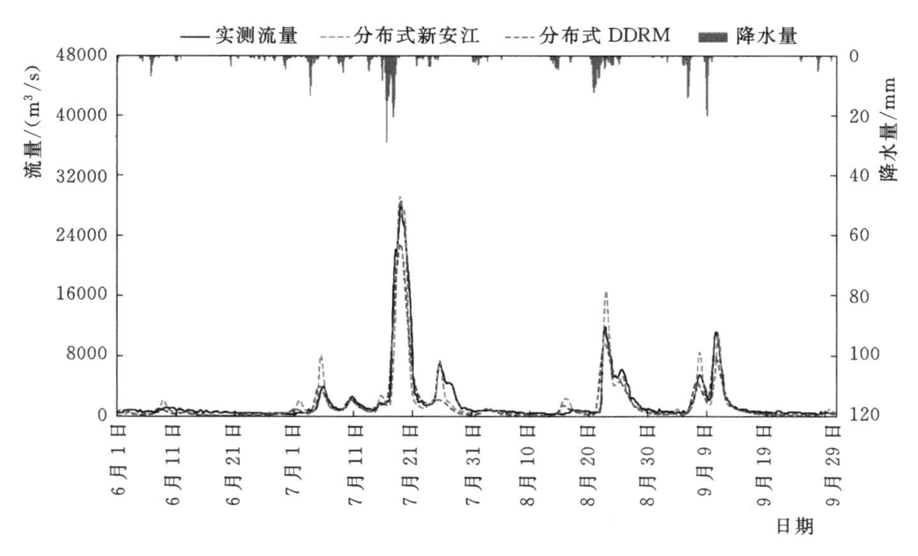

图 4.2-4　罗渡溪站 2010 年模拟结果

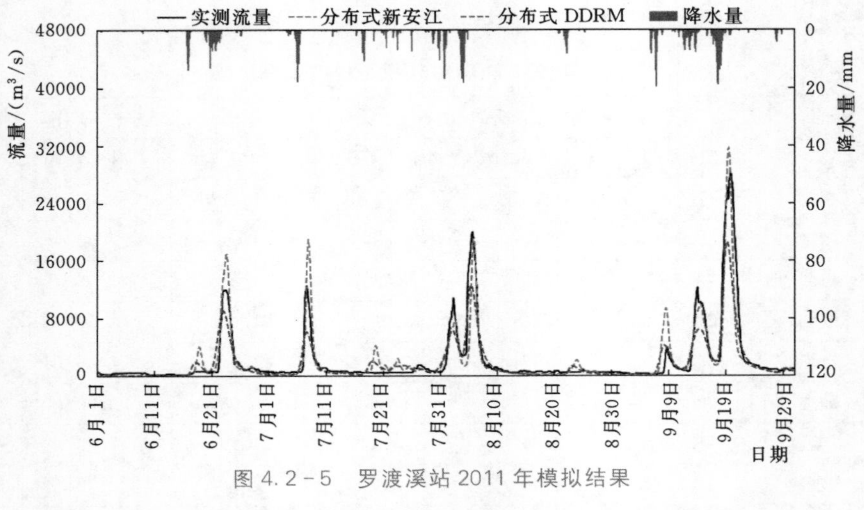

图 4.2-5　罗渡溪站 2011 年模拟结果

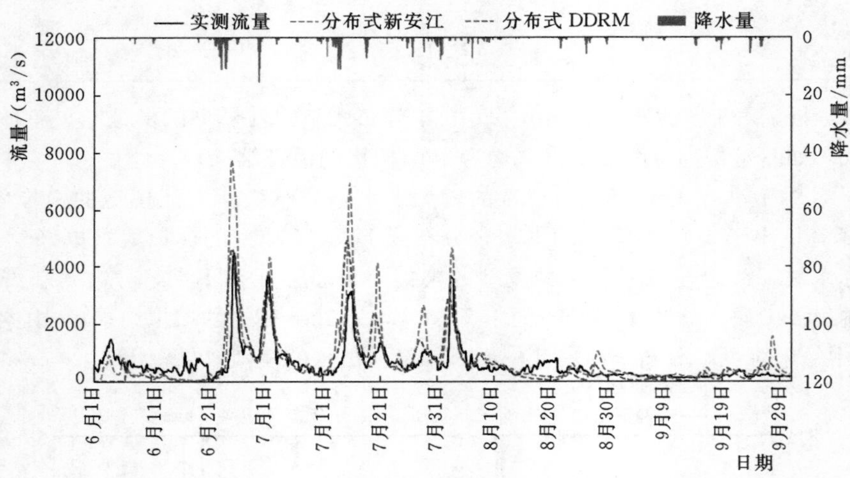

图 4.2-6　罗渡溪站 2016 年模拟结果

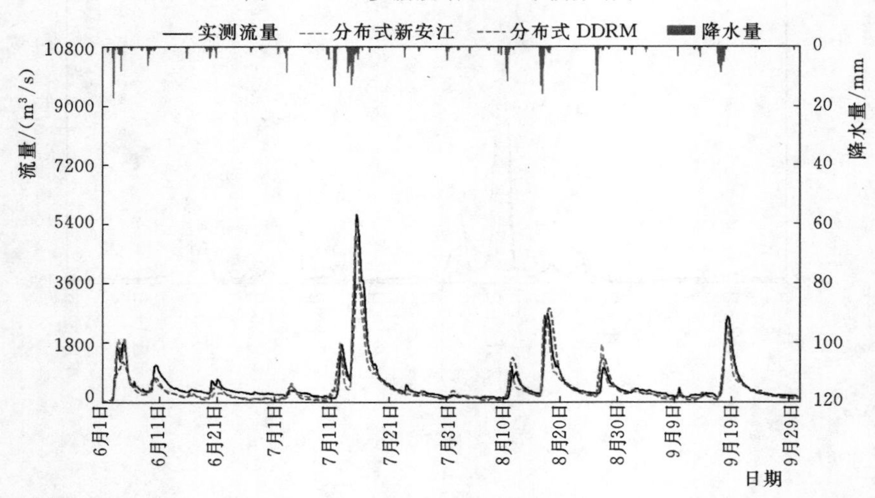

图 4.2-7　赤水站 2014 年模拟结果

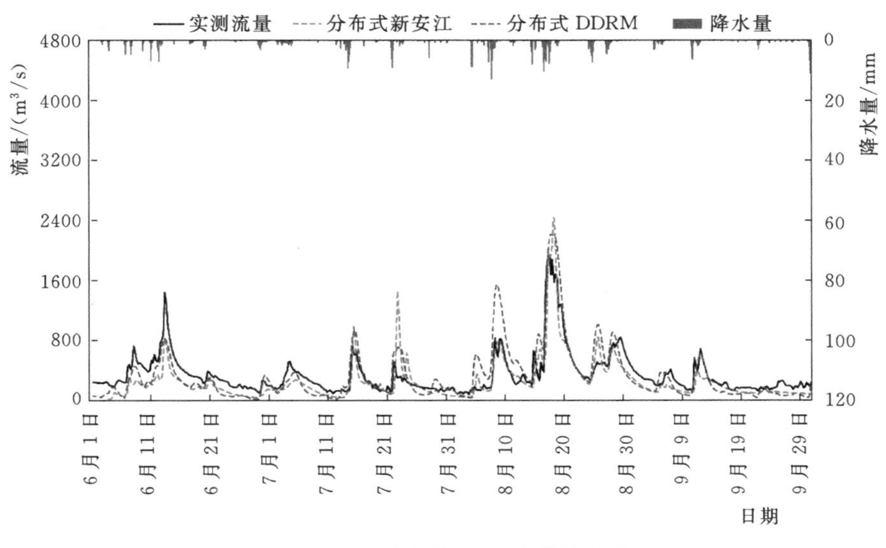

图 4.2-8 赤水站 2015 年模拟结果

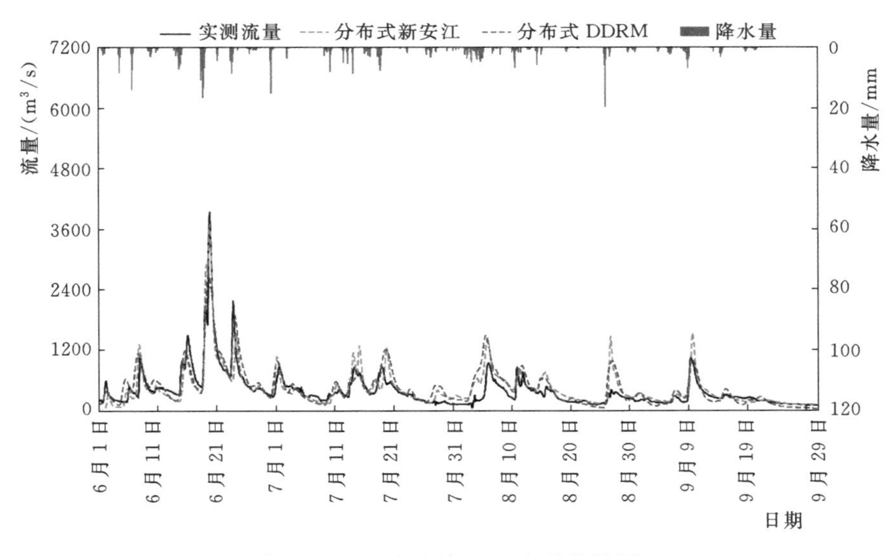

图 4.2-9 赤水站 2016 年模拟结果

4.2.2 水力学模型研究及应用

水动力学主要研究水流运动要素随时间和空间的变化规律。水流运动分恒定流和非恒定流。明渠水流中，水力要素随时间变化的水流称明渠非恒定流，河道洪水的水力要素如流量、流速、水位、过水面积等都是时间和距离的函数，属水动力学中明渠非恒定流范畴。

针对多阻断河流洪枯水演进特点，一维水力学模型通常能够满足河流洪水演进模拟需求。一维水动力学模型，一般是将河网概化，并根据河道沿程断面对河道离散为若干段，再对各段建立圣维南方程组并联立进行数值化求解。

采用3.3节一维河网水动力学模拟方法，选取长江上游攀枝花—宜昌干支流河段，基于多阻断河流洪枯水演进数值模拟模型，构建了由金沙江模块（攀枝花—宜宾）和川江模块（向家坝—宜昌）组成的长江上游洪枯水演进数值模拟模型，并实现了与水文预报模型的接口互通。

金沙江水动力模块的河网概化结构如图4.2-10所示，上始攀枝花、下至宜宾，干流河道全长为778km；雅砻江采用非恒定流数值模拟，其他支流以区间入流的形式直接汇入干流。模型河网信息详见表4.2-5。

表4.2-5 金沙江模型河网信息

河流/区域	说明
长江干流	上始攀枝花、下至宜宾，长778km；划分为6个河段、892个微段，每个微段平均长度为872m
雅砻江	上始桐子林，长12km；划分为1个河段、14个微段，每个微段平均长度为857m
龙川江	以“多克”“小黄瓜园”站流量作为边界
普渡河	以“尼格”站流量作为边界
黑水河	以“宁南”站流量作为边界
牛栏江	以“大沙店”站流量作为边界
西溪河	以“昭觉”站流量作为边界
美姑河	以“美姑”站流量作为边界
横江	以“横江”站流量作为边界
攀枝花—三堆子区间	
三堆子—龙街区间	
龙街—乌东德区间	
乌东德—华弹区间	
华弹—白鹤滩区间	
白鹤滩—溪洛渡区间	
溪洛渡—向家坝区间	

川江水动力模块的河网概化结构如图4.2-11所示，上始向家坝水库、下至葛洲坝，干流河道全长为1046km；岷江、嘉陵江、乌江等大的支流采用非恒定流数值模拟，其他支流以区间入流的形式直接汇入干流。模型河网信息详见表4.2-6。

模型采用国家85高程基面作为绝对基面，对实际河道地形资料进行高程基面转换和概化处理，得到供模型计算使用的概化河段，同时将实测水位资料的测站基面转换成绝对基面。

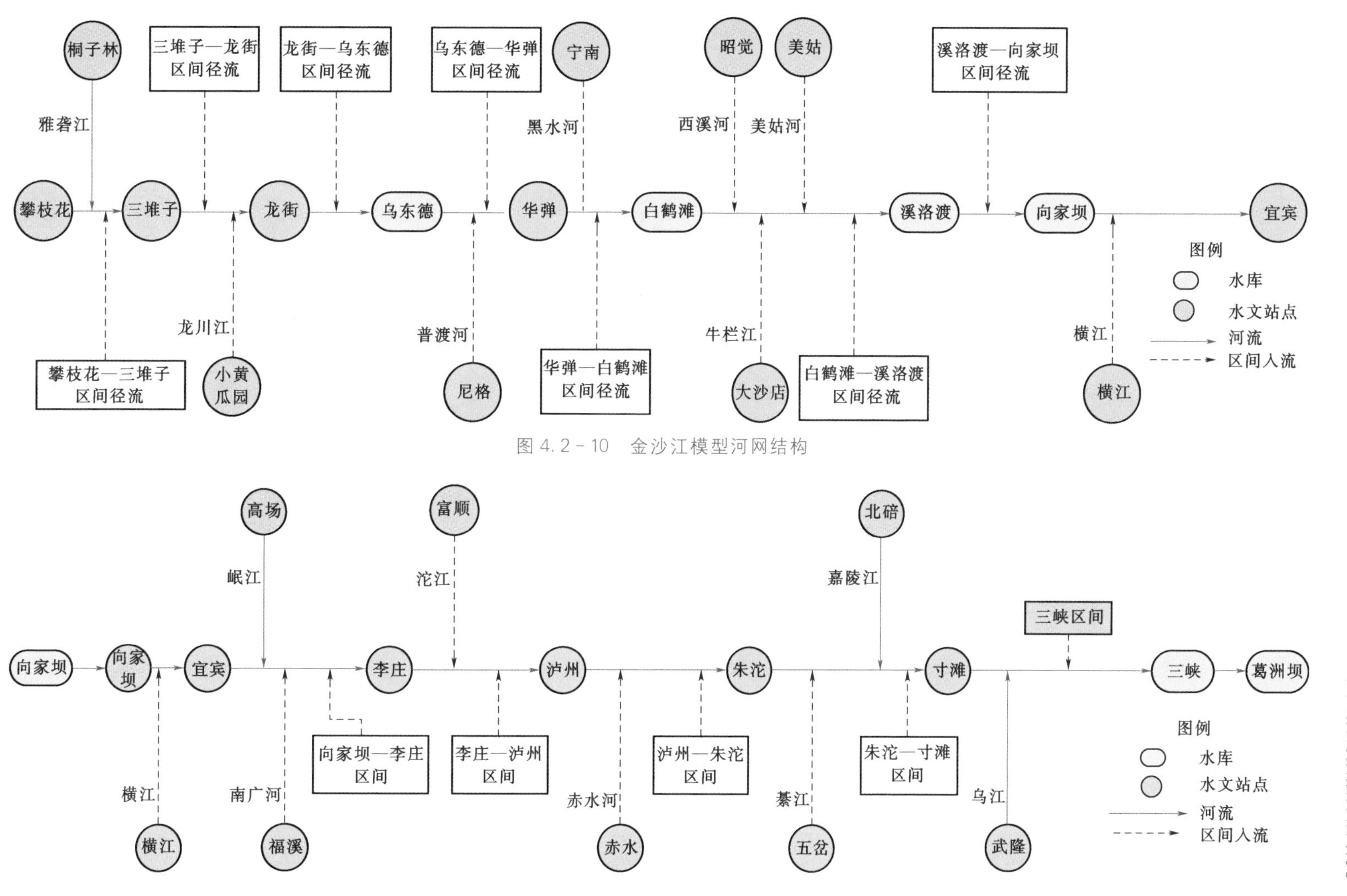

图 4.2-10 金沙江模型河网结构

图 4.2-11 川江模型河网概化

表 4.2-6 川江模型河网信息

河流/区域	说明
长江干流	上始向家坝水库、下至葛洲坝，长 1046km；划分为 9 个河段 582 个微段，每个微段平均长度为 1797m
岷江	上始高场，长 27km；划分为 1 个河段 15 个微段，每个微段平均长度为 1800m
嘉陵江	上始北碚，长 53km；划分为 1 个河段 41 个微段，每个微段平均长度为 1293m
乌江	上始武隆，长 69km；划分为 1 个河段 42 个微段，每个微段平均长度为 1643m
横江	以“横江”站流量作为边界
南广河	以“福溪”站流量作为边界
沱江	以“富顺”站流量作为边界
赤水河	以“赤水”站流量作为边界
綦江	以“五岔”站流量作为边界
向家坝—李庄区间	
李庄—泸州区间	
泸州—朱沱区间	
朱沱—寸滩区间	
三峡区间	进一步细分为御临河、木洞河、龙溪河、渠溪河、龙河、小江、汤溪河、磨刀溪、长滩河、梅溪河、大溪河、大宁河、沿渡河、香溪河及沿江无控区域等区间

采用 2015 年、2016 年水文序列对长江上游一维水动力学模型进行检验，根据模拟结果，各站模拟水位虽然有一定的误差，但总体而言误差均在可接受范围，涨退趋势与实际极为吻合，因此模型参数具有较好的精度，采用实时数据对结果进行校正，可满足实际应用需求。

4.3 长江上游多阻断产汇流预报体系搭建

长江水文气象预报业务起步于 20 世纪 50 年代，经过几十年的实践与发展，预报方法与技术手段日臻完善，形成了水文气象相结合、短中长期相结合的工作体制和技术路线。为了总结经验，提高预报方案质量，推动长江流域实时洪水作业预报工作的发展，1994 年水利部水文水利调度中心具体组织指导，由长江委水文局牵头流域内多个水文单位参加流域预报方案汇编，汇编方案按流域水系分为长江上游（石鼓—宜昌）、长江中下游（宜昌—南京）、汉江流域三大部分，汇编方案共计 155 个，采用的预报方法主要包括 API、水位（流量）相关、马斯京根、汇流系数、调洪演算等。此后，受水利部水文局、长江防总委托，2004 年 9 月至 2005 年 12 月完成《长江流域洪水预报方案》修编工作，修编方案为 146 个。随着流域内水利工程的不断兴建，长江流域河系的水流天然状态已逐渐改变，呈多阻隔格局。河流上的预报节点与调度节点（阻隔点）紧密相连、密不可分，以串联、并联或混联方式存在，相互制约影响，形成牵一发而动全身的局面。为满足以三峡为核心的长江流域水库群联合调度对洪水预报的要求，改进长江流域预报体系，研究工作以流域大型水库、重要水文站、防汛节点等为关键控制断面，利用空间位置与水力联系构建形成水库、湖泊、防洪对象有序关联的拓扑关系概化图，构建了最新长江流域预报体系，根据新的预报体系及水库调度需求，扩充预报节点至大约 400 个（含水库节点约 60 个），实现了预报方案从岗托—大通（包括洞庭湖四水、鄱阳湖五河）接近全流域覆盖，含预报方案 700 余套，预报覆盖面积从原来的 140 万 km^2 以上增加至接近 180 万 km^2（全流域），预报河段从原来的 3600km 延长至约 4300km；采用的预报方法除了 API、水位（流量）相关、马斯京根、汇流系数、调洪演算外，还增加了分布式新安江模型、Nam 模型、Urbs 模型及水动力学模型等，总体坚持实用、可靠的原则，预报模型选用适合流域洪水特性的成熟技术和方法，所有的预报断面均编制有至少一套预报方案，重要节点断面编制多套预报方案对比。长江流域主要水系及重要控制节点见图 4.3-1。

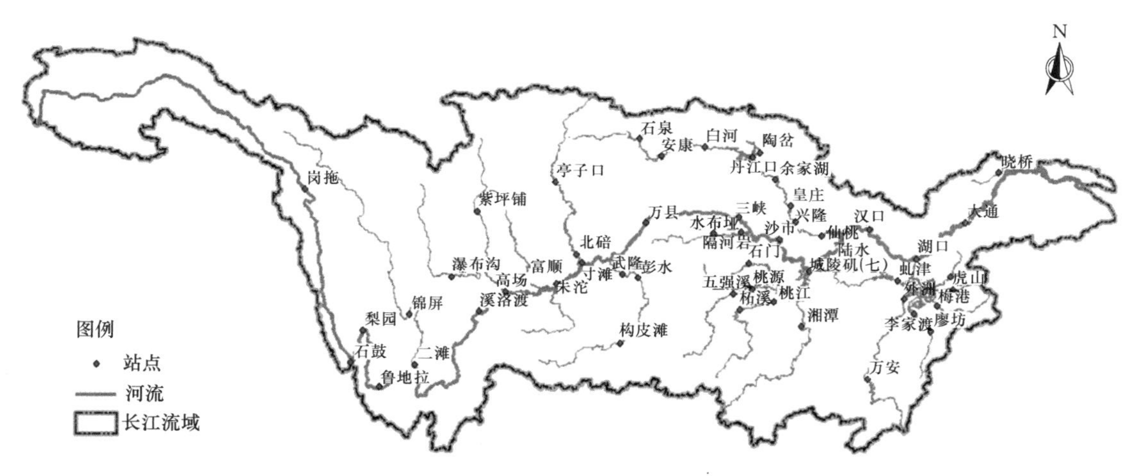

图 4.3-1　长江流域主要水系及重要控制节点图

其中，上游预报方案体系根据重要水库节点分为以下几个部分：①金沙江中游梯级；②雅砻江梯级；③金沙江下游梯级；④瀑布沟水库以上梯级；⑤宝珠寺水库以上梯级；⑥亭子口水库以上梯级；⑦乌江梯级；⑧三峡水库预报方案体系。考虑到以三峡为核心的上中游水库群联合调度的主要目标为长江中下游地区，尤其是荆江河段及城陵矶地区，因此还包括清江流域梯级及三峡至城陵矶河段预报方案体系。

三峡水库作为长江上游控制性水库，其在长江防洪调度预报体系中发挥着关键作用，当前三峡水库预报体系覆盖范围包括：岷江大渡河瀑布沟水库和干流紫坪铺水库以下流域，沱江流域，嘉陵江渠江、涪江及干流亭子口水库以下流域，向家坝水库至寸滩区间，三峡区间。考虑水系分布、站点布设、水库分布，三峡水库预报体系共划分有预报分区 89 个。

4.4　2017 年、2018 年三峡水库入库流量预报精度检验

研究工作成果在长江上游逐步开展了实例研究。自 2017 年起初步进行了试验应用，2018 年正式开始应用。现以三峡水库入库流量预报为例，检验短、中、长期水文预报效果。

短期洪水预报精度评定依据《水文情报预报规范》。水位、流量预报误差指标分别采用平均绝对误差、平均相对误差，水位预报许可误差取预见期内实测变幅的20%，当许可误差小于相应流量的5%对应的水位幅度值或小于0.1m时，则以该值作为许可误差，流量预报许可误差1～5d则分别按5%、10%、15%、20%、20%控制。

中期流量预报采用预报平均入库流量与当天实际平均入库流量的相对误差作为预报质量评定标准，相对误差的绝对值不大于20%为合格。

4.4.1 短期入库预报

2009—2018年三峡水库短期（1～3d）洪水预报精度统计见表4.4-1。

表4.4-1 2009—2018年三峡水库短期洪水预报精度统计表

预报对象	年份	预见期1d			预见期2d			预见期3d		
		平均误差/%	合格率/%	预报次数/次	平均误差/%	合格率/%	预报次数/次	平均误差/%	合格率/%	预报次数/次
三峡入库	2009	4.43	64.4	45	7.75	66.7	45	9.92	75.6	45
	2010	5.20	61.8	89	7.92	69.7	89	11.0	66.3	89
	2011	6.2	55.6	45	8.7	64.4	45	10.6	71.1	45
	2012	3.9	75.5	94	6.1	83.0	94	9.8	79.8	94
	2013	4.9	73.9	46	7.6	69.6	46	10.9	73.9	46
	2014	3.7	77.1	48	7.3	68.8	48	10.7	75.0	48
	2015	4.9	71.0	62	7.7	77.4	62	8.7	80.6	62
	2016	4.17	66.7	84	7.21	73.8	84	11.19	73.8	84
	2009—2016均值	4.7	68.3	513	7.5	71.7	513	10.4	74.5	513
	2017	4.63	65.7	213	7.21	77.9	213	9.52	79.3	213
	2018	3.51	79.61	309	5.6	87.7	309	7.09	88.7	309
	2017—2018均值	4.1	72.7	522	6.4	82.8	522	8.3	84.0	522
	多年均值	4.3	71.2	1035	6.8	78.4	1035	9.2	79.7	1035

注 技术成果2017年开始试验应用，2018年正式开始应用，均值栏预测次数为合计值。

由表4.4-1可知，三峡水库建成以来，共发布了1035期短期入库流量预报。1～3d预见期预报多年平均误差分别为4.3%、6.8%、9.2%，预报合格率分别为71.2%、78.4%、79.7%；研究工作成果应用前（2009—2016年）1～3d预见期预报多年平均误差分别为4.7%、7.4%、10.4%，预报合格率分别为68.3%、71.7%、74.5%。研究工作成果应用后（2017—2018年）1～3d预见期预报多年平均误差分别为4.1%、6.4%、8.3%，预报合格率分别为72.7%、82.8%、84.0%。

与研究工作成果应用前相比，研究工作成果应用后三峡水库短期入库流量预报精度（平均误差）提高（降低）了0.6%～1.9%，预报合格率提高了4.4%～11.1%。

4.4.2 中期入库预报

2009—2018年三峡水库中期（4～10d）流量预报精度平均误差见表4.4-2和图4.4-1。

由表4.4-3可知，三峡水库建成以来，每年汛期长江委水文局合计发布了334期中期入库流量预报。4～10d预见期预报多年平均误差在10.5%～18.9%（表4.4-2），预报合格率在68%～88%（表4.4-3），随着预见期增长，预报误差增大，合格率降低；研究工作成果应用前（2009—2016年）4～10d预见期预报多年平均误差在10.9%～19.1%，预报合格率在66.1%～86.9%。研究工作成果应用后（2017—2018年）预报平均误差9.2%～18.6%，预报合格率为68.25%～91.7%。

表4.4-2　2009—2018年三峡水库中期流量预报平均误差

年　份	中期流量预报平均误差/%							期数
	4d	5d	6d	7d	8d	9d	10d	
2009	10.1	14.9	19.6	22.4	20	20.7	20.6	36
2010	12.4	15.4	13.1	13.7	16.5	20	20.1	36
2011	10.9	15	15.5	17.3	18.3	17.9	18.3	31
2012	10	11.6	13.3	15.3	18.3	18.9	17.3	48
2013	13.6	18.3	22	25.7	24.2	23.7	25.4	32
2014	10.8	15.1	18.1	17.1	16.7	17.2	18.8	29
2015	8.5	11.2	12.4	12.2	12.8	15.4	15.1	30
2016	10.7	10.5	13.6	14.9	16.7	18.8	16.6	30
2009—2016均值	10.9	14.0	16.0	17.3	17.9	19.1	19.0	272
2017	9.7	9	11.1	12.5	15.1	14.5	15.2	31
2018	8.7	10.3	13	14.4	16.4	19.6	22	31
2017—2018均值	9.2	9.65	12.05	13.45	15.75	17.05	18.6	62
多年均值	10.5	13.1	15.1	16.6	17.6	18.8	18.9	334

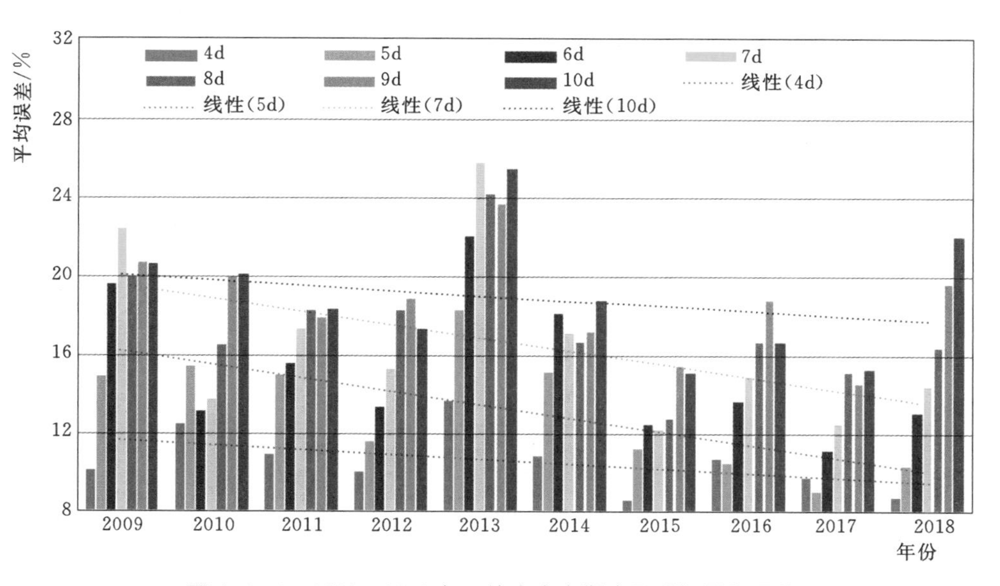

图4.4-1　2009—2018年三峡水库中期流量预报平均误差

表 4.4-3　　2009—2018 年三峡水库中期流量预报合格率

年　份	中期流量预报合格率/%							期数
	4d	5d	6d	7d	8d	9d	10d	
2009	85.7	80.0	68.6	68.6	74.4	71.4	71.4	36
2010	84.0	75.0	80.0	75.0	67.0	56.0	58.0	36
2011	84.0	77.0	77.0	68.0	71.0	65.0	61.0	31
2012	91.4	80.8	76.6	80.8	72.3	72.3	78.7	48
2013	82.8	80.3	79.0	78.6	72.1	72.1	70.0	32
2014	87.5	75.0	65.6	68.8	65.6	65.6	62.5	29
2015	90.0	83.3	83.3	73.3	73.3	66.7	70.0	30
2016	90.0	86.7	76.7	70.0	70.0	60.0	70.0	30
2009—2016 均值	86.9	79.8	75.9	72.9	70.7	66.1	67.7	272
2017	93.1	93.1	86.2	82.7	79.3	79.3	65.5	31
2018	90.3	87.1	83.9	80.6	77.4	74.2	71	31
2017—2018 均值	91.7	90.1	85.05	81.65	78.35	76.75	68.25	62
多年均值	87.9	81.7	77.6	74.9	72.2	68.4	68.3	334

与研究工作成果应用前相比，研究工作成果应用后三峡水库中期入库流量预报精度（平均误差）提高（降低）了 0.4%～3.95%，预报合格率提高了 0.65%～10.65%。

4.4.3 长期入库预报

每年汛前，根据当前环流形势及气候背景，制作发布三峡水库年最大入库流量预报。2015 年起汛期后每月月底滚动发布次月平均流量预报，预报检验见表 4.4-4 和表 4.4-5。由于天气形势复杂，每年汛前针对当年的三峡最大流量预报合格率较低，但预报值据实况值的偏差并不十分明显。逐月滚动的长期入库流量预报近年来的预报合格率为 56.3%。

表 4.4-4　　2009—2018 年汛前三峡水库年最大入库流量预报检验　　单位：m^3/s

年份	预报值	实况值	检验	年份	预报值	实况值	检验
2009	46000～51000	55000	×	2014	45000～50000	55000	×
2010	53000～58000	70000	×	2015	50000～55000	39000	×
2011	55000～60000	46500	×	2016	60000～65000	50000	×
2012	45000～50000	71200	×	2017	50000～55000	38000	×
2013	45000～50000	49000	√				

表4.4-5　　2015—2018汛期逐月长期预报检验

年份	月份	平均流量/(m^3/s)		预报趋势	实况值/(m^3/s)	趋势检验
		预报值	30年均值			
2015	5	9000～12000	11000	正常	9600	√
	6	14000～19000	17800	正常	16900	√
	7	30000～35000	30200	正常	20700	×
	8	20000～25000	25900	正常偏小	17600	√
2016	5	10000～15000	11000	正常	13300	√
	6	15000～20000	17800	正常	20800	√
	7	31000～36000	30200	正常偏大	26600	×
	8	25000～30000	25900	正常	18800	×
2017	5	10000～15000	11000	正常	11800	√
	6	16000～21000	17800	正常	17900	√
	7	30000～35000	30200	正常偏大	21400	×
	8	25000～30000	25900	正常	19600	×
2018	5	11000～16000	10900	偏多	13400	√
	6	18000～23000	17400	偏多	15400	×
	7	27000～32000	29100	正常略偏多	38100	√
	8	20000～25000	24900	偏少	26500	×
合格率	56.3%					

第5章

水库群运行对洪水情势影响分析

本章考虑长江上游20余座水库的调度运行影响，采用水量平衡法进行洪水过程还原计算，后使用3.2节洪水演进方法，将水库出库流量逐级演算，叠加区间洪水，推求流域主要控制站点的天然流量过程，得到1970—2015年的天然洪水系列，通过与现有水库调蓄下的实测洪水系列和还现计算成果分别进行对比分析，进而研究现有梯级水库运行对干支流洪水情势的影响。

5.1 洪水还原、还现计算原则和方法

5.1.1 洪水还原计算原则和方法

5.1.1.1 计算原则

《水利水电工程设计洪水计算规范》(SL 144) 明确规定，设计洪水计算所依据的水文资料及其系列应具有一致性。当流域内因修建蓄水、引水、提水、分洪、滞洪等工程，明显改变了洪水过程，影响了洪水系列的一致性时，应将系列统一到同一基础。

长江流域内具有较大调节库容的大型水库，特别是具有防洪任务的大型水库，在遭遇大洪水时，必将发挥削峰滞洪，改变天然洪水过程，使水库下游实测水文系列失去原有的天然一致特性。为此，长江流域水库群建成后，需开展各控制站点的洪水还原计算，使洪水系列具有统计分析的一致性基础。

洪水还原计算以水量平衡法为理论基础，根据水库的坝上水位、出库流量和水位库容曲线开展洪水还原计算，还原计算的时段视各处的洪水过程特性和基础资料条件，选择3h或6h。

根据长江上游梯级水库建成前的天然洪水传播规律，研究确定干支流的流量演算方法。经过逐级演算，而后得到流域主要控制节点的洪水还原过程。

5.1.1.2 水量平衡法

水量平衡法计算入库流量，是采用坝前某水位站水位值为代表，查算水位库容曲线，得到计算时段初和时段末水位对应的水库库容，继而得出该时段对应的水库库容变化，同时，计算该时段水库总的出库水量。根据水量平衡法原理，得到水库在该时段内的总来水量，总来水量与其对应时段相除，即得到计算时段内的平均入库流量。库容反推入库流量成果受库水位代表性及计算时段长的影响较大。

根据水库水位、水库库容曲线及出库流量，基于水量平衡法反推计算入库流量公式为

$$\overline{I}=\overline{O}+\frac{\Delta V_{损}}{\Delta t}+\frac{\Delta V}{\Delta t}$$

式中：$\overline{I}$ 为时段平均入库流量；$\overline{O}$为时段平均出库流量，由发电流量、空转流量、船闸过水流量和闸门弃水流量相加得到出库流量；$\Delta V_{损}$ 为水库损失水量，包括水库的水面蒸发、库区渗漏损失等；ΔV 为时段始末水库蓄水量变化值；Δt 为计算时段。

5.1.1.3 洪水演进方法

根据多年以来长江上游干支流河段的水情分析工作经验，对各区域的降雨径流关系、单位过程线进行分析计算，用考虑前期降雨影响的降雨径流关系计算净雨和单位过程线计算各区流量过程。将推算的上游各区、段流量过程用长办汇流曲线法或马斯京根法做河道洪水演算，并与实测流量过程做分析比较，以检验其合理性，马斯京根法原理见 3.2 节。

5.1.2 洪水还现计算原则和方法

洪水还现计算主要依据的是国家防汛抗旱总指挥部《关于 2015 年度长江上游水库群联合调度方案的批复》（国汛〔2015〕13 号）、《水利部〈关于三峡（正常运行期）—葛洲坝水利枢纽梯级调度规程〉的批复》（水建管〔2015〕360 号）、国家防汛抗旱总指挥部关于《长江洪水调度方案的批复》（国汛〔2011〕22 号）等批复文件，以及各水库的设计报告等支撑材料，但梯级水库联合优化调度规则目前仍处于研究阶段，因此本书中参考借鉴了实际调度经验及已有的研究成果，对各梯级水库的调度过程进行了一定程度优化。

5.1.2.1 计算原则

根据各梯级水库的防洪调度规程或确定的调度方式，逐级进行洪水调节计算，得到流域主要控制节点的洪水还现系列。

洪水还现计算从上游至下游依次进行，首先通过防洪调度由最上游水库的入库流量推求出库流量过程，并根据水量平衡方程由上游水库的入库、出库流量及下游水库的还原流量推求下游水库的还现流量过程。由于洪水过程时间步长较短（3h 或 6h），因此洪水还现需要考虑洪水过程的传播延时和坦化，本书采用长办汇流曲线法或马斯京根法将上游水库的调蓄量演算至下游河道。洪水还现过程的流域典型拓扑示意见图 5.1－1，入库洪水还现计算流程见图 5.1－2。

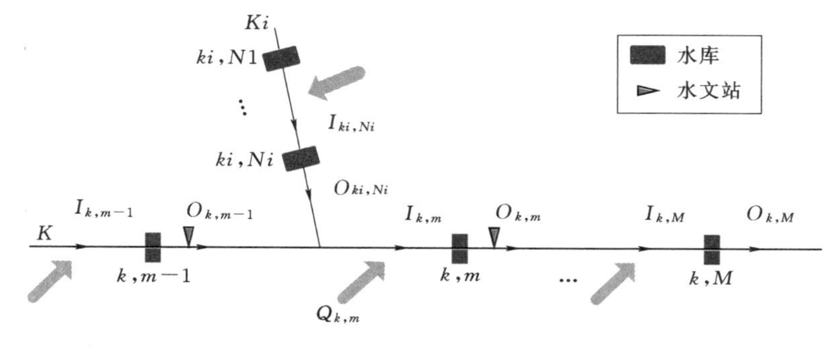

图 5.1－1 洪水还现过程的流域典型拓扑示意图

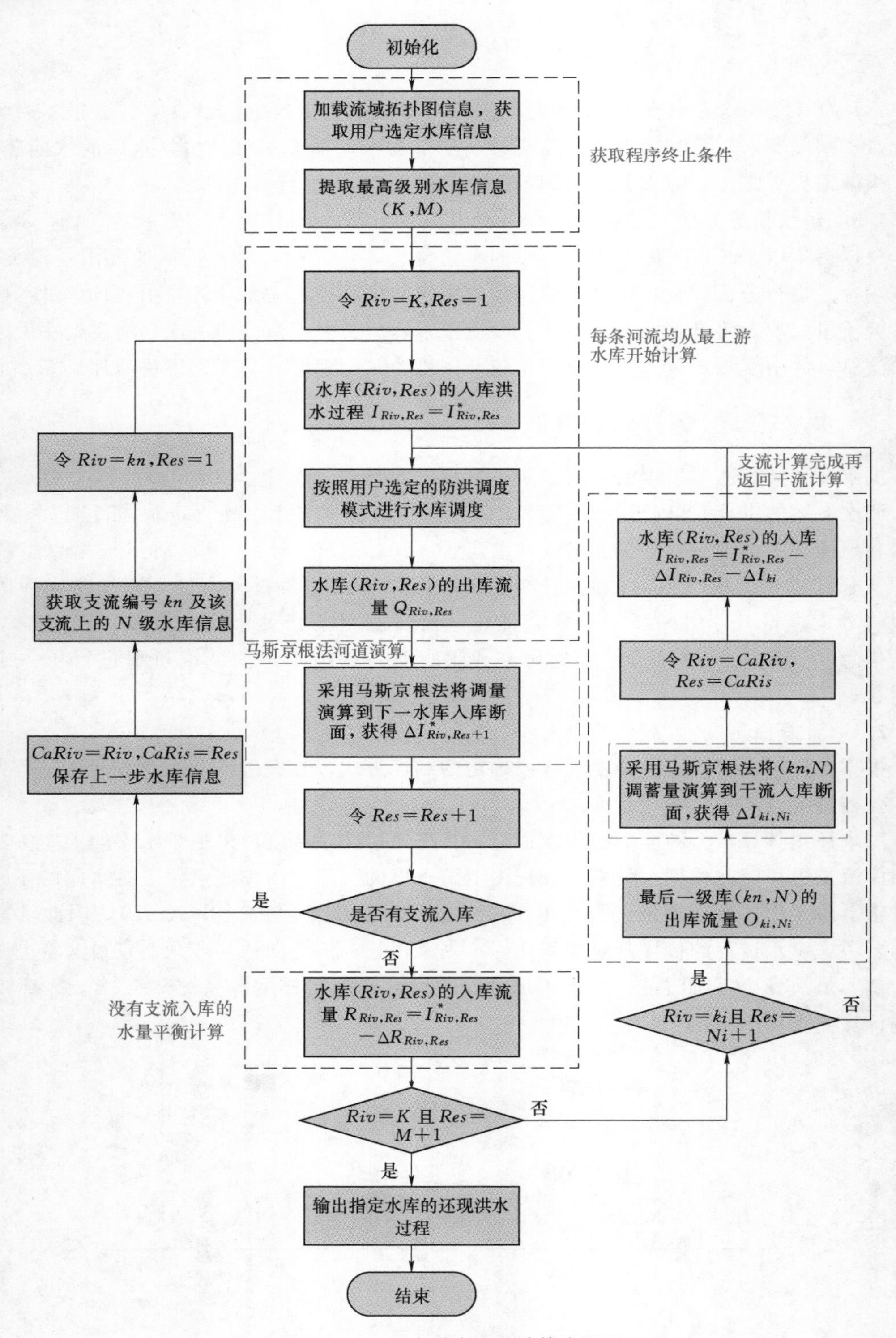

图 5.1-2 入库洪水还现计算流程图

图 5.1-1 所示流域典型拓扑示意图中包含水文观测站点，以满足防洪调度过程的水位控制和流量控制。水库（k,m）的入库洪水还现公式为

$$I_{k,m}=I^*_{k,m}-\Delta I_{k,m}-\Delta I_{ki,m}$$

$$\Delta I_{k,m}=M(I_{k,m-1}-O_{k,m-1})$$

$$\Delta I_{ki,m}=M(I_{ki,Ni}-O_{ki,Ni})$$

式中：$I^*_{k,m}$ 和 $I_{k,m}$ 分别为水库（k,m）的还原和还现流量；$I_{k,m-1}$ 和 $O_{k,m-1}$ 分别为水库（$k,m-1$）的入库和出库流量；$I_{ki,Ni}$ 和 $O_{ki,Ni}$ 分别为水库（ki,Ni）的入库和出库流量；ki 为汇入水库（k,m）的支流编号；Ni 表示该支流上最后一级水库的编号；$\Delta I_{k,m}$ 为干流（$k,m-1$）水库调蓄量演算到（k,m）水库；$\Delta I_{ki,m}$ 为支流 ki 最后一级水库调蓄量演算到（k,m）水库。

5.1.2.2 防洪调度方式

1. 无下游防洪任务电站

（1）径流式电站。

1）输入条件：无。

2）调度方式：当来水小于电站下泄能力时，电站按照出入库平衡控制，水库维持正常蓄水位；当来水大于电站过流能力时，电站按照最大泄流能力控制，水库被动抬高运行水位，然后逐渐回到正常蓄水位。

（2）非径流式电站。

1）输入条件：发电调度图。

2）调度方式：当来水小于电站下泄能力时，电站按照发电调度图运行，控制末水位不超过正常蓄水位，若无发电调度图，则电站按照保证出力蓄至正常蓄水位，然后按出入库平衡控制；当来水大于电站过流能力，电站按照发电调度图蓄水，若无发电调度图，按保证出力蓄水，若水库水位超过正常蓄水位，则电站按照最大泄流能力控制被动抬高运行水位。

2. 有下游防洪任务电站

（1）固定下泄量方式。

1）输入条件：不同洪水标准下的防洪安全下泄流量。

2）调度方式：当来水小于防洪安全下泄流量时，电站按照出入库平衡控制，保持汛限水位运行；当来水大于防洪安全下泄流量时，电站按照当前洪水下的安全下泄流量或拦蓄流量控泄，同时保证时段末水位不超过防洪高水位；若当前运行水位达到防洪高水位，电站按照泄流能力敞泄确保大坝安全；退水阶段，迅速腾空库容。

（2）补偿调度方式。

1）输入条件：防洪控制点控制流量或水位。

2）调度方式：根据当前水库来水和下游区间来水，判断补偿调度启用条件。若不具备补偿调度条件，则电站按照出入库平衡控制，保持汛限水位运行；否则，电站根据防洪控制点控制流量或水位和下游区间来水反推下泄流量，同时保证时段末水位不超过防洪高水位；若当前运行水位达到防洪高水位，电站按照泄流能力敞泄确保大坝安全。

5.2 长江上游分区暴雨洪水特性

5.2.1 长江上游暴雨时空分布

5.2.1.1 上游地区暴雨分布特点

长江上游地区除金沙江巴塘以上，雅砻江雅江以上及大渡河上游共约 35 万 km^2 地区因地势高、水汽条件差、基本无暴雨外，其他广大地区均能发生暴雨。经常出现暴雨中心的地区有：①上游干流区间下段大巴山南麓的小江上游及大宁河上游，暴雨日数可达 6～7d；②嘉陵江的渠江上游，暴雨日数可达 6～7d；③川西嘉陵江的涪江上游；④岷江雅安、乐山一带，暴雨日数可达 5～6d；⑤乌江上游的安顺、普定一带，暴雨日数可达 4d；⑥金沙江下游的西昌、普格一带，暴雨日数达 3d。

暴雨区除暴雨日数多外，1d 暴雨量也大，尤以川西的两个暴雨中心为突出，最大 1d 暴雨量达 400mm 以上。大巴山南麓及乌江安顺一带暴雨区其 1d 暴雨量较川西小，达 200mm 以上。上游 6 个暴雨中心中以金沙江的暴雨中心较小，1d 最大暴雨量仅 100mm。

上游各地暴雨多出现在 4—10 月。乌江和上游干流下段区间 3 月就可出现暴雨，其余各地均是 4 月出现暴雨；各地暴雨大多于 10 月结束，嘉陵江流域少数站于 11 月结束（上游地区暴雨开始时间和结束时间分别见图 5.2-1 和图 5.2-2）。嘉陵江流域、上游干流三峡区间的一些站暴雨年内分布呈双峰型，前峰出现在 7 月，后峰出现在 9 月；乌江下游一些站暴雨年内分布也呈双峰型，但前峰出现在 6 月，后峰出现在 8 月。

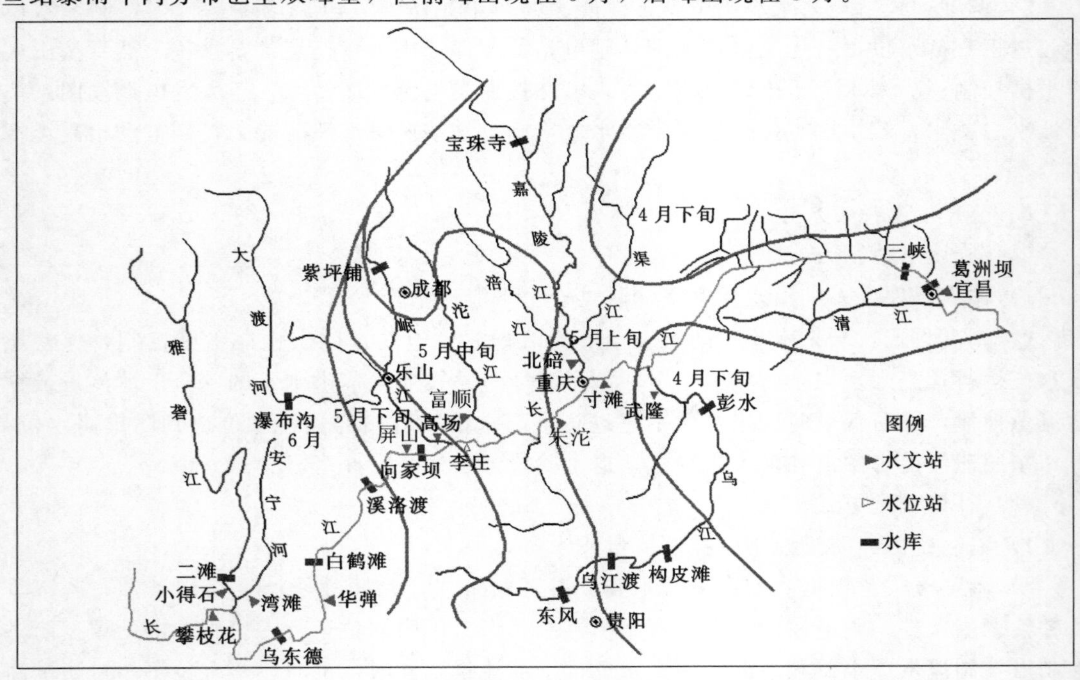

图 5.2-1 暴雨开始时间分布图

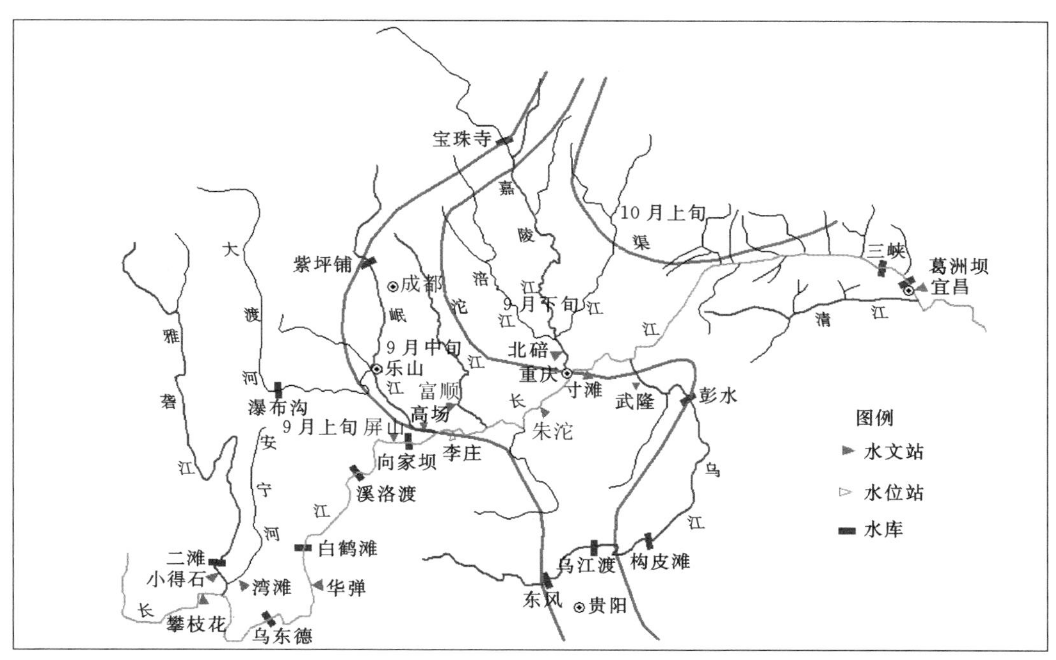

图 5.2-2　暴雨结束时间分布图

5.2.1.2　暴雨范围及移动情况

上游暴雨笼罩面积往往不如中下游平原地区大，一般只有 3 万～4 万 km^2，大者可达 8 万 km^2 左右，这与上游地形复杂．高程悬殊较大有关。但当受东移的南北向强西风大槽影响时，暴雨笼罩面积有时可达 17 万 km^2 左右。一般说，长江上游暴雨笼罩面积较大的地区常位于岷江下游、金沙江下段一带。

上游暴雨移动情况有以下几种：

(1) 暴雨首先在川西出现，逐渐由西北向东南或由北向南移。暴雨在移动过程中波及范围很广，雨带呈东北—西南向带状分布，暴雨在雨带的某些段上形成。

(2) 暴雨区主要在川西，呈东北—西南向带状分布，暴雨由西南向东北移动。这一过程往往是高空南北向槽东移时，南段受太平洋副高阻挡形成切变线，随着南北向槽转变过程中，暴雨就相应地向东偏北方向移动。

(3) 暴雨在某一地理位置上形成后即消失或明显减弱。这种暴雨往往出现在西太平洋副热带高压的西北缘的气旋环流中。

(4) 长江南岸及干流区间的暴雨往往成东西向带状分布，它们常常向东或向南移动。南北向带状暴雨在长江上游较少。

5.2.2　分区洪水特性

根据屏山、高场、北碚、武隆各站流量资料，统计分析上游主要控制站的洪水特性。

5.2.2.1　金沙江洪水特性

金沙江洪水由上游融雪洪水和下游暴雨洪水所组成，而最大洪水主要是由暴雨形成。根据 1940—2013 年屏山站实测资料统计分析了屏山站洪水特性。

1. 屏山站年最大洪峰出现时间及量级

表5.2-1为屏山站年最大洪峰流量出现时间和次数。由表5.2-1可见：屏山站年最大洪峰流量出现在6月中旬至10月中旬，主要集中在7—9月，以9月上旬出现的次数最多，占总数的23.4%，8月中旬次之。8月下旬次数较少。

表5.2-1　　屏山站年最大洪峰流量出现时间和次数表　　单位：次

时间		最大洪峰流量出现次数					
		≤10000m³/s	10000～15000m³/s	15000～20000m³/s	20000～25000m³/s	>25000m³/s	合计
6月	中旬						0
	下旬		1	1			2
7月	上旬		1				1
	中旬		3	2			5
	下旬		4	7			11
8月	上旬		3	3	1		7
	中旬	1	2	4	6		13
	下旬		3	2	1		6
9月	上旬		5	6	3	2	16
	中旬		4	1			5
	下旬		1	2			3
10月	上旬			1			1
	中旬		1				1
合计		1	28	29	11	2	71

屏山站年最大洪峰流量量级一般在10000～25000m³/s，小于10000m³/s有1次；大于25000m³/s有2次，分别出现在1966年和1974年，且均出现在9月上旬；从洪峰流量出现量级和时间看，洪峰流量较大的洪水主要出现在8月中旬和9月上旬。

从年最大洪峰流量散点图（图5.2-3）可见，洪峰流量散点的频率、大小基本上呈

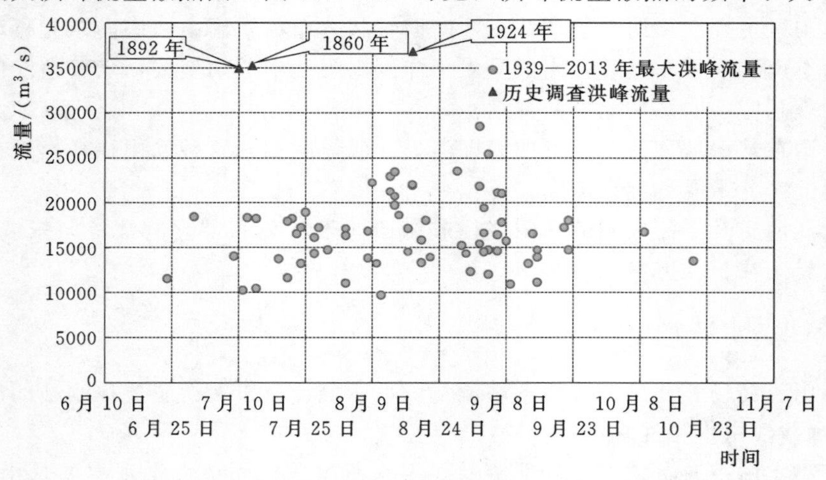

图5.2-3　金沙江屏山站年最大洪峰流量散点图

现由弱至强、再由强至弱的规律。8月20—26日左右出现洪峰流量相对较少的空档期，以后洪峰流量有较大增加，9月中旬以后年最大洪水出现机会较少，且量级明显减小。

2. 屏山站汛期洪水过程

从屏山站多年候平均流量过程看，1940—2013年71年中（缺1945年、1946年、1949年）有的年份没有较明显的前后期洪水，只是在9月10日前后有一个相对的低谷。见图5.2-4，7月第3候至8月第4候平均流量接近10000m³/s，8月第6候开始，候平均流量增大，9月第2候平均流量达最大，以后又渐渐变小，在9月第3候（9月10日左右）到达一个相对低的谷点。

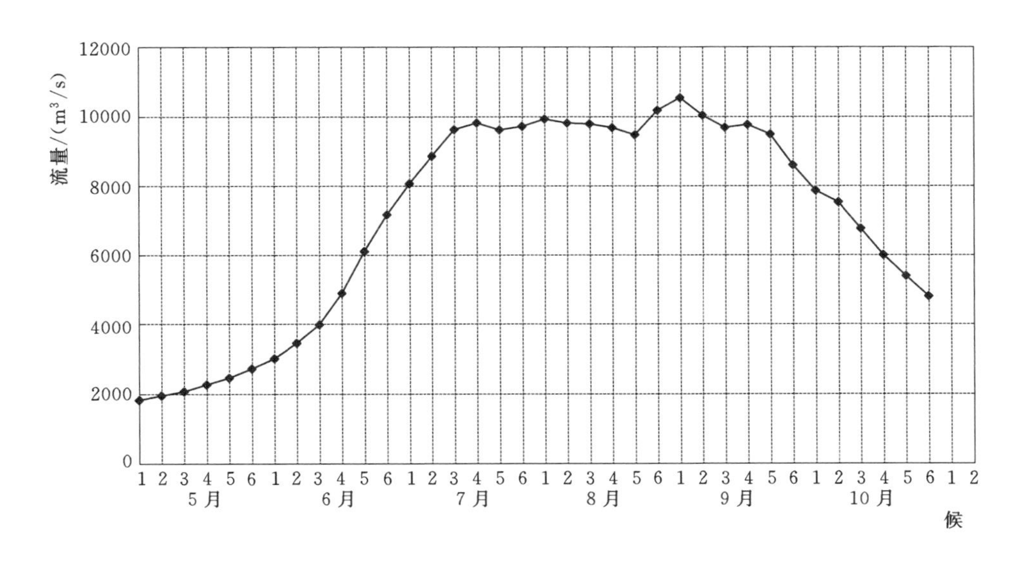

图5.2-4 金沙江屏山站多年候平均流量过程线图

金沙江干流石鼓以上及支流雅砻江泸宁以上，由于地势较高，全年有10个月以上为冰雪期，故融雪是径流补给的重要组成部分，不考虑其前后期洪水。石鼓—屏山段，洪水主要来源是降雨，其中四川西部地区、云南东北地区的暴雨主要为四川西部雨区向西南发展的结果，滇中普渡河暴雨区受昆明准静止锋的影响，常发生较大的暴雨，屏山洪水形成主要受金沙江中下游地区暴雨影响，一般出现在7月、8月下旬到9月上中旬。

5.2.2.2 岷江高场站洪水特性

根据1939—2013年高场站实测资料统计分析了高场站洪水特性。

1. 高场站年最大洪峰出现时间及量级

表5.2-2为高场站年最大洪峰流量出现时间和次数。高场站年最大洪峰出现在6月下旬至9月上旬，主要集中在7—8月，以7月下旬出现的次数最多，占总数的24.0%，8月中旬次之。

高场站年最大洪峰流量量级一般在10000～30000m³/s，小于10000m³/s仅有4次；大于30000m³/s仅有1次，出现在1961年；年最大洪峰流量在20000m³/s以上占21.3%；在25000m³/s以上的占5.3%。6月下旬和9月上旬各出现一次洪峰流量超过

25000m³/s的大洪水，其余均出现在7月中旬至8月下旬。

表5.2-2　　高场站年最大洪峰流量出现时间和次数表　　单位：次

时间		最大洪峰流量出现次数						合计
		<10000m³/s	10000～15000m³/s	15000～20000m³/s	20000～25000m³/s	25000～30000m³/s	>30000m³/s	
6月	下旬			2			1	3
7月	上旬	2	4	3	2			11
	中旬		2	2	4	1		9
	下旬		7	9	1	1		18
8月	上旬	2	5	2	1			10
	中旬		7	3	3			13
	下旬		2	2				4
9月	上旬		2	1	1	1		5
	中旬			1				1
	下旬		1					1
合计		4	30	25	12	3	1	75

从年最大洪峰流量散点图（图5.2-5）可见，7月下旬至8月上旬有一洪峰流量相对出现较少的弱空档期。

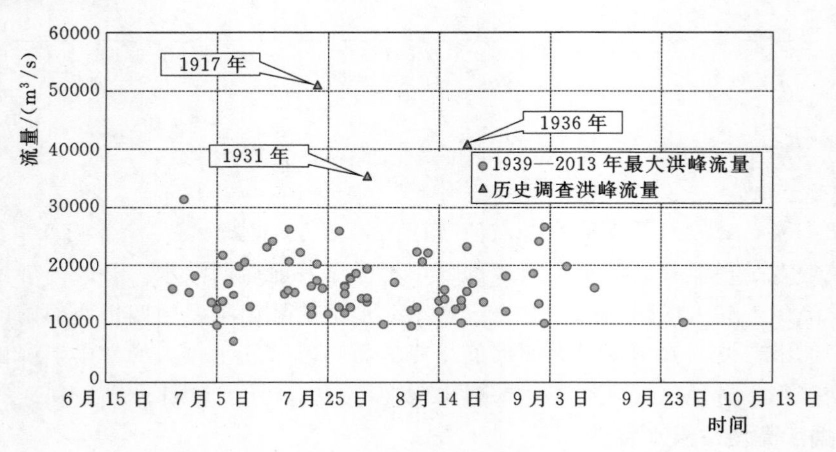

图5.2-5　岷江高场站年最大洪峰流量散点图

2. 高场站汛期流量过程

绘制了高场站汛期候平均流量过程线，见图5.2-6，1939—2013年75年中，8月第3候有一个相对的低谷，9月第1候以后，平均流量开始下降，9月第3候以后，平均流量下降较快。

从年最大洪峰流量（图5.2-5）散点图及汛期候平均流量过程线（图5.2-6）分析来看，岷江高场站在8月上中旬有一个分界点，大致在8月10日前后，但8月中下旬候平均流量又上升较快。8月30日以后，洪水量级则明显减小。

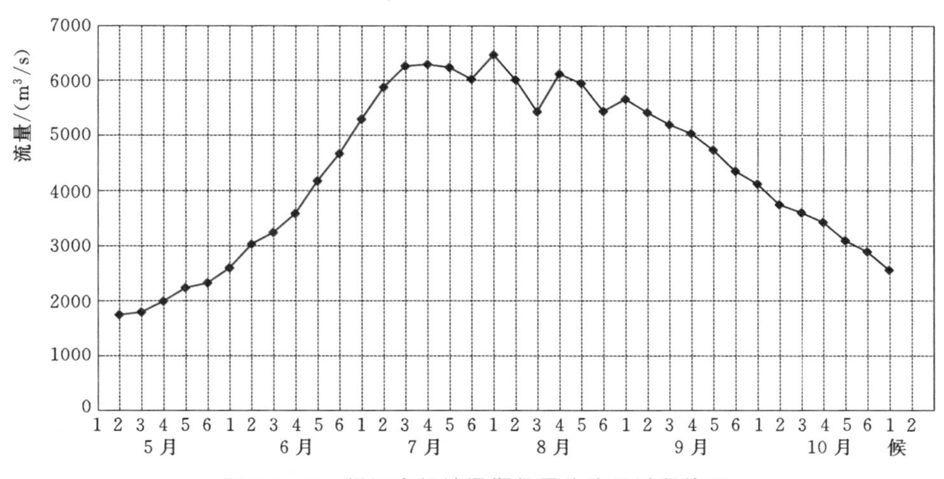

图 5.2-6　岷江高场站汛期候平均流量过程线图

5.2.2.3　嘉陵江北碚站洪水特性

根据 1939—2013 年北碚站实测资料统计分析了北碚站洪水特性。

1. 北碚站年最大洪峰流量出现时间及量级

表 5.2-3 为北碚站年最大洪峰流量出现时间和次数。北碚站年最大洪峰流量出现在 5 月中旬至 10 月上旬，主要集中在 7—9 月，占 87.8%，以 7 月中旬出现的次数最多，占总数的 17.6%，7 月上旬次之。由于受秋汛影响，9 月比 8 月出现的次数多。

表 5.2-3　北碚站年最大洪峰流量出现时间和次数表　单位：次

时间		最大洪峰流量出现次数							合计
		<10000m^3/s	10000～15000m^3/s	15000～20000m^3/s	20000～25000m^3/s	25000～30000m^3/s	30000～40000m^3/s	>40000m^3/s	
5月	中旬				1				1
	下旬					1			1
6月	上旬			1					1
	中旬			2					2
	下旬		1		1		1		3
7月	上旬		3	2	2	4	1		12
	中旬		1	2	5	1	3	1	13
	下旬	1		1	3				5
8月	上旬			1		1			2
	中旬		2		2				4
	下旬	1		2	1	1	1		6
9月	上旬		1	2	3	2	2		10
	中旬			2		2	3		7
	下旬		2	2	2				6
10月	上旬						1		1
合计		2	10	17	20	12	12	1	74

北碚站年最大洪峰流量量级一般在10000～40000m³/s，小于10000m³/s有2次；大于40000m³/s仅有1次，出现在1981年7月；年最大洪峰流量在20000m³/s以上占60.8%，在30000m³/s以上的占17.6%，其中有一次出现在10月上旬。

2. 北碚站汛期流量过程

从北碚站汛期候平均流量过程线来看（图5.2-7），1939—2013年74年中（缺1942年），8月第2候和9月第5候有两个低谷呈明显两高一低马鞍形。

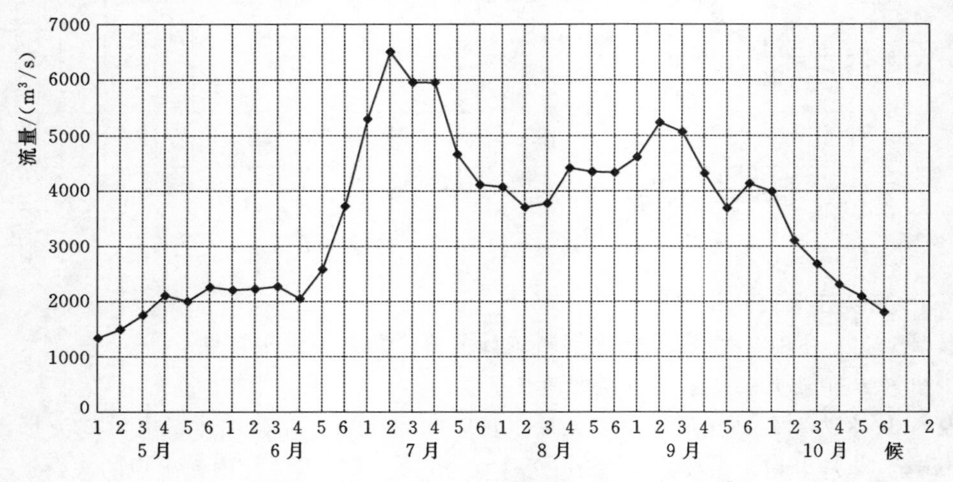

图5.2-7 嘉陵江北碚站汛期候平均流量过程线图

从年最大洪峰流量散点图（图5.2-8）可见，8月上中旬出现洪峰相对较少的空档期，以后洪峰又增多。

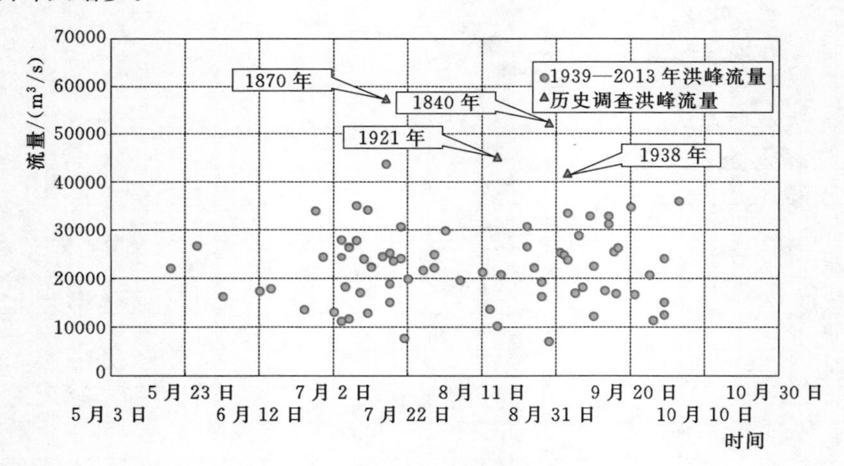

图5.2-8 嘉陵江北碚站年最大洪峰流量散点图

5.2.2.4 乌江武隆站洪水特性

根据1951—2013年武隆站实测资料统计分析了武隆站洪水特性。

1. 武隆站年最大洪峰流量出现时间及量级

表5.2-4为武隆站年最大洪峰流量出现时间和次数。武隆站年最大洪峰流量一般出

现在5月至9月上旬，11月也有年最大洪水流量出现，年最大洪水一般集中在6—7月，占总数的69.8%，6月下旬最多，7月上旬、中旬次之。

表5.2-4 武隆站年最大洪峰流量出现时间和次数 单位：次

时间		最大洪峰流量出现次数						合计
		<5000m³/s	5000～8000m³/s	8000～12000m³/s	12000～16000m³/s	16000～20000m³/s	>20000m³/s	
4月	下旬		1					1
5月	上旬		2					2
	中旬		1	1				2
	下旬			2				2
6月	上旬		2	1	1			4
	中旬		2	1	2			5
	下旬			4	6	3	1	14
7月	上旬			3	3	1	1	8
	中旬			1	5	2		8
	下旬			2	3			5
8月	上旬	1		1				2
	中旬			1				1
	下旬			2				2
9月	上旬		1					1
	中旬	1	1					2
	下旬							0
10月	上旬							0
	中旬		1	1				2
	下旬			1				1
11月	上旬			1				1
合计		2	11	22	20	6	2	63

武隆站年最大洪峰流量量级一般为4430～20400m³/s，小于8000m³/s的有13次；大于20000m³/s有2次，出现在1999年；多数年份的年最大洪峰流量为8000～16000m³/s，20000m³/s以上的仅占3.2%。

2. 武隆站汛期洪水过程分析

从武隆站汛期候平均流量过程线（图5.2-9），1951—2013年63年中，6月第6候达到最大流量，流量过程呈单峰型，没有明显的分期点。

结合乌江流域天气情势看，流域发生暴雨时，一般西太平洋副高脊线常在N20°附近。每当东西环流出现稳定形势时（如西风带出现阻塞高压、副热带高压稳定西伸等），南北气流汇合带的停滞，使暴雨长时间持续发生，常形成峰高量大的洪水。总体气候特性变化与乌江流域武隆站年最大洪峰流量散点图变化相吻合（图5.2-10）。可见，乌江汛期洪水不存在明显的分界。

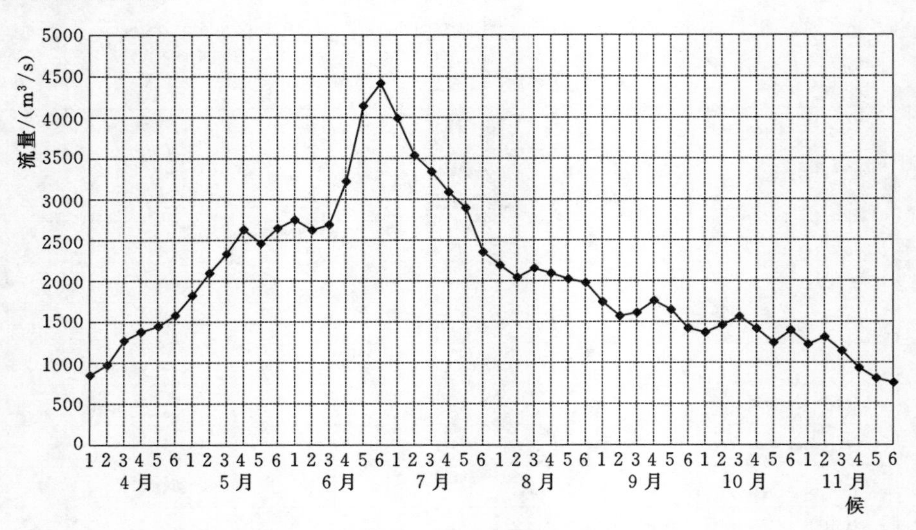

图 5.2-9 乌江武隆站汛期候平均流量过程线图

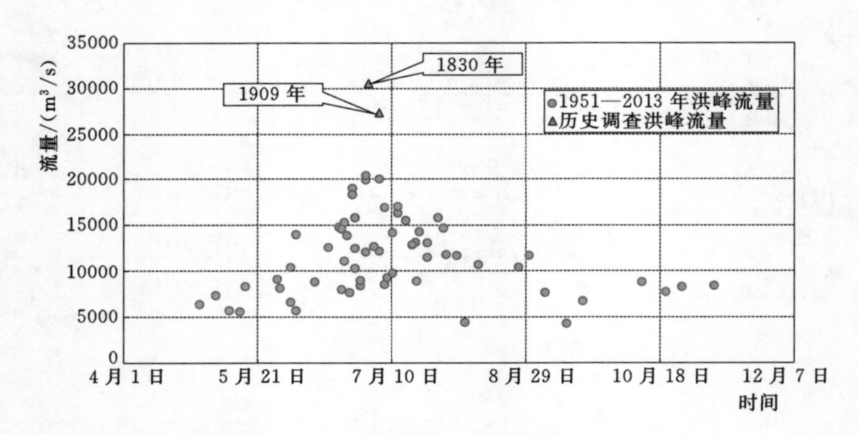

图 5.2-10 乌江武隆站年最大洪峰流量散点图

5.2.3 分区设计洪水

本章分别选取长江上游各子流域入河口附近控制断面作为对象进行设计洪水研究，具体选取了金沙江流域石鼓、屏山站，雅砻江流域小得石站，岷江高场站，嘉陵江流域北碚站，乌江流域武隆站，长江干流寸滩、宜昌站等 8 个水文站控制断面。设计洪水分析依据年最大值独立取样原则，对各断面年最大洪峰流量和各时段洪量系列进行频率计算，采用 P-Ⅲ型曲线适线。长江上游各控制断面设计洪水成果见表 5.2-5。

根据各区域控制站分析成果，结合控制断面布置位置和水文基础资料条件，该次洪水分区考虑将长江上游流域初步划分为雅砻江、岷江、嘉陵江、乌江、金沙江石鼓以上、干流石鼓—屏山、屏山—寸滩、寸滩—宜昌等 8 个洪水分区，为进一步研究长江上游干支流不同分区设计洪水组成及非一致性分析理论方法提供参考。

表 5.2-5 长江上游各控制断面设计洪水成果表

单位：洪峰为 m^3/s；洪量为亿 m^3

断面		均值	各频率设计值		
			5%	10%	20%
石鼓	Q_m	5110	7930	7100	6200
	W_{24h}	4.37	6.78	6.07	5.31
	W_{3d}	12.6	19.6	17.5	15.3
屏山	Q_m	17800	28000	25000	21700
	W_{24h}	15.1	23.8	21.2	18.4
	W_{3d}	43.9	69.1	61.5	53.6
小得石	Q_m	7330	12100	10700	9100
	W_{24h}	6.16	10.2	8.96	7.65
	W_{3d}	17.3	28.7	25.2	21.5
高场	Q_m	19900	36200	30500	24800
	W_{24h}	15.3	27.5	23.3	19
	W_{3d}	35.5	63.8	54	44.1
北碚	Q_m	24600	41100	36400	31400
	W_{24h}	20.0	33.4	29.6	25.5
	W_{3d}	50.9	85.0	75.4	65
武隆	Q_m	13700	23700	20700	17400
	W_{24h}	11.25	20.0	17.3	14.4
	W_{3d}	28.47	51.8	44.4	36.8
寸滩	Q_m	50000	73900	67400	60200
	W_{3d}	119	174.9	160.2	143.6
	W_{7d}	236	337.8	311.3	281.3
宜昌	Q_m	52000	72200	66600	60500
	W_{3d}	128	177.6	163.9	148.9
	W_{7d}	275	369.7	344.6	316.4

5.3 主要干支流天然洪水遭遇特征

5.3.1 分析方法及洪水传播时间

5.3.1.1 分析方法

首先分析长江流域主要干支流洪水遭遇，如金沙江与岷江、金沙江与嘉陵江、金沙江与沱江、金沙江与乌江洪水遭遇分析，然后进行金沙江与川江河段的洪水组成分析、金沙江与中游洪水组成分析及寸滩洪水与宜昌洪水的相关性。以上分析依据的代表站有屏山、高场、李庄、朱沱、北碚、富顺、寸滩、武隆、宜昌等站，由于各站集水面积大、日内流量变化较小，采用日平均流量资料分析洪水遭遇，故洪水传播时间单位定为天。

先逐年统计各代表站年最大洪水（洪量）发生时间和量，然后在考虑洪水传播时间的基础上，分析两站之间洪水是否发生遭遇：若两江洪水过程的洪峰（Q_m，用最大日平均流量代替）同日出现，即为洪峰遭遇；若最大7d过程（W_{7d}）或最大15d过程（W_{15d}）超过1/2时间重叠，即为洪水过程遭遇。以上各站水文资料均在50年以上，资料具有较好的代表性，最后计算统计年份内遭遇概率（频次）。

对两江遭遇概率高低做如下定义：遭遇概率在10%以上为遭遇概率高，即10年内有超过一年以上的年最大洪水发生遭遇；遭遇概率在10%以下为洪水遭遇概率低。

5.3.1.2 洪水传播时间

研究两条河流的洪水遭遇规律，必须根据两条河流及水文测站的空间分布，分析各自的洪水传播时间，再对其流量的时间分布进行统一。本章主要分析金沙江与长江上游洪水遭遇规律，因此洪水传播时间不考虑溪洛渡、向家坝建库的影响，本章各站洪水传播时间均采用长江委水文局2005年编制的《长江流域洪水预报方案汇编》中的成果。

屏山站距离李庄站78km，洪水传播时间为7h；岷江高场站距离李庄站43.4km，洪水传播时间为4h。因此，屏山站、高场站至李庄站的传播时间与高场站差3h，本次按0d考虑。

朱沱站距离寸滩站150km，洪水传播时间为14h；嘉陵江北碚站距离寸滩站67km，洪水传播时间为6h。因此，朱沱、北碚至寸滩的传播时间差为8h，本次按0d考虑。

寸滩站距离宜昌站658km，洪水传播时间为52h，按2d考虑；武隆站至宜昌站614km，洪水传播时间为48h，按2d考虑。寸滩站和武隆站洪水传播时间相差4h，按相差0d考虑。长江上游主要控制站洪水传播时间见表5.3-1。

表5.3-1 长江上游主要控制站洪水传播时间

代表站	汇合站点	距汇合站点距离/km	洪水传播至汇合站点时间/h	代表站洪水传播时间差
屏山	李庄	78	7	3h (0d)
高场		43.4	4	
朱沱	寸滩	150	14	8h (0d)
北碚		67	6	
寸滩	宜昌	658	52	4h (0d)
武隆		614	48	

5.3.2 天然洪水遭遇分析

5.3.2.1 金沙江与岷江洪水遭遇分析

分别统计屏山站、高场站、李庄站年最大洪水发生的时间，李庄站年最大洪水时相应屏山站和高场站出现年最大洪水的次数，屏山站与高场站年最大洪水发生遭遇的次数，见

表5.3-2。

表5.3-2 屏山站、高场站与李庄站时段洪量相应发生次数及屏山与高场洪量遭遇统计表

洪水遭遇类型	年最大1d洪量		年最大3d洪量		年最大7d洪量	
	次数	概率/%	次数	概率/%	次数	概率/%
李庄站洪水时屏山站相应出现	7	11.7	23	38.3	41	68.3
李庄站洪水时高场站相应出现	25	41.7	23	38.3	17	28.3
屏山站与高场站遭遇	2	3.3	4	6.7	9	15.0

在屏山站、高场站年最大1d洪量有1966年、2012年发生了遭遇。年最大3d洪量有4年发生了遭遇，占6.7%，年最大7d洪量有9年发生了遭遇，占15.0%。

金沙江屏山站与岷江高场站洪水遭遇情况见表5.3-3。从表5.3-3可以看出，除1966年洪水以外，其余遭遇年份洪水量级均较小，组合的洪水量级也不大。1966年9月洪水，金沙江和岷江年最大3d洪量分别相当于33年一遇和5～10年一遇洪水，组合的洪水达50年一遇，是两江遭遇的典型。2012年7月洪水，金沙江与岷江洪水年最大洪水遭遇，尽管金沙江与岷江洪水量级不大，但组合后形成李庄洪水洪峰达到48423m^3/s，为实测第三大洪水。

表5.3-3 屏山站、高场站洪水遭遇情况（1951—2013年）

项目	年份	屏山站			高场站		
		洪量/亿m^3	起始日期	重现期/年	洪量/亿m^3	起始日期	重现期/年
年最大1d洪量	1966	24.7	9月1日	33	20.8	9月1日	5～10
	2012	14.3	7月22日	<5	15.1	7月23日	<5
年最大3d洪量	1966	73.7	8月31日	33	53.0	8月31日	5～10
	1971	33.6	8月17日	<5	27.9	8月16日	<5
	1992	26.3	7月13日	<5	27.1	7月14日	<5
	2012	42.5	7月22日	<5	36.5	7月22日	<5
年最大7d洪量	1960	81.1	8月3日	<5	96.0	7月31日	5～10
	1966	163.1	8月29日	近50	96.6	8月30日	5～10
	1967	55.5	8月8日	<5	52.3	8月8日	<5
	1971	72.1	8月15日	<5	51.8	8月12日	<5
	1976	77.7	7月6日	<5	50.4	7月5日	<5
	1991	117.1	8月13日	5	82.4	8月9日	<5
	1994	60.0	6月21日	<5	38.6	6月20日	<5
	2005	115.0	8月11日	<5	61.3	8月8日	<5
	2006	58.4	7月8日	<5	32.5	7月5日	<5

5.3.2.2 金沙江与沱江洪水遭遇分析

以富顺站（李家湾）为沱江代表站，统计分析金沙江与沱江洪水遭遇次数和概率见表

5.3-4，年最大1d洪量有1986年、2012年发生了遭遇；年最大3d洪量有5年发生了遭遇，占8.1%；年最大7d洪量有7年发生了遭遇，占11.3%。可见年最大1d、年最大3d洪量沱江与金沙江遭遇概率较低。

表5.3-4　　金沙江与沱江洪水遭遇次数与概率

站名	年最大1d洪量		年最大3d洪量		年最大7d洪量		统计年限
	次数	概率/%	次数	概率/%	次数	概率/%	
屏山与富顺	2	3.2	5	8.1	7	11.3	1951—2013

金沙江屏山站与沱江富顺站洪水遭遇情况见表5.3-5。从遭遇洪水的量级上看，富顺站除1959年、1960年、2012年遭遇洪水的量级较大，其余遭遇洪水的量级较小，屏山站除1991年和2005年遭遇洪水的量级较大，其余量级均较小，未见两江同时出现超5年一遇洪水遭遇的情况。

表5.3-5　　屏山站与富顺站洪水遭遇情况

项目	年份	屏山站			富顺站		
		洪量/亿m^3	起始日期	重现期/年	洪量/亿m^3	起始日期	重现期/年
年最大1d洪量	1986	15.47	9月6日	<5	2.77	9月5日	<5
	2012	14.34	7月22日	<5	6.86	7月23日	10
年最大3d洪量	1971	33.61	8月17日	<5	6.88	8月16日	<5
	1986	42.42	9月5日	<5	6.51	9月4日	<5
	1992	26.26	7月13日	<5	7.65	7月14日	<5
	2005	52.10	8月12日	近5	7.78	8月10日	<5
	2012	42.51	7月22日	<5	14.38	7月22日	5～10
年最大7d洪量	1959	79.0	8月12日	<5	36.2	8月10日	30～40
	1960	81.1	8月3日	<5	27.0	8月2日	10～20
	1971	72.1	8月15日	<5	11.5	8月13日	<5
	1986	88.6	9月2日	<5	9.0	9月3日	<5
	1991	117.1	8月13日	5～10	16.5	8月10日	<5
	1992	59.7	7月13日	<5	12.5	7月14日	<5
	2005	115.0	8月11日	5	14.1	8月9日	<5

5.3.2.3 金沙江与嘉陵江洪水遭遇分析

金沙江屏山站与嘉陵江北碚站洪水传播时间相差31h，洪水遭遇分析时按1d考虑。根据屏山站、北碚站年最大洪水发生的时间，然后考虑洪水传播时间，分析1954—2013年最大洪水遭遇次数和遭遇洪水量级。

经统计，金沙江与嘉陵江洪水遭遇次数和概率见表5.3-6，年最大1d洪量仅有1997年发生了遭遇；年最大3d洪量仅有1992年发生了遭遇；年最大7d洪量有6年发生了遭遇，占 10.2%。可见年最大 1d、年最大 3d 洪量两江遭遇概率较低。

由金沙江与嘉陵江洪水遭遇年份、起始日期、流量/洪量和重现期可知，除 1966 年以外，两江遭遇洪水的量级较小。1966 年，屏山站年最大 7d 洪量为近 50 年一遇的洪水，该年屏山站与岷江年最大洪水也发生遭遇，故金沙江、岷江和嘉陵江三江年最大洪水发生遭遇，但嘉陵江洪水仅为小于 5 年一遇常遇洪水，形成寸滩站年最大洪水为 20 年一遇，未进一步造成恶劣遭遇。金沙江与嘉陵江洪水遭遇年份分析见表 5.3-7。

表 5.3-6 金沙江与嘉陵江洪水遭遇次数和概率

站名	年最大 1d 洪量		年最大 3d 洪量		年最大 7d 洪量		统计年限
	次数	概率/%	次数	概率/%	次数	概率/%	
屏山与北碚	1	1.69	1	1.69	6	10.2	1954—2013

表 5.3-7 金沙江与嘉陵江洪水遭遇年份分析

项目	年份	北碚站			屏山站		
		流量/洪量	起始日期	重现期/年	流量/洪量	起始日期	重现期/年
日均流量	1997	7600m³/s	7月21日	<5	18000m³/s	7月20日	<5
年最大 3d 洪量	1992	59.3 亿 m³	7月16日	<5	26.3 亿 m³	7月13日	<5
年最大 7d 洪量	1959	48.4 亿 m³	8月12日	<5	79.0 亿 m³	8月12日	<5
	1966	73.6 亿 m³	8月31日	<5	163.0 亿 m³	8月29日	近 50
	1982	81.0 亿 m³	7月27日	<5	83.9 亿 m³	7月23日	<5
	1983	107.0 亿 m³	7月31日	5～10	61.4 亿 m³	8月1日	<5
	1992	98.6 亿 m³	7月14日	<5	59.7 亿 m³	7月13日	<5
	2004	94.3 亿 m³	9月4日	<5	91.0 亿 m³	9月6日	<5

5.3.2.4 金沙江与乌江洪水遭遇分析

金沙江屏山站与乌江武隆站洪水传播时间相差 43h，洪水遭遇分析时按 2d 考虑。根据屏山站、北碚站年最大洪水发生的时间，然后考虑洪水传播时间，分析 62 年间年最大洪水遭遇次数和遭遇洪水量级，金沙江与乌江洪水遭遇次数与遭遇概率见表 5.3-8。

表 5.3-8 金沙江与乌江洪水遭遇次数与遭遇概率

项 目	年最大 1d 洪量		年最大 3d 洪量		年最大 7d 洪量		年最大 15d 洪量		统计时段
	次数	概率/%	次数	概率/%	次数	概率/%	次数	概率/%	
屏山站与武隆站	1	1.61	1	1.61	3	4.84	9	14.5	1951—2013

金沙江与乌江洪水遭遇年份、流量/洪量、起始日期和重现期见表 5.3-9。一般两江遭遇洪水的量级均较小，或是一江发生较大洪水，而另一江为一般洪水，如 1957 年和 1993 年，分别是屏山站与武隆站年最大 15d、7d 洪量发生遭遇，遭遇时屏山站两年的洪水均为 5～10 年一遇，但乌江为一般性洪水。仅有 1954 年，两江遭遇且量级均较大，屏山站年最大洪水为 5～10 年一遇的洪水（年最大 15d 洪量），乌江也相应发生了该年最大洪水，为 10 年一遇。

表 5.3-9　　金沙江与乌江洪水遭遇年份、流量/洪量、起始日期和重现期表

项目	遭遇年份	武隆站			屏山站		
		流量/洪量	起始日期	重现期/年	流量/洪量	起始日期	重现期/年
日均流量	1988	7660m^3/s	9月5日	<5	14600m^3/s	9月3日	<5
年最大3d洪量	1988	18.44亿m^3	9月3日	<5	36.4亿m^3	9月3日	<5
年最大7d洪量	1951	48.89亿m^3	7月18日	<5	100亿m^3	7月19日	<5
	1993	39.63亿m^3	8月28日	<5	119亿m^3	8月28日	5～10
	1997	63.34亿m^3	7月15日	<5	95.2亿m^3	7月16日	<5
年最大15d洪量	1951	81.67亿m^3	7月13日	<5	188亿m^3	7月13日	<5
	1954	148.37亿m^3	7月26日	10	240亿m^3	7月25日	5～10
	1957	89.94亿m^3	7月30日	<5	220亿m^3	8月2日	5～10
	1970	71.19亿m^3	7月13日	<5	200亿m^3	7月16日	<5
	1976	92.23亿m^3	7月13日	<5	149亿m^3	7月5日	<5
	1985	78.11亿m^3	6月27日	<5	198亿m^3	7月1日	<5
	1988	74.29亿m^3	8月31日	<5	168亿m^3	9月2日	<5
	1997	96.15亿m^3	7月14日	<5	190亿m^3	7月9日	<5
	2002	91.53亿m^3	8月12日	<5	207亿m^3	8月9日	<5

5.3.2.5 长江上游洪水遭遇特性

金沙江屏山站与岷江高场站、沱江富顺站、嘉陵江北碚站、乌江武隆站年最大3d洪量遭遇概率分别为6.7%、8.1%、1.7%、1.6%，遭遇概率较低；年最大7d洪量遭遇概率分别为15.0%、11.3%、10.2%、4.8%，遭遇概率较高。除个别年份以外，一般遭遇洪水量级较小。汇总金沙江与长江上游主要支流洪水遭遇统计见表5.3-10。

表 5.3-10　　金沙江与长江上游主要支流洪水遭遇统计表

项　　目		洪峰	年最大3d洪量	年最大7d洪量
金沙江与岷江（屏山站与高场站）	遭遇次数	2	4	9
	出现概率/%	3.3	6.7	15.0
	遭遇年份	1966、2012	1966、1971、1992、2012	1960、1966、1967、1971、1976、1991、1994、2005、2006
金沙江与沱江（屏山站与富顺站）	遭遇次数	2	5	7
	出现概率/%	3.2	8.1	11.3
	遭遇年份	1986、2012	1971、1986、1992、2005、2012	1959、1960、1971、1986、1991、1992、2005
金沙江与嘉陵江（屏山站与北碚站）	遭遇次数	1	1	6
	出现概率/%	1.7	1.7	10.2
	遭遇年份	1997	1992	1959、1966、1982、1983、1992、2004

续表

项　目		洪峰	年最大 3d 洪量	年最大 7d 洪量
金沙江与乌江（屏山站与武隆站）	遭遇次数	1	1	3
	出现概率/%	1.6	1.6	4.8
	遭遇年份	1988	1988	1951、1993、1997

金沙江与长江上游主要支流年最大洪水遭遇发生年份绝大多数不相同，只有 1966 年屏山站与高场站、北碚站洪水同时发生了遭遇，2012 年屏山与高场站、富顺站同时发生了遭遇。金沙江与乌江遭遇洪水的量级一般较小，除 1954 年以外。

5.3.3 基于 Copula 联合分布的干支流洪水遭遇分析

对洪水遭遇的研究成果表明，流域的干支流洪水遭遇之间存在着一定的相依关系，洪水遭遇是一个多变量的频率组合问题。Copula 函数由于能够通过边缘分布和相关性结构两部分来构造多维联合分布，使得近年来 Copula 函数在水文方面的应用成为研究热点。

为了定量分析长江中上游在不同量级来水条件下的遭遇情况，选取攀枝花、桐子林、屏山、高场、武隆各站实测洪峰流量，逐年统计各代表站年最大洪水发生的时间和洪量，采用 Copula 函数建立攀枝花站—桐子林站、屏山站—高场站、屏山站—武隆站最大洪峰流量的联合分布函数，分别选取皮尔逊Ⅲ型分布（P－Ⅲ）、指数分布（EXP）、广义极值分布（GEV）和对数正态分布（LOGN）作为边缘概率分布函数，进行量级组合遭遇概率和条件概率分析。

5.3.3.1 金沙江与雅砻江洪水遭遇规律分析

根据攀枝花站和桐子林站 1965—2014 年实测洪峰流量，逐年统计各代表站年最大洪水发生的时间和洪量，然后在考虑洪水传播时间的基础上，分析洪水是否发生遭遇。若两江洪水过程的洪峰同日出现，即为洪峰遭遇；统计历年最大 3d、年最大 7d、年最大 15d 过程，若超过 1/2 时间重叠，即为洪水过程遭遇，最后统计年份内遭遇概率。

金沙江上中游和雅砻江洪水一般发生在 6—10 月，尤以 7—9 月最为集中，金沙江中游和雅砻江年最大洪峰流量在此期间出现的频率为 95%以上。金沙江中游干流攀枝花站和雅砻江下游干流桐子林站历年年最大流量各月出现频次见表 5.3－11。

表 5.3－11　攀枝花站和桐子林站历年年最大流量各月出现频次表

项　目		6月	7月	8月	9月	10月	系　列
攀枝花站	次数		14	20	16		1965—2014 年
	频率		28.0%	40.0%	32.0%		
桐子林站	次数	1	16	16	16	1	1965—2014 年
	频率	2.0%	32.0%	32.0%	32.0%	2.0%	

统计金沙江干流攀枝花站和雅砻江桐子林站 1965—2014 年年最大洪峰流量及相应的出现时间，在 50 年中，攀枝花站和雅砻江桐子林站年最大洪峰出现在同一天的有 10 年，

出现相差一天的有15年。金沙江中游和雅砻江下游洪水均有涨落平缓、历时长、洪量大的特点，洪水持续时间约15d。所以，攀枝花站和雅砻江桐子林站年最大洪峰遭遇概率达50%左右。

统计1965—2014年金沙江与雅砻江洪水过程遭遇次数和概率，见图5.3-1和表5.3-12。年最大3d洪量有15年发生了遭遇，占30%；年最大7d洪量有18年发生了遭遇，占36%；年最大15d洪量有26年发生了遭遇，占52%。由此可见金沙江与雅砻江3d以上洪水过程遭遇概率较高，说明金沙江和雅砻江的汛期最大洪水过程具有一定的同步性。

表5.3-12　　金沙江与雅砻江洪水过程遭遇次数和概率

站　名	年最大3d洪量		年最大7d洪量		年最大15d洪量		统计年限
	次数	概率	次数	概率	次数	概率	
攀枝花与桐子林	15	30%	18%	36%	26	52%	1965—2014

在构建Copula函数之前，先要确定变量的边缘分布函数。对于水文变量，国内常采用皮尔逊Ⅲ型分布（P-Ⅲ）作为分布线型，国外则常采用指数分布（Gamma）、广义极值分布（GEV）和对数正态分布（LOGN）等分布线型。为了准确描述金沙江与雅砻江最大洪峰流量所服从的边缘分布，该次分别选取皮尔逊Ⅲ型分布（P-Ⅲ）、指数分布（Gamma）、广义极值分布（GEV）和对数正态分布（LOGN）作为边缘概率分布函数，并利用线型矩法对皮尔逊Ⅲ型分布进行参数估计，利用极大似然法对指数分布、广义极值分布和对数正态分布进行参数估计。采用Kolmogorov-Smirnov检验（K-S检验）样本理论分布与经验分布的拟合程度，并用最小二乘法（OLS）、均方误差（MSE）和AIC准则评价确定出与攀枝花站和桐子林站数据拟合效果最好的边缘分布。

由检验结果可知（表5.3-13和图5.3-1），对于攀枝花站，四种分布拟合差别不大，在1%显著性水平下，K-S检验接受域为小于等于临界值0.244，四种分布线型均通过了K-S检验。桐子林水文站则以P-Ⅲ型分布拟合最佳。考虑到国内常采用P-Ⅲ型作为分布线型，因此，采用P-Ⅲ型分布来构建边缘分布。

表5.3-13　　攀枝花站及桐子林站年最大洪峰分布拟合检验结果

评价方法	攀枝花站				桐子林站			
	P-Ⅲ	Gamma	GEV	LONG	P-Ⅲ	Gamma	GEV	LONG
K-S	0.055	0.058	0.055	0.052	0.071	0.084	0.078	0.104
OLS	0.024	0.023	0.022	0.022	0.031	0.042	0.033	0.050
MSE	4.50×10^{-6}	4.35×10^{-6}	4.01×10^{-6}	3.97×10^{-6}	7.67×10^{-6}	1.44×10^{-5}	8.97×10^{-6}	2.07×10^{-5}
AIC	−77429	−77644	−78164	−78224	−71688	−67872	−70733	−65660

基于边缘分布函数，采用样本Kendall相关系数，计算攀枝花站—桐子林站的二维Copula联合分布参数。分析分别选用Clayton Copula、Frank Copula、Gumble Copula和Gaussian Copula，同样采用K-S检验最小二乘法（OLS）、均方误差（MSE）和AIC准

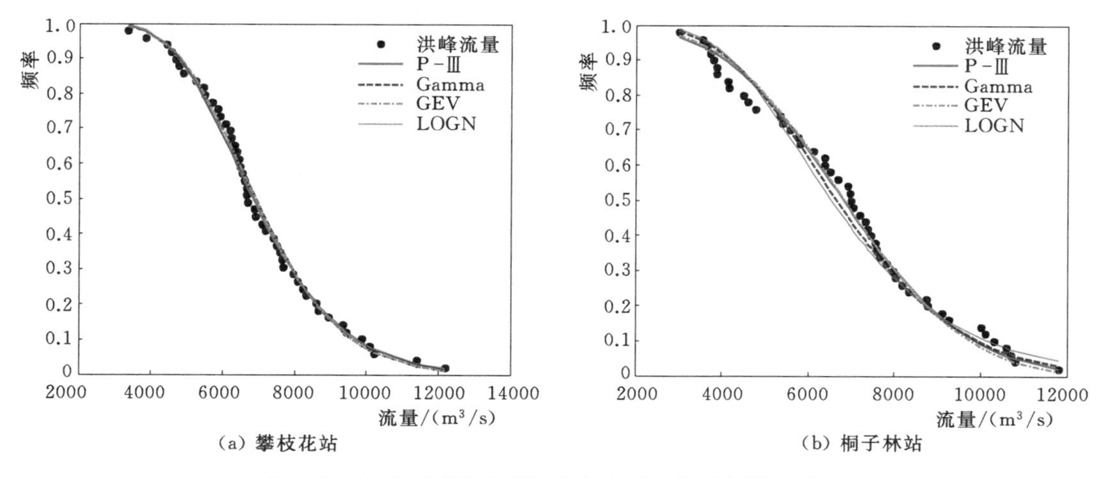

图 5.3-1 攀枝花站及桐子林站年最大洪峰频率曲线图

则评价确定出与各站数据拟合效果最好的 Copula 函数。攀枝花站—桐子林站年最大洪峰二维 Copula 联合分布检验结果见表 5.3-14。由表 5.3-14 检验结果可知，四种 Copula 函数均通过 K-S 检验，依据 OLS、MSE 及 AIC 最小准则，Clayton Copula 在众多组合中综合拟合效果较好，故采用 Clayton Copula 进行概率分析。

表 5.3-14 攀枝花站—桐子林站年最大洪峰二维 Copula 联合分布检验结果

评价方法	攀枝花站—桐子林站			
	Clayton Copula	Frank Copula	Gumbel Copula	Gaussian Copula
K-S	0.121	0.122	0.122	0.121
OLS	0.048	0.053	0.052	0.050
MSE	0.00229	0.00284	0.00272	0.00246
AIC	−302	−291	−293	−298

根据攀枝花站—桐子林站年最大洪峰 Copula 函数，计算特定条件下的联合概率。主要考虑同现概率和条件概率。

同现概率是指两个变量同时都超过特定值时事件发生的概率。两变量 X、Y 的同现概率可定义为

$$P(X>x,Y>y)=1-u-v+C(u,v) \tag{5.3-1}$$

式中：u、v 为边缘分布函数；$C(u,v)$ 为联合分布函数。

条件概率，可以描述给定单一变量范围，另一变量发生的概率问题。设 $X>x$ 时，$Y>y$ 的条件概率为

$$P(Y>y|X>x)=\frac{P(Y>y,X>x)}{P(X>x)}=\frac{1-u-v+C(u,v)}{1-u} \tag{5.3-2}$$

式中：u、v 为边缘分布函数；$C(u,v)$ 为联合分布函数。

由此计算攀枝花站—桐子林站年最大洪峰同现概率和条件概率，并绘制等值线图（图 5.3-2 和图 5.3-3）。

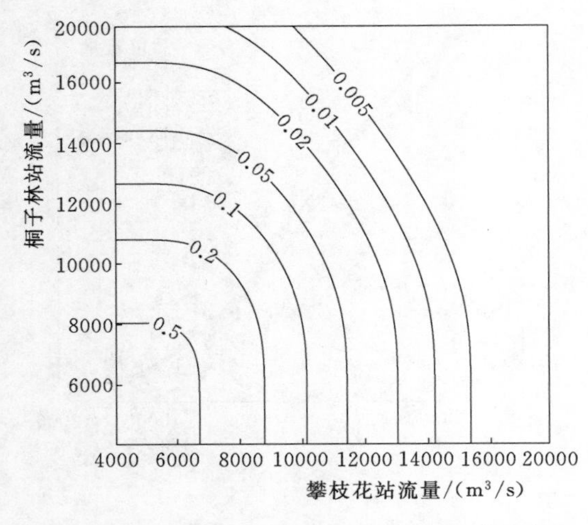

图5.3-2 攀枝花站与桐子林站年最大洪峰流量同现概率等值线图

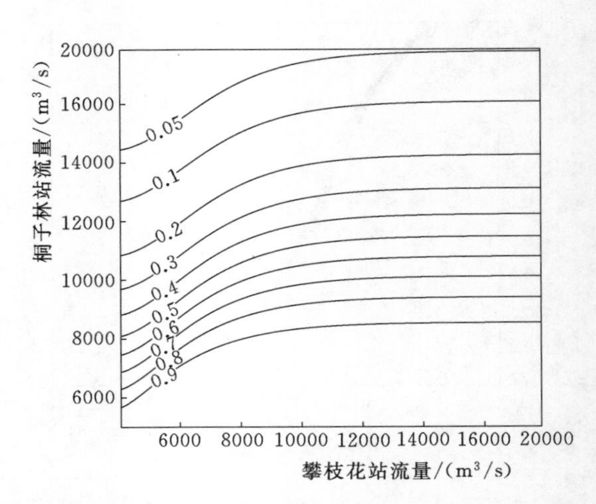

图5.3-3 攀枝花站与桐子林站年最大洪峰流量条件概率等值线图

表5.3-15给出了金沙江与雅砻江发生1000年一遇、200年一遇、100年一遇、50年一遇、20年一遇、10年一遇洪水情况下的设计洪水值和不同重现期洪水的遭遇概率，并由此可以得到金沙江与雅砻江洪水遭遇的同现概率。金沙江与雅砻江同时遭遇超过1000年一遇洪水的概率为0.0004%，同时遭遇超过100年一遇的概率为0.0396%，同时遭遇超过10年一遇的概率为3.1299%，低重现期的洪水遭遇比高重现期的洪水遭遇概率大。

表5.3-15 攀枝花站与桐子林站洪水发生量级组合遭遇同现概率

站点	重现期/年	设计值/(m³/s)	桐子林站组合遭遇同现概率/%					
			1000年一遇	200年一遇	100年一遇	50年一遇	20年一遇	10年一遇
			23600m³/s	19900m³/s	18300m³/s	16700m³/s	14400m³/s	12700m³/s
攀枝花站	1000	18000	0.0004	0.0020	0.0040	0.0079	0.0189	0.0349
	200	15400	0.0020	0.0101	0.0199	0.0393	0.0939	0.1739
	100	14200	0.0040	0.0199	0.0396	0.0780	0.1865	0.3459
	50	13000	0.0079	0.0393	0.0780	0.1538	0.3682	0.6844
	20	11400	0.0189	0.0939	0.1865	0.3682	0.8851	1.6559
	10	10100	0.0349	0.1739	0.3459	0.6844	1.6559	3.1299

表5.3-16给出了金沙江和雅砻江分别发生1000年一遇、200年一遇、100年一遇、50年一遇、20年一遇、10年一遇洪水的条件概率。由计算结果可知，当金沙江发生1000年一遇洪水时，雅砻江发生1000年一遇的洪水概率为0.41%，发生100年一遇的洪水概率为4.01%，发生10年一遇洪水概率为34.92%，低重现期洪水的可能性比高重现期洪水的可能性大。

根据以上计算成果可知，虽然金沙江与雅砻江易发生洪水遭遇，但两江同时发生大洪水的概率并不高，特别是百年以上的稀遇洪水，概率基本在0.4%以下。但是，当金沙江发生大洪水时，雅砻江也极有可能出现较大的洪水，比如说，当金沙江发生100年一遇洪水时，雅砻江发生20年一遇洪水概率达到18.65%，发生10年一遇洪水概率达到34.59%，发生概率非常高。

表5.3-16 攀枝花站与桐子林站洪水发生量级组合遭遇条件概率

站点	重现期/年	设计值/(m^3/s)	桐子林站组合遭遇条件概率/%					
			1000年一遇	200年一遇	100年一遇	50年一遇	20年一遇	10年一遇
			23600m^3/s	19900m^3/s	18300m^3/s	16700m^3/s	14400m^3/s	12700m^3/s
攀枝花站	1000	18000	0.41	2.02	4.01	7.90	18.87	34.92
	200	15400	0.40	2.01	3.99	7.86	18.77	34.77
	100	14200	0.40	1.99	3.96	7.80	18.65	34.59
	50	13000	0.40	1.96	3.90	7.69	18.41	34.22
	20	11400	0.38	1.88	3.73	7.36	17.70	33.12
	10	10100	0.35	1.74	3.46	6.84	16.56	31.30

5.3.3.2 金沙江与岷江洪水遭遇规律分析

根据屏山站—高场站年最大洪峰Copula函数，计算特定条件下的联合概率。主要考虑同现概率和条件概率，根据式（5.3-1）和式（5.3-2）计算屏山站—高场站年最大洪峰同现概率和条件概率。

表5.3-17给出了金沙江与岷江发生1000年一遇、200年一遇、100年一遇、50年一遇、20年一遇、10年一遇洪水情况下的设计洪水值和不同重现期洪水的遭遇概率，并由此可以得到金沙江与岷江洪水遭遇的同现概率。金沙江与岷江同时遭遇超过1000年一遇洪水的概率为0.0003%，同时遭遇超过100年一遇的概率为0.027%，同时遭遇超过10年一遇的概率为2.337%，低重现期的洪水遭遇比高重现期的洪水遭遇概率大。

表5.3-17 屏山站与高场站洪水发生量级组合遭遇同现概率

站点	重现期/年	设计值/(m^3/s)	高场站组合遭遇同现概率/%					
			1000年一遇	200年一遇	100年一遇	50年一遇	20年一遇	10年一遇
			68600m^3/s	55300m^3/s	49500m^3/s	43800m^3/s	36200m^3/s	30500m^3/s
屏山站	1000	43800	0.0003	0.001	0.003	0.005	0.013	0.025
	200	37600	0.001	0.007	0.014	0.027	0.065	0.125
	100	34800	0.003	0.014	0.027	0.053	0.130	0.249
	50	32000	0.005	0.027	0.053	0.106	0.258	0.495
	20	28200	0.013	0.065	0.130	0.258	0.631	1.212
	10	25100	0.025	0.125	0.249	0.495	1.212	2.337

表5.3-18给出了金沙江和岷江分别发生1000年一遇、200年一遇、100年一遇、50年一遇、20年一遇、10年一遇洪水的条件概率。由计算结果可知，当金沙江发生1000年一遇洪水时，岷江发生1000年一遇的洪水概率为0.274%，发生100年一遇的洪水概率

为 2.716%，发生 10 年一遇洪水概率为 25.075%，低重现期洪水的可能性比高重现期洪水的可能性大。

表 5.3-18　屏山站与高场站洪水发生量级组合遭遇条件概率

站点	重现期/年	设计值/(m^3/s)	高场站组合遭遇条件概率/%					
			1000 年一遇	200 年一遇	100 年一遇	50 年一遇	20 年一遇	10 年一遇
			68600m^3/s	55300m^3/s	49500m^3/s	43800m^3/s	36200m^3/s	30500m^3/s
屏山站	1000	43800	0.274	1.364	2.716	5.385	13.111	25.075
	200	37600	0.273	1.359	2.707	5.367	13.070	25.006
	100	34800	0.272	1.353	2.695	5.344	13.019	24.920
	50	32000	0.269	1.342	2.672	5.300	12.918	24.748
	20	28200	0.262	1.307	2.604	5.167	12.615	24.231
	10	25100	0.251	1.250	2.492	4.950	12.116	23.371

5.3.3.3 金沙江与乌江洪水遭遇规律分析

根据屏山站—武隆站年最大洪峰 Copula 函数，计算特定条件下的联合概率。主要考虑同现概率和条件概率，根据式（5.3-1）和式（5.3-2）计算屏山站—武隆站年最大洪峰同现概率和条件概率。

表 5.3-19 给出了金沙江与乌江发生 1000 年一遇、200 年一遇、100 年一遇、50 年一遇、20 年一遇、10 年一遇洪水情况下的设计洪水值和不同重现期洪水的遭遇概率，并由此可以得到金沙江与乌江洪水遭遇的同现概率。金沙江与乌江同时遭遇超过 1000 年一遇洪水的概率为 0.0002%，同时遭遇超过 100 年一遇的概率为 0.024%，同时遭遇超过 10 年一遇的概率为 2.124%，低重现期的洪水遭遇比高重现期的洪水遭遇概率大。

表 5.3-19　屏山站与武隆站洪水发生量级组合遭遇同现概率

站点	重现期/年	设计值/(m^3/s)	武隆站组合遭遇同现概率/%					
			1000 年一遇	200 年一遇	100 年一遇	50 年一遇	20 年一遇	10 年一遇
			39700m^3/s	33300m^3/s	30500m^3/s	27600m^3/s	23700m^3/s	20700m^3/s
屏山站	1000	43800	0.0002	0.001	0.002	0.005	0.012	0.023
	200	37600	0.001	0.006	0.012	0.024	0.058	0.112
	100	34800	0.002	0.012	0.024	0.048	0.116	0.224
	50	32000	0.005	0.024	0.048	0.094	0.231	0.446
	20	28200	0.012	0.058	0.116	0.231	0.566	1.095
	10	25100	0.023	0.112	0.224	0.446	1.095	2.124

表 5.3-20 给出了金沙江和乌江分别发生 1000 年一遇、200 年一遇、100 年一遇、50 年一遇、20 年一遇、10 年一遇洪水的条件概率。由计算结果可知，当金沙江发生 1000 年一遇洪水时，乌江发生 1000 年一遇的洪水概率为 0.242%，发生 100 年一遇的洪水概率为 2.408%，发生 10 年一遇洪水概率为 22.547%，低重现期洪水的可能性比高重现期洪水的可能性大。

表 5.3-20　　屏山站与武隆站洪水发生量级组合遭遇条件概率

站点	重现期/年	设计值/(m^3/s)	武隆站组合遭遇条件概率/%					
			1000年一遇	200年一遇	100年一遇	50年一遇	20年一遇	10年一遇
			39700m^3/s	33300m^3/s	30500m^3/s	27600m^3/s	23700m^3/s	20700m^3/s
屏山站	1000	43800	0.242	1.208	2.408	4.781	11.696	22.547
	200	37600	0.242	1.205	2.401	4.768	11.666	22.495
	100	34800	0.241	1.200	2.393	4.751	11.628	22.429
	50	32000	0.239	1.192	2.376	4.719	11.552	22.298
	20	28200	0.234	1.167	2.326	4.621	11.327	21.903
	10	25100	0.225	1.125	2.243	4.460	10.952	21.245

金沙江与雅砻江、岷江、乌江等重要支流洪水遭遇的研究结果表明：虽然金沙江与雅砻江、岷江、乌江等重要支流易发生洪水遭遇，但干支流同时发生大洪水的概率并不高，但是，当金沙江发生大洪水时，雅砻江、岷江、乌江等重要支流极有可能出现较大的洪水。

5.4 现有调度规程对干支流洪水情势的影响分析

5.4.1 现有防洪调度方案

5.4.1.1 川渝河段

川渝河段的防洪任务为提高宜宾、泸州的防洪标准，减轻重庆主城区的防洪压力，主要由溪洛渡、向家坝水库承担；必要时，梨园、阿海、金安桥、龙开口、鲁地拉、观音岩、锦屏一级、二滩、紫坪铺、瀑布沟、亭子口等水库配合溪洛渡、向家坝水库对川渝洪水实施拦洪错峰。

(1) 对宜宾、泸州的防洪调度方式。溪洛渡、向家坝水库预留专用防洪库容14.6亿m^3，对宜宾、泸州进行防洪补偿调度。当预报李庄（宜宾防洪控制站）洪峰流量超过51000m^3/s，或朱沱（泸州防洪控制站）洪峰流量超过52600m^3/s时，通过补偿调度，控制李庄、朱沱两站洪峰流量分别不超过51000m^3/s、52600m^3/s。视水情和防洪形势的需要，瀑布沟、紫坪铺等水库适时配合调度。

(2) 对重庆的防洪调度方式。当预报寸滩（重庆防洪控制站）洪峰流量大于83100m^3/s，利用溪洛渡、向家坝水库对重庆进行防洪补偿调度，尽可能控制寸滩洪峰流量不超过83100m^3/s。当岷江大渡河、嘉陵江上游来水较大时，运用瀑布沟、亭子口水库拦洪错峰，减轻重庆主城区防洪压力。

(3) 溪洛渡、向家坝水库联合防洪调度时，先运用溪洛渡水库拦蓄洪水，当溪洛渡水库水位上升至573.1m后，溪洛渡水库维持出入库平衡，向家坝水库开始拦蓄洪水；当向家坝水库水位达到380m后，向家坝水库维持出入库平衡，溪洛渡水库继续拦蓄洪水；当溪洛渡水库水位达到600m后，则实施保证枢纽安全的防洪调度方式。

(4) 在溪洛渡、向家坝开始拦蓄洪水时，视水情和防洪形势的需要，雅砻江、金沙江、岷江、嘉陵江等梯级水库适时配合调度。

5.4.1.2 嘉陵江中下游

嘉陵江中下游的防洪任务主要由亭子口水库承担，碧口、宝珠寺、草街水库适时配合调度。

当嘉陵江中下游发生大洪水时，亭子口水库适时拦洪削峰，提高嘉陵江中下游苍溪、阆中、南充等城镇的防洪标准，减轻合川、重庆主城区的防洪压力；碧口、宝珠寺等水库在保证枢纽安全和该河段防洪安全的前提下，适时减少亭子口水库的入库洪量。溪洛渡、向家坝等金沙江干流的水库如不需为宜宾、泸州等地区实施防洪补偿调度，在留足必要防洪库容的条件下，适时减小下泄流量，减轻重庆主城区的防洪压力。

5.4.1.3 乌江中下游

乌江中下游的防洪任务主要是提高思南县城防洪标准，减轻沿河、彭水、武隆等城镇的防洪压力，由构皮滩、思林、沙沱、彭水水库承担，其他水库配合运用。

（1）对思南县城的防洪调度方式。构皮滩联合思林水库适时拦洪削峰，遭遇20年一遇洪水（洪峰流量16400m^3/s）时尽可能控制思南县城河段的洪峰流量不超过13900m^3/s（10年一遇），与此同时控制沙沱水库坝前水位降低思南县城河段的洪水位。

（2）对沿河的防洪调度方式。构皮滩、思林、沙沱水库联合调度，适时拦洪削峰，减少进入彭水水库的入库洪量，遭遇20年一遇入库洪水时还应控制彭水水库坝前水位不超过288.85m。

（3）对彭水、武隆的防洪调度方式。构皮滩、思林、沙沱、彭水水库联合调度，适时拦洪错峰，彭水水库遭遇20年一遇入库洪水时其下泄流量不超过19900m^3/s。

5.4.1.4 长江中下游

当长江中下游发生大洪水时，三峡水库根据长江中下游防洪控制站沙市、城陵矶等站水位控制目标，实施防洪补偿调度。当三峡水库拦蓄洪水时，上游水库群配合拦蓄洪水，减少三峡水库的入库洪量。

一般情况下，梨园、阿海、金安桥、龙开口、鲁地拉、观音岩、锦屏一级、二滩等有配合三峡水库承担长江中下游防洪任务的水库，实施与三峡水库同步拦蓄洪水的调度方式。溪洛渡、向家坝水库在留足川渝河段所需防洪库容前提下，根据长江中下游防洪需要，配合三峡水库承担长江中下游防洪任务。瀑布沟、亭子口、构皮滩、思林、沙沱、彭水等承担所在河流防洪和配合三峡水库承担中下游防洪双重防洪任务的水库，当所在河流发生较大洪水时，结合所在河流防洪任务，实施防洪调度；当所在河流来水量不大且预报短时期内不会发生大洪水时，也需减少水库下泄流量，配合其他水库降低长江干流洪峰流量，减少三峡水库入库洪量。

5.4.2 受水库影响的干支流洪水遭遇的影响分析

根据流域干支流拓扑结构，选取屏山、高场、寸滩、武隆、宜昌等关键控制断面，结合洪水还原成果，与受水库影响的实测洪水系列进行对比，分析水库运行后长江上游控制站洪水变化情况。

5.4.2.1 金沙江屏山站

金沙江屏山站上游已建的对其洪水过程有影响的水库有梨园、阿海、金安桥、龙开口、鲁地拉、观音岩、溪洛渡、向家坝，以及雅砻江上的锦屏一级、二滩等。根据上游水库的实际运行资料，采用水量平衡法逐级还原得到各水库的6h天然入库洪水，采用马斯京根法将之逐级演算到下游控制点与区间洪水叠加，最终推求得到屏山站1998—2015年的天然（还原后）6h洪水过程。部分还原前后洪峰、洪量有明显变化的典型年洪水过程如图5.4-1所示。

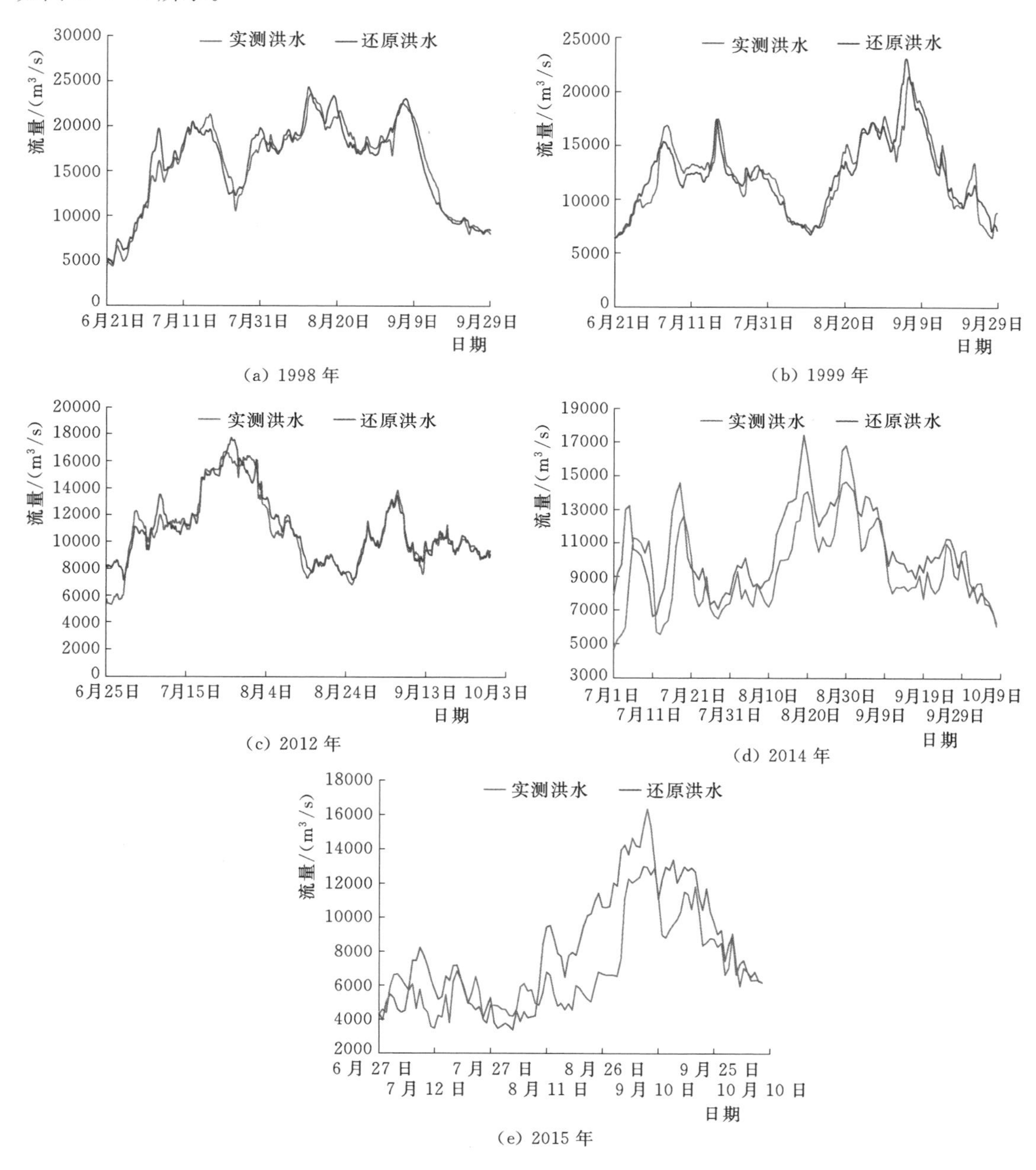

图5.4-1 屏山站典型年还原洪水过程

根据屏山站还原后的洪水过程，分别统计屏山站还原洪水过程的年最大洪峰流量 Q_m 和 W_{24h}、W_{3d}、W_{7d} 洪量系列如表5.4-1所示。通过比较屏山站1998—2015年还原后洪水统计特征值系列可以看出，经还原后大部分年份的屏山站年最大洪峰、洪量都大于实测洪水，说明金沙江上游梯级水库起到了拦蓄洪峰洪量的作用。其中1998—2011年屏山以上流域仅考虑雅砻江二滩水库的调蓄作用，因此还原洪水与实测洪水相差不大，洪峰、洪量的削减比例不超过实测值的8%，削减最大洪峰流量为1999年的1600m³/s。而2012—2014年，随着雅砻江上游的锦屏一级、金沙江上游梨园、阿海、金安桥、龙开口、鲁地拉、观音岩、溪洛渡、向家坝水库的相继蓄水投产，梯级水库的拦蓄作用逐渐显现。尤其是2014年和2015年，通过上游水库调蓄，削减年最大洪峰流量分别为3400m³/s和3500m³/s，占还原洪峰流量18400m³/s的18%和还原流量16900m³/s的21%。2012年和2013年分别削减洪峰流量900m³/s和1700m³/s，依次占还原洪峰流量的5%和12%。

表5.4-1 屏山站还原洪水与实测洪水年最大特征值比较表 单位：洪峰为m³/s，洪量为亿m³

年份	实测洪水				还原洪水				还原洪水－实测洪水			
	Q_m	W_{24h}	W_{3d}	W_{7d}	Q_m	W_{24h}	W_{3d}	W_{7d}	Q_m	W_{24h}	W_{3d}	W_{7d}
1998	23700	20.2	61.4	136.5	24500	20.9	60.5	135.3	800	0.7	−0.9	−1.2
1999	21500	18.4	53.2	115.6	23100	19.8	56.3	120.2	1600	1.4	3.1	4.6
2000	19900	17.0	49.2	111.4	—	—	—	—	—	—	—	—
2001	21600	18.5	54.5	121.2	—	—	—	—	—	—	—	—
2002	22800	19.4	56.4	121.0	—	—	—	—	—	—	—	—
2003	16600	14.3	42.1	96.2	—	—	—	—	—	—	—	—
2004	16000	13.7	40.2	91.2	—	—	—	—	—	—	—	—
2005	20900	18.0	52.3	115.1	—	—	—	—	—	—	—	—
2006	10400	8.9	25.9	58.4	—	—	—	—	—	—	—	—
2007	17800	15.2	44.8	94.8	18600	15.9	45.8	95.2	800	0.7	1.0	0.4
2008	15700	13.4	39.9	90.4	—	—	—	—	—	—	—	—
2009	17400	14.9	43.4	93.1	—	—	—	—	—	—	—	—
2010	14600	12.5	36.2	73.8	—	—	—	—	—	—	—	—
2011	11800	10.1	29.8	63.2	—	—	—	—	—	—	—	—
2012	16800	14.4	42.6	97.7	17700	15.2	44.7	99.1	900	0.8	2.1	1.4
2013	12900	10.0	28.3	63.3	14600	12.2	35.3	76.7	1700	2.2	7.0	13.4
2014	15000	12.7	37.7	82.6	18400	15.3	43.3	90.8	3400	2.6	5.6	8.2
2015	13400	11.5	33.4	76.8	16900	14.3	40.9	90.0	3500	2.8	7.5	13.3

5.4.2.2 岷江高场站

岷江高场站上游已建的对其洪水过程有影响的水库有紫坪铺和瀑布沟水库等。岷江干流紫坪铺水库于2005年9月蓄水发电，大渡河瀑布沟水库于2009年11月蓄水发电。由于紫坪铺水库防洪库容较小，仅为1.67亿m³，汛期调节洪水的能力有限，因此高场站的洪水还原计算仅考虑瀑布沟水库的调洪作用。

根据瀑布沟水库的水位库容曲线和2011—2015年坝前水位、出库流量等资料，采用水量平衡法进行洪水过程的还原计算（计算时段为6h），得到水库的入库洪水过程。采用长办汇流曲线法将还原后的入库流量过程演算到控制站高场站，与瀑布沟坝址—高场站区间洪水过程叠加，得到高场站天然流量过程。高场站2011—2015年年实测与年还原洪水过程如图5.4-2所示。

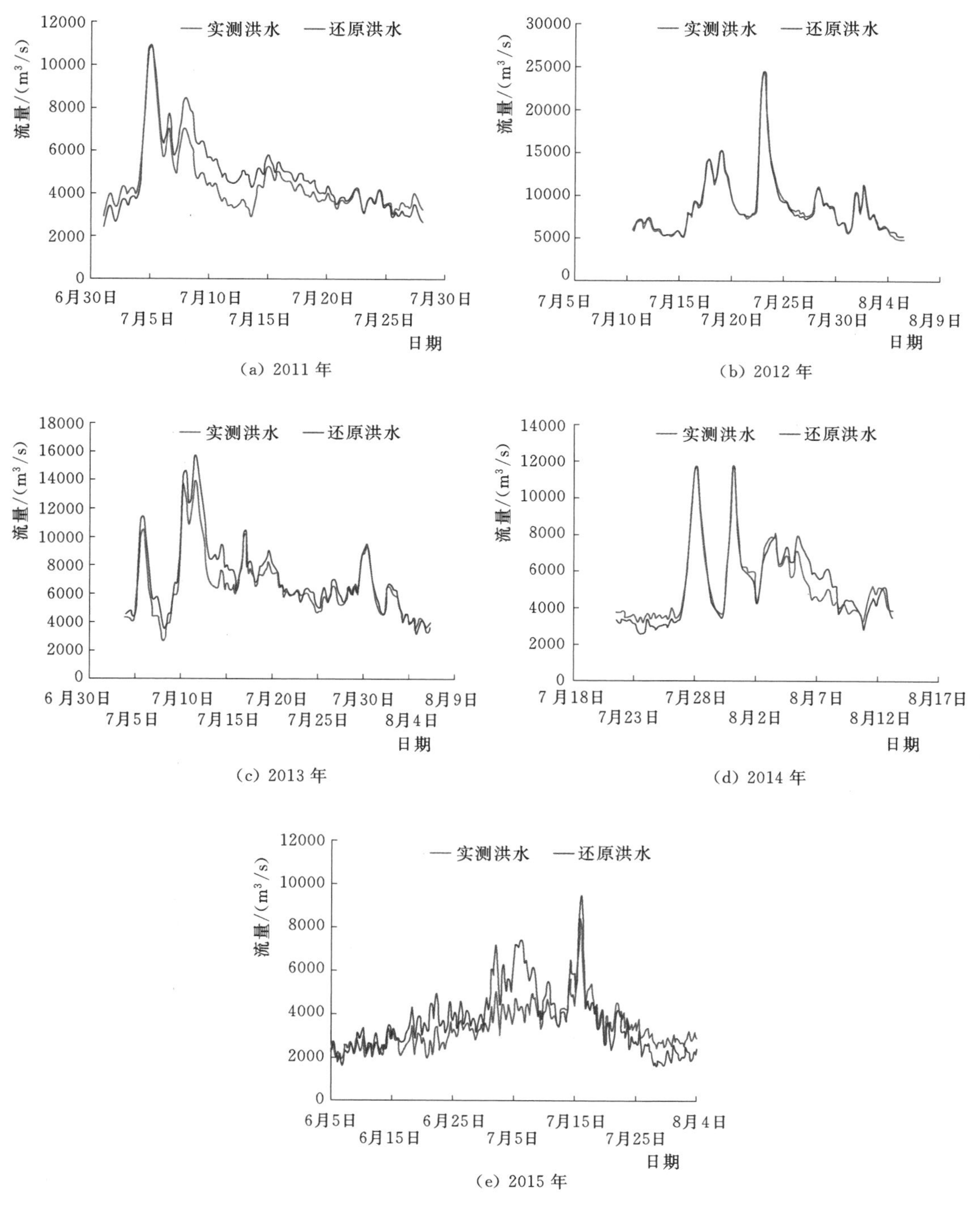

图5.4-2 高场站2011—2015年年实测与年还原洪水过程

分别统计高场站实测洪水和还原洪水过程的年最大洪峰流量 Q_m 和 W_{24h}、W_{3d}、W_{7d} 洪年最大特征比较见表 5.4-2。通过比较高场站 2011—2015 年还原后洪水统计特征值系列可以看出，经还原后大部分年份的高场站年最大洪峰、洪量都大于实测洪水，说明这些年份岷江上游梯级水库起到了拦蓄洪峰洪量的作用，尤其是 2013 年削减洪峰达 1800m³/s，占还原洪峰流量 15900m³/s 的 11%；2012 年为岷江 2011—2015 年洪峰最大年份，削减洪峰流量 1200m³/s，占还原洪峰流量 24700m³/s 的 5%；2011 年和 2014 年汛期来水较小，最大洪峰、洪量基本无削减。

表 5.4-2　　高场站还原洪水与实测洪水年最大统计特征值比较

单位：洪峰为 m³/s，洪量为亿 m³

年份	实测洪水				还原洪水				还原洪水－实测洪水			
	Q_m	W_{24h}	W_{3d}	W_{7d}	Q_m	W_{24h}	W_{3d}	W_{7d}	Q_m	W_{24h}	W_{3d}	W_{7d}
2011	10800	8.6	19.2	38.0	11000	8.7	20.6	43.0	200	0.2	1.3	5.0
2012	23500	17.2	36.3	73.5	24700	17.9	36.7	74.8	1200	0.7	0.4	1.3
2013	14100	11.4	30.7	54.9	15900	12.9	34.8	63.4	1800	1.5	4.1	8.5
2014	11800	8.8	19.4	41.4	11800	9.0	19.7	42.0	0	0.1	0.3	0.6
2015	8240	6.3	15.1	30.3	9460	7.3	17.3	37.2	1220	0.9	2.2	6.8

5.4.2.3 乌江武隆站

乌江武隆站上游已建的对其洪水过程有影响的水库有乌江渡、构皮滩、思林、沙沱、彭水水库。根据上游水库（乌江渡 1980—2015 年、构皮滩 2008—2015 年、思林 2009—2015 年、沙沱 2013—2015 年、彭水 2008—2015 年）的实际运行资料，采用水量平衡法逐级还原得到各水库的 3h 天然入库洪水，并采用马斯京根法将之逐级演算到下游控制点与区间洪水叠加，最终推求得到武隆站 1980—2015 年的天然（还原后）3h 洪水过程。部分洪水还原前后洪峰、洪量有明显变化的典型年（1999 年、2010 年和 2014 年）洪水过程如图 5.4-3 所示。

分别统计武隆站还原洪水过程的年最大洪峰流量 Q_m 和 W_{24h}、W_{3d}、W_{7d} 洪量系列。通过比较武隆站 1980—2015 年还原后洪水统计特征值系列可以看出，经还原后大部分年份的武隆站年最大洪峰、洪量都大于实测洪水，说明这些年份乌江上游梯级水库起到了拦蓄洪峰洪量的作用。1980—2007 年，武隆站以上流域仅考虑乌江渡水库的调蓄作用；2008—2014 年，随着乌江上游的调节库容最大的构皮滩水库、下游的思林和沙沱、彭水水库相继蓄水投产，乌江梯级水库的拦蓄作用逐渐显现。尤其是 2014 年削减洪峰达 7600m³/s，占还原洪峰流量 23400m³/s 的 32%，24h 和 72h 洪量分别削减 31%和 27%。其余年份受上游梯级水库拦蓄影响，武隆站洪峰流量削减 0～3500m³/s，洪峰、洪量削减比例在 20%以内。

5.4.2.4 干流寸滩站

干流寸滩站上游已建水利工程较多，纳入研究范围的水库有位于雅砻江的锦屏一级和二滩，金沙江的溪洛渡、向家坝等，岷江的紫坪铺和瀑布沟，嘉陵江的宝珠寺、碧口、亭

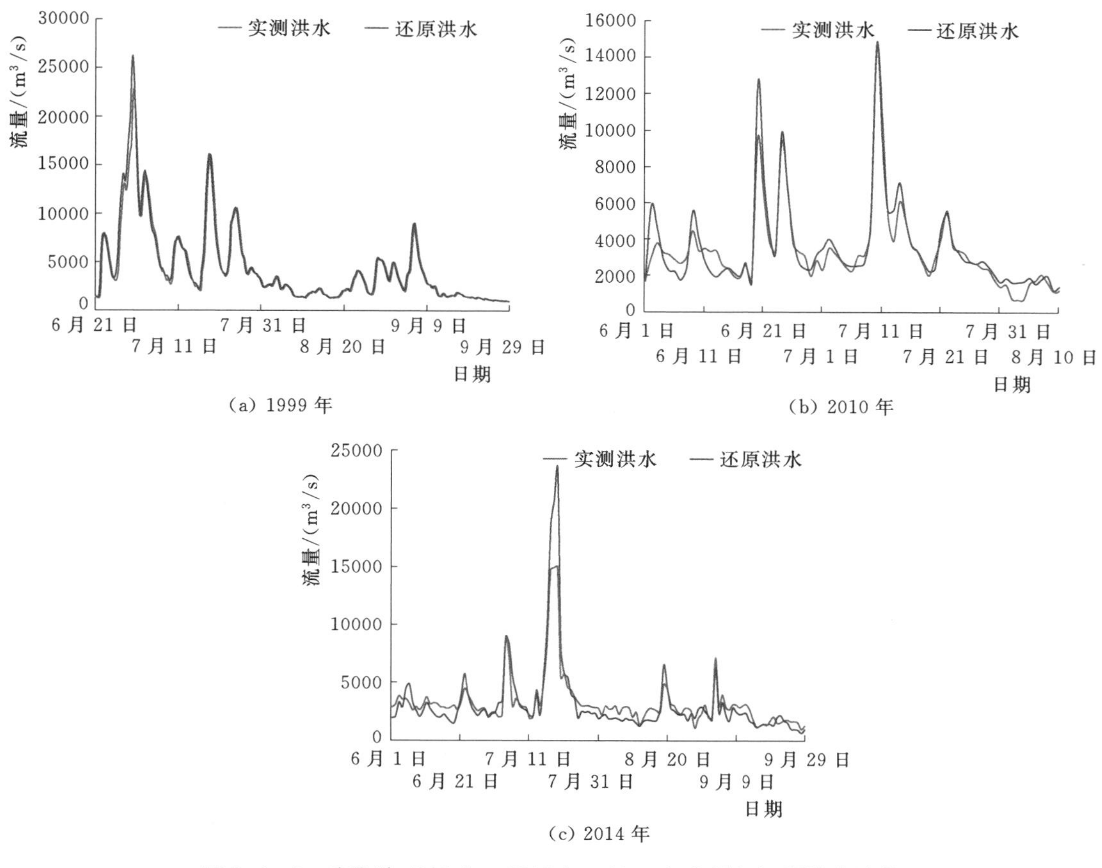

图 5.4-3 武隆站 1999 年、2010 年、2014 年实测与还原洪水过程

子口和草街等。

1998—2015 年考虑金沙江、岷江、嘉陵江流域控制性水库的调洪作用，采用长办汇流曲线法将各支流控制站点还原后的流量演算到寸滩站，与区间洪水叠加，得到寸滩站还原洪水过程。2011 年以前，寸滩以上梯级水库较少，具有一定防洪库容的仅有二滩和瀑布沟水库，其调蓄作用随着洪水传播过程的坦化，对寸滩影响作用较小。寸滩站 2011—2015 年年实测与还原洪水过程如图 5.4-4 所示。

分别统计寸滩站还原洪水过程的年最大日流量 Q_m 和 W_{7d}、W_{15d}、W_{30d} 洪量系列。通过比较寸滩站 1998—2015 年还原前、还原后洪水统计特征值系列可以看出，经还原后大部分年份寸滩站年最大洪峰、洪量大于实测洪水，说明寸滩上游梯级水库起到了拦蓄洪峰洪量的作用。2013 年和 2015 年削减洪峰流量较多，分别达 4000m³/s 和 5200m³/s，占还原洪峰流量的 8%和 13%，7d、15d、30d 洪量削减为 9%～13%。其余年份上游水库对寸滩年最大洪水影响较小，洪峰削减量小于 1000m³/s，洪峰、洪量的削减比例不超过 10%。还有部分年份，由于上游水库调蓄作用的时滞影响，实测洪峰流量或短时段洪量较天然流量还有所增加，例如 1998 年，由于上游二滩电站泄流影响，使得 8 月 23 日寸滩站天然洪峰流量由 57700m³/s 增加 1500m³/s，实测流量达到 59200m³/s。

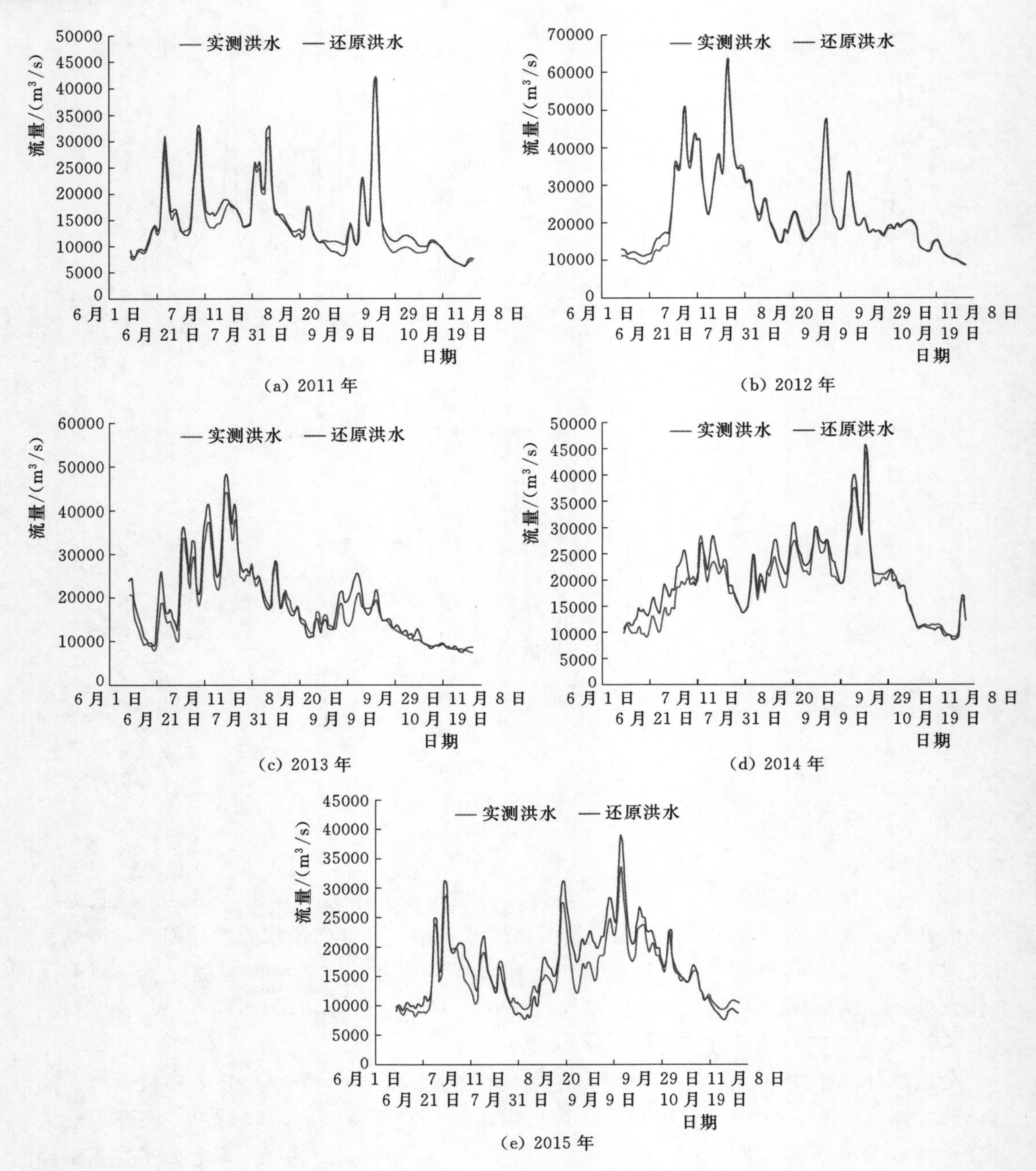

(a) 2011年

(b) 2012年

(c) 2013年

(d) 2014年

(e) 2015年

图5.4-4 寸滩站2011—2015年实测与还原洪水过程

5.4.2.5 干流宜昌站

由于上游主要梯级水库投入运行时间均为2003年以后，因此统计2003年以后宜昌站洪峰流量超过35000m^3/s的场次洪水过程。

2003—2015年共13年中，除2006年洪水较小外，其他年份均发生至少一次洪峰流量超过35000m^3/s的场次洪水过程，具体如图5.4-5所示。

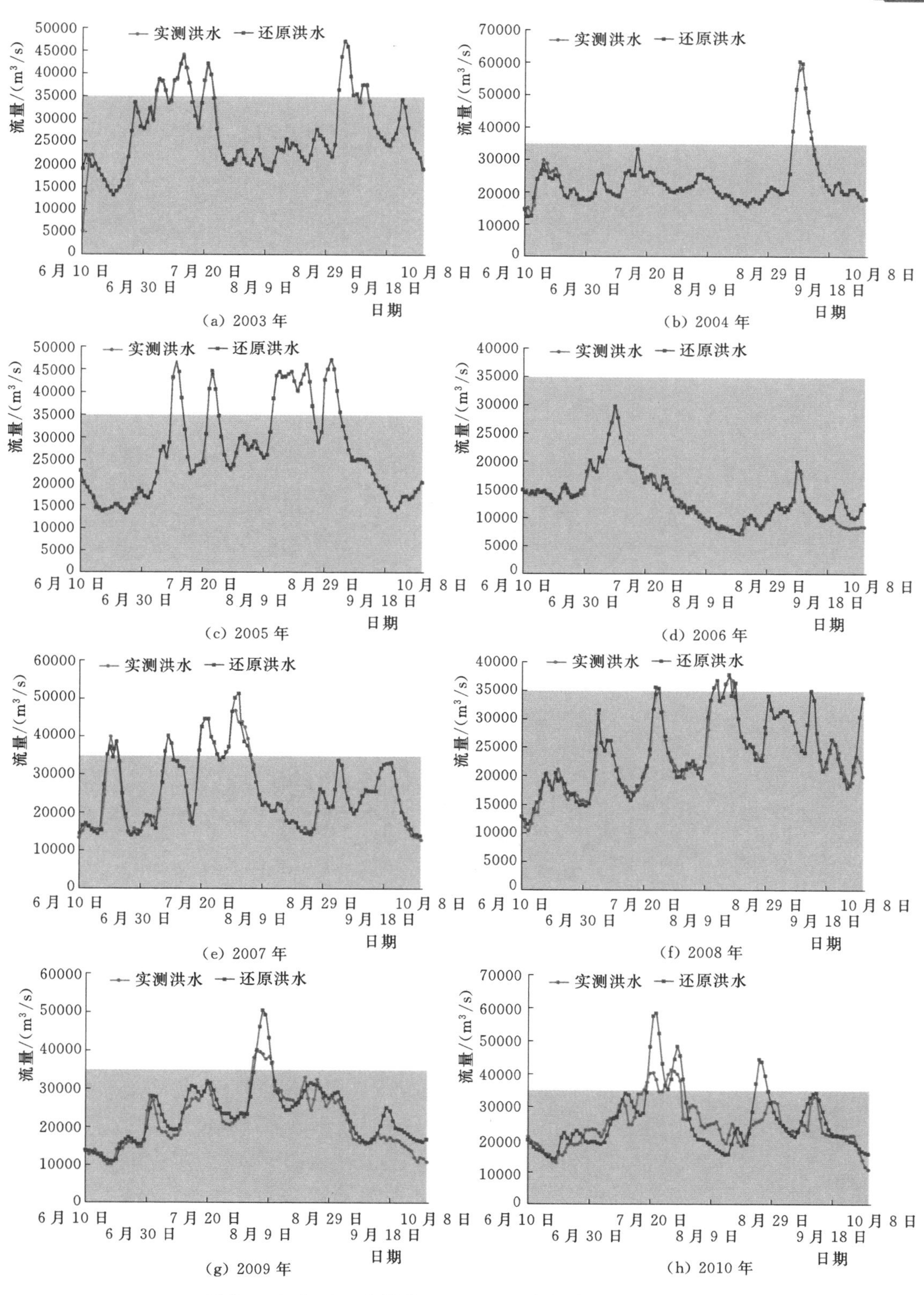

图5.4-5(一) 宜昌站2003—2015年汛期还原洪水过程

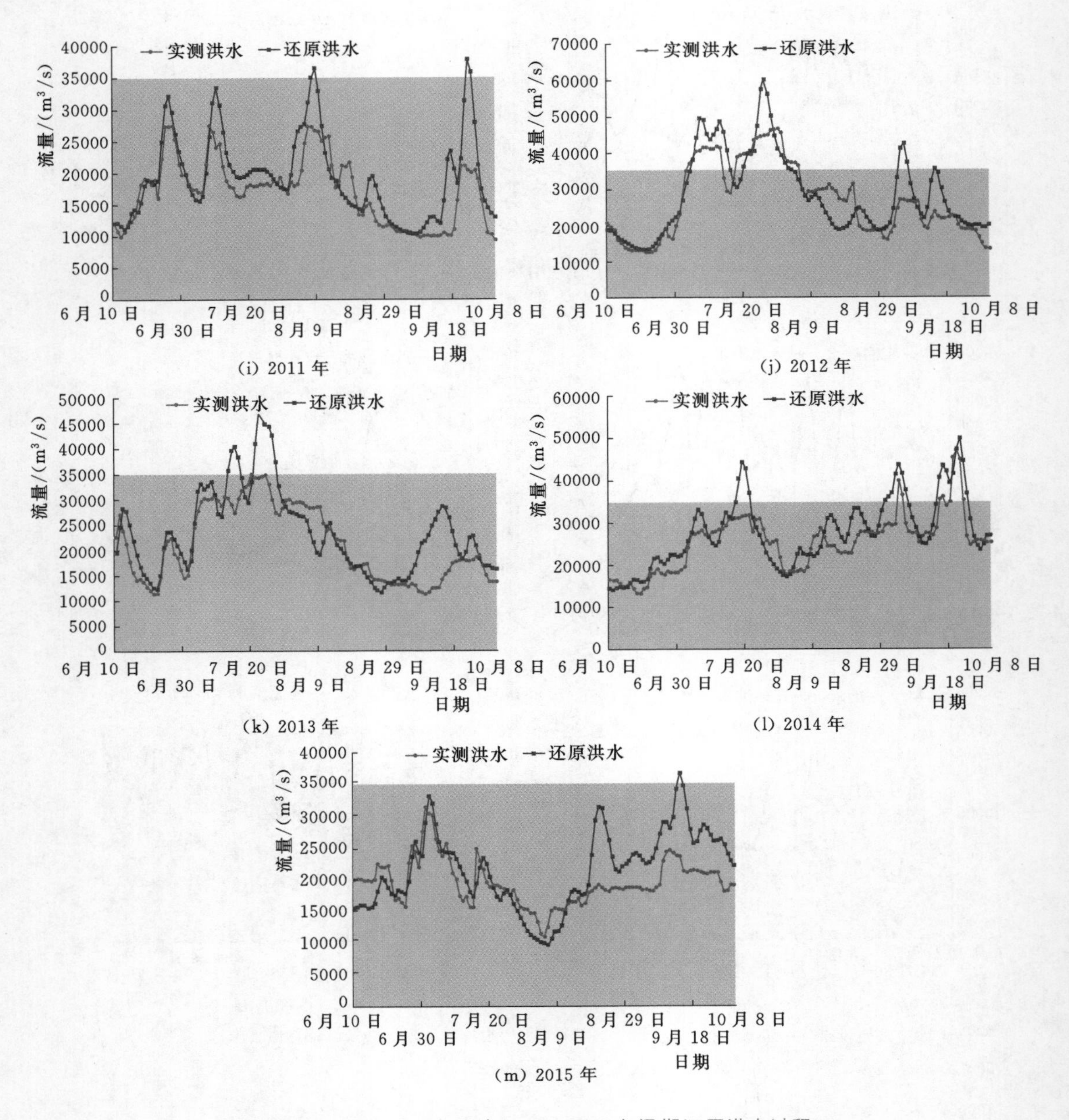

图5.4-5(二) 宜昌站2003—2015年汛期还原洪水过程

分析以上宜昌站汛期还原洪水过程可以得到，还原洪水洪峰流量排序前3位的分别为2004年9月发生的洪峰流量60500m^3/s、2012年7月发生的洪峰流量60000m^3/s和2010年7月发生的洪峰流量59200m^3/s，实测较还原洪峰流量分别减小2100m^3/s、13500m^3/s和16800m^3/s，占比依次为3%、23%和28%。

各年次大和其他场次洪水的洪峰流量均未超过50000m^3/s，削减洪峰流量的比例为0～41%，2010年8月、2011年8月和2014年7月分别削减洪峰流量16800m^3/s、15400

m^3/s 和 $14300m^3/s$，占比 29%、41%和 31%。

分别统计宜昌站 2003—2015 年还原前、还原后日流量大于 $35000m^3/s$ 和大于 $50000m^3/s$ 的发生天数，结果如图 5.4-6 和图 5.4-7 所示。2003—2015 年共计 13 年中，宜昌站还原后除 2006 年外，其余 12 年均发生超过 $35000m^3/s$ 的流量过程。而在这 12 年中，经过上游梯级水库拦蓄后 2011 年、2013 年和 2015 年实测流量过程均小于 $35000m^3/s$，宜昌站实测洪水过程中发生超过 $35000m^3/s$ 流量的年份仅 9 年。

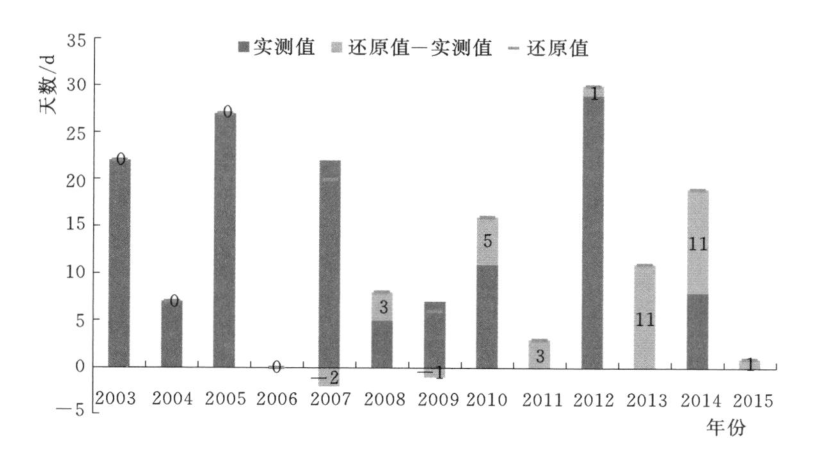

图 5.4-6 宜昌站还原前后日流量大于 $35000m^3/s$ 的天数
（注：柱状图中数值为还原值减实测值）

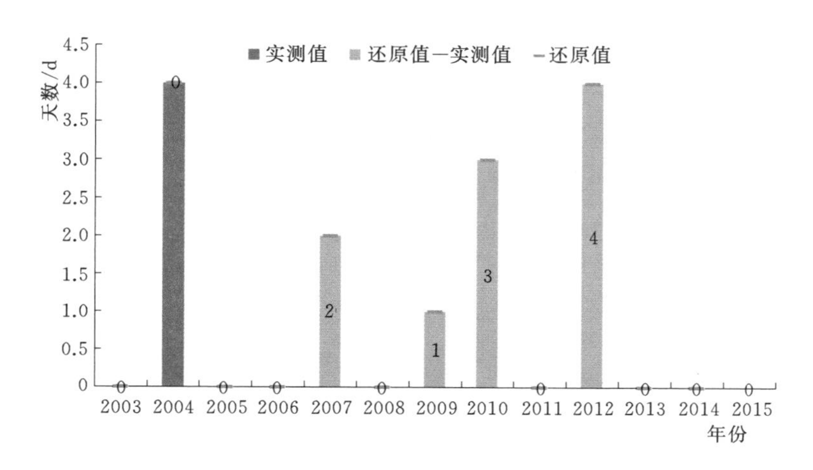

图 5.4-7 宜昌站还原前后日流量大于 $50000m^3/s$ 的天数
（注：柱状图中数值为还原值一实测值）

2003—2015 年实测和还原洪水过程中，均为 2005 年流量超过 $35000m^3/s$ 的天数最长，为 27d。通过比较还原前、还原后日流量过程，可以看出 2008 年、2010—2015 年通过长江上游梯级水库的调蓄，分别使得宜昌站流量超过 $35000m^3/s$ 的天数减少了 1～11d。

而通过比较宜昌站流量超过50000m³/s的天数可以看出，2007年、2009年由于水库的拦蓄，分别将51400m³/s和50500m³/s的洪峰削减至50000m³/s以下，因而增加了流量超过35000m³/s的天数。

5.4.3 现有调度规程对干支流洪水的影响分析

考虑长江上游20余座水库的调度运行影响，根据各控制站点的天然洪水过程及各水库的调度规程等资料，将各水库的入库洪水进行调节计算，后将水库出库流量逐级演算，叠加区间洪水，推求流域主要控制站点的还现流量过程，得到1970—2015年的洪水还现系列，结合1954年、1998年历史典型洪水过程，研究现有调度规程对干支流洪水的影响。

5.4.3.1 1954年洪水

1. 金沙江屏山站

金沙江的防洪任务主要由梨园、阿海、金安桥、龙开口、鲁地拉、观音岩、溪洛渡、向家坝及雅砻江上的锦屏一级、二滩等承担。金沙江上的梨园、阿海、金安桥、龙开口、鲁地拉、观音岩、溪洛渡、向家坝水库共计调节库容为91.66亿m³，防洪库容为73.32亿m³；雅砻江锦屏一级、二滩水库调节库容为82.81亿m³，防洪库容为25亿m³。金沙江流域屏山站的还现工作主要考虑以上水库的调洪作用。

分别统计屏山站1954年还现洪水过程的Q_m和W_{7h}、W_{15d}洪量系列，并同屏山站天然洪水年最大统计特征值比较，见表5.4-3。

表5.4-3 屏山站1954年还现洪水与天然洪水年最大统计特征值

项目	天然洪水	还现洪水	削减洪水	削减比例
Q_m	23600m³/s	23600m³/s	0m³/s	0.0%
W_{7d}	124亿m³	124亿m³	0亿m³	0.0%
W_{15d}	239亿m³	193亿m³	46.6亿m³	19.5%

通过分析可以看出，1954年的屏山站的来水过程为双峰型，前一个洪峰出现在8月1日，过程较矮胖，后一个洪峰出现在8月27日，为年最大洪峰，过程为尖瘦型，但量级未超过20年一遇，因此金沙江梯级水库没有对川渝河段补偿调度的防洪任务，年最大洪峰流量未削减。1954年汛期7月13日至8月13日，金沙江梯级水库主要承担配合三峡水库承担长江中下游的防洪任务，梯级水库拦蓄金沙江上游来水，使得屏山站洪量大幅削减，年最大15d洪量减少46.6亿m³，占天然洪量的比例达19.5%。

2. 岷江高场站

岷江高场站以上的水库主要有紫坪铺和瀑布沟水库，两水库的调节库容共46.69亿m³，防洪库容为12.67亿～8.94亿m³。其中紫坪铺水库防洪库容较小，仅为1.67亿m³，汛期调节洪水的能力有限，瀑布沟水库总库容为53.32亿m³，为不完全年调节水库，肩负着对下游的防洪任务。

通过比较高场站还现前、还现后洪水统计特征值系列（表5.4-4）可以看出，由于

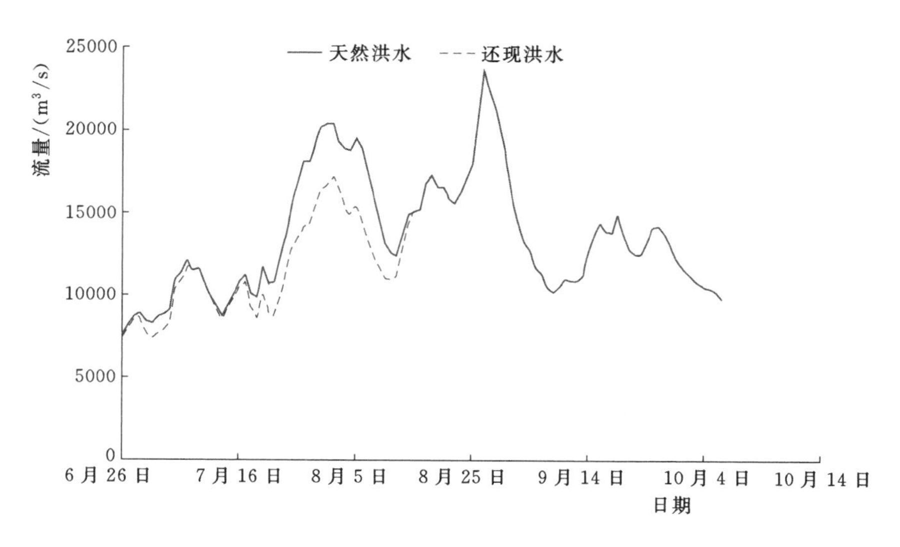

图 5.4-8　屏山站 1954 年还现洪水过程

1954 年岷江本流域来水不大，重现期仅 2 年一遇，因此高场站在 7 月 17 日发生本流域年最大洪峰流量、8 月上中旬发生时段最大洪量的洪水期间，上游梯级水库无需拦蓄。而岷江上游水库在 7 月下旬至 8 月上旬配合三峡水库承担了长江中下游防洪任务的期间，岷江自身来水不大，因此经还现后的高场站年最大洪峰、15d 洪量均未削减。

表 5.4-4　　高场站 1954 年还现洪水与天然洪水年最大统计特征值

项目	天然洪水	还现洪水	削减洪水	削减比例
Q_m	15000m³/s	15000m³/s	0m³/s	0.0%
W_{7d}	68.3 亿 m³	68.3 亿 m³	0 亿 m³	0.0%
W_{15d}	125 亿 m³	125 亿 m³	0 亿 m³	0.0%

3. 嘉陵江北碚站

嘉陵江碧口、宝珠寺和亭子口水库调节库容为 32.83 亿 m³，防洪库容为 17.28 亿～21.08 亿 m³。嘉陵江中下游的防洪任务主要由亭子口水库承担，碧口、宝珠寺、草街水库适时配合调度。因此嘉陵江流域的洪水还现工作主要考虑亭子口水库的调洪作用。

通过比较北碚站还现前、后洪水统计特征值系列（表 5.4-5）可以看出，1954 年嘉陵江本流域来水不大，重现期仅 2 年一遇，发生年最大洪峰流量、最大 7d 洪量的洪水过程中，上游梯级水库并未拦蓄，因此经还现后北碚站年最大洪峰、洪量与北碚站天然洪水接近。但嘉陵江流域梯级水库动用防洪库容配合三峡水库承担长江中下游防洪任务期间，嘉陵江流量较小，并未削减流域自身来水峰值，仅对最大 7d、15d 洪量有一定程度削减。

表 5.4-5 北碚站1954年还现洪水与天然洪水年最大统计特征值

项目	天然洪水	还现洪水	削减洪水	削减比例
Q_m	18400m³/s	18400m³/s	0m³/s	0.0%
W_{7d}	72.0 亿 m³	71.9 亿 m³	0.1 亿 m³	0.2%
W_{15d}	102.2 亿 m³	101.4 亿 m³	0.8 亿 m³	0.7%

4. 乌江武隆站

乌江的防洪任务主要由构皮滩、思林、沙沱、彭水等水库承担。乌江构皮滩、思林、沙沱、彭水水库调节库容为40.24亿m^3，防洪库容为10.25亿～8.25亿m^3。

通过比较武隆站还现前、还现后洪水统计特征值系列可以看出（表5.4-6），经还现后武隆站年最大洪峰、洪量相比天然洪水变化不大，还现后削减洪峰、洪量比例不超过4%。

表 5.4-6 武隆站1954年还现洪水与天然洪水年最大统计特征值

项目	天然洪水	还现洪水	削减洪水	削减比例
Q_m	15800m³/s	15500m³/s	250m³/s	1.6%
W_{7d}	79.1 亿 m³	76.6 亿 m³	2.5 亿 m³	3.1%
W_{15d}	148.2 亿 m³	142.6 亿 m³	5.6 亿 m³	3.8%

5. 干流寸滩站

综合考虑长江上游包括溪洛渡、向家坝等20座水库的调洪作用，根据计算得到的屏山站、高场站、北碚站的还现流量过程，依次演算至下游控制断面，叠加区间洪水过程，得到1954年寸滩站考虑长江上游梯级水库的还现流量过程。

分别统计寸滩站的还现洪水过程的Q_m和W_{7d}、W_{15d}、W_{30d}洪量系列见表5.4-7，还现洪水过程见图5.4-9。还现得到的最大洪峰流量为51800m^3/s，较天然洪峰流量削减400m^3/s。W_{7d}、W_{15d}、W_{30d}洪量分别削减25.3亿m^3、53.7亿m^3和79.7亿m^3，依次占天然洪量的9.5%、10.2%和7.9%。

表 5.4-7 寸滩站还现洪水与天然洪水年最大统计特征值

项目	天然洪水	还现洪水	削减洪水	削减比例
Q_m	52200m³/s	51800m³/s	400m³/s	0.8%
W_{7d}	267.7 亿 m³	242.3 亿 m³	25.3 亿 m³	9.5%
W_{15d}	524.4 亿 m³	470.7 亿 m³	53.7 亿 m³	10.2%
W_{30d}	1005 亿 m³	925.5 亿 m³	79.7 亿 m³	7.9%

6. 干流宜昌站

综合考虑长江上游包括三峡水库、溪洛渡、向家坝等21座水库的调洪作用，根据计算得到的屏山站、高场站、北碚站、武隆站的还现流量过程，依次演算至下游控制断面，叠加区间洪水过程，得到1954年三峡水库经上游梯级水库调蓄后的还现入库洪水过程，按三峡水库防洪调度规则进行调节计算，即得到宜昌站考虑长江上游梯级水库的还现流量过程。

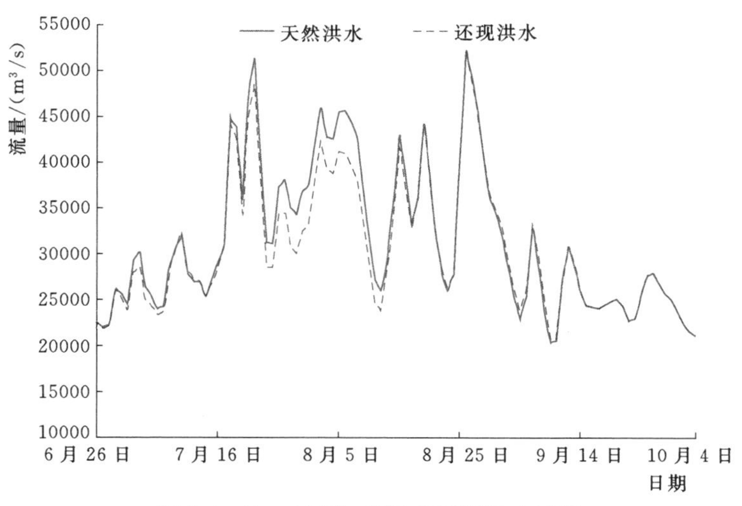

图 5.4-9 寸滩站 1954 年还现洪水过程

分别统计宜昌站的还现洪水过程的 Q_m 和 W_{7d}、W_{15d}、W_{30d} 洪量系列见表 5.4-8，还现洪水过程见图 5.4-10。还现得到的最大洪峰流量为 53200m³/s，较天然洪峰流量削减 12900m³/s，占比 19.6%。W_{7d}、W_{15d}、W_{30d} 洪量分别削减 80.3 亿 m³、169.4 亿 m³ 和 231.0 亿 m³，依次占天然洪量的 20.9%、21.6%和 16.7%。

表 5.4-8 宜昌站还现洪水与天然洪水年最大统计特征值

项目	天然洪水	还现洪水	削减洪水	削减比例
Q_m	65900m³/s	53200m³/s	12900m³/s	19.6%
W_{7d}	385.0 亿 m³	304.7 亿 m³	80.3 亿 m³	20.9%
W_{15d}	784.1 亿 m³	615.0 亿 m³	169.4 亿 m³	21.6%
W_{30d}	1386.0 亿 m³	1155.0 亿 m³	231.0 亿 m³	16.7%

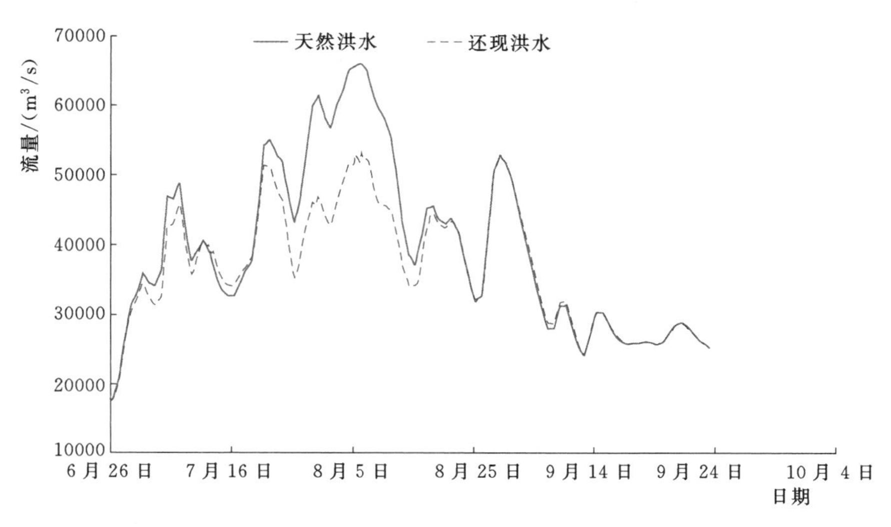

图 5.4-10 宜昌站 1954 年还现洪水过程

统计宜昌站1954年天然洪水、还现洪水日流量大于35000m³/s和大于50000m³/s的发生天数，见表5.4-9。宜昌站天然洪水发生超过35000m³/s的流量过程累计历时57d，洪水过程还现后缩短2d；超过50000m³/s的流量过程累计历时22d，还现后缩短为9d，宜昌流量量级降低。

表5.4-9 宜昌站1954年还现洪水与天然洪水分量级日流量天数

项　目	天然洪水	还现洪水	还现洪水－天然洪水
$Q_{日}$>35000m³/s的天数	57	55	－2
$Q_{日}$>50000m³/s的天数	22	9	－13

5.4.3.2 1998年洪水

1. 金沙江屏山站

经过梨园、阿海、金安桥、龙开口、鲁地拉、观音岩、溪洛渡、向家坝及雅砻江上的锦屏一级、二滩等水库调蓄，对金沙江流域屏山站的洪水进行还现计算。

统计屏山站1998年还现洪水过程的Q_m和W_{15d}、W_{7d}洪量系列，并同屏山站天然洪水年最大统计特征值比较，见表5.4-10。通过比较可以看出，经还现后屏山站年最大洪峰、洪量相比天然洪水有一定程度减小，削减年最大洪峰流量为300m³/s，占天然洪峰流量的1.2%，W_{7d}、W_{15d}洪量分别减少11.6亿m³和20.0亿m³，占比分别为8.6%和7.3%。

表5.4-10 屏山站1998年还现洪水与天然洪水年最大统计特征值

项目	天然洪水	还现洪水	削减洪水	削减比例
Q_m	24500m³/s	24200m³/s	300m³/s	1.2%
W_{7d}	135.3亿m³	123.7亿m³	11.6亿m³	8.6%
W_{15d}	275.6亿m³	255.6亿m³	20.0亿m³	7.3%

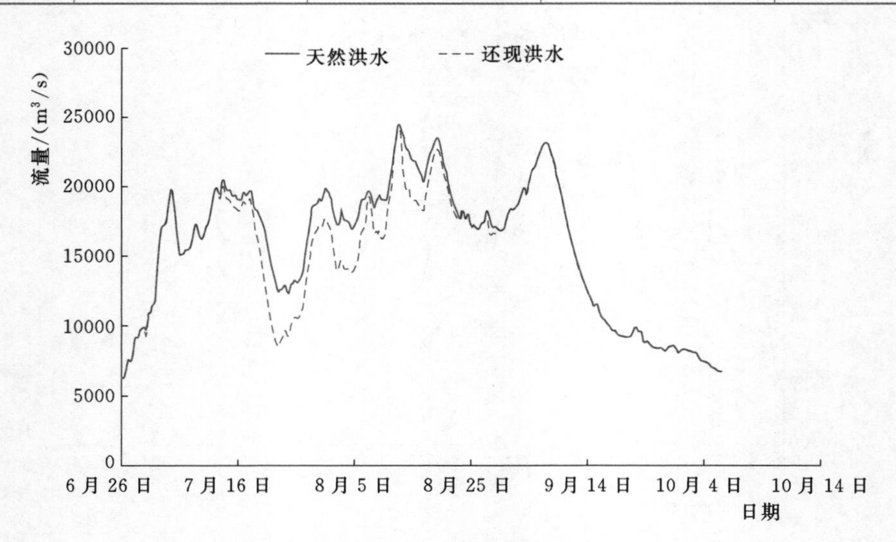

图5.4-11 屏山站1998年还现洪水过程

2. 岷江高场站

岷江高场站以上的水库主要有紫坪铺和瀑布沟水库，对高场站的洪水考虑水库调蓄进行还现计算。通过比较高场站还现前、还现后洪水统计特征值系列（表 5.4－11）可以看出，由于 1998 年岷江来水不大，经还现后高场站年最大洪峰未削减，仅年最大洪量较实测洪水有一定程度削减。

表 5.4－11　　高场站 1998 年还现洪水与天然洪水年最大统计特征值

项目	天然洪水	还现洪水	削减洪水	削减比例
Q_m	19600m³/s	19600m³/s	0m³/s	0.0%
W_{7d}	62.1 亿 m³	60.0 亿 m³	2.0 亿 m³	3.3%
W_{15d}	115.8 亿 m³	111.9 亿 m³	3.9 亿 m³	3.4%

3. 嘉陵江北碚站

嘉陵江流域的洪水还现工作主要考虑亭子口水库的调洪作用。通过比较北碚站还现前、还现后洪水统计特征值系列（表 5.4－12）可以看出，经还现后北碚站年最大洪峰、洪量都不同程度小于北碚站天然洪水，但拦蓄洪峰、洪量的占比均不超过 7%，占天然流量的比例较小。

表 5.4－12　　北碚站 1998 年还现洪水与天然洪水年最大统计特征值

项目	天然洪水	还现洪水	削减洪水	削减比例
Q_m	27600m³/s	26100m³/s	1500m³/s	6.4%
W_{7d}	90.8 亿 m³	86.9 亿 m³	3.9 亿 m³	4.3%
W_{15d}	151.5 亿 m³	147.5 亿 m³	4.0 亿 m³	2.7%

4. 乌江武隆站

经过构皮滩、思林、沙沱、彭水等水库的调蓄，对乌江武隆站的洪水进行还现计算。通过比较武隆站还现前、还现后洪水统计特征值系列（表 5.4－13）可以看出，经还现后大部分年份武隆站年最大洪峰、洪量相比天然洪水变化不大，这是由于 1998 年乌江上游来水不大，虽然乌江梯级水库动用防洪库容配合三峡水库承担了长江中下游防洪任务，但未削减乌江自身来水峰值。

表 5.4－13　　武隆站 1998 年还现洪水与天然洪水年最大统计特征值

项目	天然洪水	还现洪水	削减洪水	削减比例
Q_m	13900m³/s	13200m³/s	700m³/s	5.0%
W_{7d}	48.5 亿 m³	45.8 亿 m³	2.7 亿 m³	5.7%
W_{15d}	93.5 亿 m³	88.5 亿 m³	4.9 亿 m³	5.3%

5. 干流寸滩站

综合考虑长江上游包括溪洛渡、向家坝等 20 座水库的调洪作用，根据计算得到的屏山、高场、北碚站的还现流量过程，依次演算至下游控制断面，叠加区间洪水过程，得到 1998 年寸滩站考虑长江上游梯级水库的还现流量过程。

分别统计寸滩站的还现洪水过程的 Q_m 和 W_{7d}、W_{15d}、W_{30d} 洪量系列见表 5.4-14，还现洪水过程见图 5.4-12。还现得到的最大洪峰流量为 56000m³/s，较天然洪峰流量削减 1700m³/s，占比 2.9%。W_{7d}、W_{15d}、W_{30d} 洪量分别削减 5.2 亿 m³、14.8 亿 m³ 和 40.0 亿 m³，依次占天然洪量的 1.7%、2.6%和 3.7%。

表 5.4-14 寸滩站 1998 年还现洪水与天然洪水年最大统计特征值

项目	天然洪水	还现洪水	削减洪水	削减比例
Q_m	57700m³/s	56000m³/s	1700m³/s	2.9%
W_{7d}	299.3 亿 m³	294.1 亿 m³	5.2 亿 m³	1.7%
W_{15d}	579.6 亿 m³	564.9 亿 m³	14.8 亿 m³	2.6%
W_{30d}	1068.0 亿 m³	1028.0 亿 m³	40.0 亿 m³	3.7%

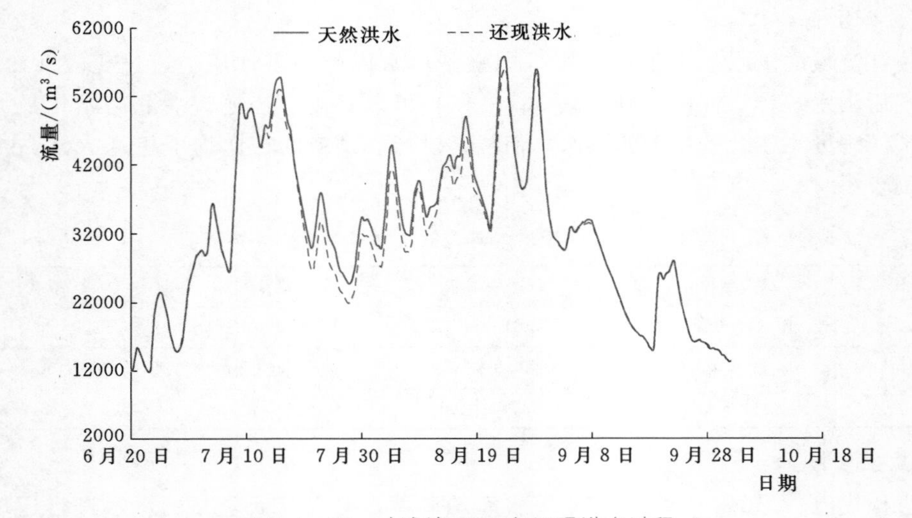

图 5.4-12 寸滩站 1998 年还现洪水过程

6. 干流宜昌站

综合考虑长江上游包括三峡、溪洛渡、向家坝等水库的调洪作用，根据计算得到的屏山、高场、北碚、武隆等站的还现流量过程，依次演算至下游控制断面，叠加区间洪水过程，得到 1998 年三峡水库经上游梯级水库调蓄后的还现入库洪水过程，按三峡水库防洪调度规则进行调节计算，即得到宜昌站考虑长江上游梯级水库的还现流量过程。

分别统计宜昌站的 1998 年还现洪水过程的 Q_m 和 W_{7d}、W_{15d}、W_{30d} 洪量系列见表 5.4-15，还现洪水过程见图 5.4-13。还现得到的最大洪峰流量为 49500m³/s，较天然洪峰流量削减 13800m³/s，占比为 21.8%。W_{7d}、W_{15d}、W_{30d} 洪量分别削减 44.8 亿 m³、77.4 亿 m³ 和 102.0 亿 m³，依次占天然洪量的 12.8%、10.5%和 7.4%。

统计宜昌站 1998 年天然洪水和还现洪水日流量大于 35000m³/s 和大于 50000m³/s 的发生天数，见表 5.4-16。宜昌站天然洪水发生超过 35000m³/s 的流量过程累计历时 66d，洪水过程还现后缩短为 63d，超过 50000m³/s 的流量过程累计历时 33d，还现后缩短为 25d。

表 5.4-15　宜昌站 1998 年还现洪水与天然洪水年最大统计特征值

项目	天然洪水	还现洪水	削减洪水	削减比例
Q_m	63300m³/s	49500m³/s	13800m³/s	21.8%
W_{7d}	350.4 亿 m³	305.5 亿 m³	44.8 亿 m³	12.8%
W_{15d}	733.9 亿 m³	656.0 亿 m³	77.4 亿 m³	10.5%
W_{30d}	1382.0 亿 m³	1280.0 亿 m³	102.0 亿 m³	7.4%

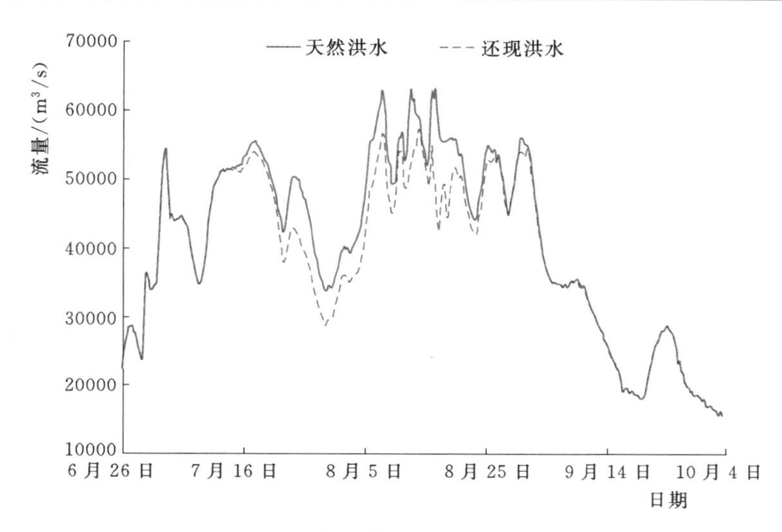

图 5.4-13　宜昌站 1998 年还现洪水过程

表 5.4-16　宜昌站 1998 年天然洪水和还现洪水分量级日流量天数

项　目	天然洪水	还现洪水	还现洪水－天然洪水
$Q_日$＞35000m³/s 的天数	66	63	－3
$Q_日$＞50000m³/s 的天数	33	25	－8

5.4.3.3　整体洪水影响分析

分别统计宜昌站 1954 年和 1970—2015 年天然洪水和还现洪水日流量大于 35000m³/s 和大于 50000m³/s 的发生天数。1954 年和 1970—2015 年共计 47 年中，宜昌站天然洪水（1998—2015 年为还原洪水）共 43 年发生超过 35000m³/s 的流量过程，年超过该流量累计历时最长 67d，发生在 1998 年；宜昌站洪水过程还现后（2006—2015 年为建库后实测洪水）中发生超过 35000m³/s 流量的年份为 41 年，1998 年超过该流量累计历时减少 3d，为 64d。

宜昌站天然洪水（1998—2015 年为还原洪水）共 20 年发生超过 50000m³/s 的流量过程，年超过该流量累计历时最长 34d，发生在 1998 年；宜昌站洪水过程还现后（2003—2015 年为建库后实测洪水）发生超过 50000m³/s 流量的年份仅 14 年，1998 年超过该流量累计历时最长，为 25d。

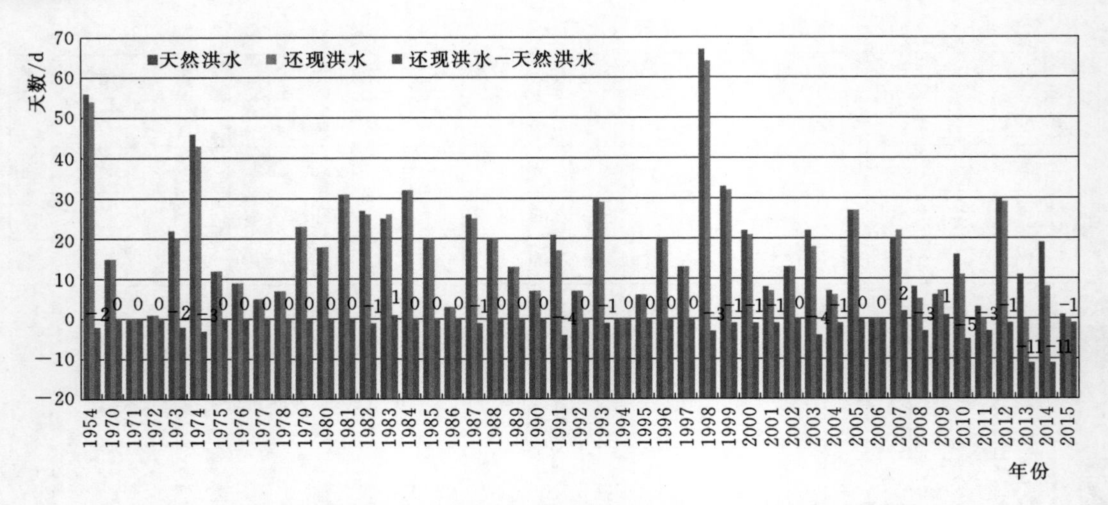

图 5.4-14 宜昌站天然洪水和还现洪水日流量大于 35000m³/s 的天数

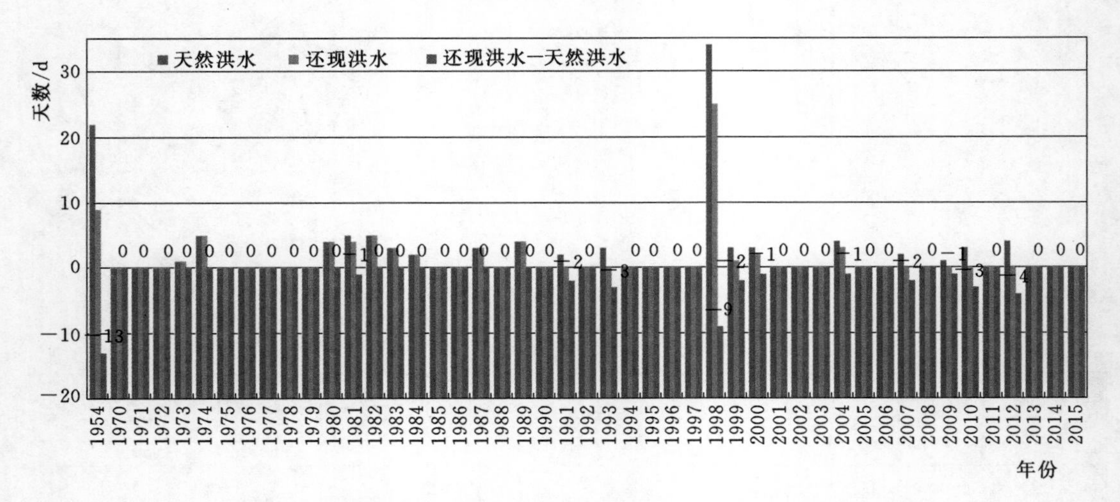

图 5.4-15 宜昌站天然洪水和还现洪水日流量大于 50000m³/s 的天数

第 6 章

水库群蓄水对下游水位影响研究

随着长江上游梯级水库群的陆续兴建并投入运行，水库群在原设计阶段拟定的蓄水期内集中蓄水会进一步加大三峡水库蓄水影响，进而会对长江中下游干流水位带来更加复杂的影响。因此，有必要在以往的工作基础上开展水库蓄水对长江干流水位变化的研究工作。

本章通过分析三峡水库蓄水影响和三库（溪洛渡水库、向家坝水库、三峡水库）联合蓄水影响两种情景，分析 2008—2015 年三峡水库蓄水期间长江宜昌—大通河段的水位、流量等水文要素变化规律，定量评估水库蓄水对中下游水位的影响，为减轻三峡水库蓄水（尤其是溪洛渡、向家坝建成运行后）对长江中下游生产、生活、生态、航运等用水的影响提供可靠的技术支撑。

6.1 区域概况

6.1.1 水系概况

长江出三峡后，进入中下游平原地区，流经湖北、湖南、江西、安徽、江苏、上海等 6 省（直辖市），注入东海。干流河道上起宜昌，下讫长江河口原 50 号灯标，全长为 1893km，面积约为 80 万 km^2。其中，宜昌—湖口段为长江中游，长为 955km，流域面积为 68 万 km^2；湖口以下为长江下游，长为 938km，流域面积为 12 万 km^2。

长江中下游干流入汇的大小支流约 106 条，沿江两岸汇入的支流，北岸主要有沮漳河、汉江、涢水、倒水、举水、巴河、浠水、华阳河、皖河、巢湖水系、滁河、淮河入江水道等；南岸主要有清江、洞庭湖水系、陆水、富水、鄱阳湖水系、青弋江、水阳江、太湖水系、黄浦江等。此外，荆江南岸有松滋口、太平口、藕池口、调弦口分流入洞庭湖（调弦口于 1959 年封堵），南北大运河在镇扬河段中部穿越长江。长江中下游水系及水文（位）站网分布见图 6.1-1。

6.1.2 河道概况

长江中下游河道流经广阔的冲积平原，沿程各河段水文泥沙条件和河床边界条件不同，形成的河型也不同。从总体上看，中下游的河型可分为顺直型、弯曲型、分汊型 3 大类。

依地理环境及河道特性，研究范围内长江中下游干流河道可划分为 4 大段，即宜昌—

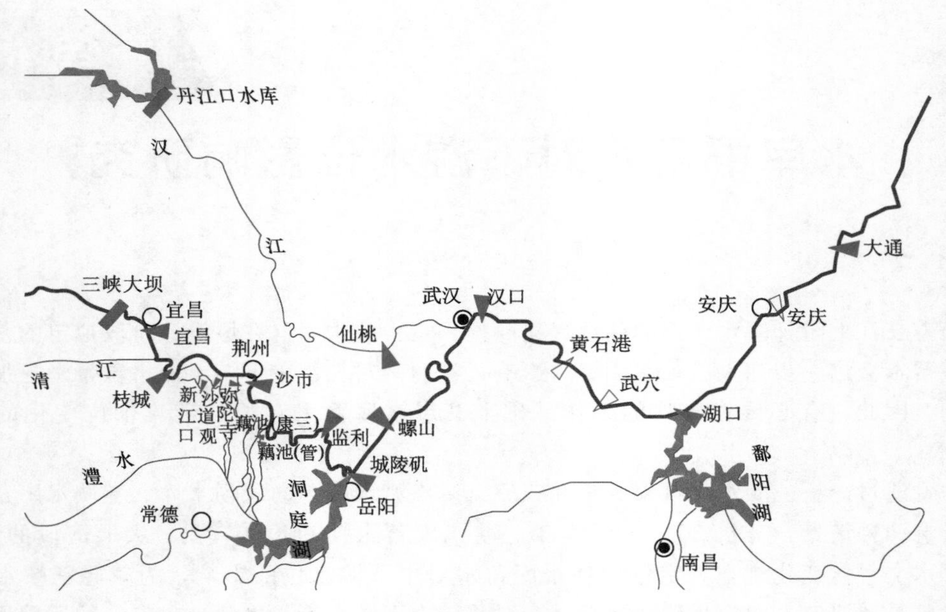

图6.1-1 长江中下游水系及水文（位）站网分布图

枝城段、枝城—城陵矶段、城陵矶—湖口段、湖口—大通段。

1. 宜昌—枝城段

宜昌—枝城段从湖北省宜昌市至枝城，全长为60.8km，流经湖北省宜昌、枝城、枝江等市。该段一岸或两岸为高滩与阶地，并傍低山丘陵，河道属于顺直微弯河型，受两岸低山丘陵的制约，整个河段的走向为西北—东南向。

2. 枝城—城陵矶段

枝城—城陵矶段为荆江河段，全长为347.2km。荆江贯穿于江汉平原与洞庭湖平原之间，流经湖北省的枝江、松滋、江陵、沙市、公安、石首、监利及湖南省的华容、岳阳等。两岸河网纵横、湖泊密布、土地肥沃、气候温和，是我国著名的粮棉产地。荆江两岸的松滋口、太平口、藕池口和调弦口（调弦口于1959年封堵）分泄水流入洞庭湖。洞庭湖接纳四口分流和湘、资、沅、澧四水后于城陵矶汇入长江。荆江按河型的不同，以藕池口为界分为上下荆江。上荆江为微弯分汊型河道，下荆江为典型的蜿蜒型河段。

3. 城陵矶—湖口段

本段分为城陵矶—武汉和武汉—湖口两段。

城陵矶—武汉段上起城陵矶，下讫武汉市新洲区阳逻镇，全长275km，流经湖南省岳阳、临湘和湖北省监利、洪湖、赤壁、嘉鱼、咸宁、武汉等，武汉龟山以下有汉江入汇。由于受地质构造的影响，河道走向为北东向。左岸属江岸凹陷，右岸属江南古陆和下扬子台凹。两岸湖泊和河网水系交织，该河段属藕节状分汊河型。

武汉—湖口段上起新洲区阳逻镇，下迄鄱阳湖口，全长为272km，流经湖北省新洲、黄冈、鄂州、浠水、黄石、阳新、武穴、黄梅和江西省瑞昌、九江、湖口及安徽省宿松等。该段河谷较窄，走向东南，部分山丘直接临江，构成对河道较强的控制。该段两岸湖泊支流较多，河道总体河型为两岸边界条件限制较强的藕节状分汊河型。

4. 湖口—大通段

湖口—大通段上起湖口，下迄大通羊山矶，全长为228km，流经江西省的湖口、彭泽和安徽省的宿松、望江、东至、怀宁、安庆、枞阳、池州、铜陵等县市。起点湖口为鄱阳湖水系（饶河、信江、抚河、赣江、修水）入汇处。该段河谷多受断裂控制并偏于右岸，河道流向东北。右岸阶地较狭窄，左岸阶地和河漫滩宽阔，河谷两岸明显不对称。该段河道为藕节状分汊河型。

宜昌河段河底高程约为20m，宜昌以下水面比降很小，宜昌—城陵矶为0.04‰～0.05‰，城陵矶—九江约为0.02‰，九江以下约为0.015‰。

6.2 蓄水期实际调度对水位影响

6.2.1 长江中下游水位长历时变化分析

根据实测水位数据，以2003年（三峡水库运行）及2008年（三峡水库蓄水）为分界点，采用统计分析的方法，分析1960—2015年长江中下游干流各个站点不同时段的蓄水期旬水位变化，见表6.2-1。

表6.2-1　长江干流各站蓄水期旬平均水位变化　水位：1985国家基准高程，m

站点	时段	9月上旬	9月中旬	9月下旬	10月上旬	10月中旬	10月下旬	11月上旬	11月中旬	11月下旬
宜昌	1960—2002年①	46.14	45.85	45.44	44.91	44.06	42.93	41.81	40.93	40.05
	2003—2015年②	44.48	44.18	42.99	41.26	40.60	39.95	39.95	38.98	38.21
	2008—2015年③	43.62	43.81	42.89	40.51	39.85	39.38	40.12	38.94	37.99
	②-①	-1.66	-1.67	-2.45	-3.65	-3.46	-2.98	-1.86	-1.95	-1.84
	③-①	-2.52	-2.04	-2.55	-4.40	-4.21	-3.55	-1.69	-1.99	-2.06
汉口	1960—2002年①	25.66	25.54	25.02	24.48	23.83	22.85	21.72	20.87	19.88
	2003—2015年②	25.00	24.90	24.36	22.88	21.67	20.42	20.37	20.34	19.44
	2008—2015年③	24.77	24.41	24.45	22.85	21.26	19.99	20.60	20.83	19.69
	②-①	-0.66	-0.64	-0.66	-1.60	-2.16	-2.43	-1.35	-0.53	-0.44
	③-①	-0.89	-1.13	-0.57	-1.63	-2.57	-2.86	-1.12	-0.04	-0.19
大通	1960—2002年①	9.46	9.35	9.08	8.73	8.28	7.71	6.94	6.17	5.46
	2003—2015年②	8.61	8.51	8.21	7.54	6.55	5.51	4.89	5.05	4.92
	2008—2015年③	8.61	8.19	8.05	7.57	6.36	5.22	4.87	5.40	5.26
	②-①	-0.85	-0.85	-0.87	-1.19	-1.73	-2.20	-2.05	-1.12	-0.54
	③-①	-0.85	-1.16	-1.03	-1.16	-1.92	-2.49	-2.08	-0.77	-0.20

由表6.2-1可以看出，较1960—2002年，长江干流各站2003—2015年及2008—2015年两个时段蓄水期各旬平均水位均有一定程度的下降，其中下降幅度较大的是10月。对于2008—2015年，宜昌站旬平均水位下降幅度在3.55～4.40m，枝城站旬平均水位下降幅度在2.84～3.63m，沙市站旬平均水位下降幅度在3.60～3.84m，螺山站旬平均水位下降幅度在1.60～2.83m，汉口站旬平均水位下降幅度在1.63～2.86m，大通站旬平均水位下降幅度在1.16～2.49m。

根据实测水位数据，以2003年（三峡水库运行）及2008年（三峡水库蓄水）为分界点，采用统计分析的方法，分析1960—2015年长江中下游干流不同时段的蓄水期旬水位变化，结果表明，2008年后，长江中下游干流蓄水期旬平均水位较1960—2002年均有所下降。2008年后，长江干流实测旬平均水位下降与气候变化及人类活动关系密切，本章将通过模型计算固化其他条件，重点分析三峡运行对于干流水位的影响程度。

6.2.2 长江干流水位流量变化

根据蓄水期实测和还原后的数据，统计各个站点9—11月多年旬平均流量如图6.2-1所示。由图6.2-1可以看出，蓄水期下游各站旬平均流量受三峡工程影响均有一定的减少。从时间上来说，9月和10月各站流量变化幅度较11月要大；沿程流量变化中，除大通站以外各站10月上旬流量变化幅度最大，多年旬平均流量减少幅度在3780～4580m^3/s，大通站10月中旬流量变化幅度最大，多年旬平均流量减少4050m^3/s。

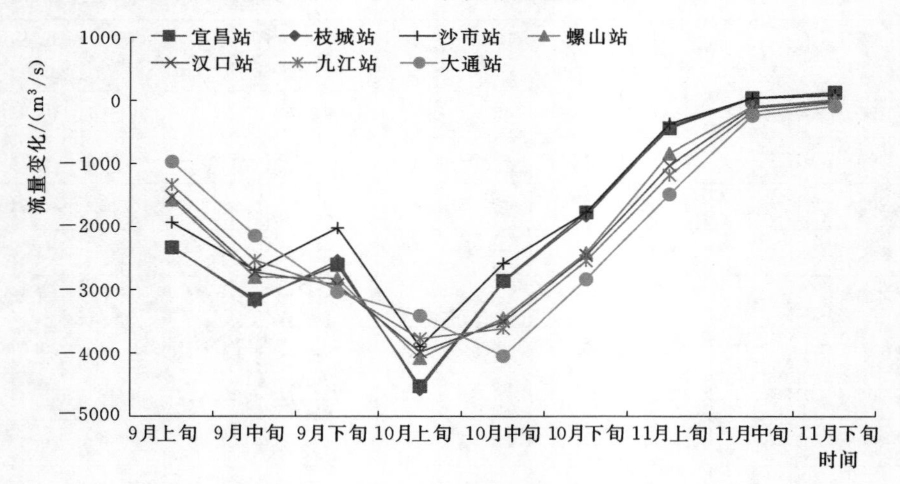

图6.2-1 蓄水期长江干流各站旬平均流量变化情况

根据蓄水期实测和还原后的数据，统计各个站点9—11月多年旬平均水位如图6.2-2所示，由图6.2-2可以看出，蓄水期下游各站月平均水位受三峡工程影响均有一定的下降。9月和10月各站水位变化幅度较11月要大，沿程水位变化中，除大通站、九江站、八里江站以外各站10月上旬水位变化幅度最大，多年旬平均水位下降幅度在1.15～1.78m，九江站、八里江站及大通站10月中旬水位变化幅度最大，多年旬平均水位分别下降1.35m、1.11m以及0.95m。

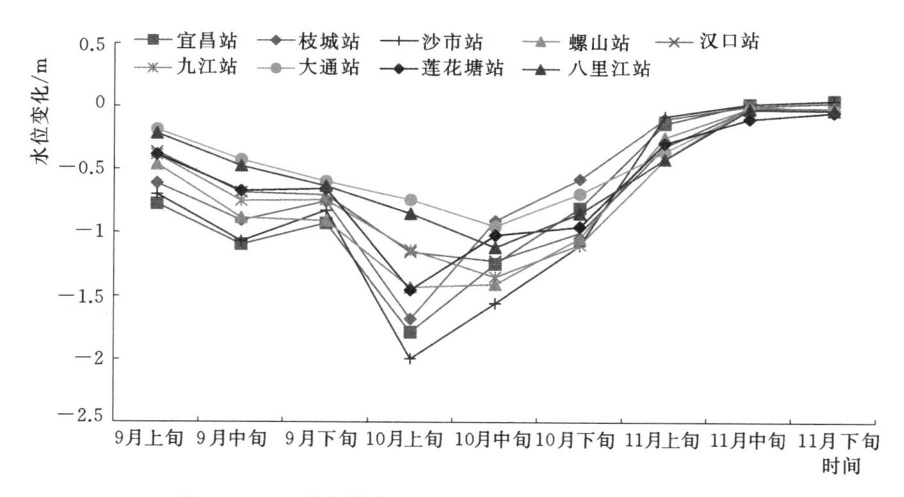

图 6.2-2 蓄水期长江干流各站旬平均水位变化情况

6.3 不同蓄水方案对中下游水位影响

6.3.1 三种蓄水方案

6.3.1.1 调度规则简介

三峡水库初步设计调度方案中水资源调度方式为：水库蓄水时间为10月1日，起蓄水位为145m，10月蓄水期间，一般情况下水库的下泄流量按三峡电站保证出力对应流量进行下泄。

三峡水库优化调度方案中水资源调度方式为：水库蓄水时间为9月15日，起蓄水位为145m，实时调度中水库水位可在防洪限制水位145.0m以下0.1m至以上1.0m范围内变动。提前蓄水期间，一般情况下控制水库下泄流量不小于8000m³/s。当水库来水流量为8000～10000m³/s时，按来水流量下泄，水库暂停蓄水；当来水流量小于8000m³/s时，若水库已蓄水，可根据来水情况适当补水至8000m³/s下泄，水库9月底控制蓄水位为158m。10月蓄水期间，一般情况下水库上旬、中旬、下旬的下泄流量分别按不小于8000m³/s、7000m³/s、6500m³/s控制，当水库来水流量小于以上流量时，可按来水流量下泄。11月蓄水期间，水库最小下泄流量按不小于保证葛洲坝下游水位不低于39.0m和三峡电站保证出力对应的流量控制。

三峡水库规程调度方案中水资源调度方式为：水库蓄水时间为9月10日，起蓄水位为146m，实时调度中水库水位可在防洪限制水位145.0m以下0.1m至以上1.0m范围内变动。提前蓄水期间，一般情况下控制水库下泄流量不小于8000m³/s。当水库来水流量为8000～10000m³/s时，按来水流量下泄，水库暂停蓄水；当来水流量小于8000m³/s时，若水库已蓄水，可根据来水情况适当补水至8000m³/s下泄。10月蓄水期间，一般情况下水库的下泄流量按不小于8000m³/s控制，当水库来水流量小于以上流量时，可按来水流量下泄。11月蓄水期间，水库最小下泄流量按不小于保证葛洲坝下游水位不低于39.0m和三峡电站保证出力对应的流量控制。水库9月底控制蓄水位可调整至162.0m，10月底可蓄至175.0m。三峡水库各个方案调度规则对比见表6.3-1。

表6.3-1 三峡水库各个方案调度规则对比

<table>
<tr><th colspan="2">计算方案</th><th>初步设计调度方案</th><th>优化调度方案</th><th>规程调度方案</th></tr>
<tr><td colspan="2">水库开始蓄水时间</td><td>10月1日</td><td>9月15日</td><td>9月10日</td></tr>
<tr><td colspan="2">起蓄水位/m</td><td>145</td><td>145
(−0.1～1.0)</td><td>146
(−0.1～1.0)</td></tr>
<tr><td colspan="2">水位涨幅/m</td><td>—</td><td>≤3</td><td>≤3</td></tr>
<tr><td colspan="2">水位控制节点</td><td>—</td><td>水库9月底控制蓄水位(158m)</td><td>水库9月底控制蓄水位可调整至162.0m，10月底可蓄至175.0m</td></tr>
<tr><td rowspan="5">水库蓄水期控制下泄流量/(m^3/s)</td><td>9月</td><td>—</td><td>8000～10000</td><td>8000～10000</td></tr>
<tr><td>10月上旬</td><td rowspan="3">三峡电站保证出力对应流量</td><td>8000</td><td>8000</td></tr>
<tr><td>10月中旬</td><td>7000</td><td>8000</td></tr>
<tr><td>10月下旬</td><td>6500</td><td>8000</td></tr>
<tr><td>11月</td><td>—</td><td>不小于保证葛洲坝下游水位不低于39.0m和三峡电站保证出力对应流量控制</td><td>不小于保证葛洲坝下游水位不低于39.0m和三峡电站保证出力对应流量控制</td></tr>
</table>

6.3.1.2 蓄满时间统计

依据初步设计调度方案、优化调度方案及规程调度方案对三峡水库进行2008—2015年蓄水模拟调度，得到三种情景下的宜昌站9—11月的逐日流量和水位过程，统计分析各个调度方案的蓄满时间见表6.3-2。从表6.3-2可以看出，除去2008年及2009年人为因素的影响，实际调度实践在2010年后蓄满率为100%，其他蓄水方案在2013年均没有蓄满。从蓄满的时间来看，规程调度方案蓄满时间较早，基本在10月中旬达到蓄满状态，实际调度实践蓄满时间较晚，在11月上旬达到蓄满状态。

表6.3-2 不同蓄水方案三峡水库蓄满时间统计

年份	初步设计调度方案	优化调度方案	规程调度方案	实际调度实践
2008	10月26日	10月15日	10月11日	未蓄满
2009	未蓄满	10月28日	10月24日	未蓄满
2010	11月3日	10月23日	10月21日	11月2日
2011	11月7日	11月9日	11月8日	11月7日
2012	10月20日	10月13日	10月11日	10月30日
2013	未蓄满	未蓄满	未蓄满	11月12日
2014	10月23日	10月15日	10月10日	10月31日
2015	10月24日	10月15日	10月12日	10月28日

6.3.1.3 溪洛渡和向家坝水库蓄水对三峡入库流量影响

根据溪洛渡和向家坝水库2014—2015年的实际运行资料，采用水量平衡法分别还原得到各水库的6h入库洪水，考虑洪水传播时间，采用马斯京根法将入库洪水演算到下游控制点与区间洪水叠加，推求得到屏山站2014—2015年的还原后6h洪水过程。将屏山站还原后的流量过程演算到三峡水库入库点清溪场，与屏山—清溪场区间洪水过程叠加，得到考虑溪洛渡、向家坝水库还原的三峡天然入库流量过程。

将还原得到的三峡水库的入库流量与未考虑上游两座水库蓄水影响的三峡入库流量进行对比，见表6.3-3。由表6.3-3可以看出，溪洛渡、向家坝9月蓄水一定程度上减少了三峡水库的入库流量。2014年9月，两座水库蓄水使得三峡入库各旬平均流量均减少1300m^3/s；2015年9月，两座水库蓄水使得三峡入库各旬平均流量分别减少1800m^3/s、1500m^3/s和1700m^3/s。10月，两座水库对三峡入库流量影响较小，仅2015年下旬三峡入库的旬平均流量增加1000m^3/s，其他时间段旬平均流量变化不明显。11月，两座水库运行一定程度增加了三峡水库的入库流量，表现为2014年三峡11月上旬、中旬平均流量均增加了400m^3/s，2015年三峡11月上旬和中旬流量分别增加1100m^3/s和600m^3/s，而下旬流量减少500m^3/s。

表6.3-3　溪洛渡水库和向家坝水库蓄水对三峡入库流量影响分析表　单位：m^3/s

年份	项目	9月			10月			11月		
		上旬	中旬	下旬	上旬	中旬	下旬	上旬	中旬	下旬
2014	①	32200	40600	27000	19800	13800	14600	11600	7600	7300
	②	30900	39300	25700	19900	13800	14500	12000	8000	7300
	②-①	-1300	-1300	-1300	100	0	-100	400	400	0
2015	①	23200	28000	24200	19200	15400	11300	9300	7100	6600
	②	21400	26500	22500	19200	15300	12300	10400	7700	6100
	②-①	-1800	-1500	-1700	0	-100	1000	1100	600	-500

① 考虑上游溪洛渡和向家坝水库蓄水影响的三峡入库流量。
② 未考虑上游溪洛渡和向家坝水库蓄水影响的三峡入库流量。

6.3.1.4 技术路线

将考虑溪洛渡水库、向家坝水库还原的三峡天然入库流量过程演算至宜昌，与入库点—宜昌区间流量叠加，得到宜昌站考虑溪洛渡水库、向家坝水库、三峡水库三库运行影响的还原流量过程，并以此作为模型上边界演算得到下游各个站点的还原流量过程。将各站考虑三库联合蓄水的还原水位（流量）与实测水位（流量）进行比较，以此分析三库联合蓄水对中下游水位（流量）的影响。将各站考虑三库联合蓄水的天然水位（流量）与仅考虑三峡蓄水天然水位（流量）进行比较，以此分析溪洛渡水库、向家坝水库蓄水对中下游水位（流量）的影响，具体的分析技术路线见图6.3-1。

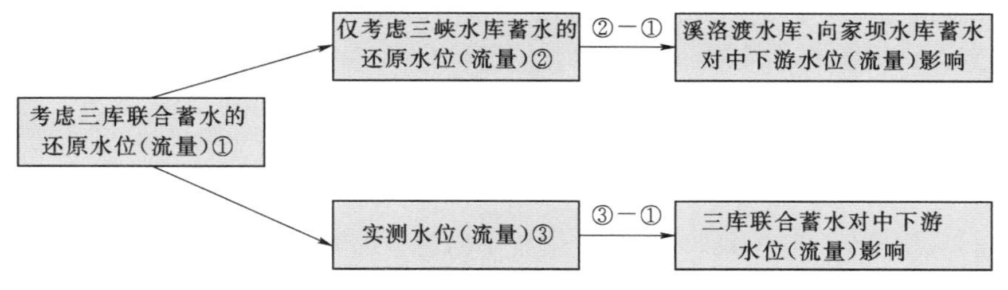

图6.3-1　分析技术路线图

6.3.2 三峡蓄水条件下长江干流水位流量变化

6.3.2.1 宜昌站

1. 水位

统计分析不同调度情景下宜昌站各旬的水位特征变化，见表 6.3-4 和图 6.3-2。不同蓄水方案对宜昌站 2008—2015 年蓄水期旬平均水位影响过程见图 6.3-3。

表 6.3-4　不同蓄水方案对宜昌站多年旬平均水位影响分析表

时间	水位/m			
	实际调度实践	初设调度方案	优化调度方案	规程调度方案
9月上旬	−0.78			
9月中旬	−1.09		−2.63	−3.38
9月下旬	−0.93		−0.35	−0.21
10月上旬	−1.78	−4.45	−3.86	−3.80
10月中旬	−1.24	−3.60	−2.06	−1.14
10月下旬	−0.80	−1.50	−0.64	−0.21
11月上旬	−0.13	−0.77	−0.39	−0.36
11月中旬	0.03	−0.38	−0.09	−0.09
11月下旬	0.05	0.01	0.03	0.03
多年平均	−0.75	−1.78	−1.25	−1.14

由表 6.3-4 可以看出，9月中旬，实际调度实践对水位影响相对较小；优化调度方案自9月15日开始蓄水，影响次之；规程调度方案自9月10日开始蓄水，对旬水位影响最大。9月下旬各方案对水位影响略有不同，规程调度方案的多年旬平均水位下降0.21m，优化调度方案的多年旬平均水位下降0.35m，实际调度实践的多年旬平均水位下降0.93m。

宜昌站10月上旬实际调度实践的多年旬平均水位下降1.78m；其次是规程调度方案，多年旬平均水位下降3.80m；优化调度方案的多年旬平均水位下降3.86m；初设调度方案多年旬平均水位下降4.45m。10月中下旬，规程调度方案均比实际调度实践对水位的影响小，从蓄满时间来看，规程调度实践基本在10月中旬蓄满，而实际调度实践在10月中下旬期间继续蓄水，因此，造成规程调度方案比实际调度实践对水位影响小。

总体而言，从蓄满率及对9—11月水位平均影响的角度，实际调度实践蓄满率为100%，且拉长了蓄水的时间，对于宜昌站水位影响要小于其他几个调度方案，因此，实际调度实践要优于其他调度方案。

2. 流量

宜昌站2008—2015年蓄水期不同调度情景下的旬平均流量特征见表6.3-5和图6.3-4。不同调度方案对宜昌站2008—2015年蓄水期旬平均流量影响过程见图6.3-5。

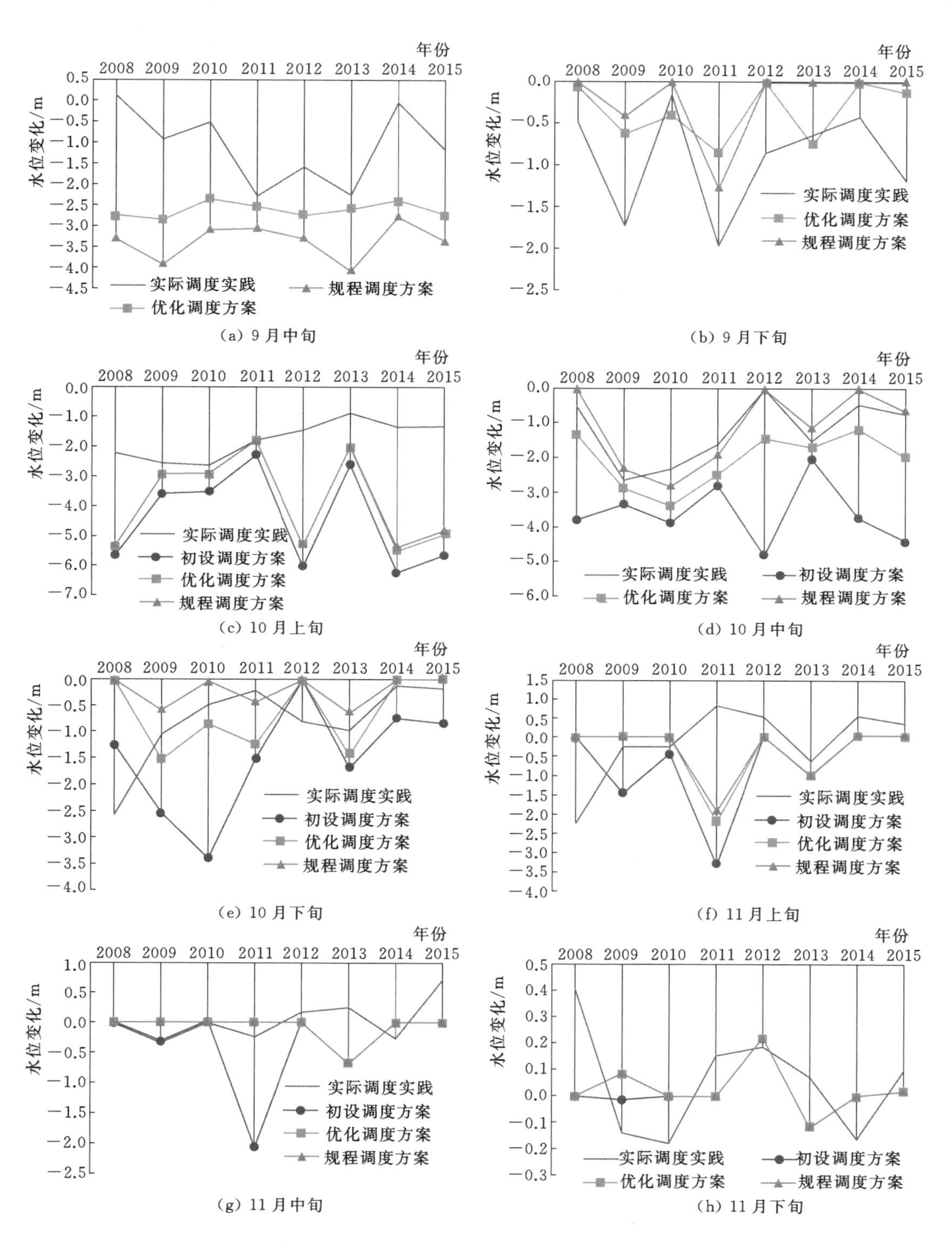

图 6.3-2 不同蓄水方案对宜昌站 2008—2015 年蓄水期各旬平均水位影响图

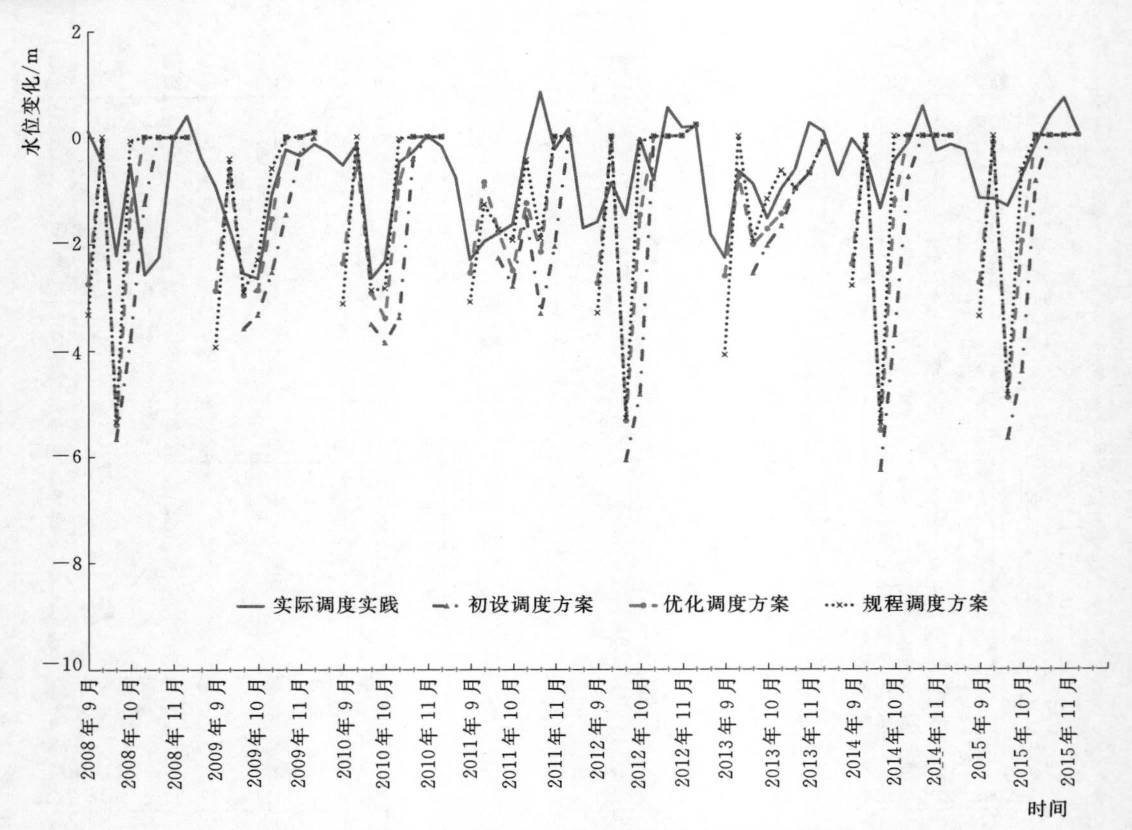

图 6.3-3 不同蓄水方案对宜昌站 2008—2015 年蓄水期旬平均水位影响过程图

表 6.3-5 不同蓄水方案对宜昌站多年旬平均流量影响分析表

时间	流量/(m³/s)			
	实际调度实践	初设调度方案	优化调度方案	规程调度方案
9 月上旬	−2340			
9 月中旬	−3150		−7890	−9800
9 月下旬	−2610		−963	−613
10 月上旬	−4530	−10400	−9300	−9180
10 月中旬	−2860	−7810	−4700	−2590
10 月下旬	−1780	−3160	−1320	−453
11 月上旬	−438	−1550	−833	−769
11 月中旬	47	−781	−155	−155
11 月下旬	119	24.0	48.0	48.0
多年平均	−1970	−3950	−3140	−2940

由表 6.3-5 可以看出，实际调度实践对流量影响相对较小；优化调度方案自 9 月 15 日开始蓄水，影响次之；规程调度方案自 9 月 10 日开始蓄水，对旬流量影响最大。

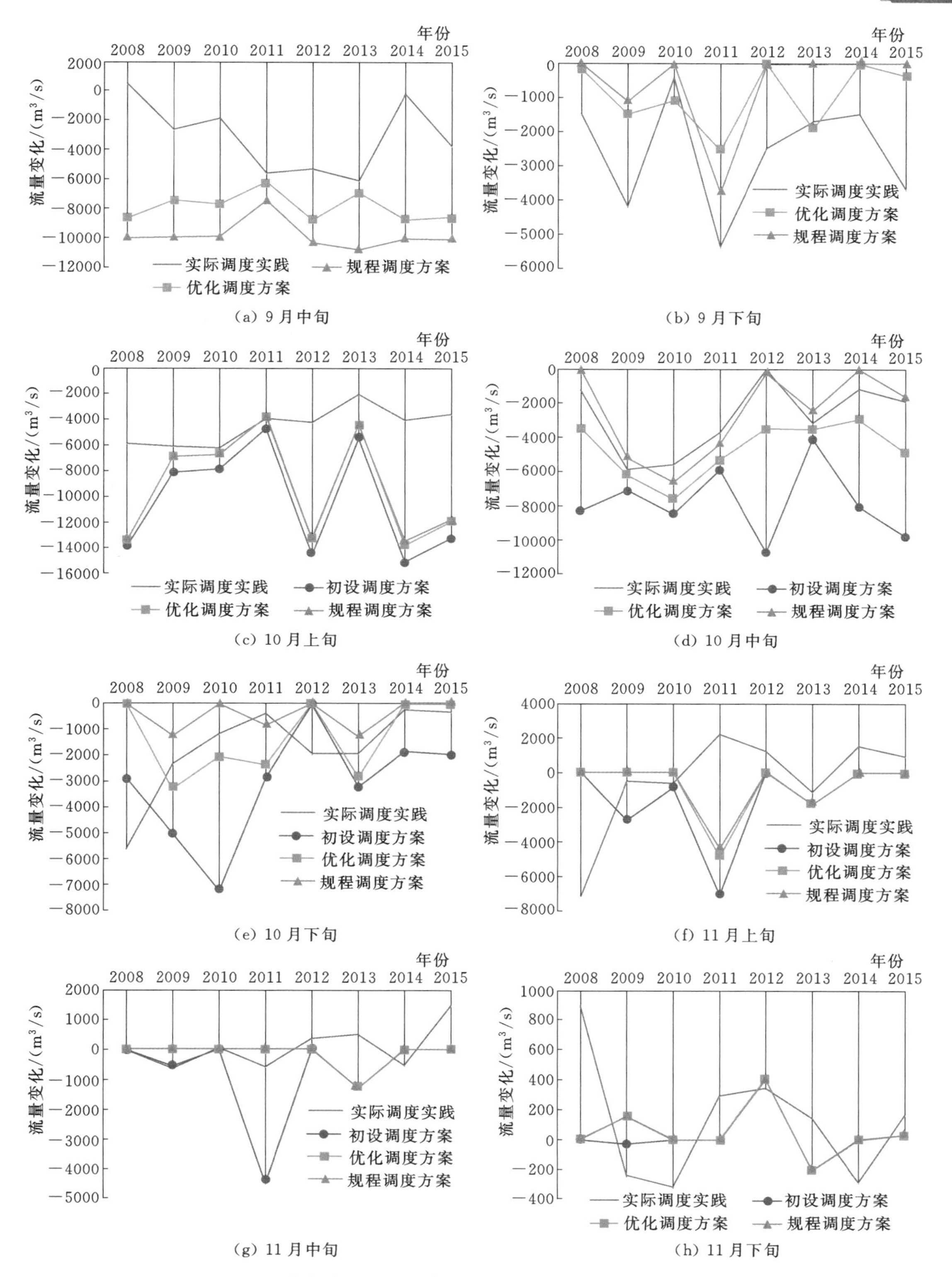

图6.3-4 不同蓄水方案对宜昌站2008—2015年蓄水期各旬平均流量影响图

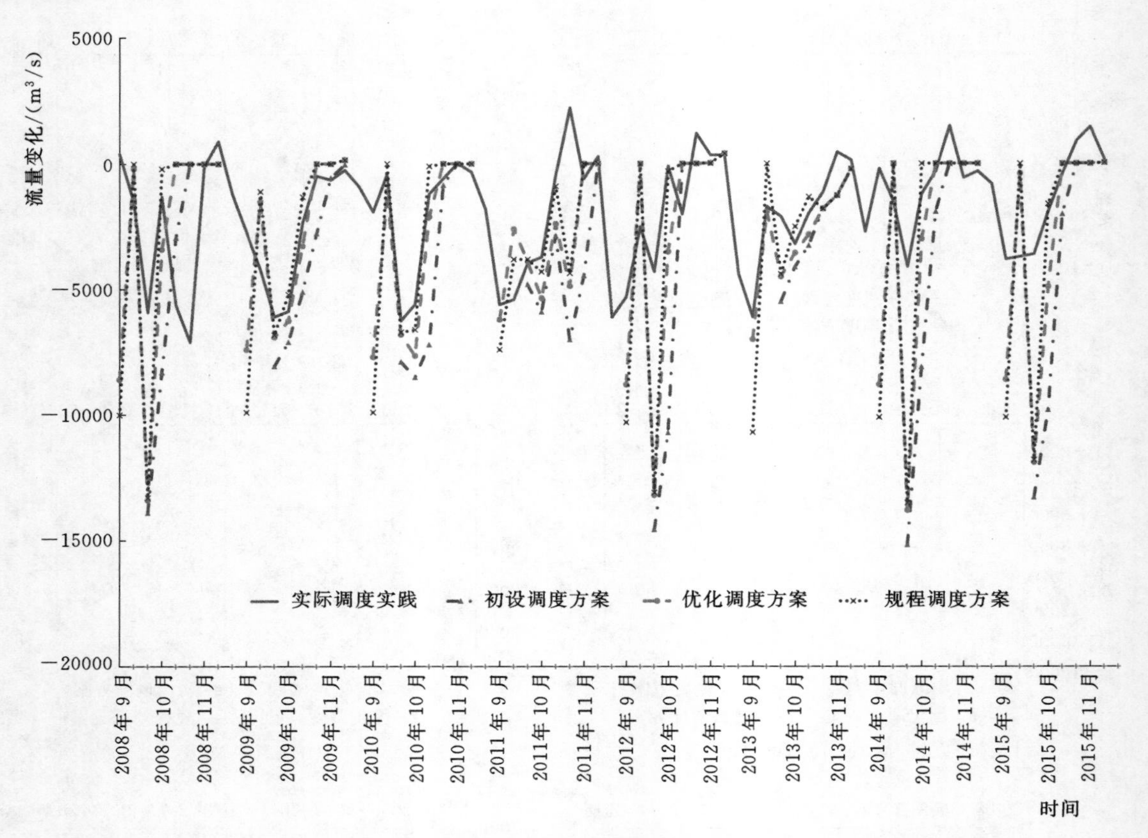

图6.3-5 不同蓄水方案对宜昌站2008—2015年蓄水期旬平均流量影响过程图

总体而言，实际调度实践对流量影响要小于其他几种调度方案。根据统计，实际调度实践的多年旬平均流量减少1970m³/s，规程调度方案的多年旬平均流量减少2940m³/s，优化调度方案的多年旬平均流量减少3140m³/s，初设调度方案的多年旬平均流量减少3950m³/s。

6.3.2.2 汉口站

1. 水位

将初设调度方案、优化调度方案及规程调度方案3种情景下的宜昌站流量过程作为模型上边界，得到3种情景下的汉口站9—11月的逐日流量和水位过程，统计分析不同调度情景下汉口站各旬的水位特征变化，见表6.3-6和图6.3-6。不同调度方案对汉口站2008—2015年蓄水期旬平均水位影响过程见图6.3-7。

表6.3-6 不同蓄水方案对汉口站多年旬平均水位影响分析表

时间	水位/m			
	实际调度实践	初设调度方案	优化调度方案	规程调度方案
9月上旬	−0.36			
9月中旬	−0.69		−0.45	−1.46

续表

时间	水位/m			
	实际调度实践	初设调度方案	优化调度方案	规程调度方案
9月下旬	−0.70		−1.42	−1.15
10月上旬	−1.15	−1.48	−1.66	−1.57
10月中旬	−1.22	−3.26	−2.54	−1.83
10月下旬	−1.00	−2.43	−1.18	−0.68
11月上旬	−0.32	−0.95	−0.42	−0.26
11月中旬	−0.01	−0.66	−0.25	−0.22
11月下旬	−0.02	−0.16	−0.06	−0.05
多年平均	−0.62	−1.49	−0.99	−0.90

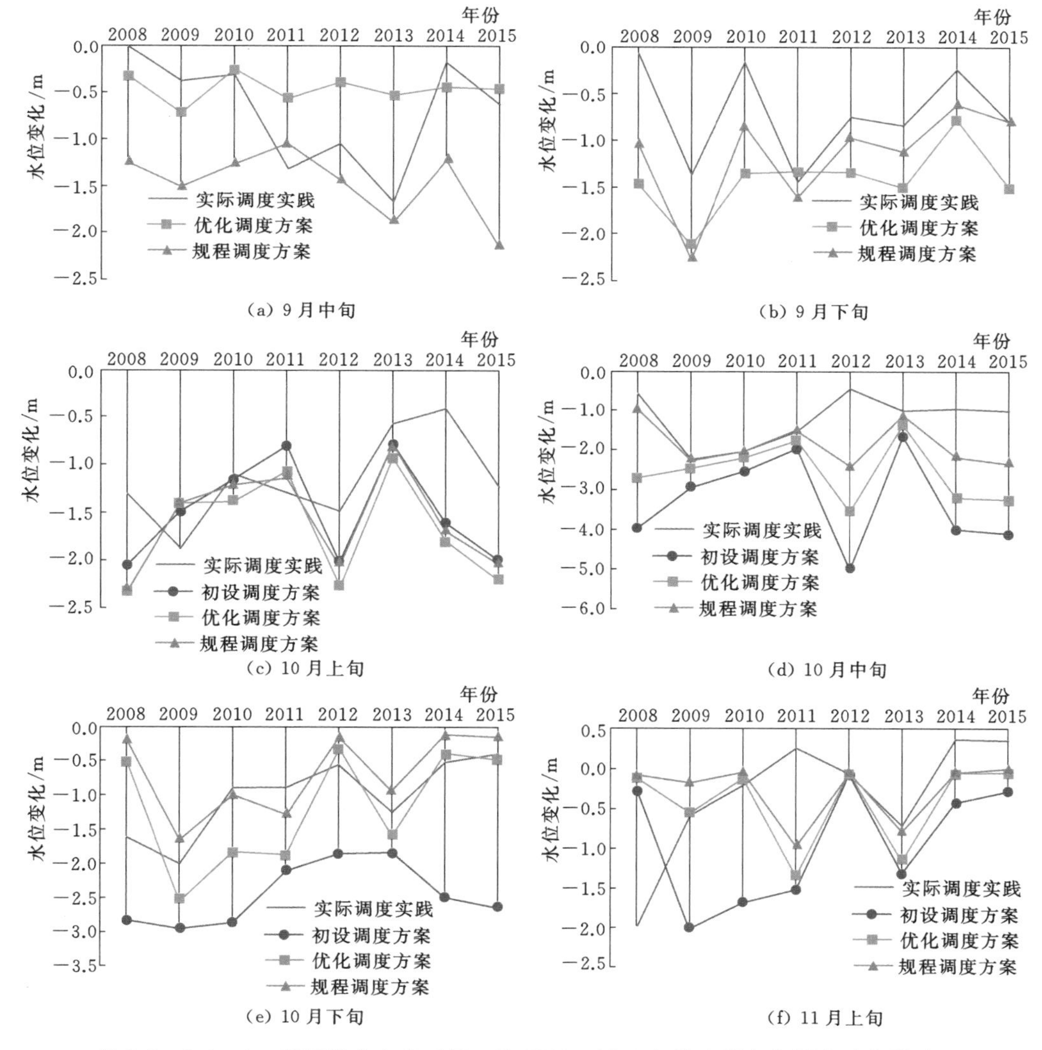

图 6.3-6（一） 不同蓄水方案对汉口站2008—2015年蓄水期各旬平均水位影响图

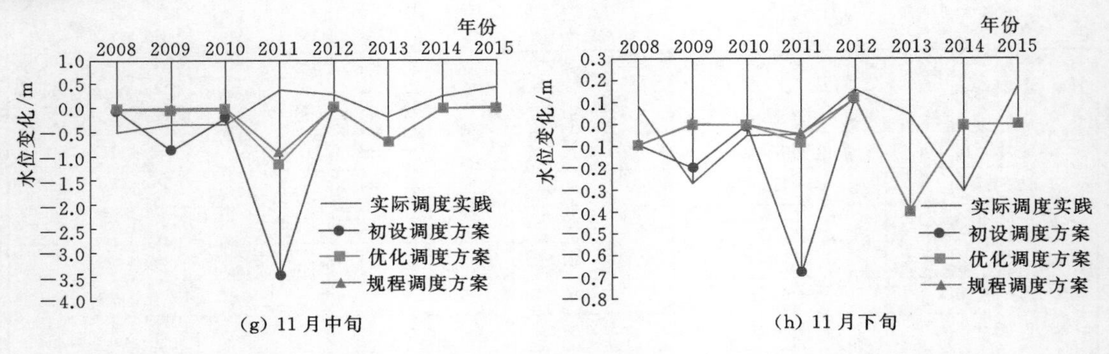

图6.3-6（二） 不同蓄水方案对汉口站2008—2015年蓄水期各旬平均水位影响图

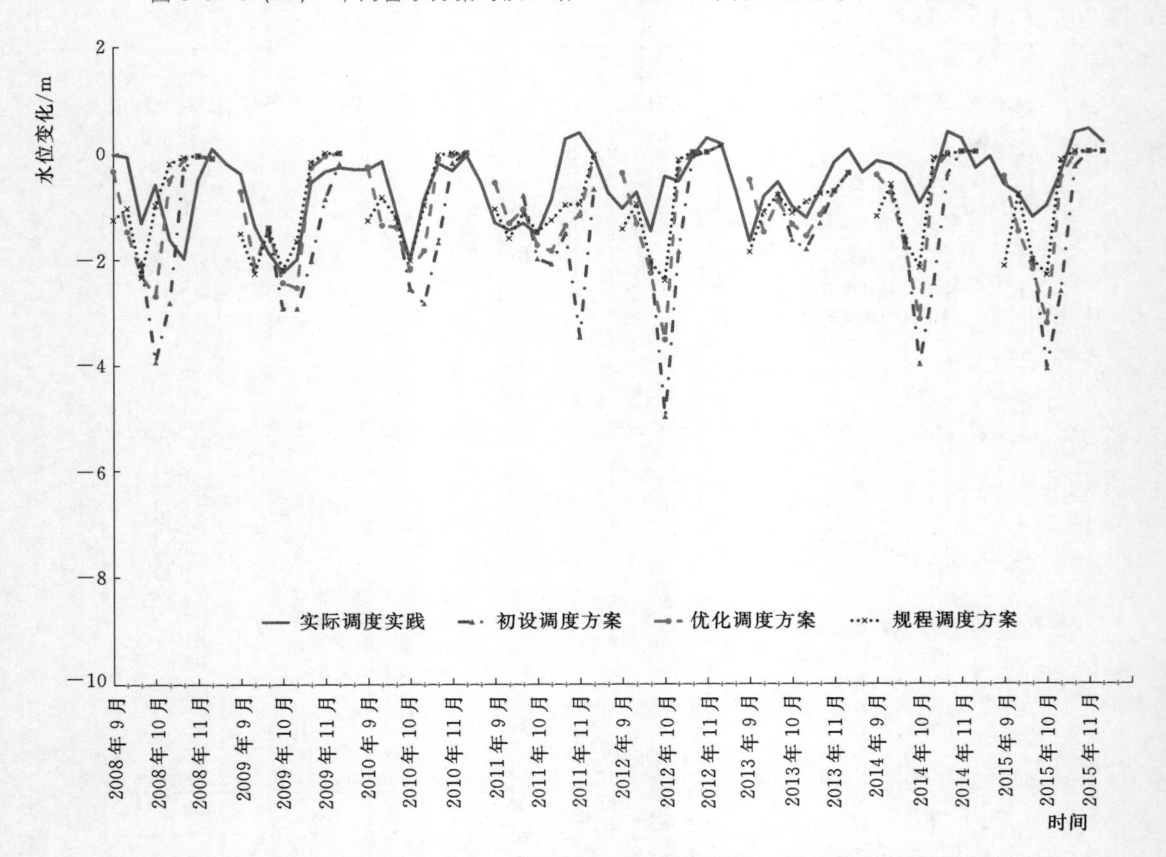

图6.3-7 不同蓄水方案对汉口站2008—2015年蓄水期旬平均水位影响过程图

总体而言，实际调度实践对水位影响要小于其他几种调度方案。根据统计，实际调度实践的多年旬平均水位下降0.62m，规程调度方案的多年旬平均水位下降0.90m，优化调度方案的多年旬平均水位下降0.99m，初设调度方案的多年旬平均水位下降1.49m。

2. 流量

汉口站2008—2015年蓄水期不同调度情景下的旬平均流量特征见表6.3-7和图6.3-8。不同调度方案对汉口站2008—2015年蓄水期旬平均流量影响过程见图6.3-9。

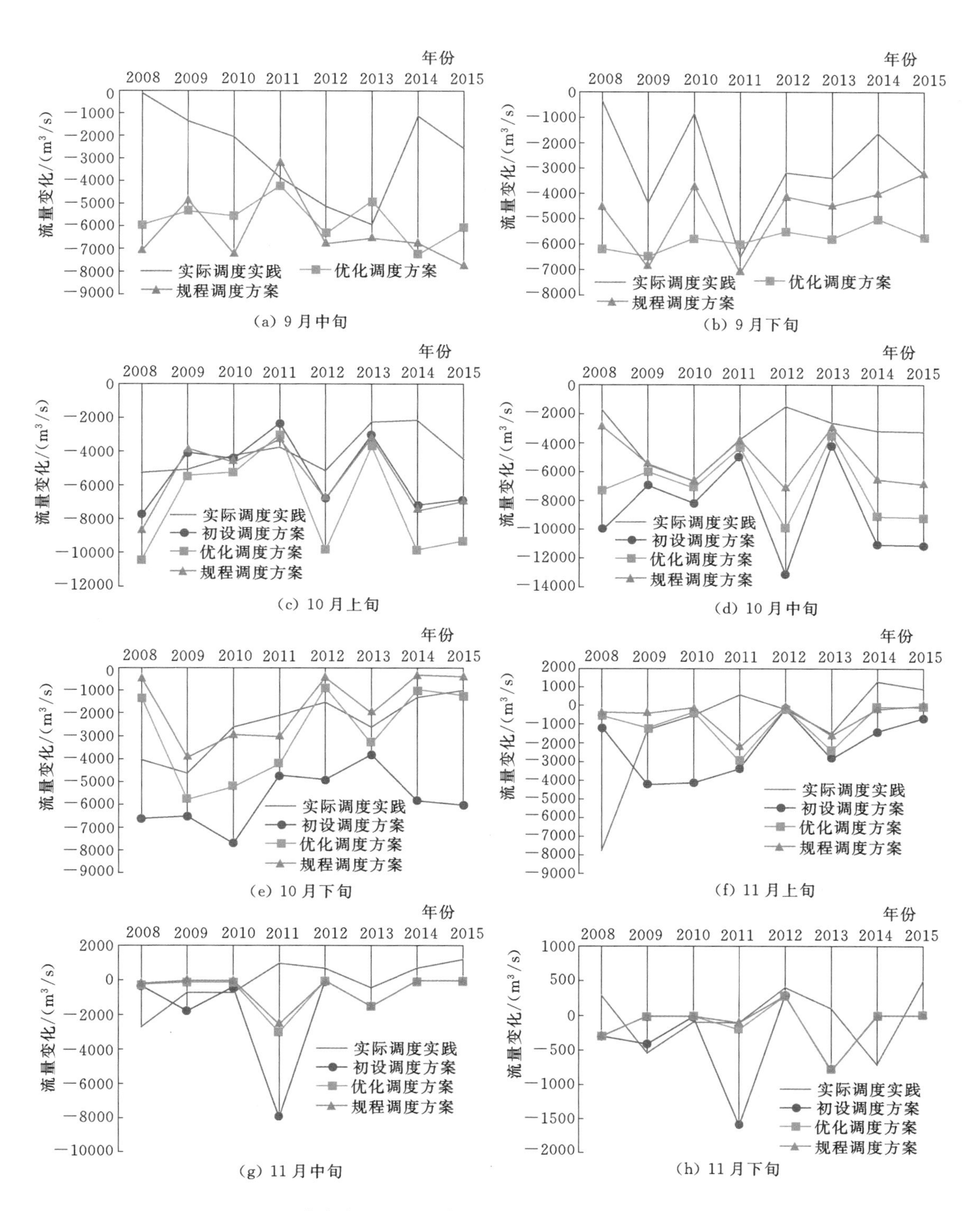

图 6.3-8 不同蓄水方案对汉口站 2008—2015 年蓄水期各旬平均流量影响图

表 6.3-7 不同蓄水方案对汉口站多年旬平均流量影响分析表

时间	流量/(m^3/s)			
	实际调度实践	初设调度方案	优化调度方案	规程调度方案
9 月上旬	−1530			
9 月中旬	−2730		−5650	−6210
9 月下旬	−2930		−5810	−4750
10 月上旬	−3990	−5250	−7050	−5550
10 月中旬	−3500	−8650	−6990	−5230
10 月下旬	−2460	−5750	−2850	−1680
11 月上旬	−1040	−2220	−950	−600
11 月中旬	−113	−1490	−613	−525
11 月下旬	−18.0	−350	−125	−113
多年平均	−2030	−3950	−3200	−3080

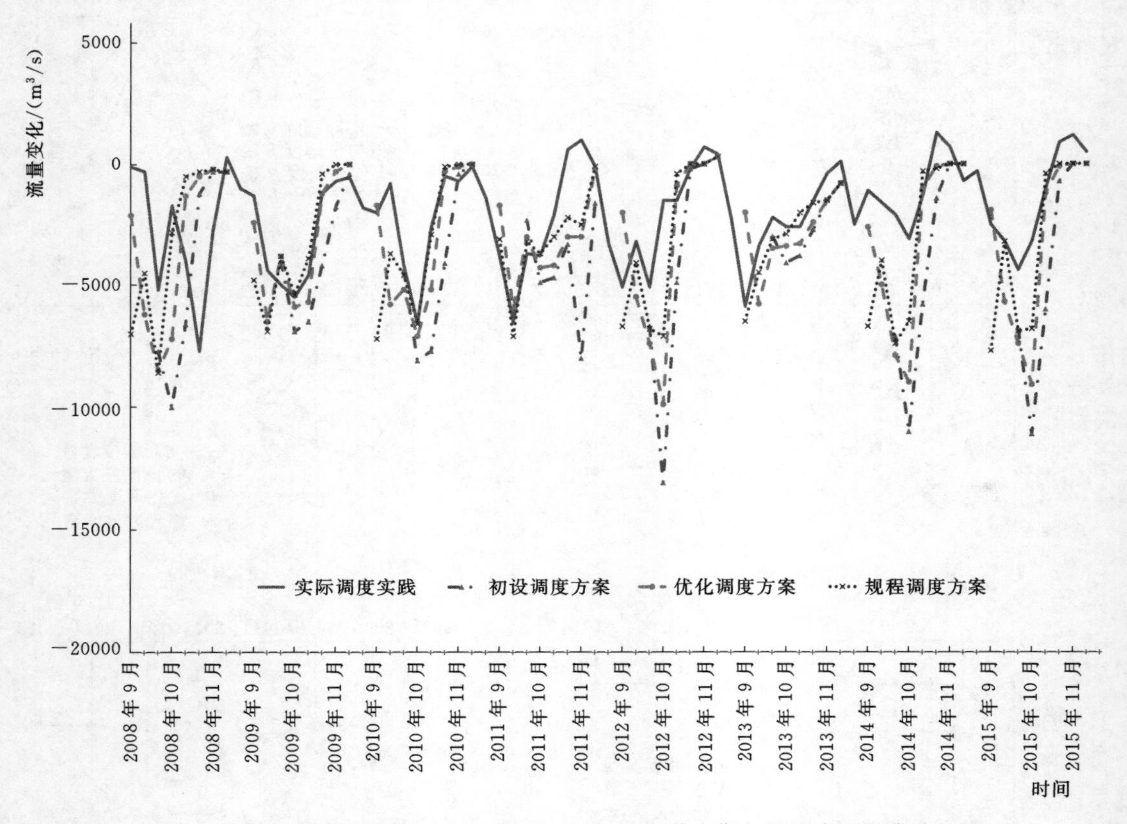

图 6.3-9 不同蓄水方案对汉口站 2008—2015 年蓄水期旬平均流量影响过程图

总体而言，实际调度实践对流量影响要小于其他几种调度方案。根据统计，实际调度实践的多年旬平均流量减少 2030m^3/s，规程调度方案的多年旬平均流量减少 3080m^3/s，优化调度方案的多年旬平均流量减少 3200m^3/s，初设调度方案的多年旬平均流量减少 3950m^3/s。

6.3.2.3 大通站

1. 水位

将初设调度方案、优化调度方案及规程调度方案3种情景下的宜昌站流量过程作为模型上边界，得到3种情景下的大通站9—11月的逐日流量和水位过程，统计分析不同调度情景下大通站各旬的水位特征变化，见表6.3-8和图6.3-10。不同蓄水方案对大通站2008—2015年蓄水期旬平均水位影响过程见图6.3-11。

表6.3-8　不同蓄水方案对大通站多年旬平均水位影响分析表

时间	水位/m			
	实际调度实践	初设调度方案	优化调度方案	规程调度方案
9月上旬	−0.18			
9月中旬	−0.42		−0.11	−0.59
9月下旬	−0.59		−1.13	−1.28
10月上旬	−0.74	−0.85	−1.03	−0.91
10月中旬	−0.95	−2.10	−1.90	−1.66
10月下旬	−0.69	−1.72	−1.00	−0.65
11月上旬	−0.36	−0.73	−0.32	−0.16
11月中旬	−0.02	−0.42	−0.20	−0.17
11月下旬	−0.02	−0.18	−0.06	−0.06
多年平均	−0.45	−0.95	−0.72	−0.68

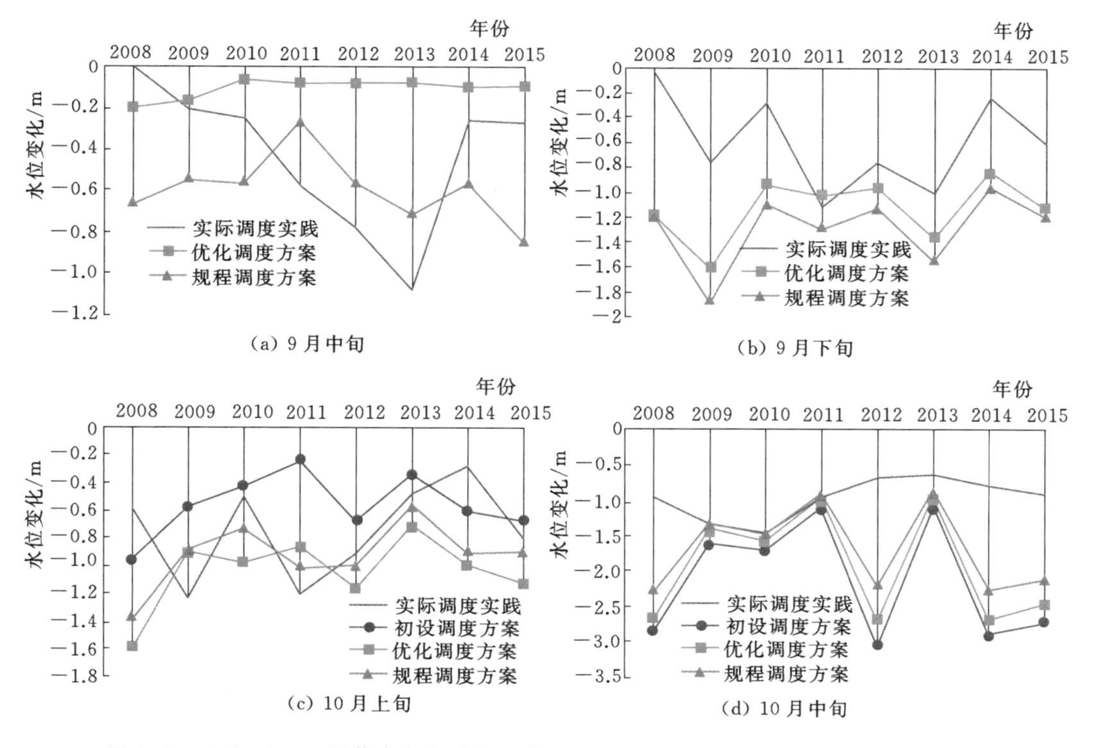

图6.3-10（一）　不同蓄水方案对大通站2008—2015年蓄水期各旬平均水位影响图

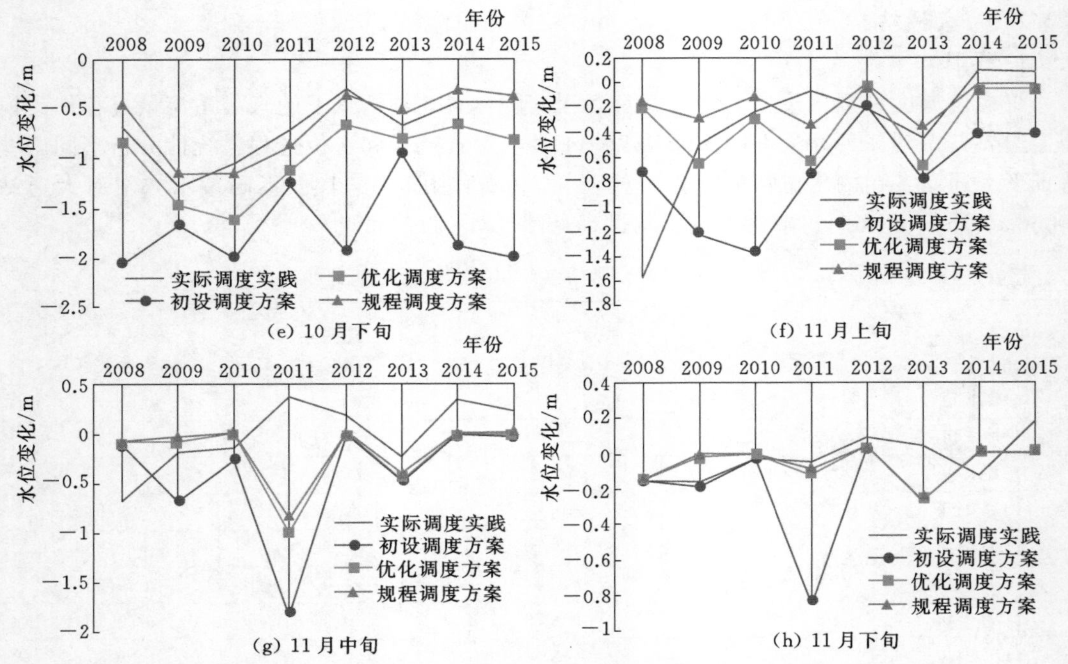

图6.3-10(二) 不同蓄水方案对大通站2008—2015年蓄水期各旬平均水位影响图

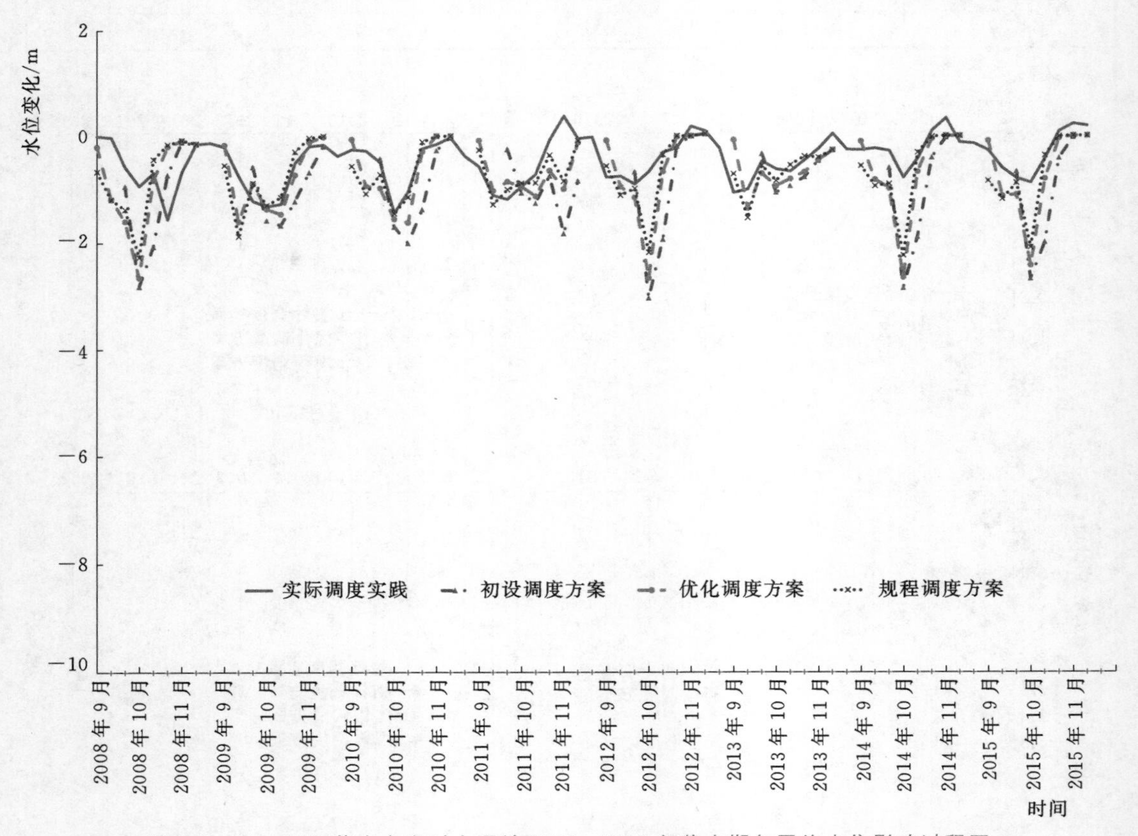

图6.3-11 不同蓄水方案对大通站2008—2015年蓄水期旬平均水位影响过程图

总体而言，实际调度实践对水位影响要小于其他几种调度方案。根据统计，实际调度实践的多年旬平均水位下降 0.45m，规程调度方案的多年旬平均水位下降 0.68m，优化调度方案的多年旬平均水位下降 0.72m，初设调度方案的多年旬平均水位下降 0.95m。

2. 流量

大通站 2008—2015 年蓄水期不同调度情景下的旬平均流量特征见表 6.3-9 和图 6.3-12。不同调度方案对大通站 2008—2015 年蓄水期旬平均流量影响过程见图 6.3-13。

表 6.3-9　　不同蓄水方案对大通站多年旬平均流量影响分析表

时间	流量/(m^3/s)			
	实际调度实践	初设调度方案	优化调度方案	规程调度方案
9月上旬	-975			
9月中旬	-2150		-588	-3110
9月下旬	-3040		-5780	-6480
10月上旬	-3410	-3500	-4850	-4290
10月中旬	-4050	-8500	-7510	-6190
10月下旬	-2840	-6930	-3900	-2650
11月上旬	-1490	-2980	-1330	-688
11月中旬	-238	-1750	-825	-688
11月下旬	-88.0	-725	-275	-250
多年平均	-2060	-3900	-3140	-3040

总体而言，实际调度实践对流量影响要小于其他几种调度方案。根据统计，实际调度实践的多年旬平均流量减少 2060m^3/s，规程调度方案的多年旬平均流量减少 3040m^3/s，优化调度方案的多年旬平均流量减少 3140m^3/s，初设调度方案的多年旬平均流量减少 3900m^3/s。

6.3.2.4　干流水文沿程要素变化

1. 水位

不同蓄水方案对长江干流各站 2008—2015 年蓄水期旬平均水位影响见图 6.3-14。由图 6.3-14 可以看出，总体而言，实际调度实践对水位影响要小于其他几种调度方案。根据统计，实际调度实践使干流各站蓄水期旬平均水位下降最小为 0.45～0.75m；其次是规程调度方案，干流各站蓄水期旬平均水位下降 0.68～1.30m；优化调度方案使干流各站蓄水期旬平均水位下降 0.72～1.41m，初设调度方案使干流各站蓄水期旬平均水位下降 0.95～2.18m。

2. 流量

不同调度方案对长江干流各站 2008—2015 年蓄水期旬平均流量影响见图 6.3-15。由图 6.3-15 可以看出，总体而言，实际调度实践对流量影响要小于其他几种调度方案。根据统计，实际调度实践使干流各站蓄水期旬平均流量减少 1700～2060m^3/s；其次是规程调度方案，干流各站蓄水期旬平均流量减少 2600～3080m^3/s；优化调度方案使干流各

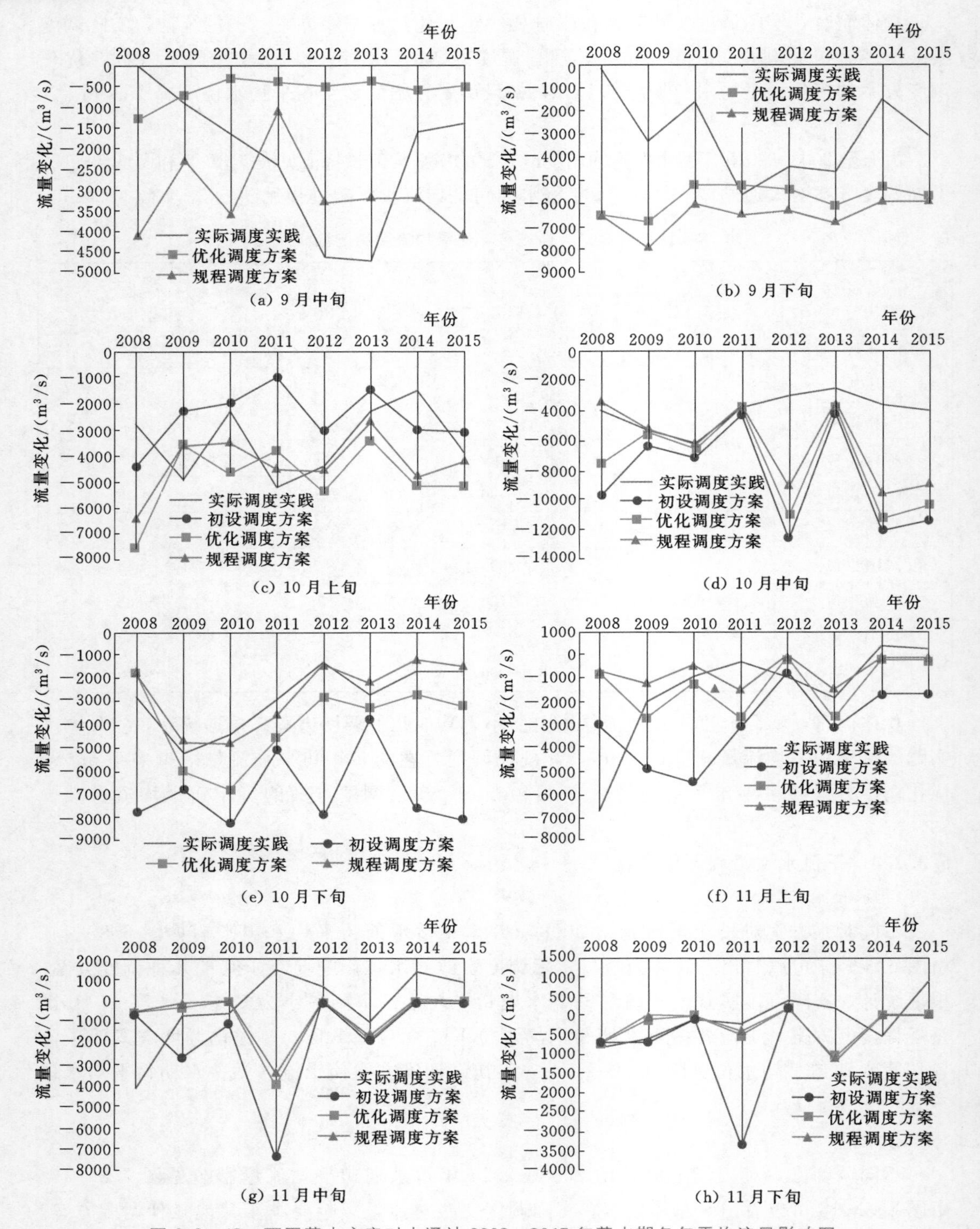

图6.3-12 不同蓄水方案对大通站2008—2015年蓄水期各旬平均流量影响图

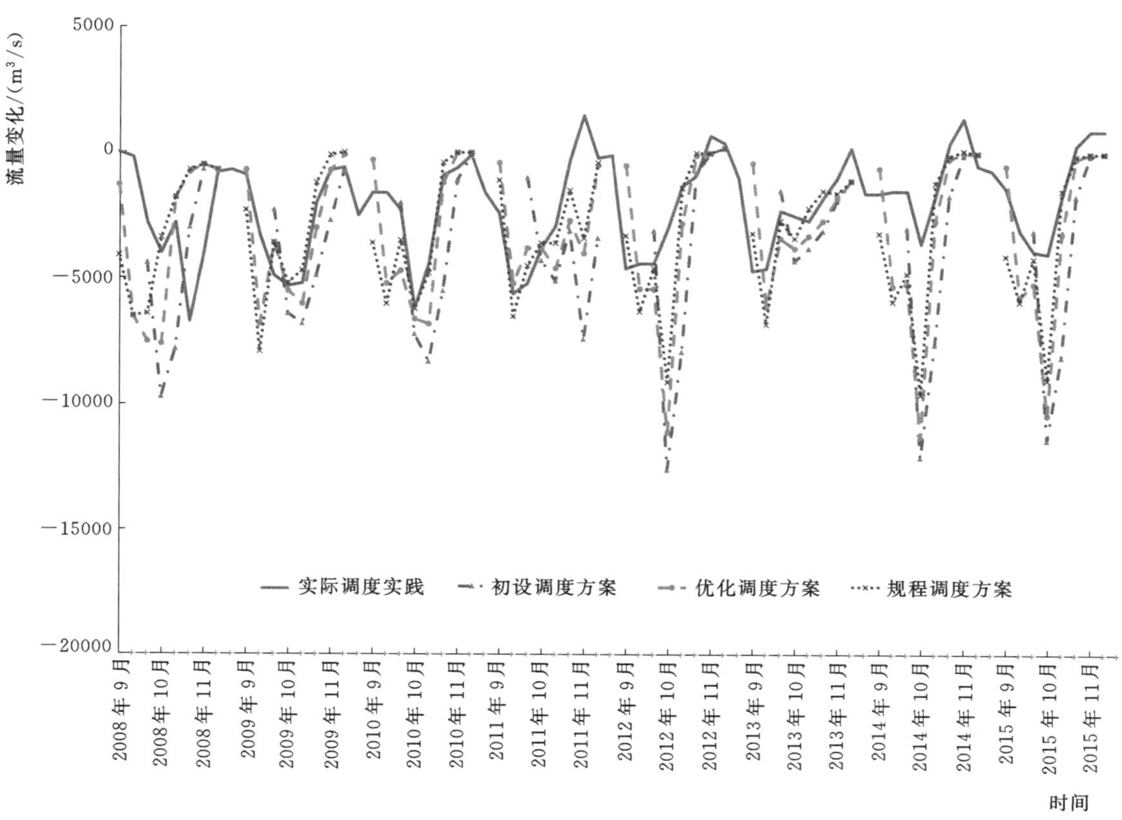

图 6.3-13 不同蓄水方案对大通站2008—2015年蓄水期旬平均流量影响过程图

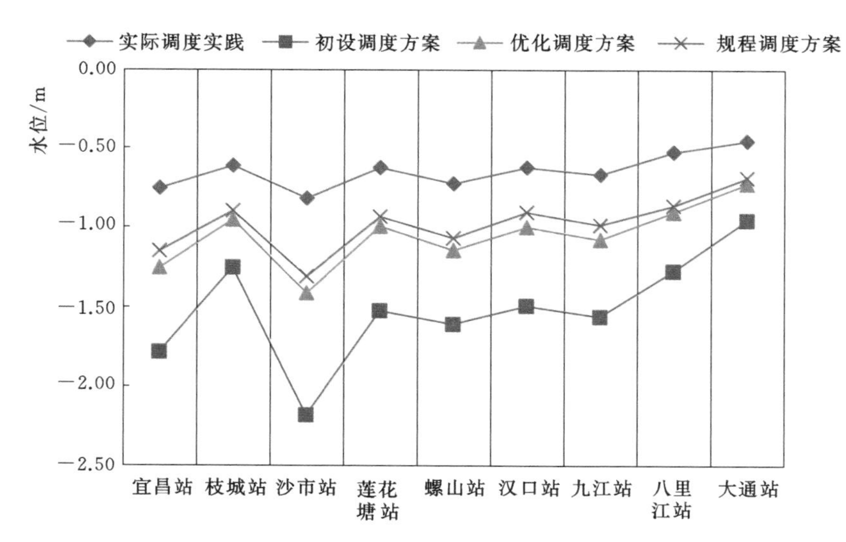

图 6.3-14 不同蓄水方案对长江干流各站2008—2015年蓄水期旬平均水位影响图

站蓄水期旬平均流量减少2730～3220m^3/s；初设调度方案使干流各站蓄水期旬平均流量减少3550～3950m^3/s。

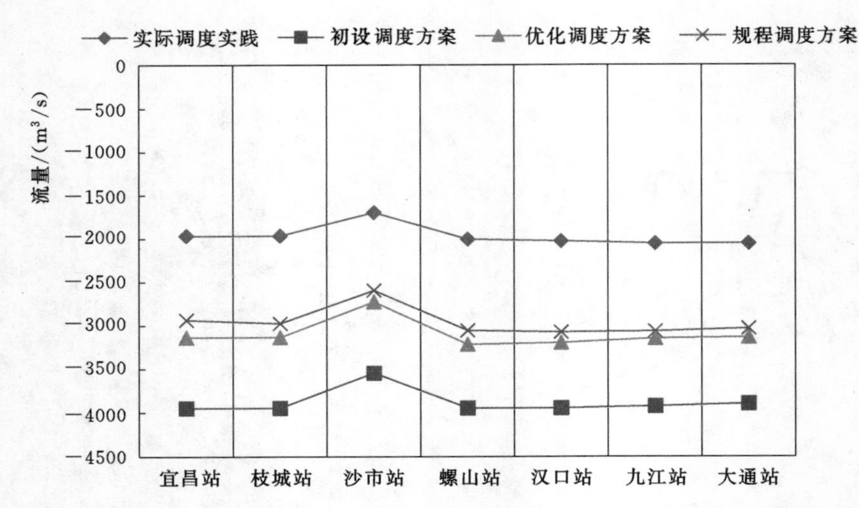

图 6.3-15 不同蓄水方案对长江干流各站 2008—2015 年蓄水期旬平均流量影响图

6.3.3 联合蓄水条件下长江干流水位流量变化

6.3.3.1 宜昌站

1. 水位

将考虑三库联合蓄水的还原水位、仅考虑三峡蓄水的还原水位及实测水位进行对比，结果见表 6.3-10、图 6.3-16 和图 6.3-17。

表 6.3-10 溪洛渡水库和向家坝水库蓄水对宜昌站水位影响分析表 单位：m

年份	项目	9月			10月			11月		
		上旬	中旬	下旬	上旬	中旬	下旬	上旬	中旬	下旬
2014	①	47.42	47.96	46.69	43.88	41.12	40.97	40.74	38.49	37.96
	②	47.07	47.58	46.34	43.91	41.09	40.94	40.90	38.68	38.01
	③	46.34	47.53	45.93	42.55	40.62	40.82	41.46	38.44	37.79
	②−①	−0.35	−0.38	−0.35	0.03	−0.03	−0.03	0.16	0.19	0.05
	③−①	−1.08	−0.43	−0.76	−1.33	−0.50	−0.15	0.72	−0.05	−0.17
2015	①	44.04	45.73	45.04	43.33	41.82	40.01	39.39	38.18	37.79
	②	43.46	45.30	44.51	43.30	41.77	40.42	39.89	38.49	37.52
	③	43.20	44.13	43.33	41.98	41.01	40.26	40.26	39.17	37.58
	②−①	−0.58	−0.43	−0.53	−0.03	−0.05	0.41	0.50	0.31	−0.27
	③−①	−0.84	−1.60	−1.71	−1.35	−0.81	0.25	0.87	0.99	−0.21

① 考虑上游溪洛渡水库和向家坝水库蓄水影响的还原水位。
② 未考虑上游溪洛渡水库和向家坝水库蓄水影响的还原水位。
③ 实测水位。

三座水库 9 月蓄水一定程度上降低了宜昌站的水位。根据《2015 年度长江上游水库群联合调度方案》，溪洛渡、向家坝水库汛末开始蓄水时间均为 9 月 11 日，通过两个水库

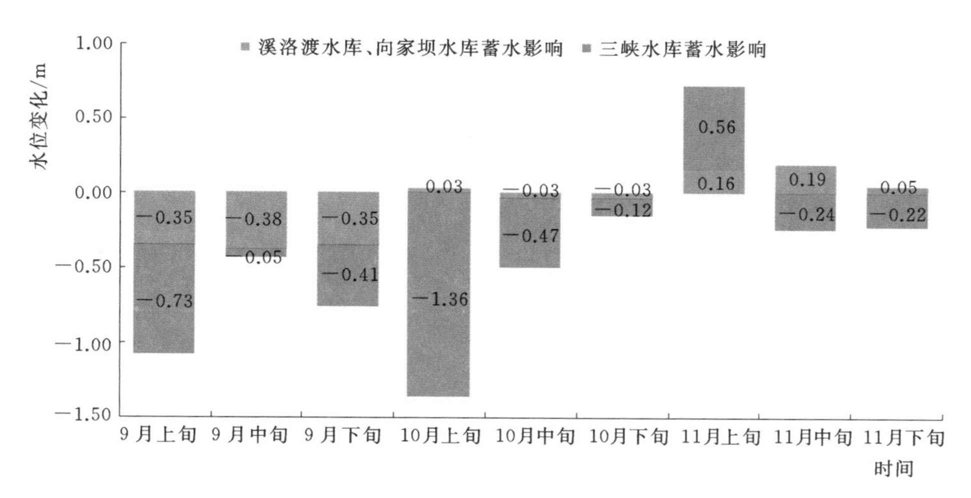

图 6.3-16　2014 年三库蓄水对宜昌站旬平均水位影响图

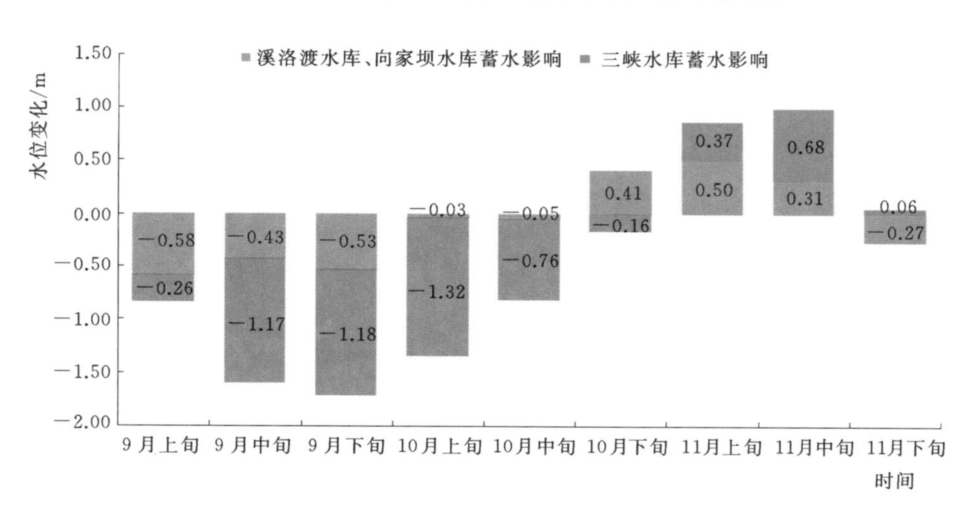

图 6.3-17　2015 年三库蓄水对宜昌站旬平均水位影响图

实际调度情况发现，2015 年溪洛渡、向家坝两座水库实际开始蓄水时间分别在 8 月 13 日和 8 月 27 日，相比规程调度方案均有一定程度的提前。从对下游水位影响来看，水库提前蓄水延长了蓄水的时间，蓄水时间的增加一定程度上均化了对下游水位的影响，从定性角度分析，该次实际调度对下游水位影响的结果要比两座水库按照规程蓄水方案计算出的结果要小。

2. 流量

将考虑三库联合蓄水的还原流量、仅考虑三峡蓄水的还原流量及实测流量进行对比，结果见表 6.3-11、图 6.3-18 及图 6.3-19。

可以看出，三座水库 9 月蓄水一定程度上减少了宜昌站的流量。

2014 年 9 月，宜昌站各旬平均流量分别减少 4000m^3/s、1600m^3/s 及 2800m^3/s。2015 年 9 月，宜昌站旬平均流量分别减少 2600m^3/s、5400m^3/s 及 5400m^3/s。

表 6.3-11　溪洛渡水库和向家坝水库蓄水对宜昌站流量影响分析表　单位：m^3/s

年份	项目	9月			10月			11月		
		上旬	中旬	下旬	上旬	中旬	下旬	上旬	中旬	下旬
2014	①	34000	36000	31300	21600	14200	13800	13200	8100	7100
	②	32700	34600	30000	21700	14100	13700	13600	8500	7200
	③	30000	34400	28500	17600	12900	13400	15100	8000	6800
	②－①	－1300	－1400	－1300	100	－100	－100	400	400	100
	③－①	－4000	－1600	－2800	－4000	－1300	－400	1900	－100	－300
2015	①	22100	27800	25300	19900	15900	11400	10000	7500	6800
	②	20300	26200	23600	19800	15800	12400	11100	8100	6300
	③	19500	22400	19900	16200	13900	12000	12000	9500	6400
	②－①	－1800	－1600	－1700	－100	－100	1000	1100	600	－500
	③－①	－2600	－5400	－5400	－3700	－2000	600	2000	2000	－400

① 考虑上游溪洛渡水库和向家坝水库蓄水影响的还原流量。
② 未考虑上游溪洛渡水库和向家坝水库蓄水影响的还原流量。
③ 实测流量。

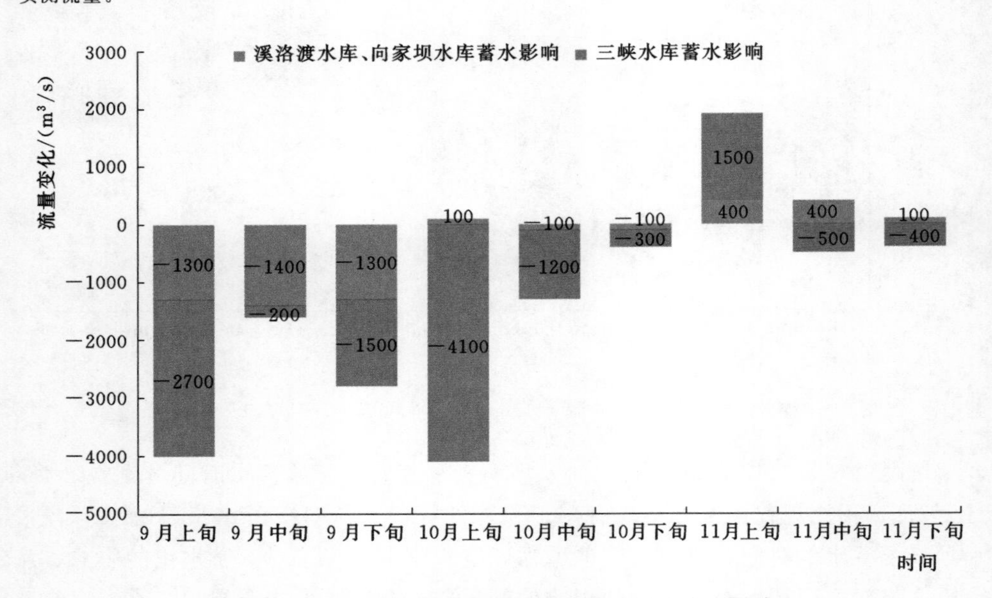

图 6.3-18　2014 年三库蓄水对宜昌站旬平均流量影响图

2014 年 10 月，宜昌站旬平均流量减少 4000m^3/s、1300m^3/s 及 400m^3/s，其中溪洛渡、向家坝水库维持在正常蓄水位附近运行，对宜昌站流量影响较小，仅 2015 年 10 月下旬使宜昌站流量增加 1000m^3/s。宜昌站 10 月流量主要受三峡水库蓄水的影响。

2014 年 11 月，宜昌站上旬平均流量增加 1900m^3/s，中旬和下旬流量减少 100m^3/s 及 300m^3/s，其中溪洛渡、向家坝水库运行使宜昌站 11 月各旬平均流量略有增加。2015 年 11 月，宜昌站上旬和中旬流量增加 2000m^3/s 及 2000m^3/s，下旬流量减少 400m^3/s。

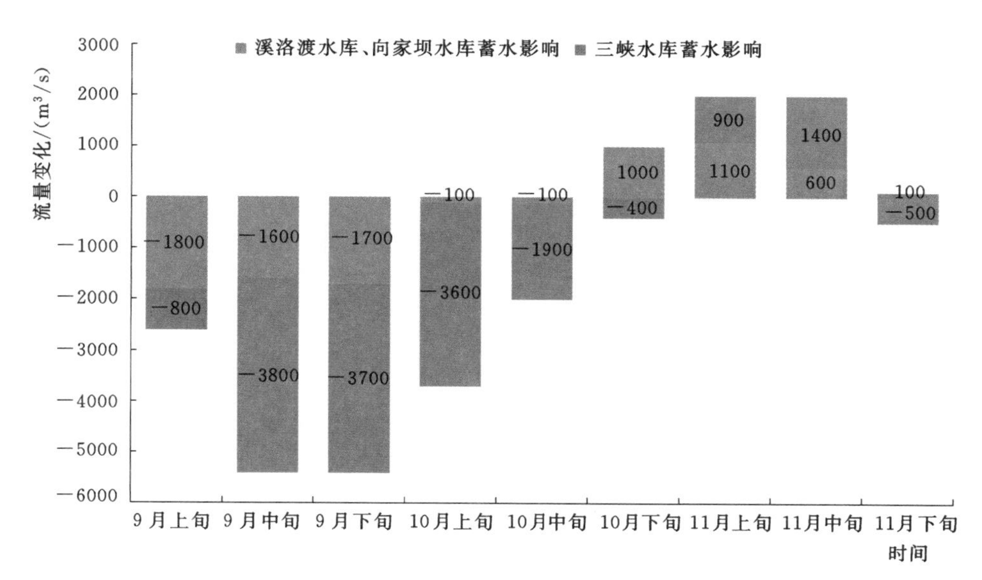

图 6.3-19　2015 年三库蓄水对宜昌站旬平均流量影响图

6.3.3.2　汉口站

1. 水位

将考虑三库联合蓄水的还原水位、仅考虑三峡蓄水的还原水位及实测水位进行对比，结果见表 6.3-12、图 6.3-20 及图 6.3-21。

表 6.3-12　溪洛渡和向家坝水库蓄水对汉口站水位影响分析表　单位：m

年份	项目	9月			10月			11月		
		上旬	中旬	下旬	上旬	中旬	下旬	上旬	中旬	下旬
2014	①	22.03	21.75	22.25	20.89	18.55	16.21	18.49	16.77	14.49
	②	21.89	21.62	22.11	20.81	18.61	16.29	18.61	17.03	14.66
	③	21.50	21.46	21.87	20.40	17.65	15.78	18.98	17.28	14.35
	②−①	−0.14	−0.13	−0.14	−0.08	0.06	0.08	0.12	0.26	0.17
	③−①	−0.53	−0.29	−0.38	−0.49	−0.90	−0.43	0.49	0.51	−0.14
2015	①	19.25	20.18	20.36	19.69	18.61	15.94	15.25	16.63	17.10
	②	18.90	19.86	19.93	19.48	18.52	16.10	15.74	16.99	17.13
	③	18.81	19.25	19.14	18.26	17.52	15.70	16.10	17.42	17.31
	②−①	−0.35	−0.32	−0.43	−0.21	−0.09	0.16	0.49	0.36	0.03
	③−①	−0.44	−0.93	−1.22	−1.43	−1.09	−0.24	0.85	0.79	0.21

① 考虑上游溪洛渡水库和向家坝水库蓄水影响的还原水位。
② 未考虑上游溪洛渡水库和向家坝水库蓄水影响的还原水位。
③ 实测水位。

可以看出，三座水库 9 月蓄水一定程度上减少了汉口站的水位。2014 年 9 月，汉口站各旬平均水位分别下降 0.53m、0.29m 及 0.38m。2015 年 9 月，汉口站各旬平均水位

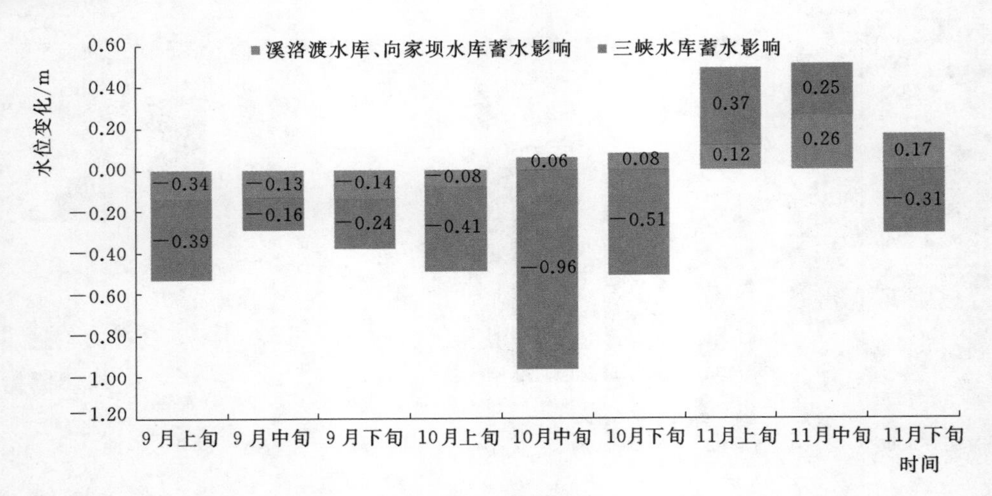

图 6.3-20 2014 年三库蓄水对汉口站旬平均水位影响图

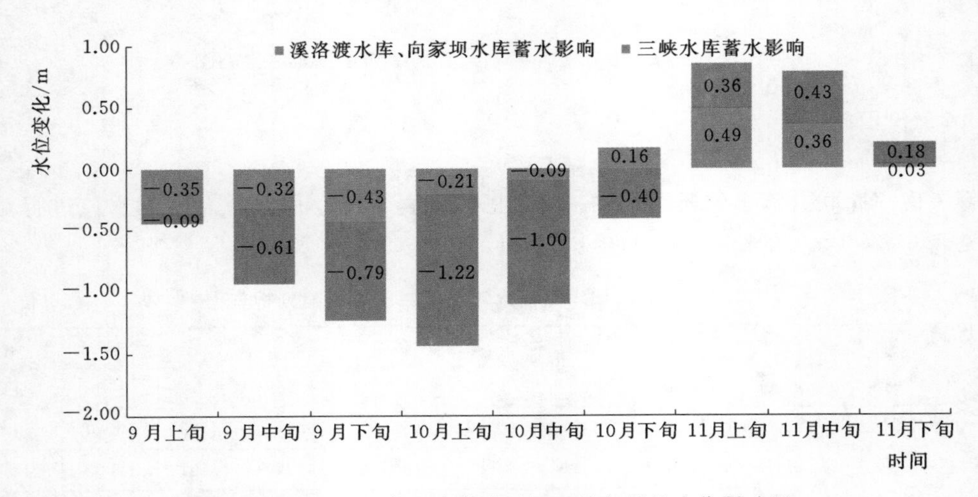

图 6.3-21 2015 年三库蓄水对汉口站旬平均水位影响图

分别下降 0.44m、0.93m 及 1.22m。

10 月溪洛渡、向家坝对汉口站水位影响较小，该时段汉口站水位主要受三峡运行影响；11 月溪洛渡、向家坝运行一定程度增加了汉口站水位。

2. 流量

将考虑三库联合蓄水的还原流量、仅考虑三峡蓄水的还原流量及实测流量进行对比，结果见表 6.3-13、图 6.3-22 及图 6.3-23。

可以看出，三座水库 9 月蓄水一定程度上减少了汉口站的流量。2014 年 9 月，汉口站各旬平均流量分别减少 $3500m^3/s$、$1900m^3/s$ 及 $2600m^3/s$。2015 年 9 月，汉口站旬平均流量分别减少 $1600m^3/s$、$3900m^3/s$ 及 $5100m^3/s$。

10 月溪洛渡、向家坝对汉口站流量影响较小，该时段汉口站流量主要受三峡运行影响；11 月溪洛渡、向家坝运行一定程度增加了汉口站流量。

表 6.3-13　　溪洛渡和向家坝水库蓄水对汉口站流量影响分析表　　单位：m^3/s

年份	项目	9月			10月			11月		
		上旬	中旬	下旬	上旬	中旬	下旬	上旬	中旬	下旬
2014	①	41400	39500	42900	34400	24500	17600	24300	19100	13400
	②	40400	38700	41900	34000	24700	17800	24700	19800	13800
	③	37900	37600	40300	31900	21600	16500	26000	20500	13100
	②－①	－1000	－800	－1000	－400	200	200	400	700	400
	③－①	－3500	－1900	－2600	－2500	－2900	－1100	1700	1400	－300
2015	①	27000	30900	31700	28800	24700	16900	15200	18700	20000
	②	25700	29500	29800	27900	24400	17300	16400	19700	20100
	③	25400	27000	26600	23500	21200	16300	17300	20900	20600
	②－①	－1300	－1400	－1900	－900	－300	400	1200	1000	100
	③－①	－1600	－3900	－5100	－5300	－3500	－600	2100	2200	600

① 考虑上游溪洛渡水库和向家坝水库蓄水影响的还原流量。
② 未考虑上游溪洛渡水库和向家坝水库蓄水影响的还原流量。
③ 实测流量。

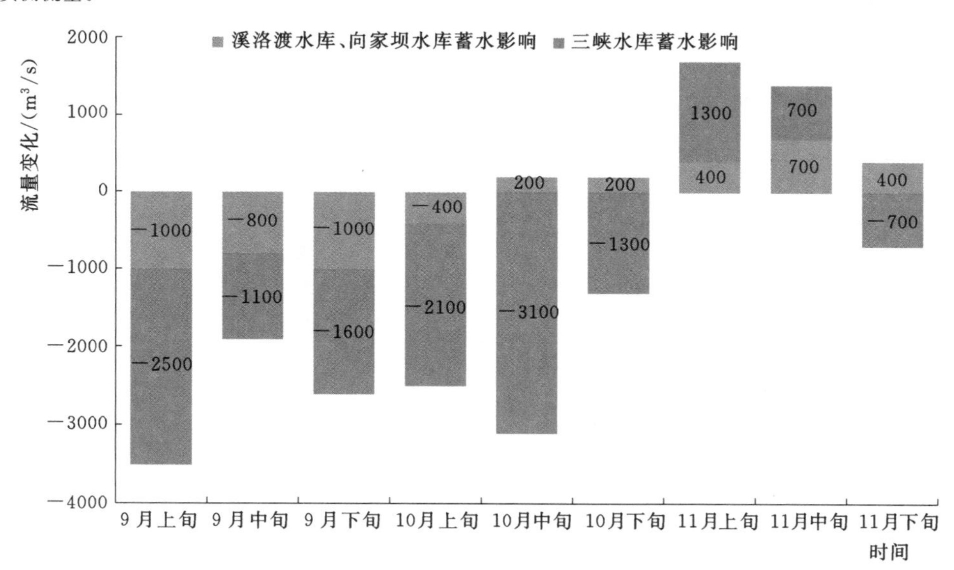

图 6.3-22　不同蓄水方案对汉口站 2008—2015 年蓄水期各旬平均流量影响图

6.3.3.3　大通站

1. 水位

将考虑三库联合蓄水的还原水位、仅考虑三峡蓄水还原水位及实测水位进行对比，结果见表 6.3-14、图 6.3-24 及图 6.3-25。

可以看出，三座水库 9 月蓄水一定程度上减少了大通站的水位。2014 年 9 月，大通站各旬平均水位分别下降 0.25m、0.28m 及 0.27m。2015 年 9 月，大通站各旬平均水位分别下降 0.35m、0.54m 及 0.92m。

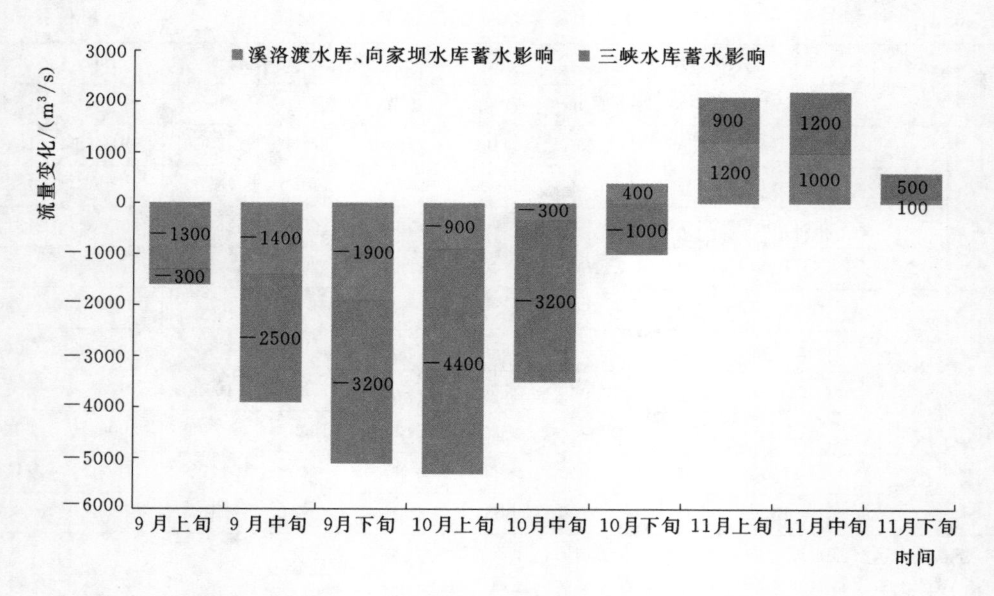

图6.3-23 2015年三库蓄水对汉口站旬平均流量影响图

表6.3-14 溪洛渡水库和向家坝水库蓄水对大通站水位影响分析表 单位：m

年份	项目	9月			10月			11月		
		上旬	中旬	下旬	上旬	中旬	下旬	上旬	中旬	下旬
2014	①	9.89	9.80	9.95	9.41	8.34	5.87	5.85	5.75	4.85
	②	9.89	9.78	9.91	9.39	8.47	6.07	6.04	6.06	5.08
	③	9.64	9.52	9.68	9.11	7.69	5.65	6.13	6.39	4.96
	②-①	0.00	-0.02	-0.04	-0.02	0.13	0.20	0.19	0.31	0.23
	③-①	-0.25	-0.28	-0.27	-0.30	-0.65	-0.22	0.28	0.64	0.11
2015	①	7.45	7.90	8.35	8.40	7.94	6.13	4.67	5.69	7.59
	②	7.24	7.63	8.03	8.14	7.86	6.16	4.92	5.96	7.70
	③	7.10	7.36	7.43	7.35	6.98	5.73	5.01	6.18	7.88
	②-①	-0.21	-0.27	-0.32	-0.26	-0.08	0.03	0.25	0.27	0.11
	③-①	-0.35	-0.54	-0.92	-1.05	-0.96	-0.40	0.34	0.49	0.29

① 考虑上游溪洛渡水库和向家坝水库蓄水影响的还原水位。

② 未考虑上游溪洛渡水库和向家坝水库蓄水影响的还原水位。

③ 实测水位。

10月溪洛渡、向家坝对大通站水位影响较小，该时段大通站水位主要受三峡运行影响；11月溪洛渡、向家坝运行一定程度增加了大通站水位。

2. 流量

将考虑三库联合蓄水的还原流量、仅考虑三峡蓄水的还原流量及实测流量进行对比，结果见表6.3-15、图6.3-26及图6.3-27。

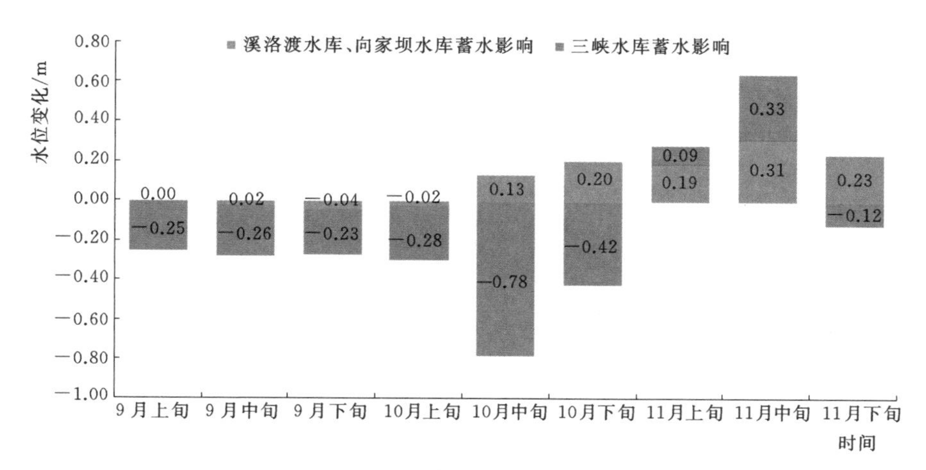

图 6.3-24　2014 年三库蓄水对大通站旬平均水位影响图

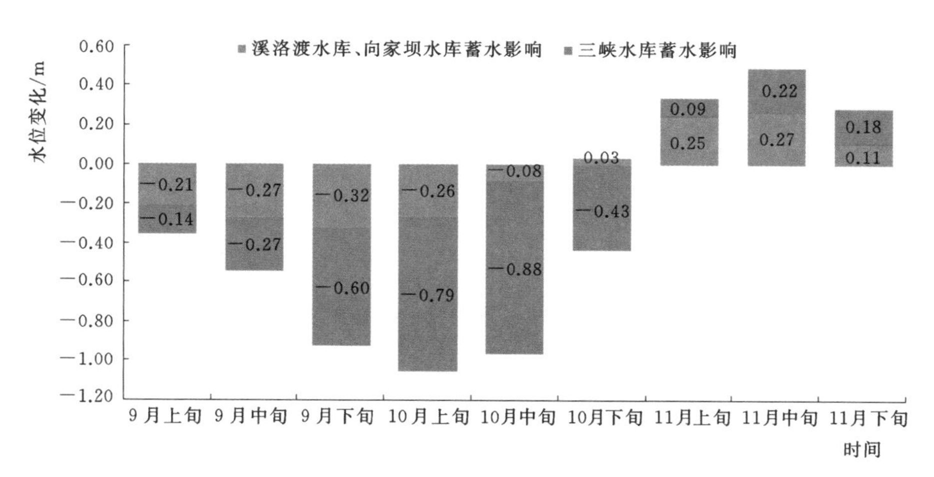

图 6.3-25　2015 年三库蓄水对大通站旬平均水位影响图

表 6.3-15　　溪洛渡水库和向家坝水库蓄水对大通站流量影响分析表　　单位：m^3/s

年份	项目	9月			10月			11月		
		上旬	中旬	下旬	上旬	中旬	下旬	上旬	中旬	下旬
2014	①	43400	42500	43900	40500	34400	22800	24300	23400	18200
	②	43400	42400	43600	40400	35000	23600	25100	24600	19200
	③	41800	40800	42100	38900	31400	21900	25500	26000	18700
	②−①	0	−100	−300	−100	600	800	800	1200	1000
	③−①	−1600	−1700	−1800	−1600	−3000	−900	1200	2600	500
2015	①	31400	33800	36000	36100	33000	23900	19200	23100	31500
	②	30300	32400	34400	34700	32700	24000	20200	24200	32000
	③	29600	31000	31300	30800	28700	22300	20500	25100	32900
	②−①	−1100	−1400	−1600	−1400	−300	100	1000	1100	500
	③−①	−1800	−2800	−4700	−5300	−4300	−1600	1300	2000	1400

①　考虑上游溪洛渡水库和向家坝水库蓄水影响的还原流量。
②　未考虑上游溪洛渡水库和向家坝水库蓄水影响的还原流量。
③　实测流量。

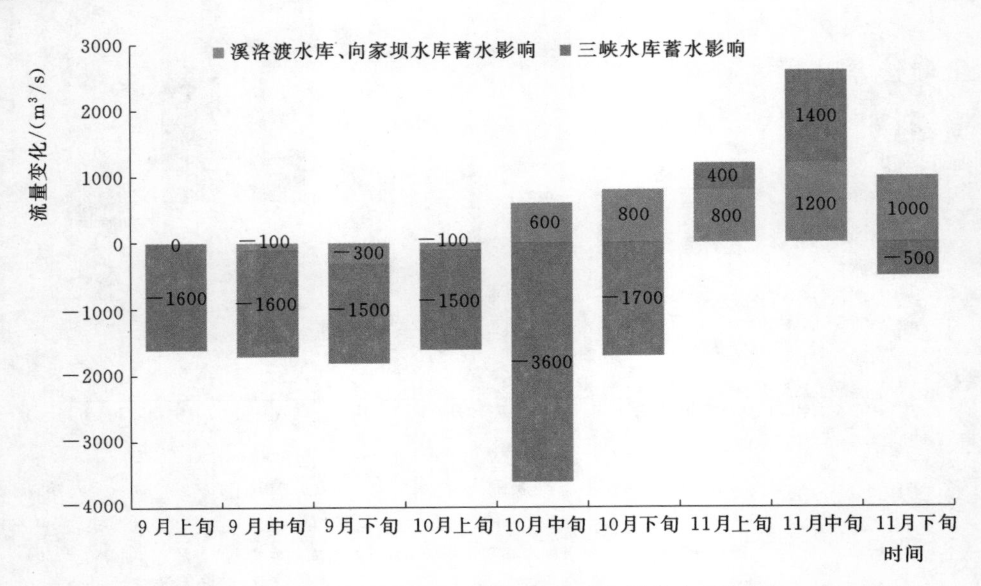

图6.3-26 2014年三库蓄水对大通站旬平均流量影响图

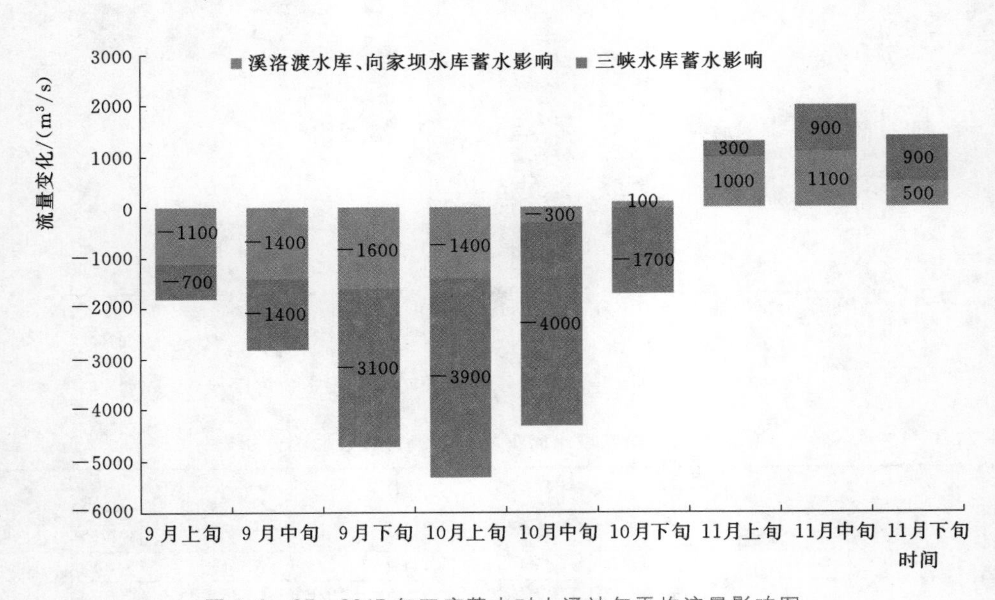

图6.3-27 2015年三库蓄水对大通站旬平均流量影响图

可以看出，三座水库9月蓄水一定程度上减少了大通站的流量。2014年9月，大通站各旬平均流量分别减少1600m^3/s、1700m^3/s及1800m^3/s。2015年9月，大通站旬平均流量分别减少1800m^3/s、2800m^3/s及4700m^3/s。

10月溪洛渡、向家坝对大通站流量影响较小，该时段大通站流量主要受三峡运行影响；11月溪洛渡、向家坝运行一定程度增加了大通站流量。

第7章

非一致性设计洪水计算方法研究

本章研究在收集部分数据资料的基础上，分析流域控制站点水文资料及控制点上游已建、在建和规划的水利工程资料，针对实测洪水序列开展非一致性识别研究，并且构建以梯级水库群调蓄能力为协变量的非一致性洪水频率分布模型，最后结合流域未来时期水利工程规划，推求非一致性条件下设计洪水及其不确定性。

7.1 非参数方法的非一致性识别

7.1.1 Mann－Kendall 趋势检验法

水文气象要素的非正态性分布使得经典统计方法失效，非参数检验方法成为水文气象要素趋势分析较为实用的工具。Mann－Kendall（M－K）趋势检验法是世界气象组织（WMO）推荐用于检验水文气象序列趋势性及其显著性的一种方法（Mittchell et al.，1966）。作为众多非参数检验方法之一，M－K趋势检验法因其不要求样本序列服从某一特定分布，并且不受少数异常值干扰，已被广泛应用于径流、降水、气温、泥沙等水文气象资料的趋势性分析（Chen et al.，2007；Burn，2008；Zhang et al.，2010；章诞武等，2013）。关于M－K方法的基本原理在前文第2章已有介绍，此处不再赘述。

7.1.2 Pettitt 变点检验法

Pettitt变点检验法是由Pettitt于1979年提出的一种非参数变点检验方法，该方法计算简便且不受少数异常值干扰，可以确切给出突变点发生的时间及显著性水平，因此在水文、气象等领域应用十分广泛（Dou et al.，2009；杨大文等，2015）。该方法基本原理是：对于一个水文极值序列 $Z=z_1, z_2, \cdots, z_n$，假设序列中突变点最有可能发生在 t 时刻，因此，以 t 为分割点，将样本序列分为 $z_1, z_2, \cdots, z_t$ 和 $z_{t+1}, z_{t+2}, \cdots, z_n$ 两个部分，分别服从分布 $F_Z^1(z)$ 和 $F_Z^2(z)$，Pettitt变点检验法即在显著性水平 α 下，检验 $F_Z^1(z)$ 和 $F_Z^2(z)$ 是否为同一分布。计算统计量 $U_{t,n}$：

$$U_{t,n}=U_{t-1,n}+V_{t,n} \quad (t=2,\cdots,n) \tag{7.1-1}$$

式中：$V_{t,n}=\sum_{j=1}^{n}\operatorname{sgn}(z_t-z_j)$，$\operatorname{sgn}(z_t-z_j)$ 和 n 含义见式（2.2－3），其中 $U_{1,n}=V_{1,n}$。

于是得到可能突变点位置 t 对应的统计量 K_t 为

$$K_t=\max_{1\leqslant t\leqslant n}|U_{t,n}| \tag{7.1-2}$$

突变点的显著性水平为

$$P_t = 2\exp[-6K_t^2/(n^3+n^2)] \tag{7.1-3}$$

原假设为实测样本序列无突变，当 $P_t \geqslant \alpha$ 时，则接受原假设，认为序列在位置 t 处不存在显著的突变点；当 $P_t < \alpha$ 时，则拒绝原假设，认为序列在位置 t 处存在显著的突变点。

7.2 基于 GAMLSS 的非一致性洪水频率分析

考虑位置、尺度和形状参数的广义可加模型（Generalized Additive Models for Location, Scale and Shape, GAMLSS）是由 Rigby 和 Stasinopoulos（2005）提出的一种半参数回归模型，它克服了广义线性模型和广义可加模型的局限性，将响应变量服从指数分布族这一假设放宽到可服从更广义的分布族，包括一系列高偏度和高峰度的连续的和离散的分布（Rigby et al., 2005；杜鸿，2014），同时可以描述响应变量的任一统计参数与解释变量（协变量）之间的线性或非线性关系。近年来，GAMLSS 模型被越来越多的应用在水文领域非一致性水文频率分析当中（Villarini et al., 2009a，2009b；江聪等，2012；López et al., 2013；Zhang et al., 2014；熊立华等，2015）。

在 GAMLSS 模型中，假定时刻 t（$t=1, 2, \cdots, n$）的独立随机变量观测值 z_t 服从概率密度函数 $f(z_t|\boldsymbol{\theta}^t)$，$\boldsymbol{\theta}^t=(\boldsymbol{\theta}_{t1}, \boldsymbol{\theta}_{t2}, \cdots, \boldsymbol{\theta}_{tp})$ 为时刻 t 对应的 p 个分布统计参数向量。记所有时刻的第 k 个统计参数组成向量为 $\boldsymbol{\theta}_k=(\boldsymbol{\theta}_{1k}, \boldsymbol{\theta}_{2k}, \cdots, \boldsymbol{\theta}_{nk})^{\mathrm{T}}$，$k=1, 2, \cdots, p$，通过一个单调链接函数 $g_k(\cdot)$ 可将 $\boldsymbol{\theta}_k$ 表示为解释变量 $\boldsymbol{Y}_k$ 和随机效应项之间的单调函数关系：

$$g_k(\boldsymbol{\theta}_k) = \boldsymbol{\eta}_k = \boldsymbol{Y}_k\boldsymbol{\beta}_k + \sum_{j=1}^{J_k} \boldsymbol{D}_{jk}\boldsymbol{\gamma}_{jk} \tag{7.2-1}$$

式中：$\boldsymbol{\eta}_k$ 为长度为 n 的向量；$\boldsymbol{Y}_k$ 为 $n\times \boldsymbol{I}_k$ 的解释变量矩阵；$\boldsymbol{\beta}_k=(\boldsymbol{\beta}_{1k}, \boldsymbol{\beta}_{2k}, \cdots, \boldsymbol{\beta}_{I_k k})^{\mathrm{T}}$ 是长度为 $\boldsymbol{I}_k$ 的回归系数向量；$\boldsymbol{I}_k$ 为解释变量的个数；$\boldsymbol{J}_k$ 为随机效应的项数；$\boldsymbol{D}_{jk}$ 为已知固定的 $n\times q_{jk}$ 设计矩阵；$\boldsymbol{\gamma}_{jk}$ 为 q_{jk} 维的正态分布随机变量。

在应用 GAMLSS 模型进行非一致性水文频率分析时，通常不考虑随机效应影响，即 $\boldsymbol{J}_k=0$，于是式（7.2-1）的半参数模型将成为一个全参数模型：

$$\boldsymbol{g}_k(\boldsymbol{\theta}_k) = \boldsymbol{\eta}_k = \boldsymbol{Y}_k\boldsymbol{\beta}_k \tag{7.2-2}$$

由于 4 参数统计分布可以为非一致性水文频率分析提供足够的灵活性，因此在实际应用当中，常取 $p\leqslant 4$。于是可进一步将参数向量表示为 $\boldsymbol{\theta}^t=(\mu_t, \sigma_t, \kappa_t, \tau_t)$，其中 μ_t、σ_t 分别为位置和尺度参数，与分布的均值和方差有关，κ_t、τ_t 为分布的形状参数，与分布的偏度和峰度有关。因此式（7.2-2）可具体表示为

$$\begin{cases} g_1(\mu) = \boldsymbol{Y}_1\boldsymbol{\beta}_1 \\ g_2(\sigma) = \boldsymbol{Y}_2\boldsymbol{\beta}_2 \\ g_3(\kappa) = \boldsymbol{Y}_3\boldsymbol{\beta}_3 \\ g_4(\tau) = \boldsymbol{Y}_4\boldsymbol{\beta}_4 \end{cases} \tag{7.2-3}$$

将解释变量 $\boldsymbol{Y}_k$ 表示为具体形式：

$$\boldsymbol{Y}_k=\begin{bmatrix}1 & y_{11} & \cdots & y_{1(I_k-1)}\\ 1 & y_{21} & \cdots & y_{2(I_k-1)}\\ \vdots & \vdots & \ddots & \vdots\\ 1 & y_{n1} & \cdots & y_{n(I_k-1)}\end{bmatrix}_{n\times \boldsymbol{I}_k} \tag{7.2-4}$$

将式（7.2-4）代入式（7.2-3）可得分布参数与解释变量间函数关系（以位置参数 μ 为例进行说明，其他参数类似）：

$$g_1(\mu)=\begin{bmatrix}1 & y_{11} & \cdots & y_{1(I_1-1)}\\ 1 & y_{21} & \cdots & y_{2(I_1-1)}\\ \vdots & \vdots & \ddots & \vdots\\ 1 & y_{n1} & \cdots & y_{n(I_1-1)}\end{bmatrix}_{n\times \boldsymbol{I}_1}\begin{bmatrix}\boldsymbol{\beta}_{11}\\ \boldsymbol{\beta}_{21}\\ \vdots\\ \boldsymbol{\beta}_{\boldsymbol{I}_1 1}\end{bmatrix}_{\boldsymbol{I}_1\times 1} \tag{7.2-5}$$

GAMLSS 模型关于回归系数 β 的似然函数为

$$L(\boldsymbol{\beta}_1,\boldsymbol{\beta}_2,\boldsymbol{\beta}_3,\boldsymbol{\beta}_4)=\prod_{t=1}^{n}f(z_t\mid \boldsymbol{\beta}_1,\boldsymbol{\beta}_2,\boldsymbol{\beta}_3,\boldsymbol{\beta}_4) \tag{7.2-6}$$

式（7.2-6）中的 $\boldsymbol{\beta}$ 为各统计参数的回归系数向量，即 $\boldsymbol{\beta}_k=(\boldsymbol{\beta}_{1k},\ \boldsymbol{\beta}_{2k},\ \cdots,\ \boldsymbol{\beta}_{\boldsymbol{I}_k k})^{\mathrm{T}}$。

以似然函数最大为目标函数，采用 RS 算法（Rigby et al.，2005）来估计回归系数 $\boldsymbol{\beta}$ 的最优值。

7.3 水库指数因子

为了量化水库调蓄作用对下游径流过程的影响，López 等（2013）提出了一个无量纲的水库指数 RI。该指数假设水库对径流过程的调蓄作用与水库的库容和集水面积成正相关关系。López 等（2013）将 RI 表示为

$$RI=\sum_{i=1}^{N}\left(\frac{A_i}{A_{\mathrm{T}}}\right)\cdot\left(\frac{V_i}{C_{\mathrm{T}}}\right) \tag{7.3-1}$$

式中：N 为水文站上游水库总数；A_{T} 为水文站控制流域面积；A_i 为水文站上游各个水库集水面积；C_{T} 为水文站多年平均年径流量；V_i 为水文站上游各个水库的总库容。

Jiang 等（2015）对 López 等（2013）所提的水库指数进行了改进，采用水文站上游各水库总库容之和 V_{T} 代替水文站多年平均年径流量 C_{T}，Jiang 等（2015）将 RI 表示为

$$RI=\sum_{i=1}^{N}\left(\frac{A_i}{A_{\mathrm{T}}}\right)\left(\frac{V_i}{V_{\mathrm{T}}}\right) \tag{7.3-2}$$

本书中为了更加体现水库调蓄作用对下游水文站径流过程的影响，在 Jiang 等（2015）的研究基础上，对水库指数 RI 做进一步改进，认为水库对径流过程的调蓄作用与水库的集水面积和调节库容成正相关关系，具体表示如下：

$$RI=\sum_{i=1}^{N}\left(\frac{A_i}{A_{\mathrm{T}}}\right)\left(\frac{V_{i调}}{V_{\mathrm{T}调}}\right) \tag{7.3-3}$$

式中：$V_{i调}$ 为水文站上游各个水库的调节库容；$V_{\mathrm{T}调}$ 为水文站上游各水库调节库容之和。

7.4 模型选取及评价准则

7.4.1 模型选取准则

首先定义模型全局拟合偏差 GD：

$$GD=-2\ln L(\hat{\theta})=-2\sum_{t=1}^{n}\ln f(z_t \mid \hat{\theta}_t) \qquad (7.4-1)$$

式中：$\hat{\theta}$ 为洪水频率分布参数的估计值；$L(\hat{\theta})$ 为参数估计值所对应的似然函数。

为了防止非一致性模型过度拟合，引入广义 AIC 准则（GAIC）进行模型选取：

$$GAIC=GD+\omega \mathrm{d}f \qquad (7.4-2)$$

式中：$\mathrm{d}f$ 为模型中的整体自由度；ω 为惩罚因子，$GAIC$ 越小说明模型越好。

AIC 准则（Akaike，1974）是 GAIC 准则中应用最为广泛的特例，对应 $\omega=2$。本书以 AIC 值为标准选取最优非一致性模型，AIC 值越小模型越优。

7.4.2 模型评价准则

虽然 AIC 准则可以作为选取最优模型的标准，然而所选模型具体表现如何，是否能够很好地描述实测洪水序列的非一致性不得而知（Hipel，1981）。模型的残差分布状况是衡量模型选取及统计参数估计效果好坏的重要标准，能够判断所研究的水文极值序列是否服从所选的最优非一致性模型。首先，根据所估参数对模型产生的残差序列进行正态标准化处理，具体方法为

$$r_t=\Phi^{-1}(F_t^Z(z_t|\hat{\theta}_t)) \quad (t=1,2,\cdots,n) \qquad (7.4-3)$$

式中：r_t 为标准化经验正态残差；Φ^{-1} 为标准正态分布反函数，F_t^Z 为洪水频率分布函数；$\hat{\theta}_t$ 为洪水频率分布统计参数估计值。

针对标准化正态残差序列，可分别采用定性和定量方法评价所选非一致性模型拟合效果。定性评价包括残差正态 Q—Q 图（Dunn et al.，1996；薛毅等，2006）及 worm 图（Buuren et al.，2001），定量评价包括残差均值、方差、偏态系数、Filliben 相关系数（Filliben，1975）及 Kolmogorov - Smirnov（K - S）检验（Massey，1951）。

7.4.2.1 残差正态 Q—Q 图

参照薛毅和陈立萍（2006）方法，计算理论正态残差序列：

$$M_t=\Phi^{-1}\left(\frac{t-0.375}{n+0.25}\right) \quad (t=1,2,\cdots,n) \qquad (7.4-4)$$

对经验正态残差序列 r_t 进行升序排列得到 R_t，将 M_t 与 R_t 点绘在平面直角坐标系中（M_t 为横坐标，R_t 为纵坐标），即可得到残差正态 Q—Q 图，图中的点越接近 1∶1 线，说明残差实际值与理论值越接近，模型拟合效果越好。

7.4.2.2 残差 worm 图

worm 图是一种去趋势的 Q—Q 图，能够更加有效地检验出模型经验正态残差与理论残

差的接近程度。具体是以经验残差与理论残差的差值 $R_t - M_t$ 为纵坐标、理论残差 M_t 为横坐标点绘在平面直角坐标系中，即可得到残差 worm 图，当 worm 图中的点位于置信区间范围内时，说明模型拟合效果较好。置信区间下上界计算如下：

$$U=\frac{\Phi^{-1}(1-\alpha/2)\sqrt{p(1-p)/n}}{f(m)} \tag{7.4-5}$$

$$L=\frac{-\Phi^{-1}(1-\alpha/2)\sqrt{p(1-p)/n}}{f(m)} \tag{7.4-6}$$

式中：U 和 L 分别为置信区间上、下界；α 为显著性水平；m 为包含 M_t 在内的 $-4\sim4$ 间隔 0.25 的分位点序列；$f(m)$ 为 m 对应的正态分布概率密度函数；p 为 m 对应的标准正态分布累积概率。

7.4.2.3 Filliben 相关系数

按升序排列后的经验正态残差序列 R_t 与理论残差序列 M_t 之间的相关系数，即为 Filliben 相关系数：

$$F_r=\mathrm{cor}(R,M)=\frac{\sum_{t=1}^{n}(R_t-\overline{R})(M_t-\overline{M})}{\sqrt{\sum_{t=1}^{n}(R_t-\overline{R})^2\sum_{t=1}^{n}(M_t-\overline{M})^2}} \tag{7.4-7}$$

式中：$\overline{R}$ 和 $\overline{M}$ 分别为经验残差和理论残差的均值。

给定显著性水平 α，当 F_r 大于临界值 F_α，表示所选模型通过该拟合优度检验。

7.4.2.4 K-S 检验法

K-S 检验法是检验实测样本是否服从所选非一致性模型较为稳健的拟合优度检验方法，其 K-S 检验的统计量为

$$D_{\text{K-S}}=\max_{1\leqslant t\leqslant n}|\hat{G}_t-G_{(t)}| \tag{7.4-8}$$

式中：$\hat{G}_t$ 为理论累积概率，由 $t/(n+1)$ 计算得到；$G_{(t)}$ 为升序排列的经验累积概率，由 $F_t^Z(z_t|\hat{\theta}_t)$ 计算得到。当 $D_{\text{K-S}}$ 小于临界值 D_α，表示所选模型通过该拟合优度检验。

7.5 非一致性设计洪水推求

在变化环境下水利工程设计、运行及管理中，应该量化两方面的基础信息：①设计使用寿命，即水利工程将发挥作用的时期；②水文风险，即设计使用寿命期内水文极值事件超过某一特定设计值的概率。在给定设计使用寿命及水文风险情况下，将有唯一的设计值与之对应，称之为基于风险的水文极值事件设计值。

随机变量 Z 表示洪水极值事件。在一致性条件下，$F_Z(z,\boldsymbol{\theta}_0)$ 表示 Z 的累积概率分布函数，其中 $\boldsymbol{\theta}_0$ 为固定的统计参数向量。给定某一特定设计使用寿命期 T，则该设计使用寿命期内洪水极值事件超过某一设计值 z_T 的概率，即一致性条件下 z_T 所对应的水文风险 R_T 为（Rootzén et al.，2013；Salas et al.，2014）：

$$R_T=1-F_Z(z_T,\boldsymbol{\theta}_{t_1})\times\cdots\times F_Z(z_T,\boldsymbol{\theta}_{t_n})=1-[F_Z(z_T,\boldsymbol{\theta}_0)]^{LT} \tag{7.5-1}$$

式中：L_T 为设计使用寿命期总年数；t_1 和 t_n 分别为设计使用寿命期初年和末年。

此时，给定某一水文风险 R_T，可推求相应的一致性设计洪水量级 z_T，即转变式（7.5-1）为

$$z_T = F_Z^{-1}[(1-R_T)^{1/L_T}, \boldsymbol{\theta}_0] \tag{7.5-2}$$

在非一致性条件下，$F_Z(z, \boldsymbol{\theta}_t)$ 表示 Z 的累积概率分布函数，其中统计参数向量 $\boldsymbol{\theta}_t$ 随时间或其他物理因子变化。于是有非一致性情况下设计值 z_T 所对应的水文风险为

$$R_T = 1 - F_Z(z_T, \boldsymbol{\theta}_{t_1}) \times \cdots \times F_Z(z_T, \boldsymbol{\theta}_{t_n}) = 1 - \prod_{t=t_1}^{t_n} F_Z(z_T, \boldsymbol{\theta}_t) \tag{7.5-3}$$

此时，给定某一水文风险 R_T，相应的非一致性设计洪水量级 z_T 将无法像式（7.5-2）显式表达，但可通过数值迭代求出其数值解。当 $\boldsymbol{\theta}_t = \boldsymbol{\theta}_0$，即一致性条件仍成立，式（7.5-3）将退化为式（7.5-1）。

通过对实测洪水序列进行非一致性频率分析，进一步求出式（7.5-3）中设计使用寿命期内各年的统计参数 $\boldsymbol{\theta}_t$。此时针对特定设计使用寿命期 T 可进行两方面研究：①对于某一量级的设计洪水 z_T，推求非一致性条件下的水文风险 R_T；②对于某一水文风险 R_T，推求非一致性条件下相应的设计洪水量级 z_T。第①种情况易于求解，然而实际工程设计中通常更关心第②种情况的设计结果，因此，本书将对给定水文风险条件下的非一致性设计洪水进行研究。

7.6 非一致性设计洪水不确定性分析

通过非一致性洪水频率分析结果单纯地仅给出洪水极值事件在未来发生的设计值并不能为工程规划设计者提供足够的信息参考，因此，对于非一致性设计洪水给出一定概率下的不确定性显得尤为重要，该不确定性通常用某一置信水平下的置信区间来描述。目前，针对水文极值事件设计值不确定性研究主要集中在线型选取和分布参数估计两个方面。首先，对于水文频率分析线型的选取，无论选择哪一种线型，都尚缺乏足够的物理依据，大多只是经验拟合，因此模型自身的选取上存在着偏差，即线型选择具有不确定性。其次，水文极值的观测序列比较短，通常仅有几十年的数据资料，样本对总体的代表性存在着一定的偏差，致使基于实测样本序列推断出的总体参数存在着较大不确定性，进而影响水文设计值的可靠性（Coles，2001；梁忠民等，2010；鲁帆等，2013；胡义明等，2013b）。在对非一致性洪水序列进行频率分析时增加了备选分布的选取，同时，Rupa 等（2015）也指出非一致性设计洪水的主要不确定性来源于观测洪水样本数据较短所导致的应用统计分布拟合洪水序列时产生的统计不确定性，并且该不确定性相比于分布模型选取的不确定性更大。

Obeysekera 等（2014）对于现在应用较多的非一致性设计洪水流量不确定性研究方法进行了详细介绍，主要包括 Bootstrap 方法（Efron et al.，1993）、Delta 方法（Coles，2001）和轮廓似然函数方法（Coles，2001）。Serinaldi 等（2015）指出 Bootstrap 方法严格依据现有可用信息而没有任何渐近假设，同时不依赖于特定的参数估计方法，而且无论

模型复杂程度如何都较容易实现，在实际应用中应该被广泛推广。

因此，将采用 Bootstrap 方法分析由于样本数据长度有限所引起的洪水设计值统计不确定性，对于模型选取的不确定性暂且不考虑。

7.6.1 一致性 Bootstrap 方法

Bootstrap 是由 Efron（1979）提出的一种通过重采样技术来评价统计参数或设计值不确定性的方法，通常当统计量的置信区间不能够通过解析方法得到或者应用极限分布近似得到的结果效果不佳时，Bootstrap 方法可以给出比较令人满意的不确定性分析结果（Davison et al.，1997）。由于其严格依据现有信息而没有任何渐近假设等特点，该方法近年来在环境科学等应用统计理论的诸多领域得到了广泛的应用（Kharin et al.，2005；Kyselý，2008）；胡义明等，2013；Obeysekera et al.，2014）。通常将统计理论应用于实测水文样本系列 $Z=\{z_i\}$（$i=1$，2，…，n）来获取所关心的某一统计量（分布参数或者设计值）的估计值 $\hat{\phi}(Z)$，用该估计值来描述总体的特征，该做法的基本思想是即使对于总体真实分布的认识缺乏足够信息，但样本取值是对总体真实分布最好的描述。Bootstrap 方法即通过从原始观测样本中采取有放回抽样方式来生成新的样本系列 $Z^*=\{z_i^*\}$（$i=1$，2，…，N），进而得到所关心的统计量新的估计值 $\hat{\phi}(Z^*)$，反复进行 N 次抽样，得到 N 个统计量抽样估计值 $\hat{\phi}(z_i^*)$（$i=1$，2，…，N）。当 N 足够大时，即可由 $\hat{\phi}(z_i^*)$（$i=1$，2，…，N）推出一定显著性水平下 $\hat{\phi}(Z)$ 的置信区间。在一致性条件下，采用 Bootstrap 方法计算设计洪水流量不确定性具体步骤如下：

（1）由原始实测洪水流量序列 $Z=\{z_i\}$（$i=1$，2，…，N）计算一定重现期 T 下的设计洪水量级 z_T。

（2）采用有放回方式从原始实测洪水流量序列中抽取与其等长度的新样本序列 $Z^*=\{z_i^*\}$（$i=1$，2，…，N）。

（3）用新样本序列重新计算重现期 T 下的设计洪水量级 z_T^*。

（4）重复（2）和（3）步 N 次，得到 N 个抽样设计值 $z_{T,i}^*$（$i=1$，2，…，N）。

（5）应用 Kyselý（2008）所建议的方法来定义 z_T 的 $100(1-\alpha)\%$置信区间，即对得到 N 个抽样设计值 $z_{T,i}^*$（$i=1$，2，…，N）由小到大进行排序，于是 z_T 的 $100(1-\alpha)\%$置信区间为（$z_{T,N\alpha/2}^*$，$z_{T,N(1-\alpha/2)}^*$）。

对于 N 的取值，Efron 等（1993）和 Davison 等（1997）建议当 $\alpha=0.05$ 时，即研究设计洪水流量 z_T 的 95%的置信区间时，N 值取 1000 即可，同样设定 $N=1000$。

7.6.2 非一致性 Bootstrap 方法

在非一致性情况下，无法应用上述方法从原始样本中直接抽样，此时诸多学者提出采用对一致性残差进行抽样的方法推求设计值的不确定性（Kharin et al.，2005；Khaliq et al.，2006；Obeysekera et al.，2014）。在非一致性条件下，采用 Bootstrap 方法计算设计洪水流量不确定性具体步骤如下：

（1）由原始实测洪水流量序列 $Z=\{z_i\}$（$i=1$，2，…，N）计算一定重现期 T 下的

设计洪水量级 z_T。

(2) 由非一致性洪水频率分析得到的时变统计参数 $\hat{\theta}_i(i=1,2,\cdots,N)$ 计算模型标准正态残差 $r_i=\Phi^{-1}[F_i^Z(z_i|\hat{\theta}_i)](i=1,2,\cdots,N)$。

(3) 采用有放回方式从残差序列 $r_i(i=1,2,\cdots,N)$ 中抽取与其等长度的新残差序列 $r_i^*(i=1,2,\cdots,N)$。

(4) 用新残差序列计算洪水流量样本序列 $z_i^*=F_i^{Z-1}[\Phi(r_i^*)|\hat{\theta}_i](i=1,2,\cdots,N)$，按照 (1) 步重新计算重现期 T 下的设计洪水量级 z_T^*。

(5) 重复 (3) 和 (4) 步 N 次，得到 N 个抽样设计值 $z_{T,i}^*(i=1,2,\cdots,N)$。

(6) 对得到 N 个抽样设计值 $z_{T,i}^*(i=1,2,\cdots,N)$ 由小到大排序，z_T 的 $100(1-\alpha)\%$ 置信区间为 $(z_{T,N\alpha/2}^*, z_{T,N(1-\alpha/2)}^*)$。

7.7 研究区域及数据

7.7.1 研究区域

7.7.1.1 乌江流域

乌江是长江上游右岸最大的一条支流，发源于贵州省西北部乌蒙山东麓，三岔河与六冲河在黔西、清镇、织金3县（市）交界的化屋基汇合后，流向由西南向东北横贯贵州省中部，流经黑獭堡—思毛坝黔渝界河段后，进入重庆境内，至涪陵注入长江。乌江干流在化屋基以上为上游，化屋基—思南为中游，思南—涪陵为下游。乌江干流分段特征见表7.7-1。

表7.7-1 乌江干流分段特征表

分段	起讫地点	流域面积/km²		河长/km	天然落差/m	比降/‰	备注
		区间	累计				
上游	南源—化屋基	7264	7264	325.6	1398.0	4.29	三岔河
	北源—化屋基	10874	10874	273.4	1293.5	4.73	六冲河
中游	化屋基—思南	33132	51270	366.8	503.7	1.37	
下游	思南—涪陵	36650	87920	344.6	221.3	0.64	

为开发乌江丰富的水能资源，改善乌江航运条件，提高乌江中下游抗洪能力并配合长江中下游防洪，1987年长江流域规划办公室（1989年至今为水利部长江水利委员会）与贵阳勘测设计院共同编制完成了《乌江干流规划报告》。在《乌江干流规划报告》中推荐乌江干流按普定、引子渡、洪家渡、东风、索风营、乌江渡、构皮滩、思林、沙沱、彭水和大溪口等11级开发方案（其中洪家渡位于支流六冲河上）。1989年，国家计委以计国土〔1989〕502号文对《乌江干流规划报告》进行了批复，同意普定至彭水10级开发，大溪口梯级要待三峡水库正常蓄水位确定后另行考虑。进入21世纪后，乌江干流彭水至河口河段开发条件与20世纪80年代开展乌江干流规划时相比已发生了较大变化。国家发

展改革委在广泛征求意见后以发改办能源〔2007〕2723号文对乌江干流彭水至河口河段开发方案进行了回复，复函同意该河段按银盘和白马两级开发。调整后乌江干流按12个梯级开发。

作为我国十三大水电基地之一，乌江干流规划调整后的12个梯级已建成发电的有普定、引子渡、洪家渡、东风、索风营、乌江渡、彭水、构皮滩、思林、沙沱和银盘等11座水电站，仅有白马枢纽尚未开工建设。乌江干流梯级开发示意图如图7.7-1所示。乌江流域梯级水库群多阻断效应已经形成，受此影响，乌江干流下游控制站武隆站水文时间序列已非天然随机状态。因此，开展梯级水库群影响下的乌江流域非一致性洪水频率分析及设计洪水研究，对流域水利工程规划建设及防洪决策等具有重要意义。

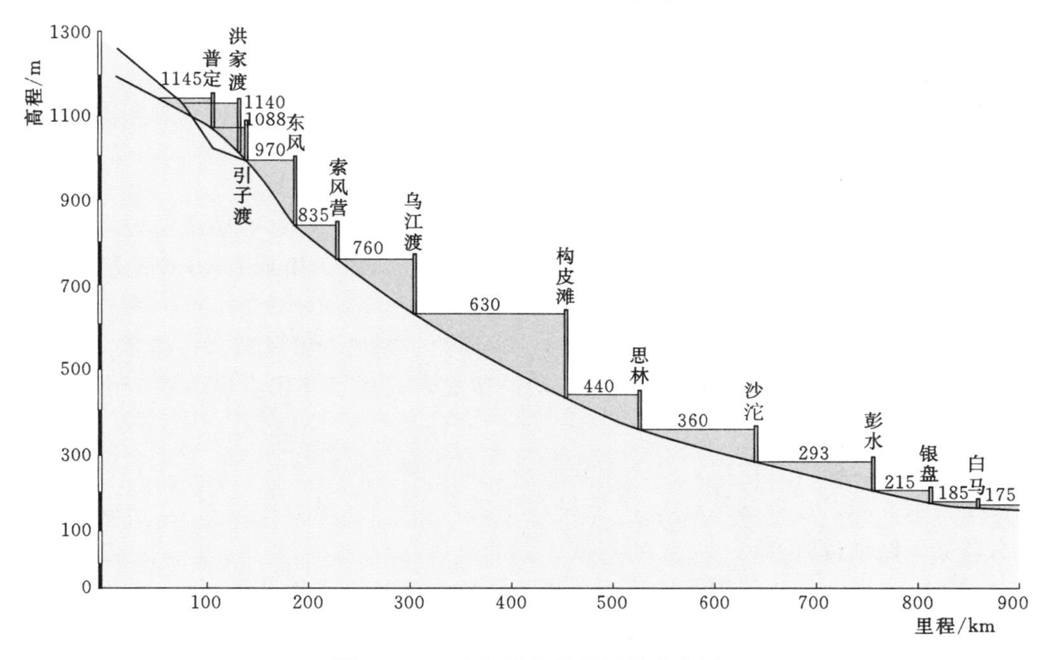

图7.7-1 乌江干流梯级开发示意图

7.7.1.2 金沙江流域

金沙江是中国第一大河——长江上游河段的重要组成部分，发源于唐古拉山中段各拉丹东雪山和尕恰迪如岗雪山之间。位于东经90°～105°、北纬24°～36°，北以巴颜喀拉山与黄河上游分界，东以大雪山与大渡河为邻，西以宁静山与澜沧江分水，南以乌蒙山与珠江接壤，流域位于我国青藏高原、云贵高原和四川盆地的西部边缘，跨越青海、西藏、四川、云南、贵州五省（自治区），流域面积约为50万km^2，占长江流域总面积的27.8%；河流全长约3500km，为长江全长的55.5%；落差约5100m，占整个长江落差的95%。金沙江干流水能资源十分丰富，根据2003年水力资源复查成果，金沙江干流水能技术可开发量为7.67万MW，占长江干流的71.8%，在我国能源资源中具有重要的战略地位。

金沙江干流上游河段为石鼓以上的金沙江河段，流域面积约为21.4万km^2，其中从青海玉树的巴塘河口至云南迪庆的奔子栏，河段长约为772km，天然落差为1516m，水能资源丰富，总装机规模约为1400万kW，年发电量为642亿kWh，涉及青海玉树、青海海西、西藏昌都、四川甘孜、云南迪庆4省（自治区）的5市（州），是金沙江上游水电能源基地的重要组成部分。

石鼓—攀枝花为金沙江中游河段，区间流域面积为4.5万km^2，河段长为564km，河道平均比降为1.48‰，主要位于云南省西北部的丽江市和迪庆藏族自治州境内，在塘坝河（新庄河）口以下约40km河段位于四川省攀枝花市境内。金沙江水电基地是我国十三大水电基地中最大的一个，其中，金沙江中游河段水能资源约为20580MW，是西电东送的重要能源基地。

攀枝花以下为下段，规划四级开发，乌东德—白鹤滩—溪洛渡—向家坝，其中溪洛渡和向家坝已建成，2020年年底乌东德和白鹤滩正在建设当中。

7.7.2 数据来源

主要应用实测水文数据和乌江、金沙江干流梯级水利工程数据。

(1) 武隆水文站为乌江干流下游控制站，武隆站1951—2016年逐日平均流量数据来自长江委水文局，选取其年最大1d流量和年最大3d径流量、年最大7d径流量序列作为洪水极值事件进行研究。

(2) 武隆站以上乌江干流普定、引子渡、洪家渡、东风、索风营、乌江渡、彭水、构皮滩、思林、沙沱和银盘等11个梯级水库均已建成，收集了其相应参数用于构建武隆站上游水库指数因子。

(3) 屏山水文站为金沙江干流下游控制站，屏山站1951—2016年逐日平均流量数据来自长江委水文局，选取其年最大1d流量和年最大3d径流量、年最大7d径流量序列作为洪水极值事件进行研究。

(4) 屏山站以上金沙江干流已建、在建及规划未建梯级水库共25级，收集了其相应参数用于构建屏山站上游金沙江流域水库指数因子。

7.8 结果分析

7.8.1 初步非一致性识别

武隆站1951—2016年和屏山站1951—2016年实测年最大1d流量、年最大3d径流量、年最大7d径流量序列如图7.8-1所示，分别选取最为常用的Mann-Kendall（M-K）趋势检验法和Pettitt变点检验法对实测洪水极值序列的趋势性特征和跳跃性突变进行初步非一致性识别，显著性水平α取0.05。各洪水序列M-K趋势检验法及Pettitt变点检验法结果见表7.8-1。结果表明，两站各洪水序列均存在一定程度的下降趋势，同时两站分别在2003年和2005年前后出现了向下跳跃性突变，但在显著性水平α取0.05的情况下，两种非一致性形式均不显著。进一步分析图7.8-2各实测洪水序列发现，各序列在不同年代波动性均有所减弱，由此猜想武隆站和屏山站各实测洪水序列非一致性可能不是单纯的趋势性或者单一变点的跳跃性。

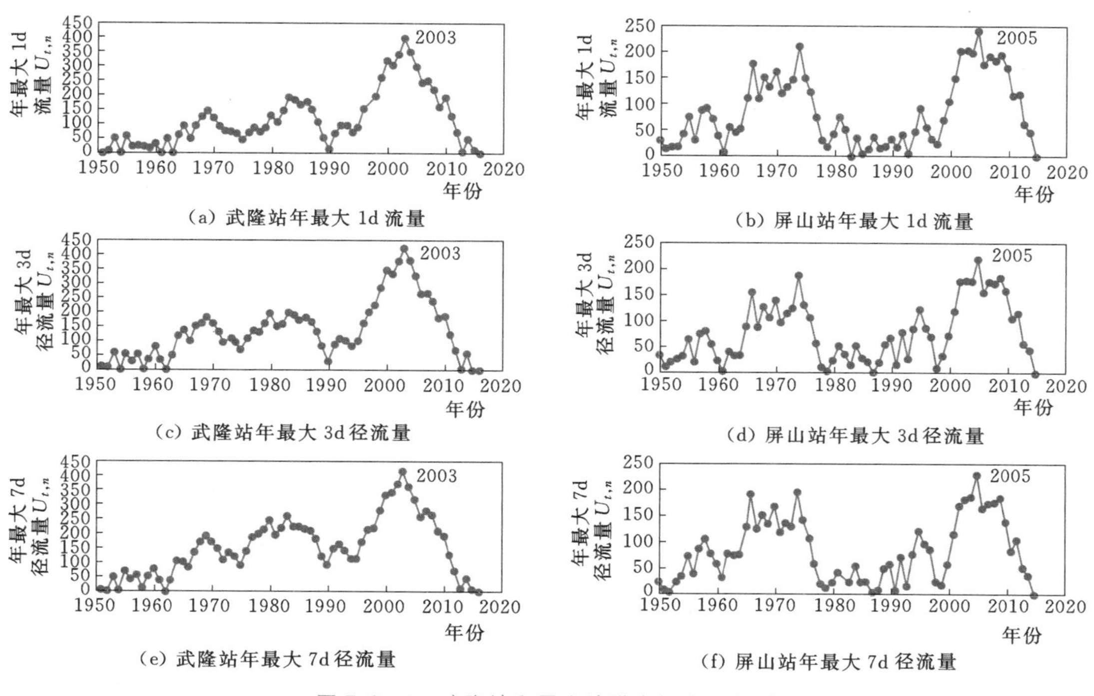

(a) 武隆站年最大1d流量 (b) 屏山站年最大1d流量

(c) 武隆站年最大3d径流量 (d) 屏山站年最大3d径流量

(e) 武隆站年最大7d径流量 (f) 屏山站年最大7d径流量

图7.8-1 武隆站和屏山站洪水径流量序列

表7.8-1 武隆站和屏山站洪水序列非一致性检验结果

项目	M-K趋势检验法 $U_{\text{M-K}}$ ($U_{1-\alpha/2}=1.96$)		Pettitt变点检验法 P_t ($\alpha=0.05$)	
	武隆站	屏山站	武隆站	屏山站
年最大1d流量	-1.23	-0.80	0.081 (2003)	0.612 (2005)
年最大3d径流量	-1.43	-0.61	0.051 (2003)	0.746 (2005)
年最大7d径流量	-1.65	-0.67	0.058 (2003)	0.687 (2005)

7.8.2 水库指数

武隆站以上乌江干流普定、引子渡、洪家渡、东风、索风营、乌江渡、构皮滩、思林、沙沱、彭水和银盘等11个梯级已建成，屏山站以上金沙江干流梨园、阿海、金安桥、龙开口、鲁地拉、观音岩、溪洛渡和向家坝等8个梯级已建成，收集了其相应参数用于构建武隆站和屏山站上游流域水库指数因子（表7.8-2和表7.8-3）。在此基础上，依据式（7.3-3）计算武隆站和屏山站上游流域水库指数 RI 随时间变化如图7.8-3所示，结果显示，武隆站和屏山站洪水序列发生突变的年份与各水库建立节点比较一致，由此可见上游梯级水库群的多级阻断效应对武隆站和屏山站洪水序列非一致性确实可能存在一定程度的影响。

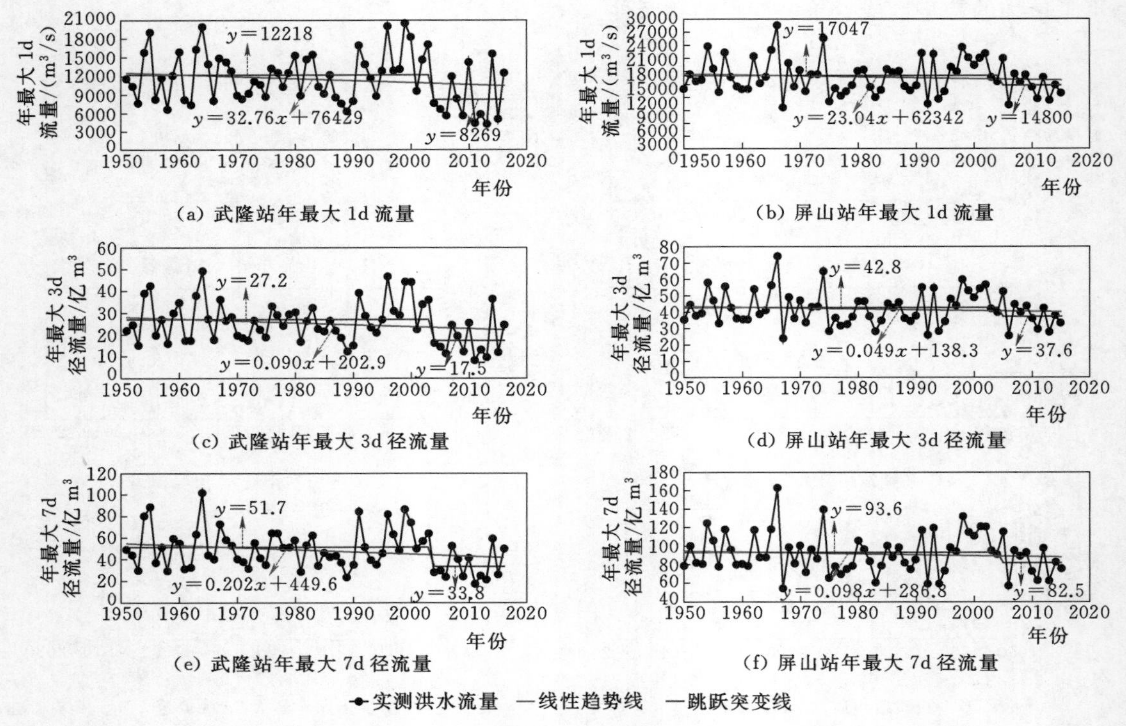

图7.8-2 武隆站和屏山站洪水序列初步非一致性检验

表7.8-2 武隆站上游流域各水库参数统计表

水库	集水面积/km²	调节库容/亿m³	水库	集水面积/km²	调节库容/亿m³
普定	5871	2.478	构皮滩	43250	29.02
引子渡	6422	3.22	思林	48558	3.17
洪家渡	9900	33.61	沙沱	54508	2.87
东风	18161	4.91	彭水	69000	5.18
索风营	21862	0.674	银盘	74910	0.37
乌江渡	27790	13.6			

表7.8-3 屏山站上游流域各水库参数统计表

水库	集水面积/万km²	调节库容/亿m³	水库	集水面积/km²	调节库容/亿m³
西绒	14.1900	0.51	梨园	22.0100	1.73
晒拉	14.2200	0.36	阿海	23.5400	2.38
果通	14.2600	0.21	金安桥	23.7400	3.46
岗托	14.7451	32.25	龙开口	24.0000	1.13
岩比	14.9581	0.377	鲁地拉	24.7300	3.76

续表

水库	集水面积 /万 km²	调节库容 /亿 m³	水库	集水面积 /km²	调节库容 /亿 m³
波罗	16.0519	0.86	观音岩	25.6500	5.55
叶巴滩	17.3484	5.37	金沙	25.8900	0.112
拉哇	17.6027	7.2	银江	25.9800	
巴塘	17.6436	0.2	乌东德	40.6100	30.2
苏洼龙	18.3825	0.72	白鹤滩	43.0300	104.36
昌波	18.4436	0.081	溪洛渡	45.4400	64.6
旭龙	18.9500	0.74	向家坝	45.8800	9.03

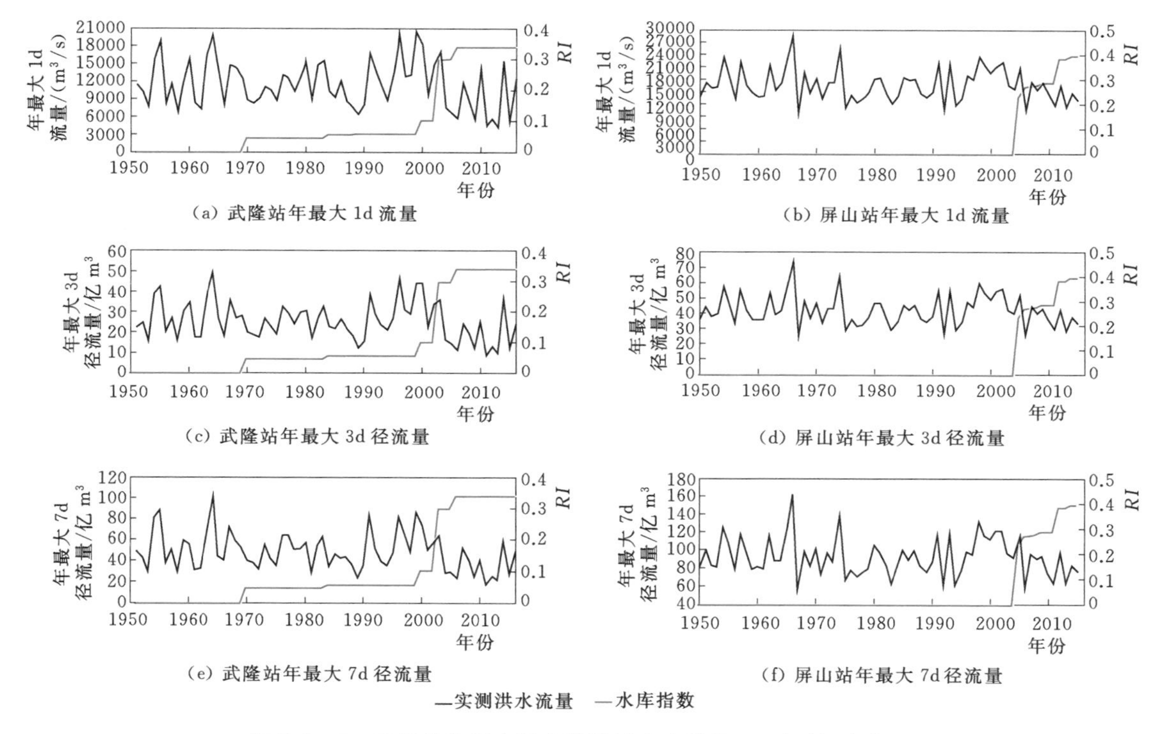

图 7.8-3 武隆站和屏山站上游流域水库指数 *RI* 随时间变化图

7.8.3 洪水频率分布线型的选取

本章拟选取 Weibull 分布、Gumbel 分布、Gamma 分布、Logistic 分布及 Normal 分布等 5 种常用的两参数分布以及 P-Ⅲ分布和 GEV 分布两种常用的三参数分布作为备选洪水频率分布线型（表 7.8-4）。对于三参数的 P-Ⅲ分布和 GEV 分布，由于其形状参数较为敏感，通常不考虑该参数的非一致性。值得指出的是，P-Ⅲ分布是我国主流线型，在国内多年的水文频率分析实践中得到了较好的应用效果。

表 7.8-4 备选洪水频率分布表

分布	概率密度函数	矩与统计参数关系	链接函数
Weibull	$f_Z(z\mid\mu,\sigma)=\frac{\sigma z^{\sigma-1}}{\mu^{\sigma}}\exp\left[-\left(\frac{z}{\mu}\right)^{\sigma}\right]$ $z>0,\mu>0,\sigma>0$	$E(Z)=\mu\Gamma\left(\frac{1}{\sigma}+1\right)$ $SD(Z)=\mu\sqrt{\Gamma\left(\frac{2}{\sigma}+1\right)-\left[\Gamma\left(\frac{1}{\sigma}+1\right)\right]^2}$	$g_1(\mu)=\ln\mu$ $g_2(\sigma)=\ln\sigma$
Gumbel	$f_Z(z\mid\mu,\sigma)=\frac{1}{\sigma}\exp\left\{-\left(\frac{z-\mu}{\sigma}\right)-\exp\left[-\left(\frac{z-\mu}{\sigma}\right)\right]\right\}$ $-\infty<z<\infty,-\infty<\mu<\infty,\sigma>0$	$E(Z)=\mu+\gamma\sigma\simeq\mu+0.57722\sigma$ $SD(Z)=\frac{\pi}{\sqrt{6}}\sigma\simeq 1.28255\sigma$	$g_1(\mu)=\mu$ $g_2(\sigma)=\ln\sigma$
Gamma	$f_Z(z\mid\mu,\sigma)=\frac{1}{(\mu\sigma^2)^{1/\sigma^2}}\frac{z^{(1/\sigma^2-1)}e^{-z/(\mu\sigma^2)}}{\Gamma(1/\sigma^2)}$ $z>0,\mu>0,\sigma>0$	$E(Z)=\mu$ $SD(Z)=\mu\sigma$	$g_1(\mu)=\ln\mu$ $g_2(\sigma)=\ln\sigma$
Logistic	$f_Z(z\mid\mu,\sigma)=\frac{1}{\sigma}\left\{\exp\left[-\left(\frac{z-\mu}{\sigma}\right)\right]\right\}\left\{1+\exp\left[-\left(\frac{z-\mu}{\sigma}\right)\right]\right\}^{-2}$ $-\infty<z<\infty,-\infty<\mu<\infty,\sigma>0$	$E(Z)=\mu$ $SD(Z)=\frac{\pi}{\sqrt{3}}\sigma\simeq 1.81380\sigma$	$g_1(\mu)=\mu$ $g_2(\sigma)=\ln\sigma$
Normal	$f_Z(z\mid\mu,\sigma)=\frac{1}{\sqrt{2\pi}\sigma}\exp\left[-\frac{(z-\mu)^2}{2\sigma^2}\right]$ $-\infty<z<\infty,-\infty<\mu<\infty,\sigma>0$	$E(Z)=\mu$ $SD(Z)=\sigma$	$g_1(\mu)=\mu$ $g_2(\sigma)=\ln\sigma$
GEV	$f_Z(z\mid\mu,\sigma,\kappa)=\frac{1}{\sigma}\left[1+\kappa\left(\frac{z-\mu}{\sigma}\right)\right]^{(-1/\kappa)-1}\exp\left\{-\left[1+\kappa\left(\frac{z-\mu}{\sigma}\right)\right]^{-1/\kappa}\right\}$ $-\infty<\mu<\infty,\sigma>0,-\infty<\kappa<\infty$	$E(Z)=\mu-\frac{\sigma}{\kappa}+\frac{\sigma}{\kappa}\xi_1$ $SD(Z)=\sigma\sqrt{\xi_2-\xi_1^2}/\kappa$ 其中：$\xi_m=\Gamma(1-m\kappa)$	$g_1(\mu)=\mu$ $g_2(\sigma)=\ln\sigma$ $g_3(\kappa)=\kappa$
P-Ⅲ	$f_Z(z\mid\mu,\sigma,\kappa)=\frac{1}{\sigma\lvert\mu\kappa\rvert\Gamma(1/\kappa^2)}\left(\frac{z-\mu}{\mu\sigma\kappa}+\frac{1}{\kappa^2}\right)^{\frac{1}{\kappa^2}-1}\exp\left[-\left(\frac{z-\mu}{\mu\sigma\kappa}+\frac{1}{\kappa^2}\right)\right]$ $\sigma>0,\kappa\neq 0,\frac{z-\mu}{\mu\sigma\kappa}+\frac{1}{\kappa^2}\geqslant 0$	$E(Z)=\mu$ $SD(Z)=\mu\sigma$	$g_1(\mu)=\ln\mu$ $g_2(\sigma)=\ln\sigma$ $g_3(\kappa)=\kappa$

7.8.4 关联梯级水库群调蓄因素的非一致性洪水频率分析

在时变矩理论的基础上，结合 GAMLSS 模型，分别以时间 t 和水库指数 RI 为协变量，研究武隆站和屏山站洪水频率分布统计参数随协变量的变化情况，构建武隆站和屏山站各洪水序列非一致性频率分布模型。

7.8.4.1 武隆站

1. 年最大 1d 流量序列非一致性频率分析

对于武隆站年最大 1d 流量序列，当以时间 t 为协变量时，各非一致性模型拟合结果 AIC 值表明，P-Ⅲ分布为最优分布，尺度参数 σ ［经过链接函数 $g(\sigma)=\ln\sigma$ 转换后，该类转换后文不再指出］随时间 t 线性变化为最优非一致性模型，相应 AIC 值为 1279.2，详见图 7.8-4 (a) 及表 7.8-5。

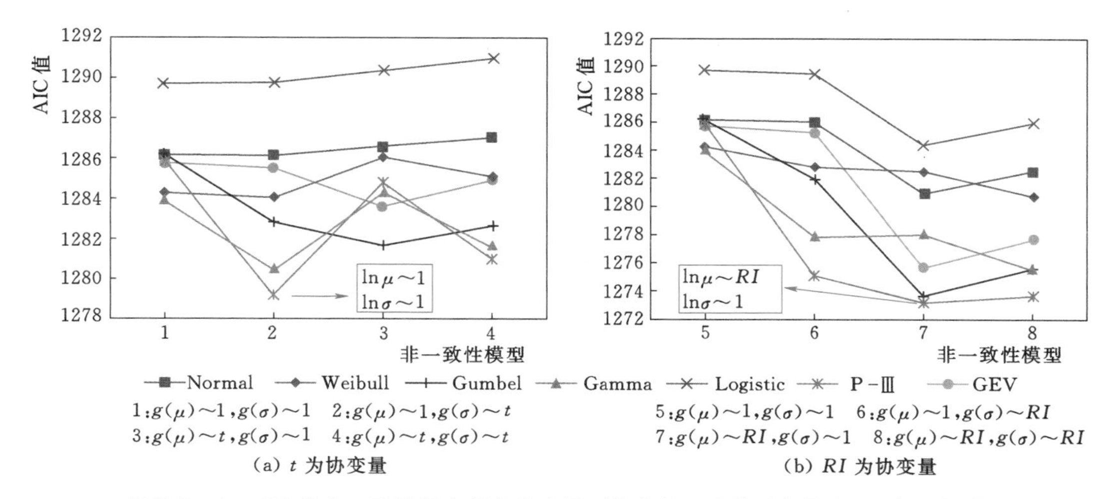

图 7.8－4 武隆站非一致性洪水频率分布模型拟合结果比较（年最大 1d 流量序列）

表 7.8－5 武隆站非一致性频率分析结果及评价指标统计量（年最大 1d 流量序列）

拟合模型		估计参数	AIC 值	Filliben 相关系数 F_r	K－S 检验统计量 $D_{K\text{-}S}$
年最大 1d 流量	非一致性 P－Ⅲ分布[①]（t 为协变量）	$\mu_0=9.36$ $\sigma_0=-1.24$ $\sigma_1=0.00835$ $\kappa_0=0.691$	1279.2	0.988	0.101
	非一致性 P－Ⅲ分布[②]（RI 为协变量）	$\mu_0=9.47$ $\mu_1=-1.38$ $\sigma_0=-0.930$ $\kappa_0=0.792$	1273.2	0.992	0.072

注 其中 Filliben 相关系数及 K－S 检验统计量在 $\alpha=0.05$ 的临界值分别为 $F_\alpha=0.978$ 和 $D_\alpha=1.36/\sqrt{66}\approx0.167$，$F_r>F_\alpha$ 或者 $D_{K\text{-}S}<D_\alpha$ 则表示非一致性模型通过拟合优度检验。

① 统计参数与协变量间关系：$\ln\mu_t=\mu_0$，$\ln\sigma_t=\sigma_0+\sigma_1(t-\tau)$，$\kappa_t=\kappa_0$，$\tau=1950$。

② 统计参数与协变量间关系：$\ln\mu_t=\mu_0+\mu_1 RI_t$，$\ln\sigma_t=\sigma_0$，$\kappa_t=\kappa_0$。

虽然根据 AIC 准则已选出 P－Ⅲ分布尺度参数 σ 时变为最优非一致性模型，然而模型具体表现如何未知，下面将对所选模型效果进行评价。模型的残差正态 Q—Q 图和 worm 图如图 7.8－5 所示。结果表明，残差正态 Q—Q 图显示除个别点偏离以外，大部分点都分布在 1∶1 线附近，并且 worm 图中所有点都分布在 95%置信区间（上下两条灰色虚线）内，定性说明所选非一致性模型效果较好。进一步统计模型标准化正态残差序列的 Filliben 相关系数及 K－S 检验统计量等定量评价指标列于表 7.8－5。结果表明，各评价指标均说明经验残差序列的正态性，意味着所选模型较为合理。

以时间为协变量所得的非一致性模型单从效果上来讲可以接受，然而其缺乏一定的物理意义，并且默认了基于历史观测样本序列所得出的非一致性趋势在未来将无限制的持续下去，因此其难免有些不妥之处。上游梯级水库群的建立对武隆站洪水序列非一致性可能存在一定程度的影响，下面选取更具物理意义的水库指数因子作为协变量进行非一致性洪

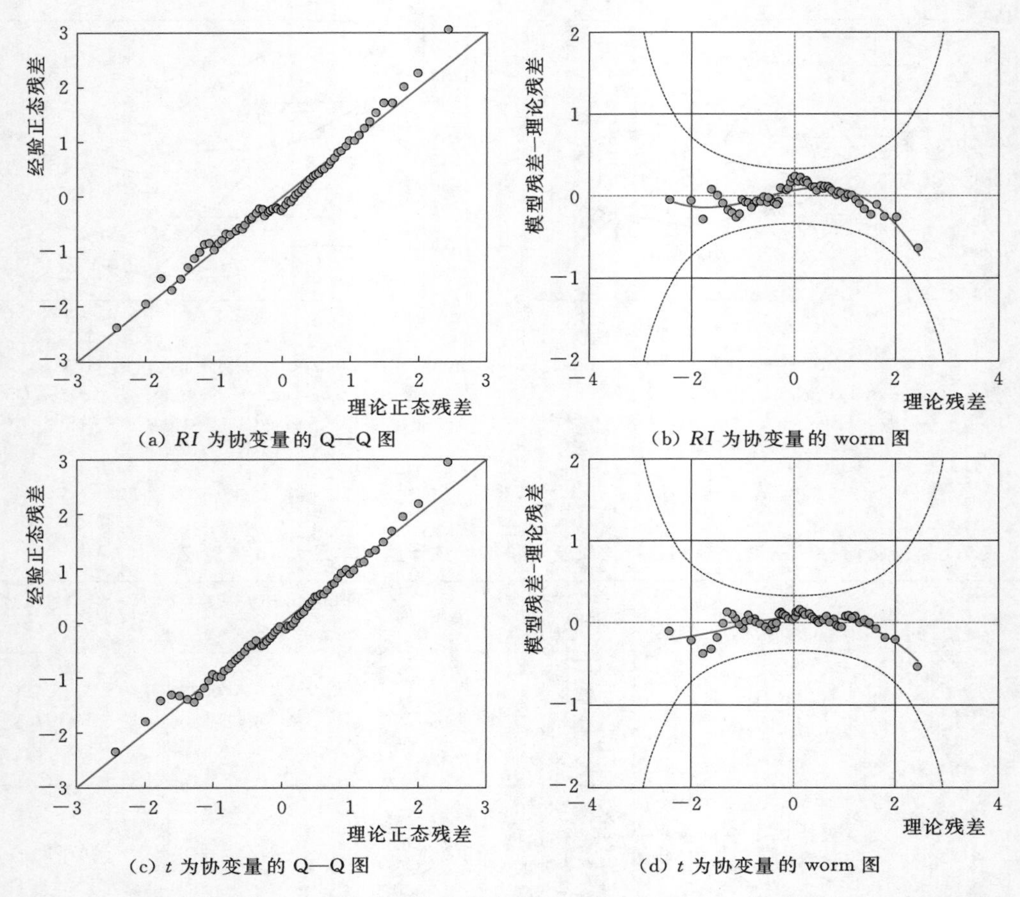

图 7.8-5 武隆站最优非一致性模型拟合优度检验 Q—Q 图及 worm 图（年最大 1d 流量序列）

水频率分析。

当以 RI 为协变量时，各备选分布拟合非一致性 GAMLSS 模型结果的 AIC 值如图 7.8-4（b）所示。结果同样表明 P-Ⅲ分布为最优分布，其位置参数 μ 为 RI 的线性函数为最优非一致性模型，其他分布下的非一致性模型 AIC 值相比于该模型均有一定程度的增加。值得指出的是，以 RI 为协变量的最优非一致性模型 AIC 值为 1273.2，明显小于以时间 t 为协变量的最优非一致性模型的 1279.2，说明选取 RI 为协变量不仅使所得模型具有一定的物理意义，而且得到的模型效果更优。

虽然根据 AIC 准则已选出 P-Ⅲ分布位置参数 μ 为 RI 的线性函数为最优非一致性模型，然而模型具体表现如何未知，下面将对所选模型效果进行评价。定性及定量评价结果见图 7.8-5 和表 7.8-5，结果表明，模型能够通过各拟合优度检验。综合各方面来看，无论定性还是定量上，以 RI 为协变量的最优非一致性模型效果很好，并且优于以时间 t 为协变量的情况。

最后，分别给出以时间为协变量和以 RI 为协变量两种情况下各自最优非一致性模型分位曲线图，结果如图 7.8-6 所示。总体来看，以时间为协变量的分位曲线方差有逐渐变大的趋势，然而这与 2000 年以后的实测序列并不相符，且根据模型特点，该趋势将无限延续下去，将导致推求未来时期设计洪水量级存在较大不确定性；相比之下，以水库指数为协变量的分位曲线综合考虑了流域各个时期修建水利工程引起的洪水序列非一致性，能够明显拟合出序列的下降趋势/向下跳跃突变，拟合结果相比时间为协变量更为合理。

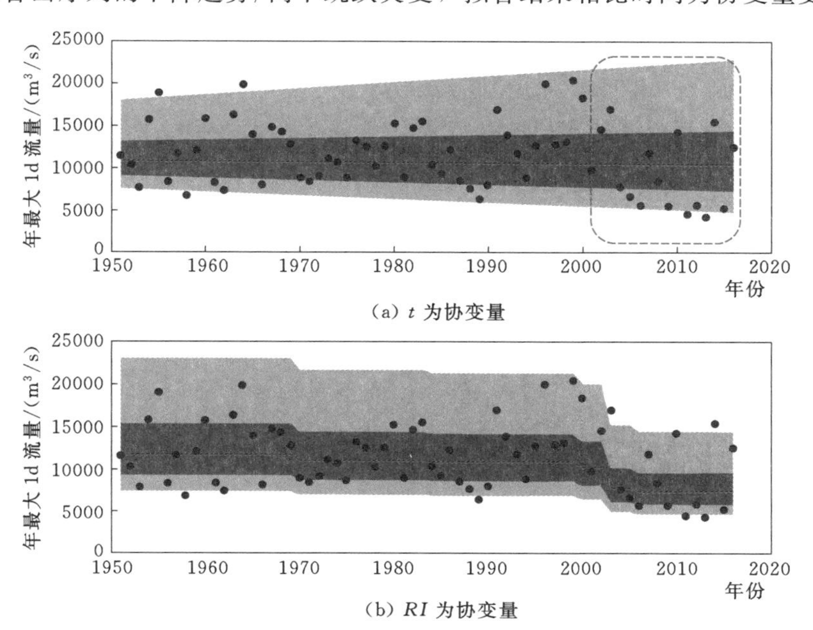

图 7.8-6 武隆站最优非一致性模型分位曲线图（年最大 1d 流量序列）

2. 年最大 3d 径流量序列非一致性频率分析

对于武隆站年最大 3d 径流量序列，当以时间 t 为协变量时，各非一致性模型拟合结果 AIC 值表明，P-Ⅲ分布为最优分布，尺度参数 σ 随时间 t 线性变化为最优非一致性模型，相应 AIC 值为 477.1，详见图 7.8-7（a）及表 7.8-6。

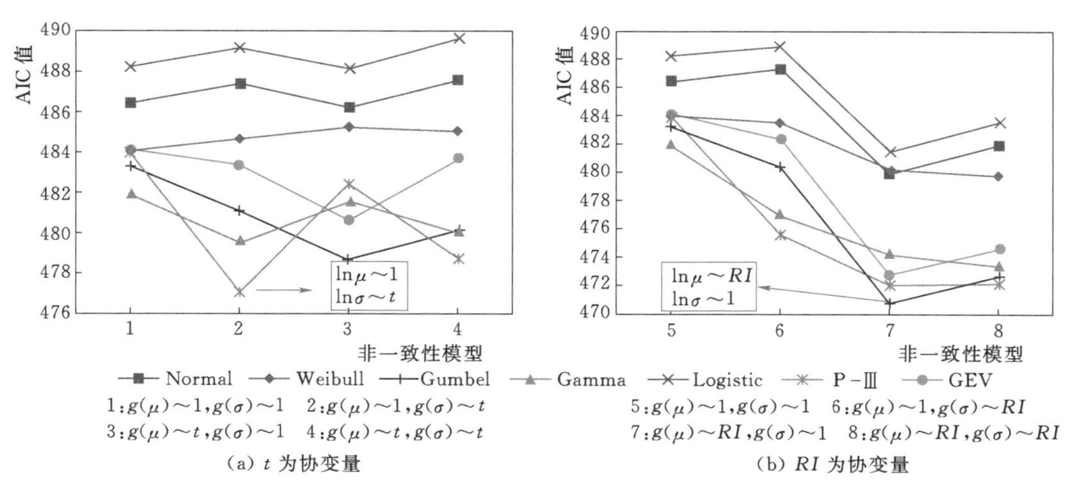

图 7.8-7 武隆站非一致性洪水频率分布模型拟合结果比较（年最大 3d 径流量序列）

表 7.8-6 武隆站非一致性频率分析结果及评价指标统计量（年最大 3d 径流量序列）

拟合模型		估计参数	AIC 值	Filliben 相关系数 F_r	K-S 检验统计量 $D_{K\text{-}S}$
年最大 3d 径流量	非一致性 P-Ⅲ分布①（t 为协变量）	$\mu_0=3.25$ $\sigma_0=-1.21$ $\sigma_1=0.00897$ $\kappa_0=0.715$	477.1	0.993	0.072
	非一致性 Gumbel 分布②（RI 为协变量）	$\mu_0=23.7$ $\mu_1=-25.1$ $\sigma_0=1.932$	470.8	0.993	0.058

注 其中 Filliben 相关系数及 K-S 检验统计量在 $\alpha=0.05$ 的临界值分别为 $F_\alpha=0.978$ 和 $D_\alpha=1.36/\sqrt{66}\approx0.167$，$F_r>F_\alpha$ 或者 $D_{K\text{-}S}<D_\alpha$ 则表示非一致性模型通过拟合优度检验。

① 统计参数与协变量间关系：$\ln\mu_t=\mu_0$，$\ln\sigma_t=\sigma_0+\sigma_1(t-\tau)$，$\kappa_t=\kappa_0$，$\tau=1950$。

② 统计参数与协变量间关系：$\mu_t=\mu_0+\mu_1 RI_t$，$\ln\sigma_t=\sigma_0$。

虽然根据 AIC 准则已选出 P-Ⅲ分布尺度参数 σ 时变为最优非一致性模型，然而模型具体表现如何未知，下面将对所选模型效果进行评价。模型的残差正态 Q—Q 图和 worm 图如图 7.8-8 所示。结果表明，残差正态 Q—Q 图显示除个别点偏离以外，大部分点都

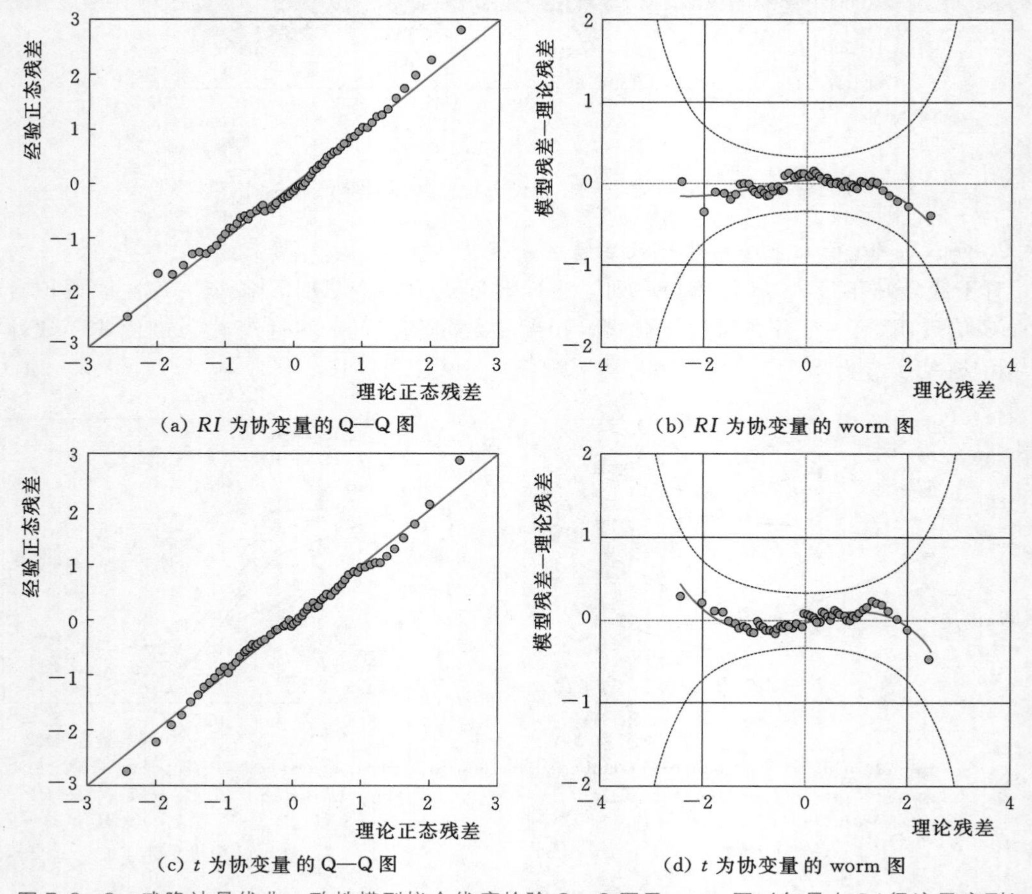

图 7.8-8 武隆站最优非一致性模型拟合优度检验 Q—Q 图及 worm 图（年最大 3d 径流量序列）

分布在 1∶1 线附近，并且 worm 图中所有点都分布在 95%置信区间（上下两条灰色虚线）内，定性说明所选非一致性模型效果较好。进一步统计模型标准化正态残差序列的 Filliben 相关系数以及 K－S 检验统计量等定量评价指标列于表 7.8－6。结果表明，各评价指标均说明经验残差序列的正态性，意味着所选模型较为合理。

以时间为协变量所得的非一致性模型单从效果上来讲可以接受，然而其缺乏一定的物理意义，并且默认了基于历史观测样本序列所得出的非一致性趋势在未来将无限制的持续下去，因此其难免有些不妥之处。上游梯级水库群的建立对武隆站洪水序列非一致性可能存在一定程度的影响，下面选取更具物理意义的水库指数因子作为协变量进行非一致性洪水频率分析。

当以 RI 为协变量时，各备选分布拟合非一致性 GAMLSS 模型结果的 AIC 值如图 7.8－7（b）所示。结果表明 Gumbel 分布为最优分布，其位置参数 μ 为 RI 的线性函数为最优非一致性模型，其他分布下的非一致性模型 AIC 值相比于该模型均有一定程度的增加。值得指出的是，以 RI 为协变量的最优非一致性模型 AIC 值为 470.8，明显小于以时间 t 为协变量的最优非一致性模型的 477.1，说明选取 RI 为协变量不仅使所得模型具有一定的物理意义，而且得到的模型效果更优。

虽然根据 AIC 准则已选出 Gumbel 分布位置参数 μ 为 RI 的线性函数为最优非一致性模型，然而模型具体表现如何未知，下面将对所选模型效果进行评价。定性及定量评价结果见图 7.8－8 和表 7.8－6，结果表明，模型能够通过各拟合优度检验。综合各方面来看，无论定性还是定量上，以 RI 为协变量的最优非一致性模型效果很好，并且优于以时间 t 为协变量的情况。

最后，分别给出以时间为协变量和以 RI 为协变量两种情况下各自最优非一致性模型分位曲线图，结果如图 7.8－9 所示。总体来看，以时间为协变量的分位曲线方差有逐渐

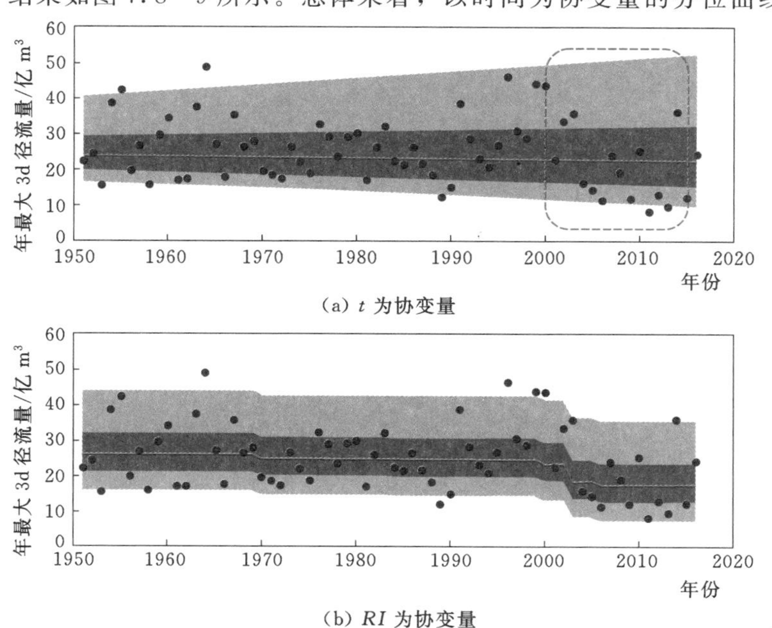

图 7.8－9　武隆站最优非一致性模型分位曲线图（年最大 3d 径流量序列）

变大的趋势，然而这与2000年以后的实测序列并不相符，且根据模型特点，该趋势将无限延续下去，将导致推求未来时期设计洪水量级存在较大不确定性；相比之下，以水库指数为协变量的分位曲线综合考虑了流域各个时期修建水利工程引起的洪水序列非一致性，能够明显拟合出序列的下降趋势/向下跳跃突变，拟合结果相比时间为协变量更为合理。

3. 年最大7d径流量序列非一致性频率分析

对于武隆站年最大7d径流量序列，当以时间 t 为协变量时，各非一致性模型拟合结果AIC值表明，Gumbel分布为最优分布，位置参数 μ 随时间 t 线性变化为最优非一致性模型，相应AIC值为562.0，详见图7.8-10（a）及表7.8-7。

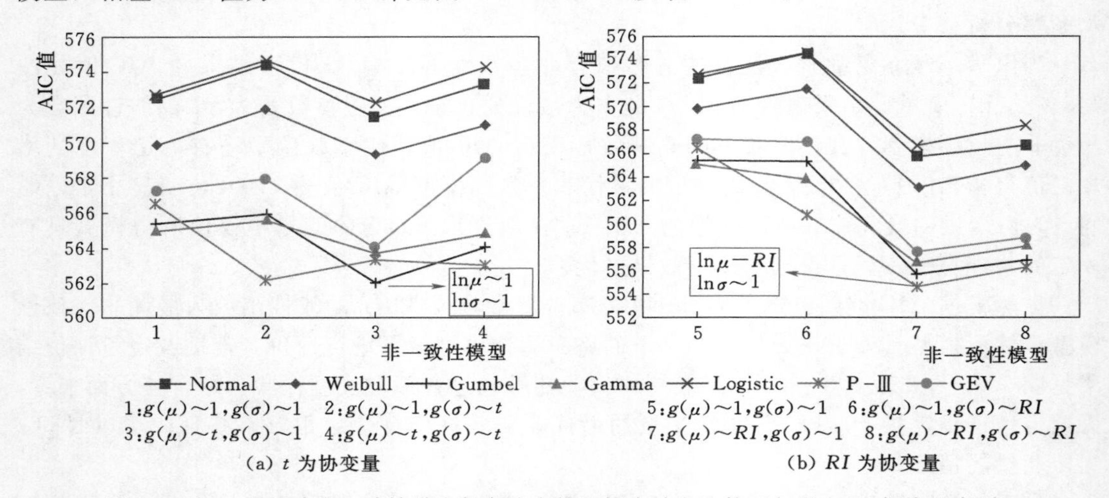

图7.8-10 武隆站非一致性洪水频率分布模型拟合结果比较（年最大7d径流量序列）

表7.8-7 武隆站非一致性频率分析结果及评价指标统计量（年最大7d径流量序列）

拟合模型		估计参数	AIC值	Filliben相关系数 F_r	K-S检验统计量 $D_{K\text{-}S}$
年最大7d径流量	非一致性Gumbel分布①（t 为协变量）	$\mu_0=46.6$ $\mu_1=-0.196$ $\sigma_0=2.62$	562.0	0.993	0.073
	非一致性P-Ⅲ分布②（RI 为协变量）	$\mu_0=3.99$ $\mu_1=-1.32$ $\sigma_0=-0.990$ $\kappa_0=0.641$	554.7	0.993	0.061

注 其中Filliben相关系数及K-S检验统计量在 $\alpha=0.05$ 的临界值分别为 $F_\alpha=0.978$ 和 $D_\alpha=1.36/\sqrt{66}\approx0.167$，$F_r>F_\alpha$ 或者 $D_{K\text{-}S}<D_\alpha$ 则表示非一致性模型通过拟合优度检验。

① 统计参数与协变量间关系：$\mu_t=\mu_0+\mu_1(t-\tau)$，$\ln\sigma_t=\sigma_0$，$\tau=1950$。

② 统计参数与协变量间关系：$\ln\mu_t=\mu_0+\mu_1 RI_t$，$\ln\sigma_t=\sigma_0$，$\kappa_t=\kappa_0$。

虽然根据AIC准则已选出Gumbel分布位置参数 μ 时变为最优非一致性模型，然而模型具体表现如何未知，下面将对所选模型效果进行评价。模型的残差正态Q—Q图和worm图如图7.8-11所示。结果表明，残差正态Q—Q图显示除个别点偏离以外，大部分点都分布在1∶1线附近，并且worm图中所有点都分布在95%置信区间（上下两条灰色虚线）内，定性说明所选非一致性模型效果较好。进一步统计模型标准化正态残差序列的 Filliben 相关系数以及 K-S 检验统计量等定量评价指标列于表 7.8-7。结果表明，各评价指标均说明经验残差序列的正态性，意味着所选模型较为合理。

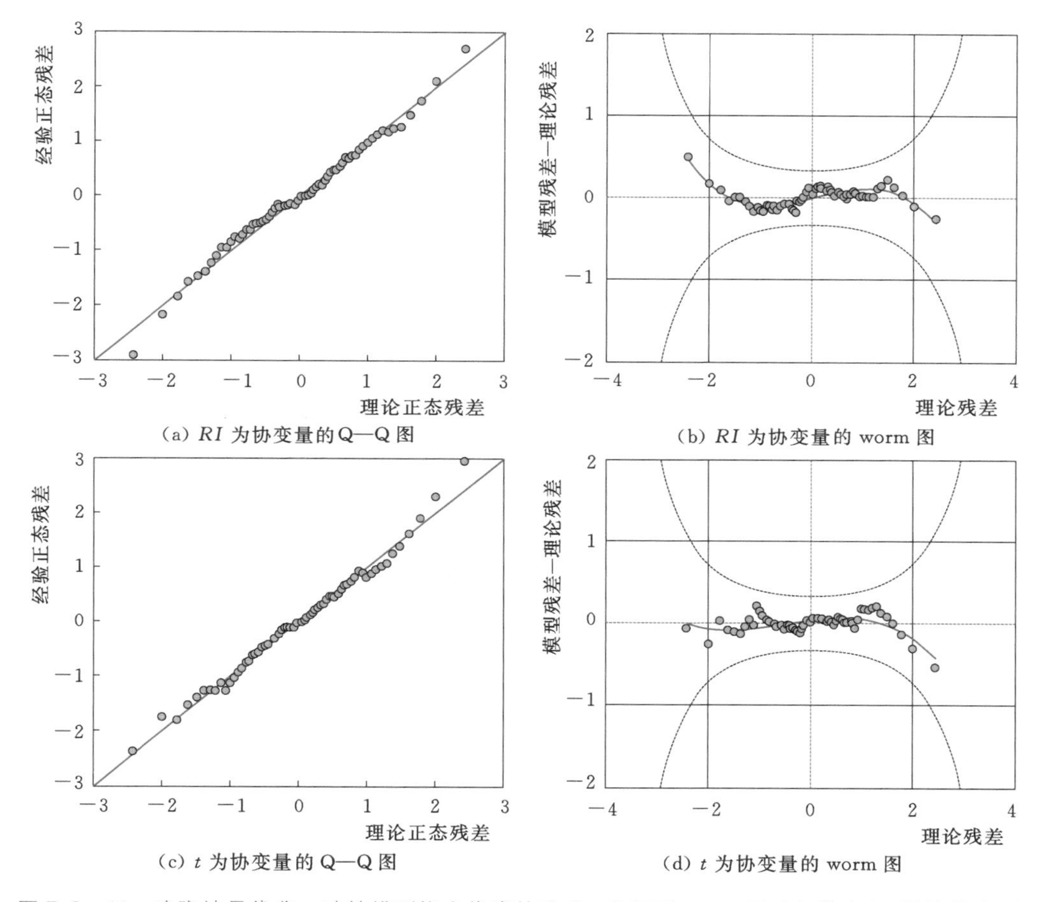

(a) RI 为协变量的Q—Q图 (b) RI 为协变量的 worm 图

(c) t 为协变量的Q—Q图 (d) t 为协变量的 worm 图

图 7.8-11 武隆站最优非一致性模型拟合优度检验 Q—Q 图及 worm 图（年最大 7d 径流量序列）

以时间为协变量所得的非一致性模型单从效果上来讲可以接受，然而其缺乏一定的物理意义，并且默认了基于历史观测样本序列所得出的非一致性趋势在未来将无限制的持续下去，因此其不免有些不妥之处。上游梯级水库群的建立对武隆站洪水序列非一致性可能存在一定程度的影响，下面选取更具物理意义的水库指数因子作为协变量进行非一致性洪水频率分析。

当以 RI 为协变量时，各备选分布拟合非一致性 GAMLSS 模型结果的 AIC 值如图 7.8-10（b）所示。结果表明 P-Ⅲ分布为最优分布，其位置参数 μ 为 RI 的线性函数为最优非一致性模型，其他分布下的非一致性模型 AIC 值相比于该模型均有一定程度的增加。值得指出的是，以 RI 为协变量的最优非一致性模型 AIC 值为 554.7，明显小于以时间 t 为协变量的最优非一致性模型的 562.0，说明选取 RI 为协变量不仅使所得模型具有一定的物理意义，而且得到的模型效果更优。

虽然根据 AIC 准则已选出 P-Ⅲ分布位置参数 μ 为 RI 的线性函数为最优非一致性模型，然而模型具体表现如何未知，下面将对所选模型效果进行评价。定性及定量评价结果见图 7.8-11 和表 7.8-7，结果表明，模型能够通过各拟合优度检验。综合各方面来看，无论定性还是定量上，以 RI 为协变量的最优非一致性模型效果很好，并且优于以时间 t 为协变量的情况。

最后，分别给出以时间为协变量和以 RI 为协变量两种情况下各自最优非一致性模型分位曲线图，结果如图 7.8-12 所示。总体来看，两种协变量情况均能拟合出序列的下降趋势，然而以时间为协变量所得的线性下降趋势将无限延续下去，将导致推求未来时期设计洪水量级存在较大不确定性；相比之下，以水库指数为协变量的分位曲线综合考虑了流域各个时期修建水利工程引起的洪水序列非一致性，拟合结果相比时间为协变量更为合理。

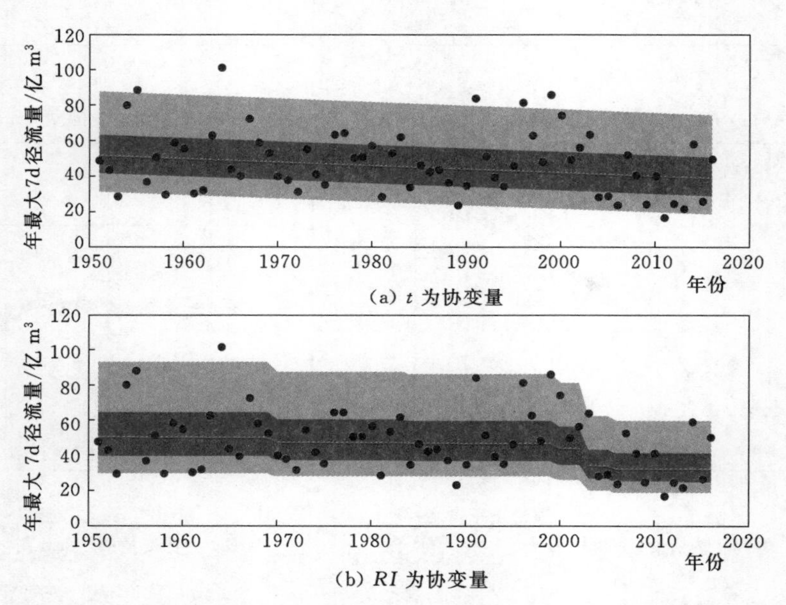

图 7.8-12 武隆站最优非一致性模型分位曲线图（年最大 7d 径流量序列）

综上，经拟合与评价，最终得到武隆站各洪水序列最优非一致性模型结果如下：

武隆站年最大 1d 流量序列非一致性洪水频率分布模型：

$$f_Z(z_t|\mu_t,\sigma_t,\kappa_t)=\frac{1}{\sigma_t|\mu_t\kappa_t|\Gamma(1/\kappa_t^2)}\left(\frac{z_t-\mu_t}{\mu_t\sigma_t\kappa_t}+\frac{1}{\kappa_t^2}\right)^{\frac{1}{\kappa_t^2}-1}\exp\left[-\left(\frac{z_t-\mu_t}{\mu_t\sigma_t\kappa_t}+\frac{1}{\kappa_t^2}\right)\right]$$

$$\ln\mu_t=9.47-1.38RI$$

$$\ln\sigma_t=-0.930$$

$$\kappa_t=0.792$$

武隆站年最大 3d 径流量序列非一致性洪水频率分布模型：

$$f_Z(z_t|\mu_t,\sigma_t)=\frac{1}{\sigma_t}\exp\left\{-\left(\frac{z_t-\mu_t}{\sigma_t}\right)-\exp\left[-\left(\frac{z_t-\mu_t}{\sigma_t}\right)\right]\right\}$$

$$\mu_t=23.7-25.1RI$$

$$\ln\sigma_t = 1.932$$

武隆站年最大7d径流量序列非一致性洪水频率分布模型：

$$f_Z(z_t|\mu_t,\sigma_t,\kappa_t)=\frac{1}{\sigma_t|\mu_t\kappa_t|\Gamma(1/\kappa_t^2)}\left(\frac{z_t-\mu_t}{\mu_t\sigma_t\kappa_t}+\frac{1}{\kappa_t^2}\right)^{\frac{1}{\kappa_t^2}-1}\exp\left[-\left(\frac{z_t-\mu_t}{\mu_t\sigma_t\kappa_t}+\frac{1}{\kappa_t^2}\right)\right]$$

$$\ln\mu_t = 3.99 - 1.32RI$$

$$\ln\sigma_t = -0.990$$

$$\kappa_t = 0.641$$

7.8.4.2 屏山站

1. 年最大1d流量序列非一致性频率分析

当以时间 t 为协变量时，各非一致性模型拟合结果AIC值表明，Gumbel分布为最优分布，位置和尺度参数为常数，为最优非一致性模型，相应AIC值为1279.0，详见图7.8-13（a）及表7.8-8。

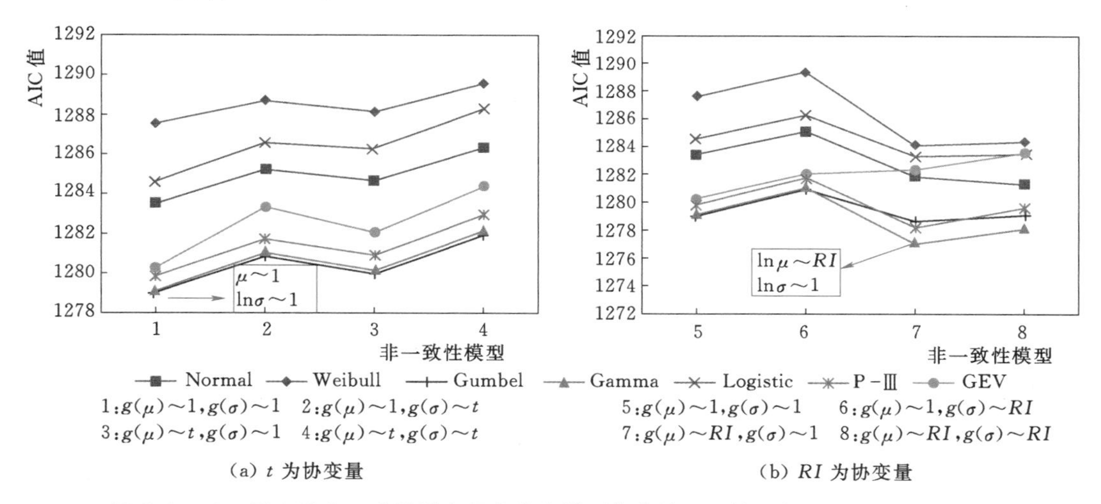

图7.8-13 屏山站非一致性洪水频率分布模型拟合结果比较（年最大1d流量序列）

表7.8-8 屏山站非一致性频率分析结果及评价指标统计量（年最大1d流量序列）

拟合模型		估计参数	AIC值	Filliben相关系数 F_r	K-S检验统计量 D_{K-S}
年最大1d流量	非一致性GU分布①（t 为协变量）	$\mu_0=37.3$ $\sigma_0=2.11$	1279.0	0.995	0.059
	非一致性GA分布②（RI 为协变量）	$\mu_0=9.75$ $\mu_1=-0.479$ $\sigma_0=-1.49$	1277.0	0.995	0.086

注 其中Filliben相关系数及K-S检验统计量在 $\alpha=0.05$ 的临界值分别为 $F_\alpha=0.978$ 和 $D_\alpha=1.36/\sqrt{66}\approx0.167$，$F_r>F_\alpha$ 或者 $D_{K-S}<D_\alpha$ 则表示非一致性模型通过拟合优度检验。

① 统计参数与协变量间关系：$\mu_t=\mu_0$，$\ln\sigma_t=\sigma_0$。

② 统计参数与协变量间关系：$\ln\mu_t=\mu_0+\mu_1 RI_t$，$\ln\sigma_t=\sigma_0$。

当以 RI 为协变量时，各备选分布拟合非一致性GAMLSS模型结果的AIC值如图

7.8-13（b）所示。结果表明Gamma分布为最优分布，其位置参数 μ 为 RI 的线性函数为最优非一致性模型，其他分布下的非一致性模型AIC值相比于该模型均有一定程度的增加。值得指出的是，以 RI 为协变量的最优非一致性模型AIC值为1277.0，明显小于以时间 t 为协变量的最优非一致性模型的1279.0，说明选取 RI 为协变量不仅使所得模型具有一定的物理意义，而且得到的非一致性模型效果更优。

综合各方面来看，无论定性还是定量上，以 RI 为协变量的最优非一致性模型效果很好，并且优于以时间 t 为协变量的情况。

最后，分别给出以时间 t 为协变量和以 RI 为协变量两种情况下各自最优非一致性模型分位曲线图，结果如图7.8-14所示。总体来看，以水库指数为协变量的分位曲线综合考虑了流域各个时期修建水利工程引起的洪水序列非一致性，能够明显拟合出序列的下降趋势/向下跳跃突变，拟合结果相比时间为协变量更为合理。

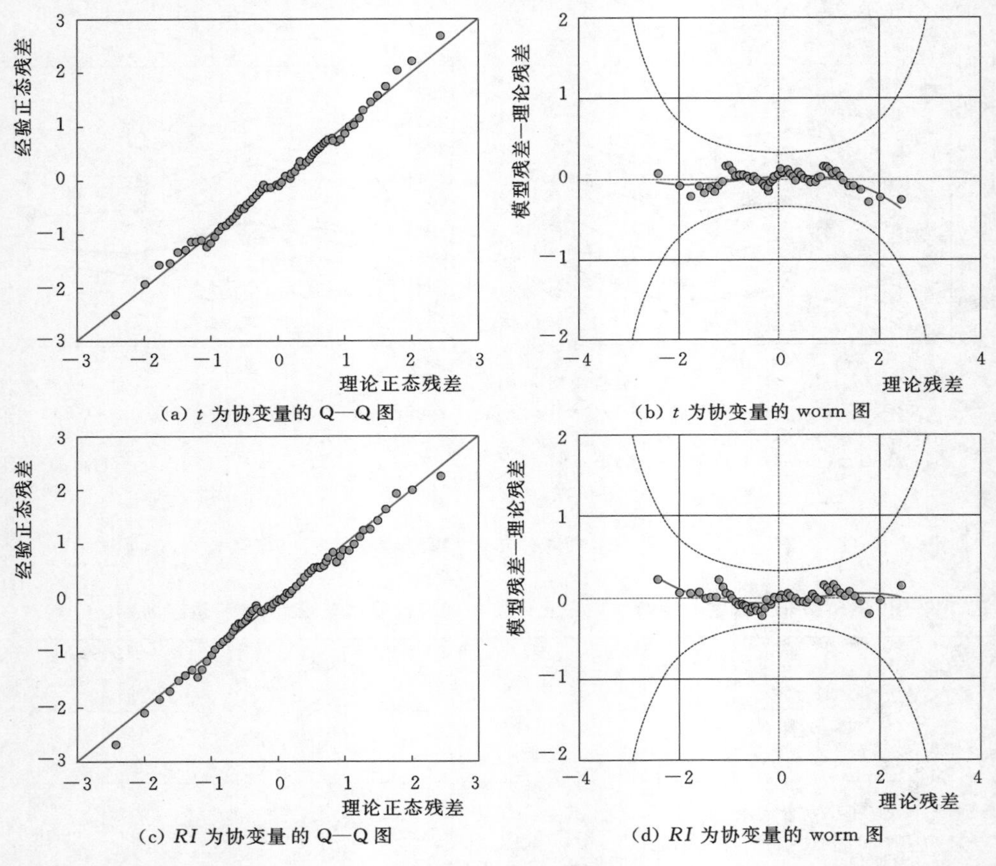

图7.8-14 屏山站最优非一致性模型拟合优度检验Q—Q图及worm图（年最大1d流量序列）

2. 年最大3d径流量序列非一致性频率分析

当以时间 t 为协变量时，各非一致性模型拟合结果AIC值表明，Gumbel分布为最优分布，位置和尺度参数为常数为最优非一致性模型，相应AIC值为489.1，详见图7.8-16（a）及表7.8-9。

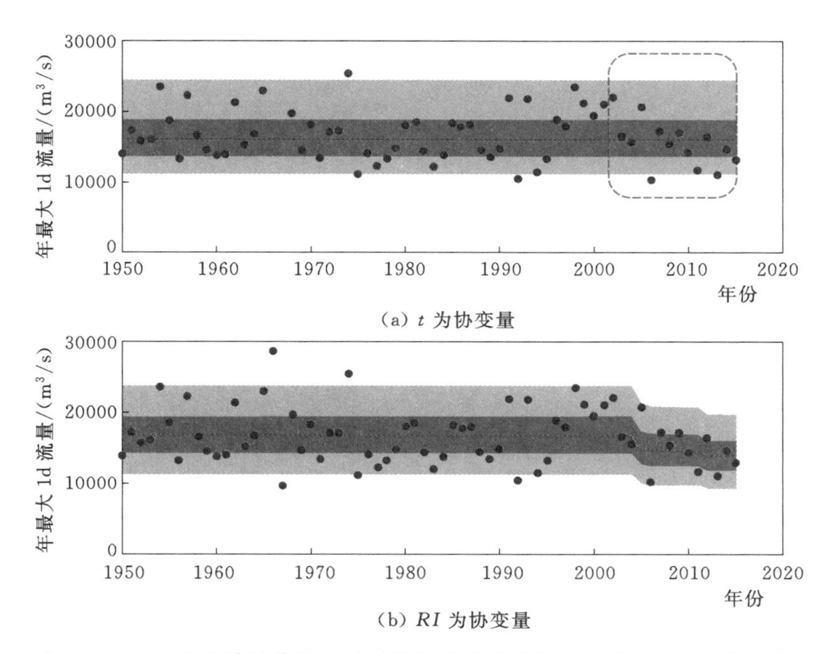

图 7.8-15 屏山站最优非一致性模型分位曲线图（年最大 1d 流量序列）

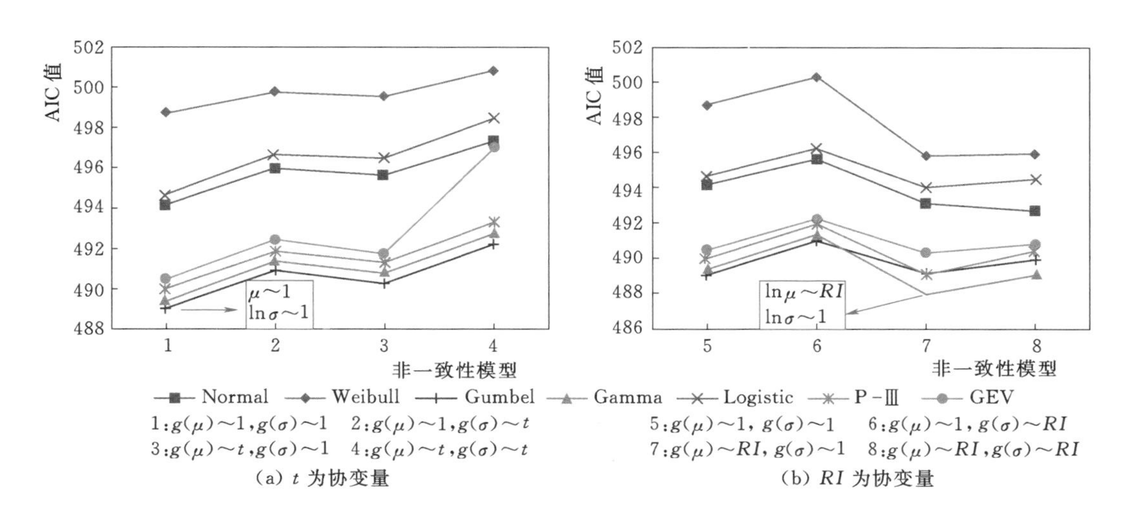

图 7.8-16 屏山站非一致性洪水频率分布模型拟合结果比较（年最大 3d 径流量序列）

当以 RI 为协变量时，各备选分布拟合非一致性 GAMLSS 模型结果的 AIC 值如图 7.8-16（b）所示。结果表明 Gamma 分布为最优分布，其位置参数 μ 为 RI 的线性函数为最优非一致性模型，其他分布下的非一致性模型 AIC 值相比于该模型均有一定程度的增加。值得指出的是，以 RI 为协变量的最优非一致性模型 AIC 值为 487.9，明显小于以时间 t 为协变量的最优非一致性模型的 489.1，说明选取 RI 为协变量不仅使所得模型具有一定的物理意义，而且得到的非一致性模型效果更优。

表 7.8-9 屏山站非一致性频率分析结果及评价指标统计量（年最大 3d 径流量序列）

拟合模型		估计参数	AIC 值	Filliben 相关系数 F_r	K-S 检验统计量 $D_{K\text{-}S}$
年最大 3d 径流量	非一致性 GU 分布[①]（t 为协变量）	$\mu_0=37.3$ $\sigma_0=2.11$	489.1	0.994	0.056
	非一致性 GA 分布[②]（RI 为协变量）	$\mu_0=3.76$ $\mu_1=-0.441$ $\sigma_0=-1.48$	487.9	0.995	0.071

注 其中 Filliben 相关系数及 K-S 检验统计量在 $\alpha=0.05$ 的临界值分别为 $F_\alpha=0.978$ 和 $D_\alpha=1.36/\sqrt{66}\approx0.167$，$F_r>F_\alpha$ 或者 $D_{K\text{-}S}<D_\alpha$ 则表示非一致性模型通过拟合优度检验。

① 统计参数与协变量间关系：$\mu_t=\mu_0$，$\ln\sigma_t=\sigma_0$。

② 统计参数与协变量间关系：$\ln\mu_t=\mu_0+\mu_1 RI_t$，$\ln\sigma_t=\sigma_0$。

综合各方面来看，无论定性还是定量上，以 RI 为协变量的最优非一致性模型效果很好，并且优于以时间 t 为协变量的情况。

最后，分别给出以时间 t 为协变量和以 RI 为协变量两种情况下各自最优非一致性模型分位曲线图，结果如图 7.8-17 所示。总体来看，以水库指数为协变量的分位曲线综合考虑了流域各个时期修建水利工程引起的洪水序列非一致性，能够明显拟合出序列的下降

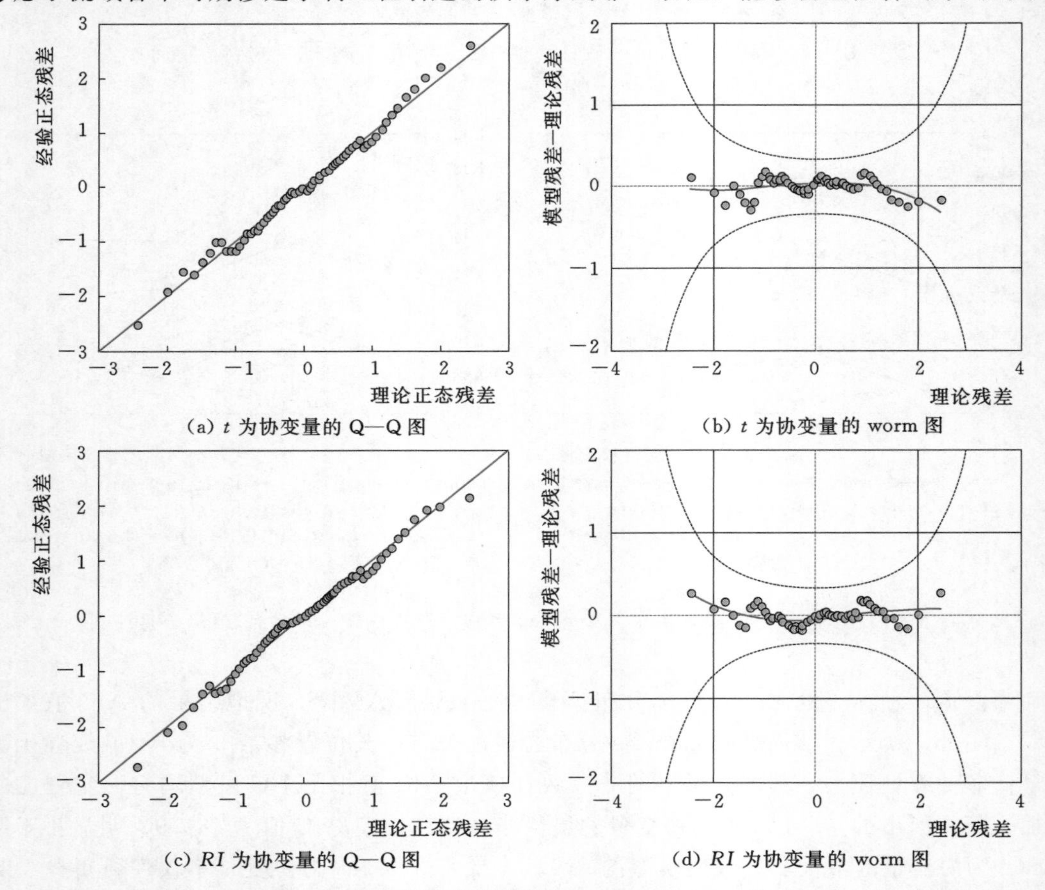

图 7.8-17 屏山站最优非一致性模型拟合优度检验 Q—Q 图及 worm 图（年最大 3d 径流量序列）

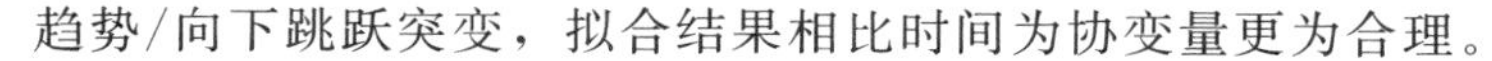

趋势/向下跳跃突变，拟合结果相比时间为协变量更为合理。

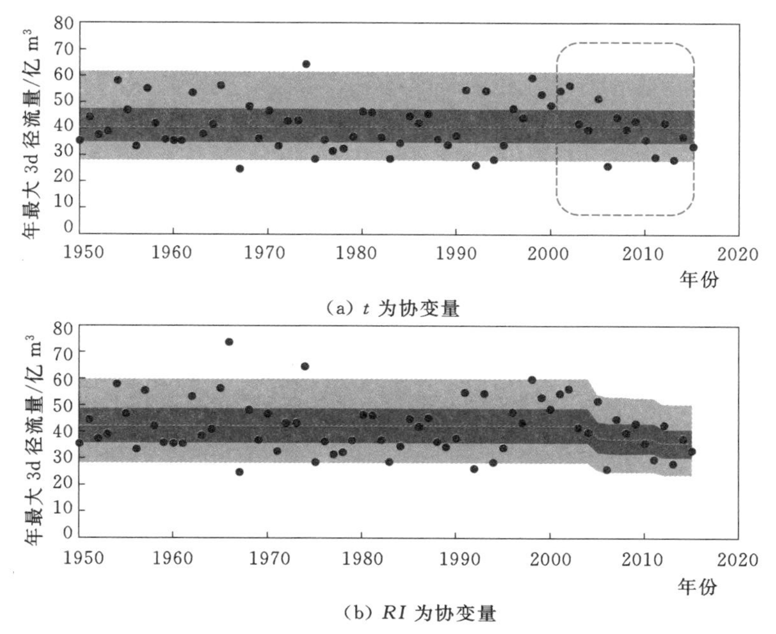

图 7.8-18　屏山站最优非一致性模型分位曲线图（年最大 3d 径流量序列）

3. 年最大 7d 径流量序列非一致性频率分析

当以时间 t 为协变量时，各非一致性模型拟合结果 AIC 值表明，Gumbel 分布为最优分布，位置和尺度参数为常数，为最优非一致性模型，相应 AIC 值为 588.6，详见图 7.8-19（a）及表 7.8-10。

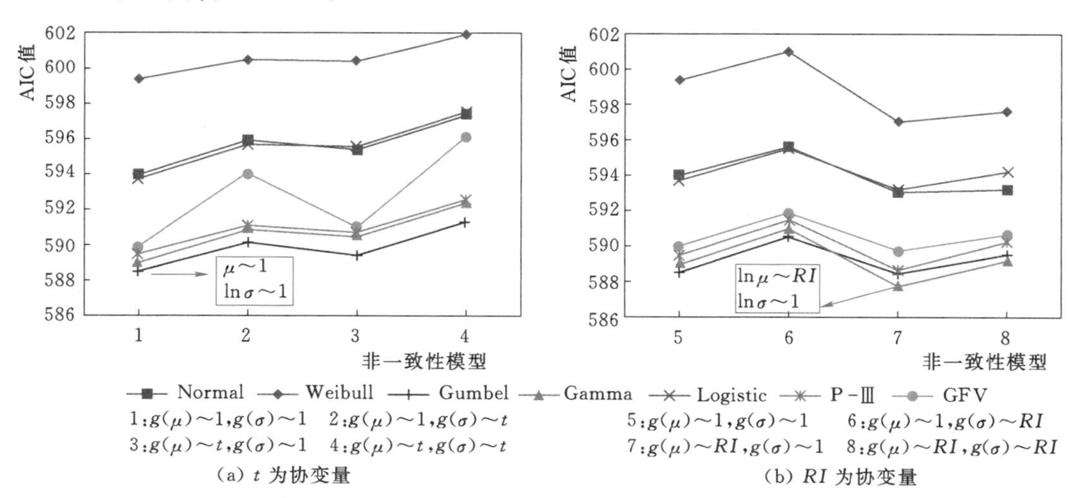

图 7.8-19　屏山站非一致性洪水频率分布模型拟合结果比较（年最大 7d 径流量序列）

当以 RI 为协变量时，各备选分布拟合非一致性 GAMLSS 模型结果的 AIC 值如图 7.8-19（b）所示。结果表明 Gamma 分布为最优分布，其位置参数 μ 为 RI 的线性函数为最优非一致性模型，其他分布下的非一致性模型 AIC 值相比于该模型均有一定程度的增加。

表 7.8-10 屏山站非一致性频率分析结果及评价指标统计量
（年最大 7d 径流量序列）

拟合模型		估计参数	AIC 值	Filliben 相关系数 F_r	K-S 检验统计量 $D_{K\text{-}S}$
年最大 7d 径流量	非一致性 GU 分布[①]（t 为协变量）	$\mu_0=81.9$ $\sigma_0=2.87$	588.6	0.993	0.059
	非一致性 GA 分布[②]（RI 为协变量）	$\mu_0=4.54$ $\mu_1=-0.418$ $\sigma_0=-1.51$	587.7	0.994	0.071

注 其中 Filliben 相关系数及 K-S 检验统计量在 $\alpha=0.05$ 的临界值分别为 $F_\alpha=0.978$ 和 $D_\alpha=1.36/\sqrt{66}\approx0.167$，$F_r>F_\alpha$ 或者 $D_{K\text{-}S}<D_\alpha$ 则表示非一致性模型通过拟合优度检验。
① 统计参数与协变量间关系：$\mu_t=\mu_0$，$\ln\sigma_t=\sigma_0$。
② 统计参数与协变量间关系：$\ln\mu_t=\mu_0+\mu_1 RI_t$，$\ln\sigma_t=\sigma_0$。

综合各方面来看，无论定性还是定量上，以 RI 为协变量的最优非一致性模型效果很好，并且优于以时间 t 为协变量的情况。

最后，分别给出以时间 t 为协变量和以 RI 为协变量两种情况下各自最优非一致性模型分位曲线图，结果如图 7.8-20 所示。总体来看，以水库指数为协变量的分位曲线综合

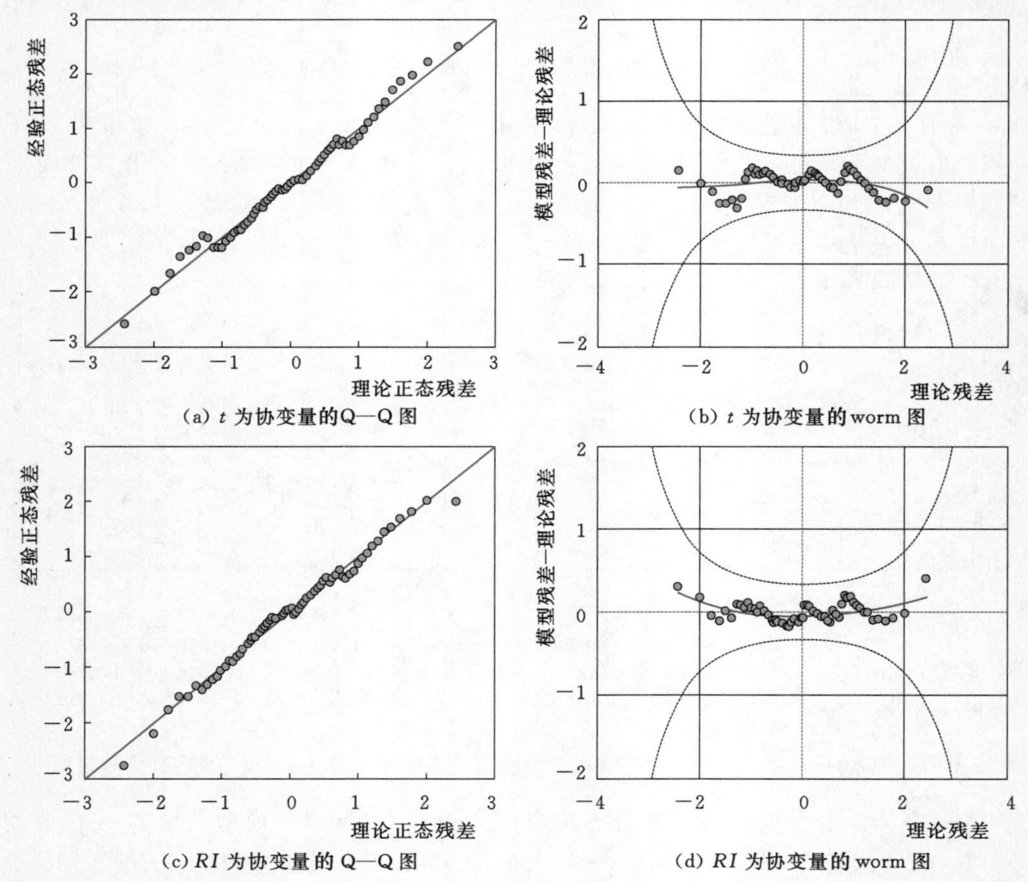

图 7.8-20 屏山站最优非一致性模型拟合优度检验 Q—Q 图及 worm 图（年最大 7d 径流量序列）

考虑了流域各个时期修建水利工程引起的洪水序列非一致性，能够明显拟合出序列的下降趋势/向下跳跃突变，拟合结果相比时间 t 为协变量更为合理。

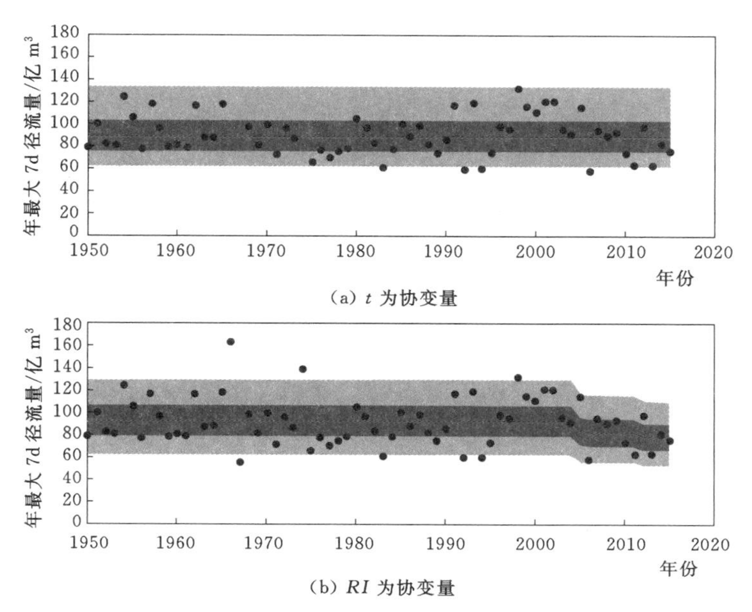

(a) t 为协变量

(b) RI 为协变量

图 7.8-21　屏山站最优非一致性模型分位曲线图（年最大 7d 径流量序列）

综上，经拟合与评价，最终得到屏山站各洪水序列最优非一致性模型结果如下：

屏山站年最大 1d 流量序列非一致性洪水频率分布模型：

$$f_Z(z_t|\mu_t,\sigma_t)=\frac{1}{(\mu_t\sigma_t^2)^{1/\sigma_t^2}}\frac{z_t^{(1/\sigma_t^2-1)}\mathrm{e}^{-z_t/(\mu_t\sigma_t^2)}}{\Gamma(1/\sigma_t^2)}$$

$$\ln\mu_t=9.75-0.479RI$$

$$\ln\sigma_t=-1.49$$

屏山站年最大 3d 径流量序列非一致性洪水频率分布模型：

$$f_Z(z_t|\mu_t,\sigma_t)=\frac{1}{(\mu_t\sigma_t^2)^{1/\sigma_t^2}}\frac{z_t^{(1/\sigma_t^2-1)}\mathrm{e}^{-z_t/(\mu_t\sigma_t^2)}}{\Gamma(1/\sigma_t^2)}$$

$$\ln\mu_t=3.76-0.441RI$$

$$\ln\sigma_t=-1.48$$

屏山站年最大 7d 径流量序列非一致性洪水频率分布模型：

$$f_Z(z_t|\mu_t,\sigma_t)=\frac{1}{(\mu_t\sigma_t^2)^{1/\sigma_t^2}}\frac{z_t^{(1/\sigma_t^2-1)}\mathrm{e}^{-z_t/(\mu_t\sigma_t^2)}}{\Gamma(1/\sigma_t^2)}$$

$$\ln\mu_t=4.54-0.418RI$$

$$\ln\sigma_t=-1.51$$

7.8.5 非一致性设计洪水推求

7.8.5.1 武隆站非一致性设计洪水

根据《乌江干流规划报告》，调整后乌江干流按 12 个梯级开发，分别为：普定、引子渡、洪家渡、东风、索风营、乌江渡、彭水、构皮滩、思林、沙沱、银盘和白马，目前武隆站以上的11个梯级均已建成发电，仅有武隆站下游的白马枢纽尚未开工建设。基于此，乌江干流梯级水库群多阻断效应已形成，且根据规划，未来一段时期内乌江干流武隆站以上暂无较大水利工程规划建设，因此，考虑未来时期武隆站洪水频率分布模型将保持现状不变。基于上节推求得到的武隆站非一致性洪水频率分布模型，计算武隆站非一致性设计洪水及其不确定性成果（以年最大1d设计成果为例）如图7.8-22所示。

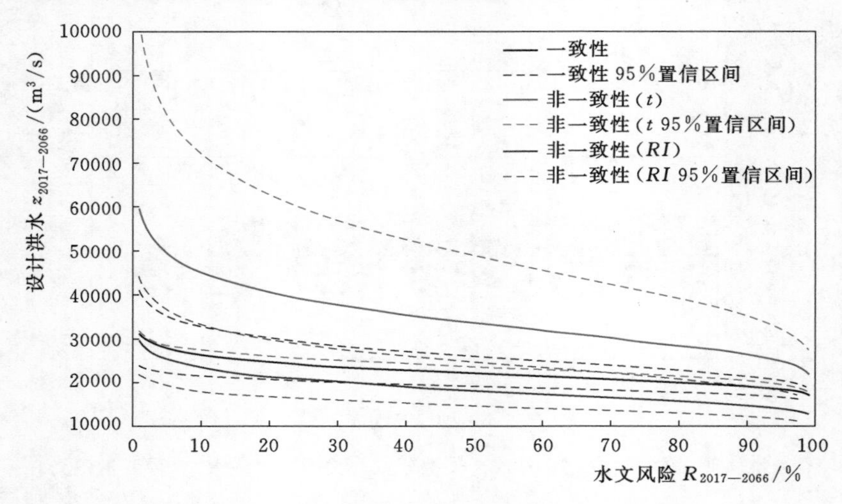

图7.8-22 武隆站年最大1d流量设计洪水成果

7.8.5.2 屏山站非一致性设计洪水

根据《金沙江干流综合规划》，金沙江干流上游段梯级尚未开始建设，中游大部分已建成，下游段乌东德和白鹤滩也已开工，因此，在未来金沙江干流梯级水利工程建设将会进一步影响水文时间序列的统计特性。考虑所有规划梯级都建成的情况，计算屏山站非一致性设计洪水及其不确定性成果（以年最大1d设计成果为例）如图7.8-23所示。

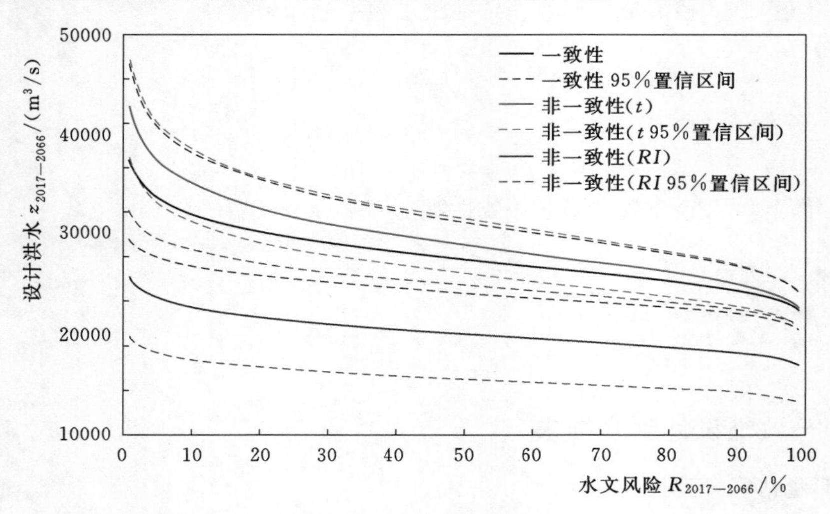

图7.8-23 屏山站年最大1d流量设计洪水成果

第8章

面向水库群联合调度的水文预测预报模型集成技术

8.1 预测预报服务平台需求分析

考虑长江流域水文气象特性、水系分布、水文站网布设及水利工程建设情况，以控制性水利工程、水文站为节点，编制、完善预报方案，建立上下游之间的流量演算方案，构建基本覆盖整个长江流域干支流主要控制站、主要水库的预报方案体系，以满足对水情预报的需要。根据流域预报调度任务和目标，开发先进实用、高效可靠的多尺度水文气象预报功能模块，实现江河湖库洪水预报、河道洪水演进、调度方案分析计算一体化，主要包括水雨情实时监视、气象预测、水文预报及系统相关参数维护管理等功能。

8.1.1 平台设计理念

（1）基于层次分解的设计。预报调度服务平台采用基于层次分解的信息系统模型，系统采用层次划分后，整个系统的结构及层级之间的关系将十分清晰，在整个系统设计时，可以做到应用处理、用户操作与具体策略和实际数据的分布无关，可极大地理顺复杂的业务关系，保证系统的适用性。

（2）基于面向对象的分析和设计方法。在平台分析和设计方面，主要采用DevOps（Development and Operations）的原型法来快速迭代系统的开发，充分了解需求的基础上，结合传统的结构化生命周期法进行设计。如在系统用户需求阶段通过面向对象的分析和设计绘制出业务用例图，分析不同用户在防洪调度系统中所使用的系统功能。在系统开发阶段通过面向对象的分析设计方法绘制出对应的活动图、序列图、类图等。

（3）面向服务的系统架构（SOA）。预报调度服务平台采用分布式面向服务的架构（SOA）进行软件系统的设计，以体现系统各子功能间的松散耦合的要求，并配以合理的网络结构及硬件部署，大大提高系统的可扩展性和灵活性。通过面向服务的SOA架构可以在不对原有一期系统进行大规模改造的情况下，实现新系统与一期系统的整合互通。通过SOA架构也能够简化与将来新上线系统的对接整合，提高系统的实用性、可扩展性。

（4）B/S、WEB技术。采用B/S模式构建长江防洪预报调度系统，方便系统的更新维护，客户端零维护、零配置，用户使用简便。

8.1.2 系统体系架构

预报调度服务平台采用 B/S 模式开发，由应用层、服务层、数据层和标准规范体系及信息安全体系等两个保障体系构成，其总体结构如图 8.1-1 所示。

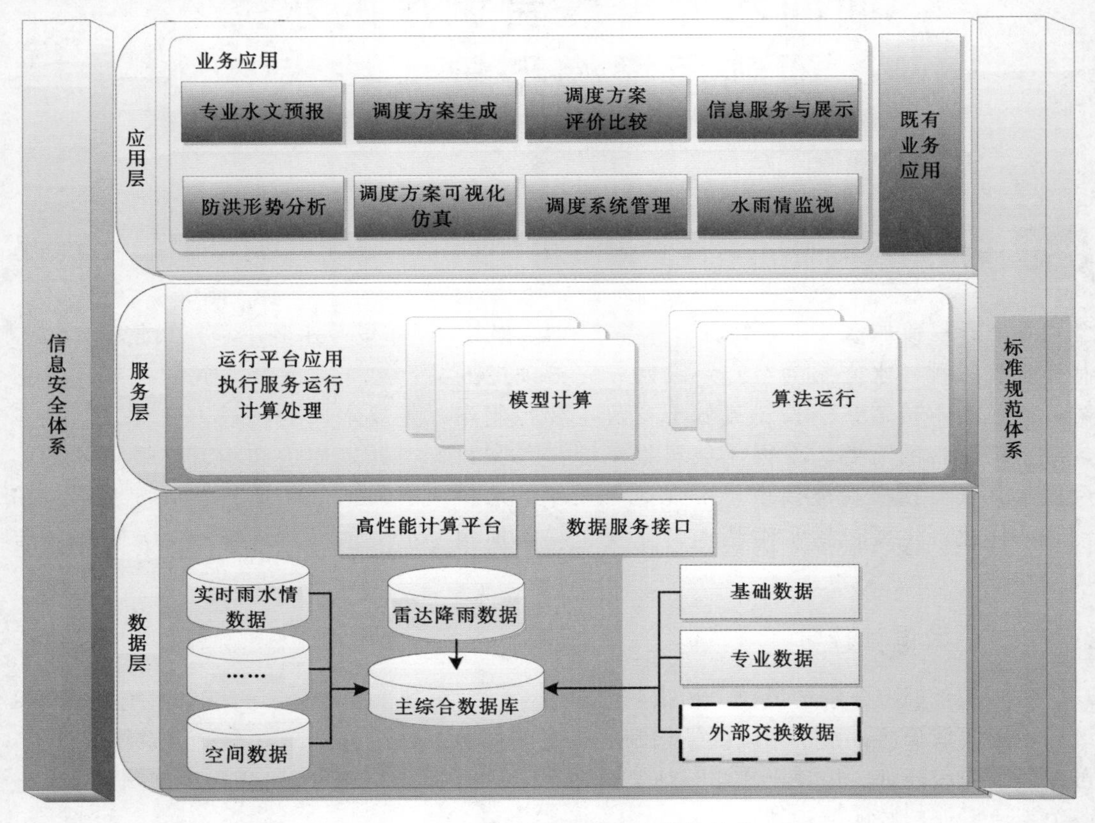

图 8.1-1 预报调度服务平台总体结构

系统各层次主要完成以下功能：

（1）应用层：用于实现系统的数据处理和业务规则，提供的应用功能可以为系统使用。该系统的业务应用模块主要包括水雨情监视、防洪形势分析、专业水文预报、调度方案生成、调度方案可视化仿真、调度方案评价比较等。

（2）服务层：用于实现系统的数据处理和业务规则，提供的服务可以为所有的应用程序使用，起到服务上层应用层，连接下层数据层的功能。主要包括模型库服务、GIS 类服务和资源管理类服务，其中资源管理类服务有短信服务、邮件服务、传真服务、推送服务等。

（3）数据层：执行数据存储和检索任务，用单独的程序代码实现，为服务层提供透明的数据访问，包括数据库、高性能计算平台、数据服务接口等。对数据存储体系进行统一管理，并对业务支持相关数据和系统管理相关数据等两大类数据进行存储与管理。

（4）运行环境：运行环境主要包括硬件环境、软件环境、网络环境等。

（5）标准规范体系：标准规范体系是支撑系统建设和运行的基础，是实现应用协同和信息共享的需要，是节省项目建设成本、提高项目建设效率的需要，是系统不断扩充、持续改进和版本升级的需要。

（6）信息安全体系：信息安全体系是保障系统安全应用的基础，包括物理安全、网络安全、信息安全及安全管理等。

8.1.3 系统功能设置

预报调度服务平台以电子地图、专用数据库、水雨情信息、防洪预报调度相关模型为基本支撑，实现模型与系统的紧密集成，辅以友好的交互界面和人机对话过程，完成水雨情监视、防洪形势分析、水文预报、调度计算、调度方案仿真与可视化、调度方案评价比较、调度成果管理、调度系统管理等业务功能，以有效地支持流域防洪调度决策。

8.1.3.1 水雨情监视

水雨情实时监视提供对实时汛情、工情自动监视和险情告警服务，以完全自动、直观醒目的方式提供单点和区域的实时汛情、各类工情的实时运行情况，实现自动、及时、全面的实时数据监视功能，并能对监视对象做更进一步的查询。

实时监视包括对实时水雨情、实时工情的监视和险情告警，通过对已有水文监测系统数据的实时接收，在有异常时能以声音、动画、图、表等方式醒目提醒。

1. 实时水雨情监视

以直观得到方式提供单点和区域的实时水雨情信息查询，并在地图上直观展示。根据设定分析区域，默认给出该区域最近24h、48h、72h分区的面雨量，并同时给出各分区的最大点雨量；查询结果采用分布图及列表显示。

2. 实时工情监视

实时工情监视包括目前工程运用情况、实时图像或视频数据、水库的实时水位、蓄水量、入库及出库流量、蓄滞洪区是否运用及运用下的当前分洪流量和蓄滞洪区内的实时信息等。

同时，通过对已有特征值和特征曲线等信息，特征曲线采用定制的图形组件完成。除常规显示外，还可手动对数据进行双向查询，如在水位库容曲线中可用输入库容，查询对应的水位；或输入水位，查询对应的库容值。基础工情信息查询结合GIS进行，查询的工程可以在地图上实时定位和居中显示。

3. 险情告警

当实时水情或预报降雨量超过某个特征值时，显示预警信息。通过在地图上相应的地理位置以图表、数值标红显示该监测站点的监测值，并触发声音报警。

8.1.3.2 防洪形势分析

防洪形势分析模块通过预先确定好的分析对象与目标，从天气形势、实时雨水情、降雨及洪水预报、实时工情和险情等方面进行形势分析，最后形成结论并初步确定各控制性工程的防洪形势。

模块根据实时洪水预报及考虑不同预见期降雨预报的洪水预报成果，通过对实时、预

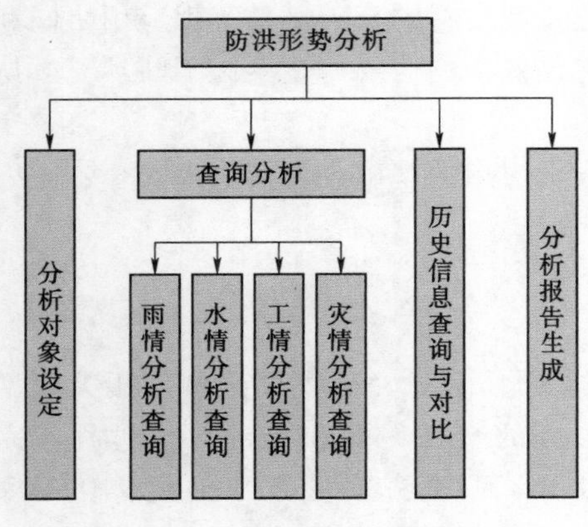

图8.1-2 防洪形势分析功能结构图

报与历史的水雨情信息检索，按照防洪调度规则进行推理判断，初步判明需启用的防洪工程，并参考防洪工程运用现状，明确当前的调度任务与目标，编制防洪形势分析报告，初步确定各控制性工程的防洪形势。

防洪形势分析功能结构如图8.1-2所示。

防洪形势分析模块主要包括雨情、水情、工情、灾情等分析查询功能，实现历史信息查询与对比功能，并能设定分析对象、生成分析报告等，其具体功能如下：

(1) 防洪形势分析内容和流程可通过配置实现，并提供编辑修改功能。

(2) 防洪形势分析报告可拟定模版，并提供编辑修改功能。

(3) 通过预先确定好的分析对象与目标，从天气形势、实时雨水情、降雨及洪水预报、实时工情和险情等方面进行形势分析，形成初步报告，报告可编辑修改，最后形成结论和报告，并可输出保存。报告内容包括：

1) 雨情：①降雨实况与预报描述、图表等；②暴雨分布图，指定区域的面平均雨量或等雨量图，找出暴雨中心。

2) 水情：①目前水位超过警戒水位以上的控制站分布图及列表；②预报水位将要超过警戒水位以上的控制站分布图及列表；③目前水位超过汛限水位以上的水库分布图及列表；④预报水位将要超过汛限水位以上的水库（按预报调度规则调度）分布图及列表；⑤根据水情预报情况，判定是否启用蓄滞洪区。

3) 工情：①目前险工险段、工程运用实时图像或视频；②工程抢险情况。

4) 灾情：①灾情相关资料；②灾情发展趋势；③滞洪区的水位和淹没范围及运用实况。

5) 防洪形势分析综合报告。在前面内容的基础上，根据模版，编制出防洪形势分析报告，以便明确防洪任务。

8.1.3.3 预报调度分析

以预报方案编制成果为基础，构建预报体系，可实现河系连续或单站交互预报调度计算功能；能够依据流域上实时雨量、水位、流量及预见期降雨等信息，以自动或交互模式实现预报调度计算及相关分析功能，包括水库入库流量、库水位预报及河道洪水演进，其成果作为调度的依据。可任意选择多模型、多方法制作预报，实现建设范围内江河、湖泊、水库不同预见期的洪水预报，并具有实时校正和交互分析功能，应用计算机图形界面，提供预报制作和人机交互分析工具。此外，可对不同降雨模式、工程的不同运用方式及不同的洪水调度方案分析各种不确定因素影响下的预报成果，协助制定洪水调度决策方案。

主要功能包括预见期降雨设置、河系预报、交互预报、考虑预见期降雨预报、交互分析、预报成果比较等。交互分析主要包括雨洪对照、涨差分析、与历史对比分析等。为满足系统开放性需求，还需具备预报调度体系定义管理、模型参数管理等功能。

预报对象主要包括纳入系统的所有预报断面水位流量及水库入库流量、库水位，预报内容主要包括短期过程或洪峰水位流量等。

1. 预报调度计算组织方式

采用河系预报和单站预报相结合，自动、半自动与交互并行的开发方针，实现预报调度计算的方式要求非常灵活。

定义一个河系包含有若干个预报调度对象，并通过运行河系计算的功能来实现一个预报站组的全部预报调度计算。已定义的河系计算任务都置入河系节点拓扑图或配置存储，由用户选择所需要的预报河系。一次完成一个站组或任意站的预报。

自动、半自动预报通过“河系预报”启动，交互预报则由“单站”启动。其中，河系预报中设置完全自动预报与半自动计算功能，按河系执行模式、根据河系配置定义逐站自动预报计算，计算结果自动存库，其中安排“交互预报”功能，即可对预报站自动预报结果进行交互修改，修改确认后的结果作为下站的输入，后续站可自动亦可交互，这种模式即半自动预报模式；单站交互预报则由预报员自定义每个站的执行顺序、选用模型及模型的计算方式等。

计算功能中还设置“是否考虑预见期降雨预报”“模拟预报”功能，各模型预见期的输入均依据实况值，计算结果可与实况对比分析。

2. 预报调度模型库构建

结合预报方案编制成果，研究目前常用的水文预报及调度演算模型，对各类模型输入、输出接口进行规范，各模型均按统一的规范标准编制为模型组件，构建预报调度模型（方法）库，供预报调度计算调用。拟纳入系统的模型主要包括 API 模型、新安江模型、NAM 模型、合成流量、马斯京根演算、URBS 模型、一维水力学模型、相关图模型、大湖演算模型、汇流系数演算、静库容调洪演算等。

3. 预报调度方案参数配置管理

根据预报调度任务及方案编制成果，在系统中逐站配置方案及其参数，并可编辑维护，多套方案以模型名称区分。

4. 预报调度体系定义管理

系统中预报河系将根据预报方案配置情况，按河流水系站网分布及拓扑关系进行构建，预报节点通过配置定义，并可编辑维护。

5. 结果综合

对于一个预报站同类型变量在预报计算中有多个模型参与时，预报站多模型预报结果综合采用各模型结果加权平均的方法进行综合。

6. 预报调度成果保存

设置专门的数据库表存放预报调度成果，存放记录根据预报调度条件按方案分类，同时考虑用户的差异。

8.1.3.4 交互调度

调度方案生成包括调度预案生成和实时洪水调度方案生成两个方面。预案生成是在雨情、水情、工情不明朗的情况下，依据对其发展的预测或假设，或依据历史洪水，按照规定的调度规则和交互调度计算结果生成初期调度方案即预案，用于制作实时调度方案参考。

实时调度是以纳入系统的调度对象（水库或蓄滞洪区）为分析目标，根据实时雨情、水情、工情和较为准确的洪水预报，在预案的基础上，经过专家经验判断和实时信息的综合分析，考虑防洪工程如水库、蓄滞洪区不同调度运用情况，设定不同的边界条件，进行调洪演算和河道水情预报，按照自动或人机交互或优化调度模式，进行反复计算生成实时洪水调度方案。

调度方案生成方式包括自动生成和人机交互方式生成两种。

（1）自动生成。根据当前水情、雨情、工情，按照调度规则和规定的洪水调度方案或优化调度模型，自动生成防洪调度方案。

优化调度模型计算主要根据已经研制的模型，按模型需求的输入进行数据组织，运行模型，生成调度方案，供比较分析。

（2）人机交互方式生成。依据调度规则和专家经验，通过人机交互方式，基于可视化（“概化图”）界面操作，设定防洪工程的运用参数，或在自动生成的调度方案基础上，进一步修改水库、蓄滞洪区等防洪工程的运用参数，完成调度方案试算，生成一个或多个防洪工程调度运用方案，并能够查询防洪调度规则、调度经验、历史洪水调度实例等信息。

交互式调度计算能实现顺序计算（简称“正算”）和反推拟合（简称“反算”）两种方式。所谓正算与交互预报流程和算法相同，根据设置的防洪工程调度运用参数，进行调度计算，并可组合多种方案。反算是以指定的防洪调度控制目标为依据，程序自动修改设置防洪工程运行参数，反复试算，得到符合控制目标的边界输入即为所求的调度方案。

保存到数据库中的调度方案，可以采用图表的方式查看其调度结果，也可将多个调度方案的计算结果叠加到一张图上进行展示，方便调度人员对多个调度方案进行比较。

8.1.3.5 调度方案仿真与可视化

调度方案仿真与可视化模块以可视化（基于“概化图”）和人机交互方式实现调度方案演进计算分析，并将防洪调度结果可视化展示。基于“概化图”的预报调度计算页面设计；“概化图”上包括主要水文站、主要控制性水库、主要蓄滞洪区等要素，各要素可实时动态展示数据、计算结果、可编辑水位流量过程等，并实现历史洪水及典型洪水的模拟调度与仿真。

（1）调度方案仿真。调度方案的仿真过程能按所设定的防洪工程运用参数、水库出流，通过构建的预报演算河系进行河道洪水演进计算，预测调度方案实施后各重点防洪河段主要控制站的水位与流量过程（启用的蓄滞洪区的水位和蓄、退水）情况。将各个调度方案计算的结果（水位/流量变化过程）用水流纵、横剖面两种形式展现给用户，供用户直观地看到调度措施（方案）引起的变化。

（2）历史洪水或典型洪水仿真计算。根据实时洪水量级，选择相似的典型洪水，按照调度方案模拟调度计算，计算结果可供实时调度方案制订时参考。相似的典型洪水选择提供自动与人工指定两种模式。

（3）调度成果可视化。调度成果可视化将成果通过直观、简明和形象化的信息表达，实现防洪调度成果的静态和动态显示。调度成果的可视化可针对某一防洪区域和某一调度方案，分为基于电子地图的调度结果显示和重点河段河道洪水演进可视化。主要功能模块包括河道水面线模拟、防洪概化图可视化、河道洪水演进可视化。可视化展示采用二维、三维相结合模式实现。

8.1.3.6 调度方案评价比较

完成多种调度预案的工程运用情况、运用效果和调度预案的可行性等方面的评价比较，以供决策者选择可行的调度预案，其中调度预案的可行性分析包括过灾情评估系统进行评估，该部分为灾情评估提供调度对象、实时及预报边界等输入，灾情评估系统生成洪水风险图（以服务模式）供调用展示比较。

1. 调度方案评价比较

将已设置、计算的各个调度方案的调度结果进行对比显示，通过调度方案的比较分析，提出决策方案，供调度人员分析、研究和比较。主要完成多种方案的工程运用情况、运用效果（调度方案仿真结果）、洪灾损失、方案的可行性等的比较，以供决策选择。

根据调度时间查看各个备选调度方案，采用过程图的方式对比各个方案实施后各控制断面的洪水过程及分蓄洪区分洪过程，配合调度目标控制，使管理及调度人员能方便分析和决策。

调度方案评价比较主要是针对某次调度过程中多个方案进行比较，以过程图的形式展现各个方案中预报来水过程、调度后控制站过程及分蓄洪区泄洪过程等，直观显示和调度相关信息。调度方案比较包括工程运用情况比较、运用效果比较、洪灾损失比较、方案的可行性比较等。

2. 成果展示

根据防洪形势、洪水预报及调度方案的评价比较形成调度成果，并采用图形、动画等直观的多媒体方式实现在线演示。

将最终调度成果通过多媒体方式表现，动态展示河道洪水过程、沿程各控制断面的水位流量过程及分蓄洪区运用情况。

8.1.3.7 信息查询与分析统计

信息查询模块主要查询实时雨水情、预报计算结果和调度计算结果，将监测数据和预报调度分析结果以形象、直观的方式提供给用户。

主体功能（图 8.1-3）包括：在信息采集基础上，以系统所建立的数据库为依托，对各类水雨情、工情、旱情、灾情、水库信息、预报结果、调度方案、调度计划等各类信息以 GIS 和图表的方式进行展现，并可进行简单的统计计算（如洪量计算、剩余库容）、与历史洪水进行对比分析等。主要包括水雨情信息查询及分析统计、与历史洪水对比、调度相关信息（发电用水信息、调度方案信息、调度计划信息、

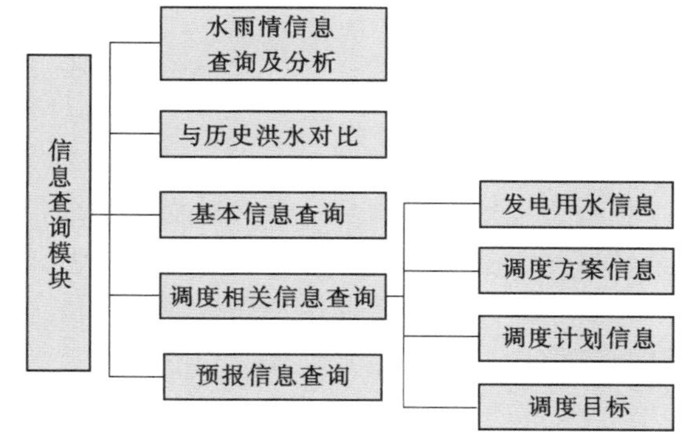

图 8.1-3 信息查询主体功能

调度目标等）查询、基本信息（水库及工程概况、运行资料）查询、预报信息查询等功能。

8.1.3.8 会商汇报展示

按照会商的流程和内容，开发会商汇报材料及水雨情信息图表生成、编辑及信息综合展示功能模块。对预报成果的可靠性和可能出现的变化进行分析，对调度预案进行比较分析，确定调度方案，并相应进行调度决策。

以GIS平台为基础，实现水雨情信息查询与监视、水雨情分析统计应用、水雨情会商支持等功能于一体的综合分析应用。以图表结合、二三维结合模式实现水雨情信息的综合展示和会商汇报支持，会商汇报展示包括以下部分（图8.1-4）：

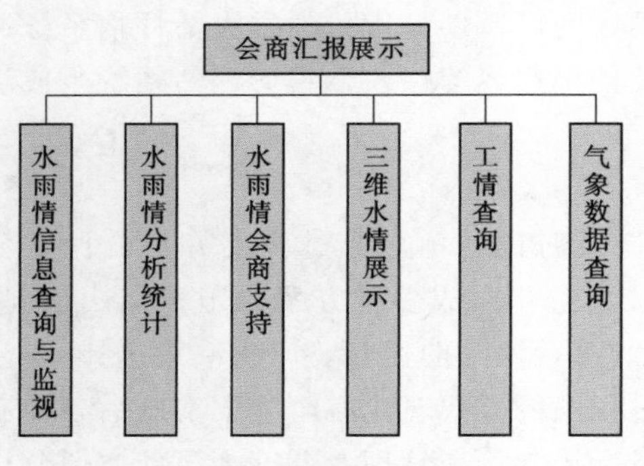

图8.1-4 会商展示功能组成

（1）水雨情信息查询与监视。

（2）水雨情信息分析统计。

（3）水雨情会商支持。

（4）三维水情展示：实现水库库区、重点河段在不同来水情形下，河道区域水面线及流量沿程变化过程比较和模拟仿真展示；不同水位下，区域淹没情况或水库蓄水量情况。

（5）工情查询：基于GIS的各类水利工程的综合查询和展示。

（6）气象数据查询：如台风路径、卫星云图、气象雷达。

8.1.3.9 信息服务

提供专用与通用报表生成功能，通用报表的自定义功能，预报发布成果表生成、入库功能，预报精度评定等功能。

8.1.4 系统开发方案

系统开发将遵循平台整体技术框架规约、面向服务的体系结构（SOA）标准，应用开发语言遵循SOA标准的跨平台应用开发语言，采用 .net 或J2EE技术标准，洪水预报调度模型计算采用面向对象的高级语言编程。

为保持系统软件的先进性，选择较新的、技术先进的开发工具和数据库管理系统。

GIS平台：ESRI的ArcGIS系列产品。

数据库：MS SQL Server 各版本或Oracle数据库管理系统均可。

8.1.5 系统表现方式

预报调度服务平台是一个人机交互系统，支持防洪决策的过程必须通过决策者和计算机系统反复交互才能实现。因此系统表现方式总体设计如下：

（1）采用直观的图形用户界面技术，信息的表达形象、直观、简洁明了，能实现水位或流量预报调度过程的交互修改功能。

（2）以GIS中的分层分级的电子地图作为系统背景，实现系统的分布式数据表达、图形表达和基于地理位置或对象的分布式信息查询与指令操作。

（3）各种模型和系统界面控制程序之间的接口平滑过渡。

（4）系统操作以菜单、图形、图标等形象化的界面元素为基础，大多数操作可以通过鼠标点击完成，并设置常用功能的快捷键。菜单和对话框的层次简单，使操作更为方便快捷。

（5）用照片和多媒体信息表达的，显示如水利枢纽、测站、河道、堤防等各种防洪设施的，灵活运用图形、图像、声音、音乐及视频等信息处理技术，起到图、声、像一体的综合表达效果，使用户能更直观、形象地了解这些设施的历史和现状。

8.1.6 预报调度流程

预报调度是预报调度系统的核心部分之一，实现河系所有预报、调度节点组连续预报或调度作业。模块所有预报节点采用的模型均为水文预报模型库中的常规水文预报模型，调度节点采用库容调洪演算或水动力学模型。

河系预报调度既可实现自定义河系各预报（或调度）节点的预报调度计算，也可指定河系计算的起止节点（对于有分支河系可指定多个起算节点），仅对起止节点内的子河系进行预报调度计算。河系预报调度计算提供自动、半自动及交互三种操作模式，河系自动计算是指系统根据指定起止节点按河系的上下游关系逐节点计算，中间过程不进行交互修改，并把计算成果自动存入数据库；河系半自动计算是在指系统根据指定起止节点按河系的上下游关系逐节点计算，中间过程弹出已指定交互节点的预报（调度）计算页面供用户根据经验交互修改（修改保存后进入下一节点计算），并把计算成果自动存入数据库；河系交互计算是指系统根据指定起止节点按河系的上下游关系逐节点弹出交互计算页面供用户经验交互修改，在对计算结果进行修改确认后，进入下一节点的预报（或调度）计算，并把计算成果自动存入数据库。预报节点所采用的模型均为系统缺省配置。需要考虑预见期降雨时，需要事先在预见期降雨输入窗体设置好预期降雨方案，此模块只需选择采用的预见期降雨方案号，系统预报计算时则根据预见期降雨方案自动获取已经存放于数据库中的降雨量数据参与预报计算。

本系统河系预报调度提供守候式及触发式自动预报、交互预报计算及分析功能。自动预报由系统后台完成，分守候式和触发式两种方式，其中守候式自动预报由后台定时（如每日 8 点整）执行，触发式自动预报由激活后台定制的触发事件（如某流域日面平均雨量达到 150mm）执行。触发式预报流程设计见图 8.1-5。交互预报计算及分析即人工作业预报，需要人为分析、校验参与。

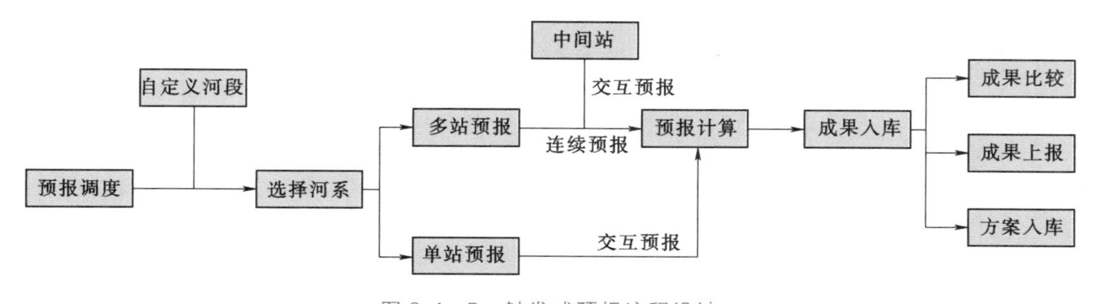

图 8.1-5 触发式预报流程设计

8.2 多尺度水文气象预报功能模块开发

8.2.1 预报调度

预报调度模块提供自动预报、交互预报计算及分析功能，输出预报成果，作为调度依据，对调度方案进行仿真模拟计算，协助制订洪水调度方案；具体功能包括预见期降雨设置、预报调度分析、调度成果上报。

8.2.1.1 预见期降雨设置

预见期降雨设置模块主要为预报作业和会商分析模块服务，完成各种预报区间预见期降雨不同情况的设置，每种情况设为一种方案保存在数据库中供调用。预见期降雨设置主要功能包括：降雨预报数据导入、降雨预报值保存入库，分区降雨查询、打印与导出等。

1. 预见期降雨导入

导入产品所需的预报数据，预报产品包括长江委水文局中短期预报产品和数据预报产品。

中短期预报产品采用气象文件数据导入的方式提供预报数据，导入的数据处理成最大值、最小值、倾向值，每一系列值代表一种数据方案进行入库保存；导入后的数据将展示在系统界面，以列表数据、面雨量图方式显示导入后的值。

数据预报产品有欧洲中心预报产品、WRF预报产品，通过查询特定数据库的方式查询预报数据。预见期降雨预报数据导入方式见图8.2-1。

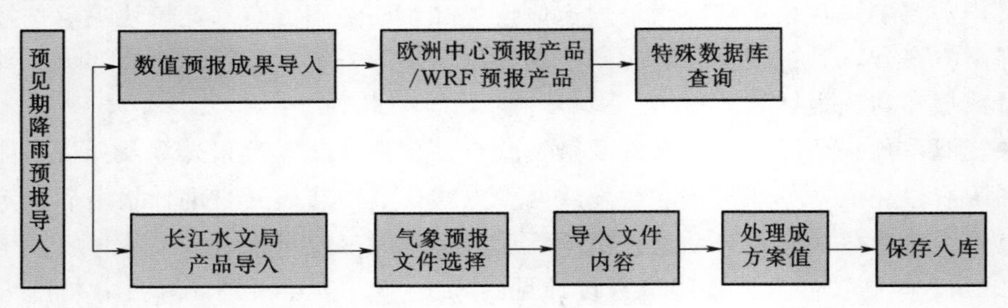

图8.2-1 预见期降雨预报数据导入方式

【逻辑实现】①选择预报产品；②根据预报产品导入数据；③将导入数据展示在页面：列表、面雨量图；④点击保存按钮；⑤导入的数据保存至系统数据库。

【输入输出】气象预报产品输入、输出格式见表8.2-1、表8.2-2。

表8.2-1 气象预报产品输入格式

输入内容	是否必填	输入形式	数据形式	备注
文件路径	必填	解析文件	字符型	
根据时间	必填	时间控件	yyyy-MM-dd hh	实况数据

表 8.2-2　　气象预报产品输出格式

输出内容	输出类型	备　注	输出内容	输出类型	备　注
预报区域	字符型		范围/mm	数值区间	1～5（一位小数值）
时间	时间格式	MM-dd	倾向值/mm	数值型	一位小数

数值预报产品输入、输出格式见表 8.2-3、表 8.2-4。

表 8.2-3　　数值预报产品输入格式

输入内容	是否必填	输入形式	数据形式	备注
预报产品	必填	选择框		
依据日期	必填	时间控件	时间格式	yyyy-MM-dd
依据时间/时	必填	单选	08 或者 20	

表 8.2-4　　数值预报产品输出格式

输出内容	输出类型	备注	输出内容	输出类型	备注
预报分区	字符型		预报时间	时间格式	yyyy-MM-dd hh
依据时间	时间格式	yyyy-MM-dd hh	降雨量值/mm	数值型	一位小数

界面设计如图 8.2-2～图 8.2-4 所示。

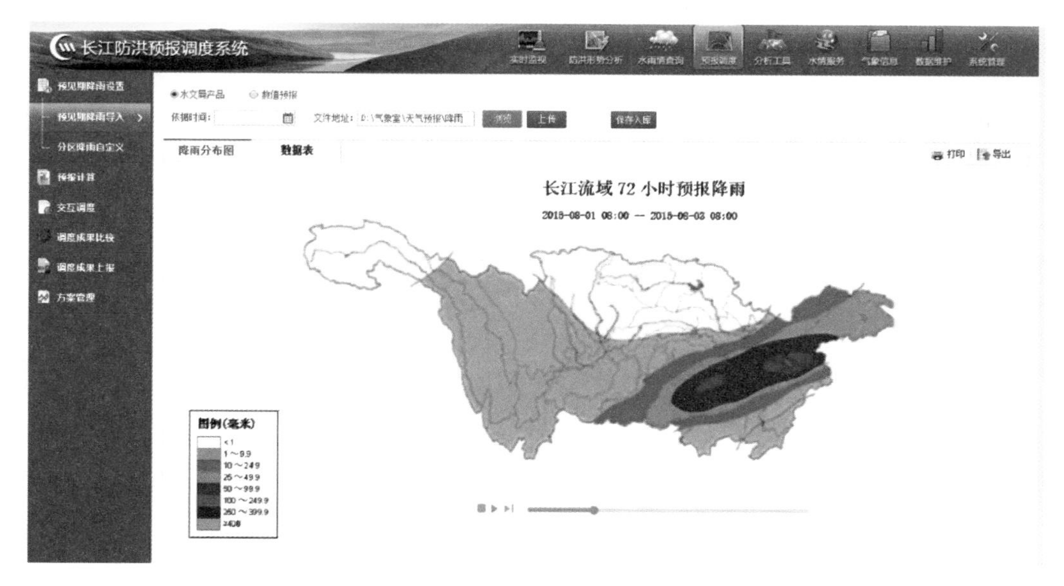

图 8.2-2　降雨预报产品（降雨分布图）

2. 分区降雨自定义

根据区域查询该区域下雨量站的预见期降雨量数据，以列表形式显示测站预见期降雨

图 8.2-3　降雨预报产品（数据表）

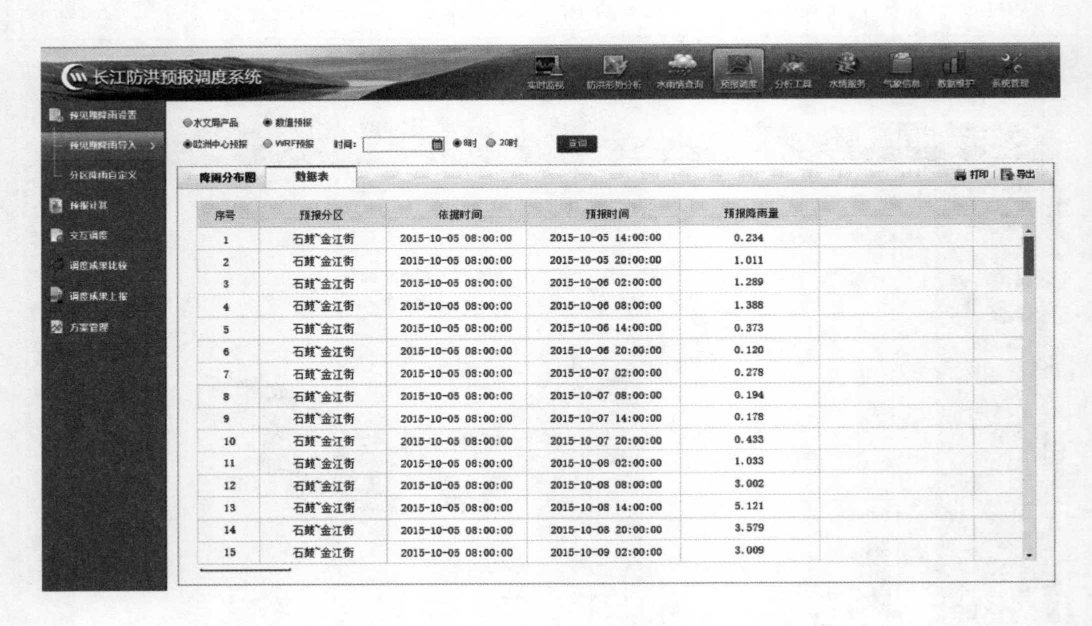

图 8.2-4　数值预报（数据表）

数据，并且支持降雨数据修改、保存、导出等操作。可根据测站切换查看测站的降雨过程图。

依据时间查询预报降雨数据，查询数据按时段长处理成多个时间段数据显示在界面，可修改分区降雨数据，点击保存可将处理后的分区数据保存至数据库。

保存时同时保存降雨方案内容，如水文局产品数据可分为 3 个方案：①水文预报的降雨最大值；②水文预报的降雨最小值；③水文预报的降雨倾向值。数值预报产品为 2 个方案：①欧中中心的降雨预报值；②WRF 的降雨预报值。

【逻辑实现】①设置条件查询测站预见期降雨数据；②点击表格某行，显示该测站预见期降雨量图；③修改表格某行中的降雨量值，点击保存按钮保存至数据库；④点击打印或者导出按钮，可打印或者导出表格数据。

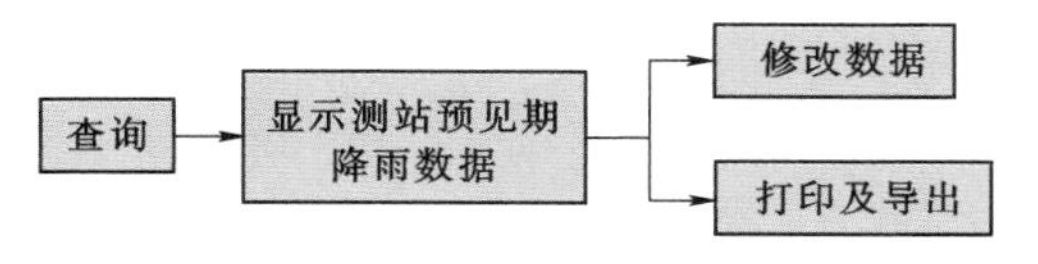

图 8.2－5　分区降雨数据查询步骤

分区降雨数据查询步骤如图 8.2－5 所示。

【输入输出】分区降雨数据输入格式见表 8.2－5，预见期预报降雨输出格式见表 8.2－6。

表 8.2－5　分区降雨数据输入格式

输入内容	是否必填	输入形式	数据形式	备　注
预报分区	必填	选择框	字符型	
依据日期	必填	时间控件	时间格式	yyyy－MM－dd
依据时间/时	必填	单选	08 或者 20	
时段长	必填	输入	整数值	单位小时
方案	必填			预报数据方案
预见期	必填	输入	整数值	单位可选择小时、天、周

分区降雨设置界面如图 8.2－6 所示。

表 8.2－6　预见期预报降雨输出格式

输出内容	输出类型	备　注
预报站	字符型	显示名称
分段降雨数据	数值型	按时段长进行分配

8.2.1.2　预报调度分析

1. 总体思路

预报调度分析主要基于概化图实现预报与调度的高度耦合，信息在预报模型与调度模型间的共享，提供预报调度一体化的计算服务，其主要表现形式有两种。

（1）河与库一体化。在概化图上选择调度对象（上游水库节点），弹出水库调度演算页面，根据上游水库的调度规程和水库的入库流量预报，给定下泄流量过程（人工输入或按预定规则），并演算至下游控制站，叠加区间的来水过程，以信息摘要形式将成果标示于概化图上（若需看详情点击该节点则弹出预报计算页面）。根据防洪形势分析，看下游控制站流量是否超过控制要求，是否需要运用上游水库进行补偿调度，根据水库自身的安全度汛及下游的防洪要求，反复试算，优化水库的泄流过程，实现预报调度一体化。

（2）库与库一体化。库与库一体系化包含两方面内容：首先是库群末节点与其下游的河库一体化调度，确定库群末节点的超额洪量（水库的自身安全度汛需要的下泄流量过程与下游防洪要求的水库控泄流量过程差值对应的洪量）；其次是库群的联合调度，确定库

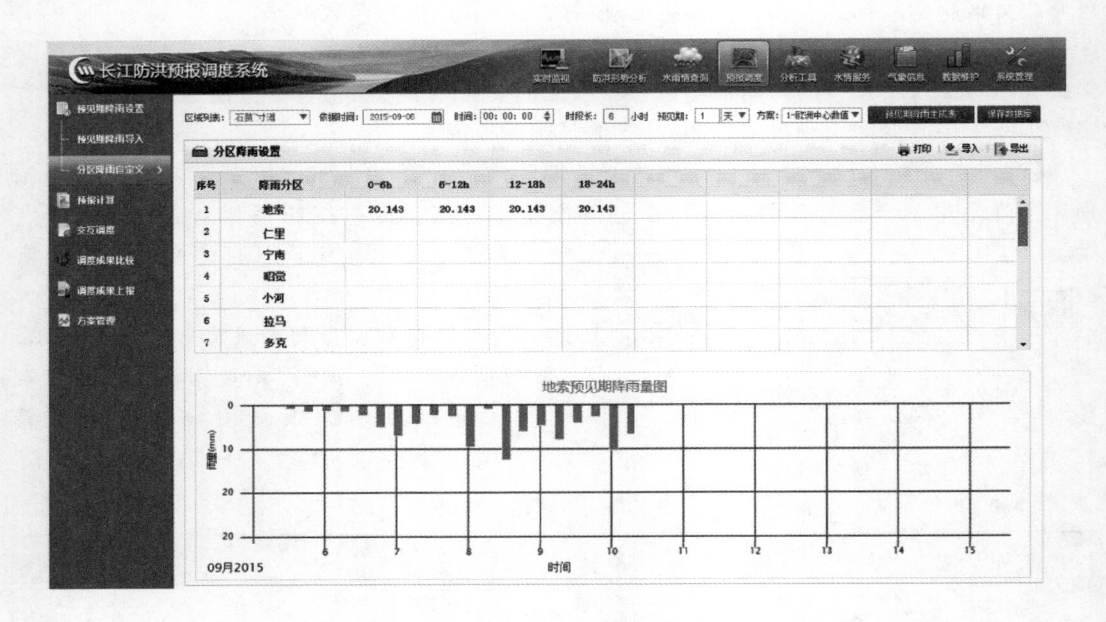

图 8.2-6 分区降雨设置界面

群末节点以上各水库应分担的超额洪量，在此基础上，根据各水库自身应分担的超额洪量、安全度汛要求及其下游的防洪要求，反复试算，优化各水库的泄流过程，当上游水库群已发挥全部防洪功能，若无法确保库群末节点自身防洪安全或库尾回水淹没区域安全，则相应进入分洪工程、蓄滞洪区运用方案库的试算阶段。

2. 预报调度计算

河系预报调度提供守候式及触发式自动预报、交互预报计算及分析功能。交互预报计算及分析即人工作业预报，需要人为分析、校验参与。此节内容主要描述人工交互预报功能，自动预报均选用默认设置完成。

连续作业预报：实现河系所有预报站点组连续作业预报，可设置预报开始站、预报结束站、中间交互站进行自动预报，当执行到中间交互站时可以对该站进行人工校正再继续。预报结束后分别给出测站的降雨过程图及特征值数据。同时参考预报结果对水库进行调洪演算，实现预报与调度的一体化过程。

单站预报：对单个测站进行预报计算，预报结果可进行人工校正保存。

该功能中预报所用的模型为系统缺省默认配置，预报员不得进行选择。

预报数据来源为预见期降雨设置中保存形成的降雨方案数据，根据起止时间选择实况降雨数据及预报降雨数据。

计算保存时同时保存方案信息和预报计算结果，方案信息包括方案名称、方案的计算时间段、生成方案时间、方案所用模型、方案的其他说明信息等。

【逻辑实现】

(1) 连续作业预报：①设置河系、预报时间、预见期长度、计算时段长、降雨方案条件；②点击取数按钮，后台自动为测站分配预报计算所需数据；③设置计算开始站、计算结束站、中间交互站；④点击预报按钮，系统根据设置对所选区间的测站逐次进行自动预报，进交互站时弹窗进行人员交互计算，结算结果作为下一站的输入值；⑤预报结束，可点击对象查看测站预报结果，同时可根据预报结果判断是否进行水库调度演算。

河道连续作业预报流程如图 8.2-7 所示。

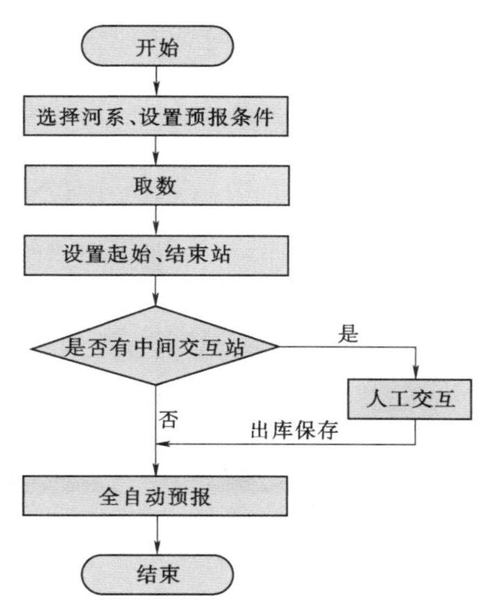

图 8.2-7 河道连续作业预报流程图

（2）单站预报：①设置河系、预报时间、预见期长度、计算时段长、降雨方案条件；②点击取数按钮，后台自动为测站分配预报计算所需数据；③点击单个测站，选中单站预报；④校正测站流量等数据，保存入库，如为水库站，根据预报结果判断是否进入调度演算。

【输入输出】

（1）取数。人工交互预报“取数”输入格式见表 8.2-7。输出河系各站降雨实况及预报数据。

表 8.2-7 人工交互预报“取数”输入格式

输入内容	是否必填	输入形式	数据形式	备 注
河系	必填	选择框	字符型	
开始时间	必填	时间控件	时间格式	yyyy-MM-dd
结束时间	必填	时间控件	时间格式	yyyy-MM-dd
计算时段长	必填	输入	整数值	单位小时
预见期长度	必填	输入	整数值	单位可选择小时、天、周
降雨方案选择	必填	选择框	字符型	预见期降雨设置中生成的数据方案

（2）预报。人工交互预报“预报”输入格式见表 8.2-8。输出各站预报结果。

表 8.2-8 人工交互预报“预报”输入格式

输入内容	是否必填	输入形式	数据形式	备 注
河系各站降雨数据	必填	取数返回	数值型	“取数”功能查询
计算开始站	必填	功能选择		
计算结束站	必填	功能选择		
中间交互站	必填	功能选择		

（3）保存。输入预报计算结果，保存预报方案。人工交互预报“保存”输入格式见表 8.2-9。

表 8.2-9 人工交互预报"保存"输入格式

输入内容	是否必填	输入形式	数据形式	备　　注
方案名称	必填	取数返回	数值型	
开始时间	必填	时间控件	时间格式	yyyy-MM-dd
结束时间	必填	时间控件	时间格式	yyyy-MM-dd
生成方案时间	必填	自动生成	时间格式	（保存时间）yyyy-MM-dd hh：mm
方案所用模型	必填			降雨数据方案对应模型
调度对象	必填	界面设置		多个水库站
计算结果数据				预报结果数据（未知）

相关界面如图 8.2-8～图 8.2-10 所示。

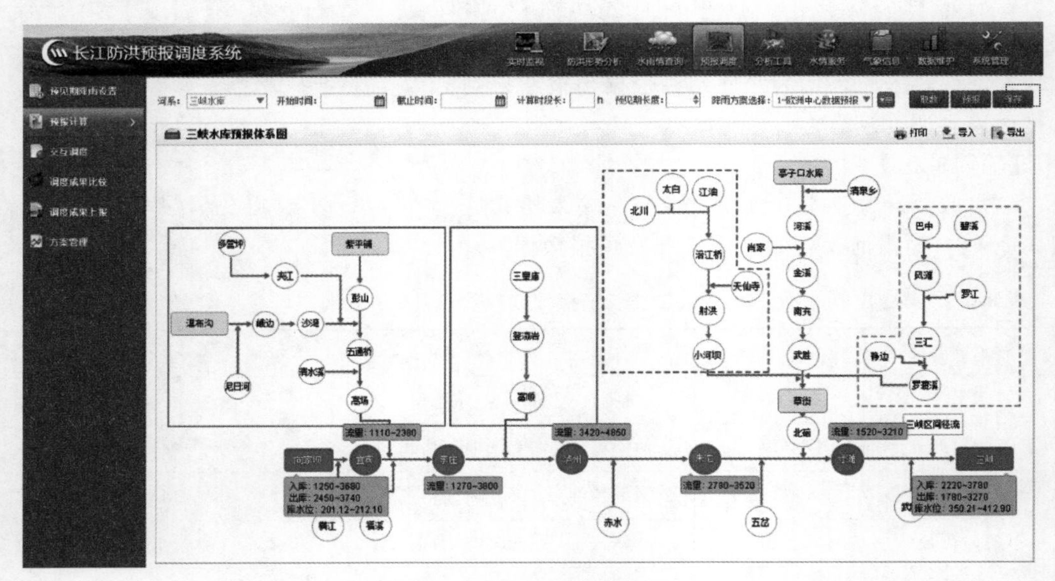

图 8.2-8 预报计算界面

3. 交互调度

通过多次调整预报边界值信息（出入库流量）完成预报计算，形成不同的临时预报方案，可对比、查看临时方案，保存最优方案。

该功能中预报所用的模型为系统缺省默认配置，预报员不得进行选择。

预报数据来源为预见期降雨设置中保存形成的方案数据，根据起止时间选择实况降雨数据及预报降雨数据。

计算保存时同时保存方案信息和预报计算结果。方案信息包括方案名称、方案的计算时间段、生成方案时间、方案所用模型、方案的其他说明信息等。

【逻辑实现】①设置河系、预报时间、预见期长度、计算时段长、降雨方案条件；②点击取数按钮，后台自动为测站分配预报计算所需数据；③设置流量边界值、关注站进行预报计算，计算结果保存成临时方案；④如有需要可再次修改保存成临时方案；⑤对比临时方案，选择最优方案保存入库；交互调度流程如图 8.2-11 所示。

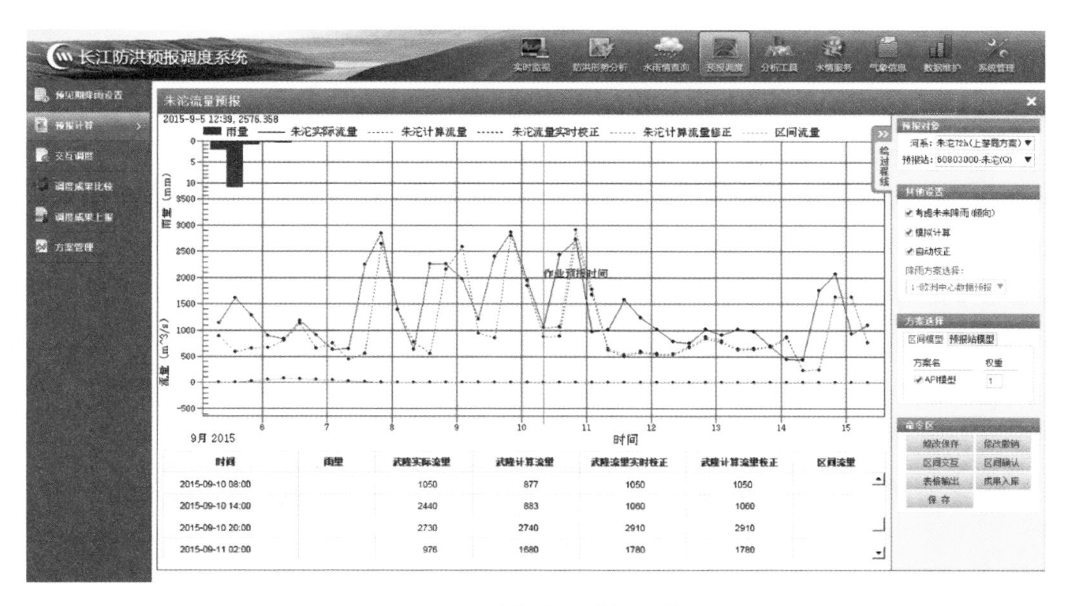

图 8.2-9　中间交互站设置界面

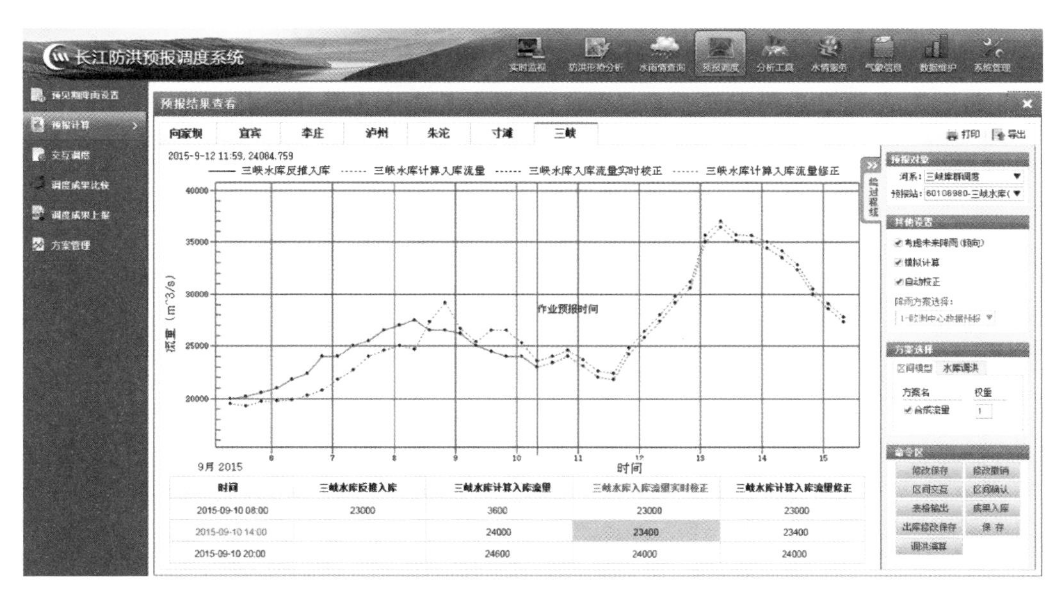

图 8.2-10　预报结果查看界面

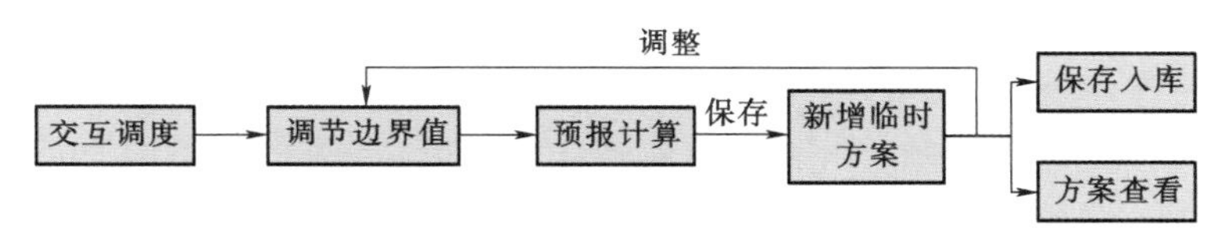

图 8.2-11　交互调度流程图

【输入输出】

(1) 取数。交互调度“取数”输入格式见表8.2-10。输出河系各站降雨实况及预报数据。

表8.2-10 交互调度“取数”输入格式

输入内容	是否必填	输入形式	数据形式	备注
河系	必填	选择框	字符型	
开始时间	必填	时间控件	时间格式	yyyy-MM-hh
结束时间	必填	时间控件	时间格式	yyyy-MM-hh
计算时段长	必填	输入	整数值	单位小时
预见期长度	必填	输入	整数值	单位可选择小时、天、周
降雨方案选择	必填	选择框	字符型	预见期降雨设置中生成的数据方案

(2) 预报。交互调度“预报”输入格式见表8.2-11。输出各站预报结果。

表8.2-11 交互调度“预报”输入格式

输入内容	是否必填	输入形式	数据形式	备注
河系各站降雨数据	必填	取数返回	数值型	“取数”功能查询
计算开始站	必填	功能选择		
计算结束站	必填	功能选择		
中间交互站	必填	功能选择		

(3) 保存。输入预报计算结果，保存预报方案。交互调度“保存”输入格式见表8.2-12。

表8.2-12 交互调度“保存”输入格式

输入内容	是否必填	输入形式	数据形式	备注
方案名称	必填	取数返回	数值型	
开始时间	必填	时间控件	时间格式	yyyy-MM-dd
结束时间	必填	时间控件	时间格式	yyyy-MM-dd
生成方案时间	必填	自动生成	时间格式	(保存时间) yyyy-MM-dd hh：mm
方案所用模型	必填			降雨数据方案对应模型
调度对象	必填	界面设置		多个水库站
计算结果数据				预报结果数据(未知)

交互调度分析界面如图8.2-12所示。

8.2.2 气象信息

气象信息模块提供防汛相关气象信息的查询，如单站雷达、雷达拼图、卫星云图、台风信息、天气图、降雨预报及模式产品、预报产品等查询功能。

8.2.2.1 气象信息查询

气象信息查询功能提供防汛相关气象信息的查询，该功能模块分为：雨量图、分区面

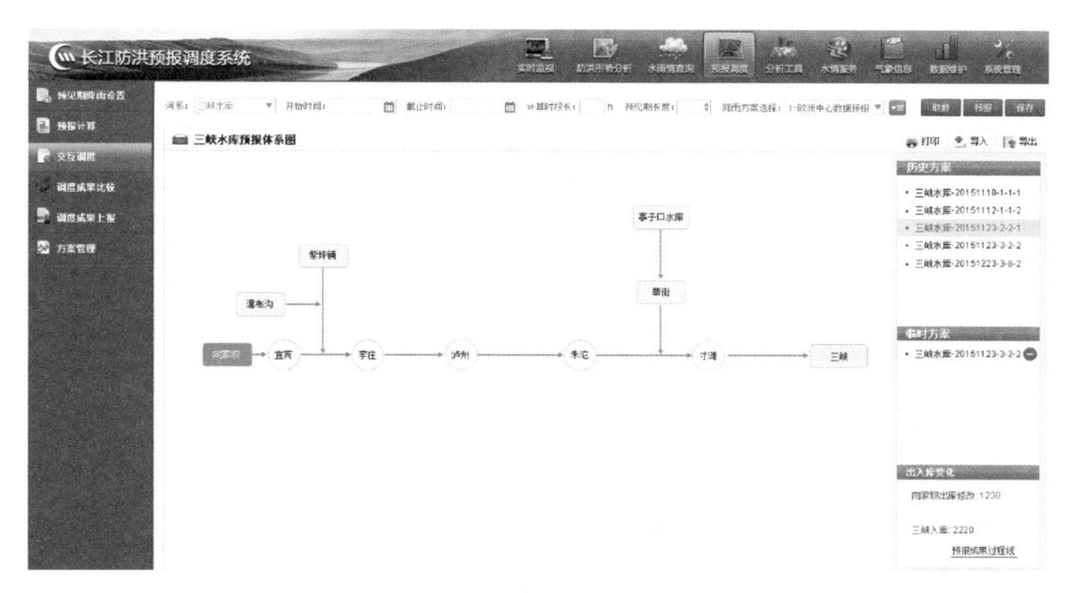

图 8.2-12　交互调度分析界面

雨量、单站雨量、多站雨量、旬月雨量距平、卫星云图、雷达拼图、每日天气提醒、台风信息、天气图、遥感监测、历史面雨量 12 个功能模块。

1. 单站雷达

【功能描述】显示雷达图，播放单站雷达连续图。

【逻辑实现】设定时间段和站名，根据设定条件查询并显示单站雷达数据。

【输入输出】输入：雷达影像数据。交互界面输入：开始时间、结束时间、站名。输出：雷达数据自动连续播放。

2. 雷达拼图

【功能描述】显示中央气象台雷达拼图数据。

【逻辑实现】通过数据接口，访问并显示中央气象台雷达拼图数据。

【输入输出】输入：气象雷达拼图专题网站。交互界面输入：（中央气象台）雷达拼图。输出：显示中央气象台雷达拼图数据。

3. 卫星云图

【功能描述】展示、播放卫星云图图像信息。

【逻辑实现】通过数据接口，访问并显示卫星云图数据。

【输入输出】输入：卫星云图专题数据。交互界面输入：设定时间段、图片类型、文件列表、播放速度。输出：展示、播放卫星云图图像信息。

4. 台风信息

【功能描述】展示、播放台风图像信息。

【逻辑实现】通过定制开发的数据接口，访问并显示台风数据。

【输入输出】输入：台风信息专题网站数据。输出：展示、播放台风图像信息。

5. 天气图

【功能描述】展示、播放天气图图像信息。

【逻辑实现】通过定制开发的数据接口，访问并显示天气图数据。

【输入输出】输入：天气图专题数据站点。输出：展示、播放天气图图像信息。

8.2.2.2 模式产品

模式产品模块提供五种模式产品，分别为EC模式、日本模式、T639模式（TL639L60全球模式）、WRF（Water Reserch Forcasting）模式、CFS（Climate Forecast System）模式产品。具体模式产品界面示意图如图8.2-13～图8.2-16所示。

图8.2-13 EC模式产品界面示意图

长江防洪预报调度系统

EC 日本 T639 WRF CFS 打印 导出

选择类型：图 表 依据时间：2015-08-11 20:00 分区类型：常规 查询

	预报区域	11月9日					11月10日				11月11日			11月12日			
		08-14	14-20	20-02	02-08	日雨量	08-14	14-20	20-08	日雨量	08-20	20-08	日雨量	08-20	20-08	日雨量	08-2
1	金沙江中下游	0.0	0.1	0.1	0.1	0.3	0.0	0.1	0.4	0.5	0.4	0.4	0.8	0.1	0.2	0.3	0.
2	岷沱江流域	0.1	0.2	0.6	0.5	1.4	0.2	0.6	2.6	3.4	1.2	0.9	2.1	0.2	0.3	0.5	0.
3	嘉陵江流域	0.5	0.7	1.2	1.1	3.5	1.5	1.7	3.2	6.4	4.0	2.3	6.3	0.4	0.2	0.6	0.
4	屏山-寸滩区间	0.2	0.2	0.7	1.0	2.1	0.6	0.4	3.7	4.7	2.2	5.1	7.3	1.0	0.8	1.8	0.
5	乌江流域	0.1	0.1	0.3	0.8	1.3	0.9	0.5	4.2	5.6	4.3	7.6	11.9	3.3	1.2	4.5	0.
6	寸滩-万县区间	0.1	0.0	0.2	1.0	1.3	1.7	0.9	4.4	7.0	4.3	5.7	10.0	1.7	0.3	2.0	0.
7	万县-宜昌区间	0.0	0.0	0.0	0.4	0.4	1.3	2.4	4.3	8.0	5.1	5.6	10.7	3.5	0.2	3.7	0.
8	清江流域	0.0	0.0	0.0	0.2	0.2	1.0	2.1	2.8	5.9	8.3	8.2	16.5	4.6	0.2	4.8	0.
9	江汉平原	0.0	0.0	0.0	0.0	0.0	0.0	0.9	3.0	3.9	5.7	4.7	10.4	5.7	0.3	6.0	0.
10	澧水	0.1	0.0	0.0	0.0	0.1	0.2	0.9	3.0	4.1	9.7	10.1	19.8	4.9	0.4	5.3	0.
11	沅江	0.0	0.0	0.0	0.2	0.2	0.4	0.9	4.5	5.8	8.5	12.0	20.5	9.2	1.4	10.6	0.

图8.2-14 日本模式产品界面示意图

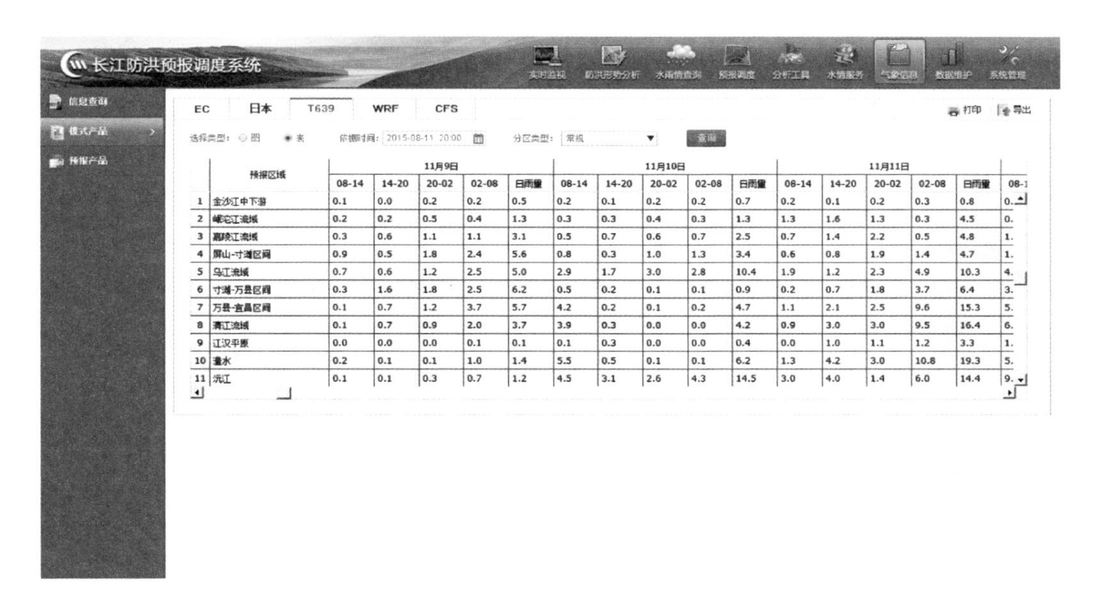

	预报区域	11月9日					11月10日					11月11日					
		08-14	14-20	20-02	02-08	日雨量	08-14	14-20	20-02	02-08	日雨量	08-14	14-20	20-02	02-08	日雨量	08-1
1	金沙江中下游	0.1	0.0	0.2	0.2	0.5	0.2	0.1	0.2	0.2	0.7	0.2	0.1	0.2	0.3	0.8	0.
2	岷沱江流域	0.2	0.2	0.5	0.4	1.3	0.3	0.3	0.4	0.3	1.3	1.3	1.6	1.3	0.3	4.5	0.
3	嘉陵江流域	0.3	0.6	1.1	1.1	3.1	0.5	0.7	0.6	0.7	2.5	0.7	1.4	2.2	0.5	4.8	1.
4	屏山-寸滩区间	0.9	0.5	1.8	2.4	5.6	0.8	0.3	1.0	1.3	3.4	0.6	0.8	1.9	1.4	4.7	1.
5	乌江流域	0.7	0.6	1.2	2.5	5.0	2.9	1.7	3.0	2.8	10.4	1.9	1.2	2.3	4.9	10.3	4.
6	寸滩-万县区间	0.3	1.6	1.8	2.5	6.2	0.5	0.2	0.1	0.1	0.9	0.2	0.7	1.8	3.7	6.4	3.
7	万县-宜昌区间	0.1	0.7	1.2	3.7	5.7	4.2	0.2	0.1	0.2	4.7	1.1	2.1	2.5	9.6	15.3	5.
8	清江流域	0.1	0.7	0.9	2.0	3.7	3.9	0.3	0.0	0.0	4.2	0.9	3.0	3.0	9.5	16.4	6.
9	江汉平原	0.0	0.0	0.0	0.1	0.1	0.1	0.3	0.0	0.0	0.4	0.0	1.0	1.1	1.2	3.3	1.
10	澧水	0.2	0.1	0.1	1.0	1.4	5.5	0.5	0.1	0.1	6.2	1.3	4.2	3.0	10.8	19.3	5.
11	沅江	0.1	0.1	0.3	0.7	1.2	4.5	3.1	2.6	4.3	14.5	3.0	4.0	1.4	6.0	14.4	9.

图 8.2-15　T639 模式产品界面示意图

图 8.2-16　WRF 模式产品界面示意图

8.2.2.3　预报产品

预报产品模块提供以下预报产品的查询及常用预报站点的链接，见图 8.2-17～图 8.2-19，具体包括：①短期降雨预报；②中期降雨预报；③延伸期降雨预报；④长期预报。

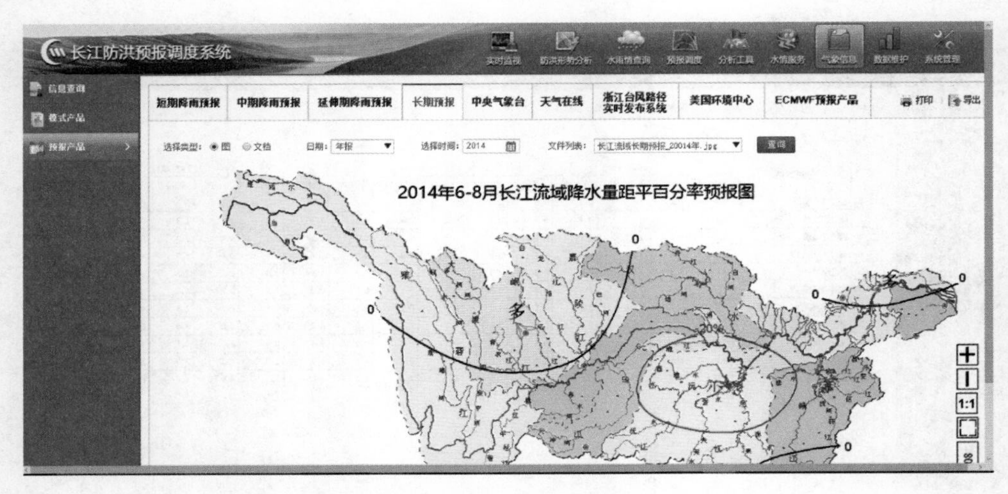

图 8.2-17 预报产品界面示意（长期预报产品）

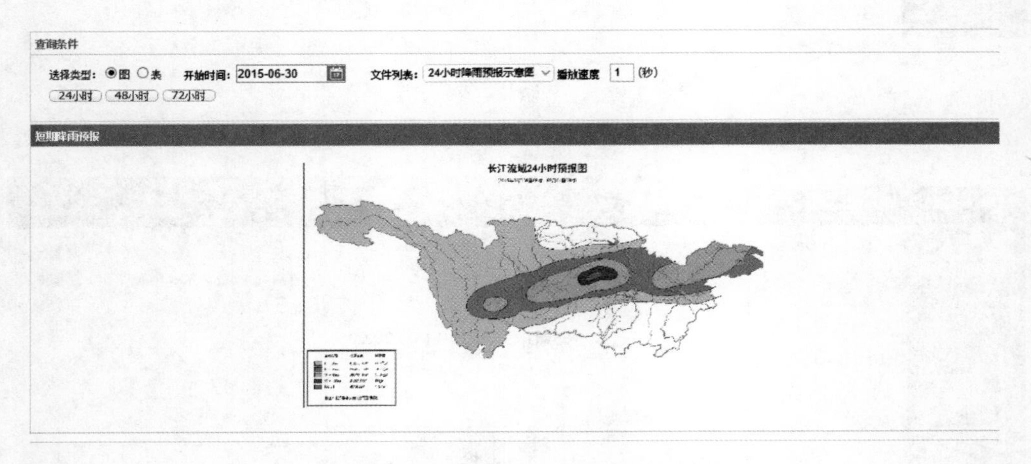

图 8.2-18 短期降雨预报产品功能视图

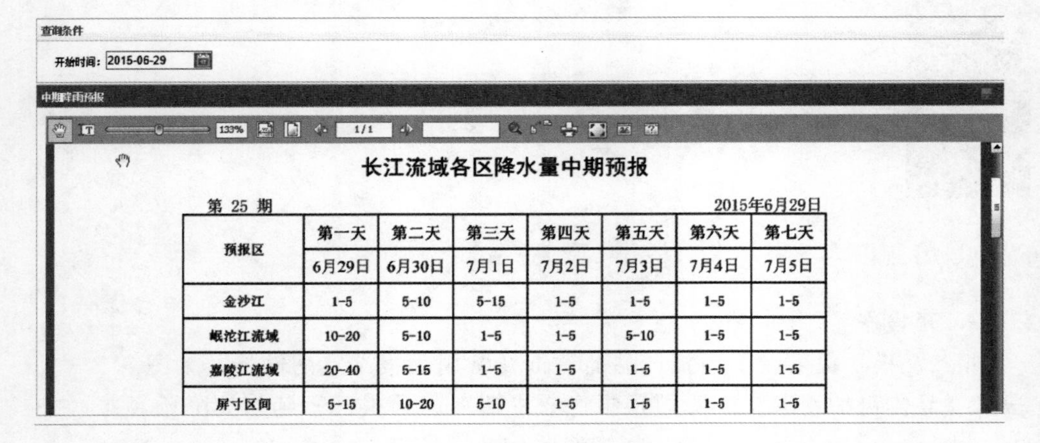

查询条件

开始时间：2015-06-29

中期降雨预报

长江流域各区降水量中期预报

第 25 期　　　　2015年6月29日

预报区	第一天	第二天	第三天	第四天	第五天	第六天	第七天
	6月29日	6月30日	7月1日	7月2日	7月3日	7月4日	7月5日
金沙江	1-5	5-10	5-15	1-5	1-5	1-5	1-5
岷沱江流域	10-20	5-10	1-5	1-5	5-10	1-5	1-5
嘉陵江流域	20-40	5-15	1-5	1-5	1-5	1-5	1-5
屏寸区间	5-15	10-20	5-10	1-5	1-5	1-5	1-5

图 8.2-19 中期降雨预报产品功能图

第9章

结论与展望

9.1 结论

（1）梯级水库影响下流域水文循环演变规律。通过对长江上游1961—2010年气温、降水长序列过程分析，发现多年平均气温和降雨均呈现从西北向东南逐渐增加，多年平均蒸发以嘉陵江流域的沙坪坝站为中心向外逐渐增加，气温突变时间多发生在2000年以后，而降雨突变多发生在2000年以前；采用SWAT模型对雅砻江流域径流变化进行归因分析，水库影响期（2012—2015年）二滩年平均流量相对于无水库影响期（2008—2011年）增加135.4m^3/s。其中，气候变化造成二滩年平均流量增加284.7m^3/s，土地利用变化造成二滩年平均流量减少36.2m^3/s，水库群运行造成二滩年平均流量减少113.1m^3/s。

（2）面向水库群的大流域产汇流模拟研究。基于多阻断河流洪枯水演进数值模拟模型，构建了由金沙江模块（攀枝花—宜宾）和川江模块（向家坝—宜昌）组成的长江上游洪枯水演进数值模拟模型，并实现了与水文预报模型的接口互通。率定验证结果表明，所建模型能够较高精度地模拟长江上游洪枯水演进的时空特征及规律。

（3）多尺度多阻断大流域水文预测预报方法研究。以长江上游控制性水库、水文站为节点，耦合多尺度数值气象预报模式与多阻断条件下的水文预报模型，构建产汇流预报体系。同时选取2017年、2018年三峡短期、中期、长期水文气象预报成果进行精度评定，评定表明预报体系的短期（1～3d）水雨情预报精度较高，中期（4～7d）水雨情预报趋势把握较好，长期水雨情预报趋势基本正确。

（4）干支流洪水遭遇的影响分析。结合流域暴雨、洪水特性的空间分布规律，分析并推求了长江上游主要干支流的分区设计洪水；采用水量平衡法进行洪水过程还原计算，推求流域主要控制站点的天然流量过程，通过与水库调蓄下的实测洪水系列和还现计算成果分别进行对比分析，研究了现有调洪规程对干支流洪水遭遇的影响。

（5）长江干流主要控制节点的水位变化研究。以长江中下游干流为研究对象，分析溪洛渡、向家坝水库蓄水对中下游水位的影响。溪洛渡、向家坝两座水库运行对长江中下游干流的水文情势影响主要集中在9月，中下游干流各站水位下降的幅度在0.21～0.58m，两座水库运行对干流10月和11月的水文情势影响较小。

（6）非一致性设计洪水计算方法研究。采用GAMLSS模型建立了关联梯级水库群调蓄因素的非一致性洪水频率分布模型，基于重现期的期望等待时间和期望超过次数理论，构建屏山站和武隆站上游流域水库指数因子，推求未来一定时期内某一水文风险下的设计洪水成果，并采用Bootstrap方法计算了设计洪水的统计不确定性。

（7）面向水库群联合调度的水文预测预报模型集成技术。基于 SOA 架构，在面向水库群调度的水文预测预报模型集成技术、流域水文快速模拟与预测的高性能并行计算技术的基础上，建立面向水库群联合调度的水文预测预报模型库；设计混合云环境下不同边界模型集成模式，提供水库群智能调度水文数值模拟和预测预报服务。

9.2 展望

针对本书开展的面向水库群调度的水文数值模拟与预测技术研究涉及的相关问题，尚存在以下需要进一步研究的工作。

（1）梯级水库影响下流域水文循环演变规律。研究工作讨论了水库建设对局部地区和流域尺度的水文、气象要素影响，从规律趋势方面给出了较为明确的结论，但未能从水文机理研究出发，进一步阐明降水、气温、下垫面、人类活动对径流影响机理。

（2）多尺度多阻断大流域水文预测预报方法研究。研究工作以流域大型水库、重要水文站、防汛节点等为关键控制断面，构建了最新长江流域预报体系，实现了岗托—大通（包括洞庭湖四水、鄱阳湖五河）接近全流域覆盖。但是，随着近年来大数据、区块链、5G 等计算机、通信等行业迅猛发展，再分析水文气象数据资料的可靠性、分辨率、实时性进一步提高，新理论、新技术逐步应用，长江水文预报调度一体化体系存在进一步升级、拓展的可能性。如何利用新时代计算机、通信技术，开展多源、异构、松耦合长江水文一体化预报调度，提供较高精度、较长预见期的预报成果，为提出适应新时代社会需求的长江上游水库群优化调度提供技术，是长江水文下一步亟须开展的重要研究重点。

（3）水库群调度对干支流洪水情势影响。研究工作通过还原/还现法研究了现有梯级水库运行对干支流洪水情势的影响，但未能结合三峡及以上控制性水库群联合调度研究成果，分析大规模水库群调度对干支流洪水遭遇变化趋势，重点研究水库群调洪条件下干支流洪水量级、洪峰遭遇概率变化规律是下一步研究重点。

（4）非一致性设计洪水计算方法研究。对于气候变化、土地利用、城市供水等渐变因素的影响，本研究所采用的非一致性设计洪水计算方法尚可评判，然而，对于长江流域梯级水库群调度引起的水文序列变化，往往都具有短期内变化较大的特点。虽然本研究引入水库指数来模拟频率分布参数的时变情况，但该指数主要还是由水库规模等特征值确定，还不能随着调度进程动态变化，此为本研究下阶段拟进一步开展的工作。此外，本研究仅考虑了洪水频率分布统计参数随时间及水利工程建设的变化情况，并未将气候变化、下垫面变化和多种不确定因素考虑进来，这将是下一步开展的另一方面工作。

参 考 文 献

白玉川，黄本胜，2000. 河网非恒定流数值模拟的研究进展 [J]. 水利学报，31（12）：43 - 47.
陈璐，郭生练，张洪刚，等，2011. 长江上游干支流洪水遭遇分析 [J]. 水科学进展，22（3）：323 - 330.
陈田庆，解建仓，张刚，等，2012. 基于BP神经网络的马斯京根模型参数动态估计 [J]. 水力发电学报，31（3）：31 - 38.
陈杨，王业红，徐果，2009. 平面二维数值模型在导流明渠优化设计中的应用 [J]. 中国水运（下半月），9（12）：113 - 114.
成静清，宋松柏，2010. 基于混合分布非一致性年径流序列频率参数的计算 [J]. 西北农林科技大学学报（自然科学版），38（2）：229 - 234.
丁道扬，Liu P F，1989. 一种二维输运问题的低数值阻尼模拟方法 [J]. 水利水运科学研究（2）：35 - 52.
范继辉，2007. 梯级水库群调度模拟及其对河流生态环境的影响——以长江上游为例 [D]. 成都：中国科学院水利部成都山地灾害与环境研究所.
冯平，曾杭，李新，2013. 混合分布在非一致性洪水频率分析的应用 [J]. 天津大学学报（自然科学与工程技术版），46（4）：298 - 303.
甘丽云，付强，孙颖娜，等，2010. 基于免疫粒子群算法的马斯京根模型参数识别 [J]. 水文，30（3）：43 - 47.
韩龙喜，张书龙，金忠青，1994. 复杂河网非恒定流计算模型——单元划分法 [J]. 水利学报，1994（2）：52 - 56.
韩志坚，宋益澄，张杰，等，2004. 大亚湾海域流场数据同化的数值试验 [J]. 暨南大学学报（自然科学与医学版），25（5）：574 - 579.
何红艳，郭志华，肖文发，2005. 降水空间插值技术的研究进展 [J]. 生态学杂志，24（10）：1187 - 1191.
何少苓，龚振瀛，林秉南，1985. 隐式破开算子法在二维潮流计算中的应用 [J]. 海洋学报（中文版），7（2）：225 - 232.
何少苓，林秉南，1984. 破开算子法在二维潮流计算中的应用 [J]. 海洋学报（中文版），6（2）：260 - 271.
侯玉，卓建民，1999. 河网非恒定流汊点分组解法 [J]. 水科学进展，10（1）：48 - 52.
胡庆云，1999. 破开算子法用于二维流场计算的误差分析 [J]. 河海大学学报（自然科学版）（1）：73 - 76.
胡四一，谭维炎，1995. 无结构网格上二维浅水流动的数值模拟 [J]. 水科学进展，6（1）：1 - 9.
胡四一，王银堂，谭维炎，等，1996. 长江中游洞庭湖防洪系统水流模拟——模型实现和率定检验 [J]. 水科学进展，7（4）：346 - 353.
胡义明，梁忠民，杨好周，等，2013. 基于趋势分析的非一致性水文频率分析方法研究 [J]. 水利发电学报，32（5）：21 - 25.
江春波，安晓谧，张庆海，2002. 二维浅水流动的有限元并行数值模拟 [J]. 水利学报，2002（5）：65 - 68.
江春波，梁东方，李玉梁，2004. 求解浅水流动的分步有限元方法 [J]. 水动力学研究与进展（A辑），

19 (4)：475 - 483.
江聪，熊立华，2012. 基于 GAMLSS 模型的宜昌站年流量序列趋势分析 [J]. 地理学报，67 (11)：1505 - 1514.
李东风，张红武，许雨新，等，1999. 黄河下游平面二维水沙运动模拟的有限元方法 [J]. 泥沙研究 (4)：61 - 65.
李鸿雁，赵娟，王玉新，等，2011. 扩域搜索遗传算法优化马斯京根参数及其应用 [J]. 吉林大学学报（地球科学版），41 (3)：861 - 865.
李丽，2007. 分布式水文模型的汇流演算研究 [D]. 南京：河海大学.
李人宪，2008. 有限体积法基础 [M]. 北京：国防工业出版社.
李向阳，程春田，林剑艺，2006. 基于神经网络的贝叶斯概率水文预报模型 [J]. 水利学报，37 (3)：354 - 359.
李信，2015. 基于 HEC - HMS 的雅砻江流域理塘河洪水预报研究 [D]. 武汉：中国地质大学.
李义天，1997. 河网非恒定流隐式方程组的汊点分组解法 [J]. 水利学报，1997 (3)：49 - 57.
李岳生，杨世孝，肖子良，1977. 河网不恒定流隐式方程组稀疏矩阵解法 [J]. 中山大学学报（自然科学版）(3)：27 - 37.
李紫妍，2019. 汉江上游水文气象时空变异和水文模拟的不确定性评估 [D]. 西安：西安理工大学.
梁忠民，戴荣，李彬权，2010. 基于贝叶斯理论的水文不确定性分析研究进展 [J]. 水科学进展，21 (2)：274 - 281.
梁忠民，胡义明，黄华平，等，2016. 非一致性条件下水文设计值估计方法探讨 [J]. 南水北调与水利科技，14 (1)：50 - 53，83.
林三益，2001. 水文预报：第 2 版 [M]. 北京：中国水利水电出版社.
刘昌明，李道峰，田英，等，2003. 基于 DEM 的分布式水文模型在大尺度流域应用研究 [J]. 地理科学进展，22 (5)：437 - 445，541 - 542.
刘红年，张宁，吴润，等，2010. 水库对局地气候影响的数值模拟研究 [J]. 云南大学学报（自然科学版），32 (2)：171 - 176.
刘金平，张建云，2005. 中国水文预报技术的发展与展望 [J]. 水文，25 (6)：1 - 5，64.
刘伟，安伟，马金锋，2016. SWAT 模型径流模拟的校正与不确定性分析 [J]. 人民长江，47 (15)：30 - 35.
刘艳丽，梁国华，周惠成，2009. 水文模型不确定性分析的多准则似然判据 GLUE 方法 [J]. 四川大学学报（工程科学版），41 (4)：89 - 96.
龙江，李适宇，2007a. 有限元联解方法在珠江河口水动力研究中的应用 [J]. 海洋学报（中文版），29 (6)：10 - 14.
龙江，李适宇，2007b. 珠江河口水动力一维、二维联解的有限元计算方法 [J]. 水动力学研究与进展 A 辑，22 (4)：512 - 519.
吕玉麟，华秀菁，1996. 二维浅水域潮流数值模拟的 ADI - QUICK 格式 [J]. 水动力学研究与进展（A 辑），11 (1)：79 - 92.
任永建，洪国平，肖莺，等，2013. 长江流域上游气候变化的模拟评估及其未来 50 年情景预估 [J]. 长江流域资源与环境，22 (7)：894.
芮孝芳，2002. Muskingum 法及其分段连续演算的若干理论探讨 [J]. 水科学进展，13 (6)：682 - 688.
施勇，2006. 长江中下游水沙输运及其调控数学模型研究 [D]. 南京：河海大学.
时光训，丁明军，2016. 近 40a 来长江流域≥10℃积温的时空变化特征 [J]. 热带地理，36 (4)：682 - 691.
宋松柏，李扬，蔡明科，2012. 具有跳跃变异的非一致分布水文序列频率计算方法 [J]. 水利学报，43 (6)：734 - 739.

孙颖娜，2006. 随机汇流模型及基于随机理论确定 Nash 模型参数的研究 [D]. 南京：河海大学.
谭维炎，1998. 计算浅水动力学——有限体积法的应用 [M]. 北京：清华大学出版社.
谭维炎，胡四一，1992. 浅水流动的可压缩流数学模拟 [J]. 水科学进展，3 (1)：16-24.
谭维炎，胡四一，韩曾萃，等，1995. 钱塘江口涌潮的二维数值模拟 [J]. 水科学进展，6 (2)：83-93.
谭维炎，胡四一，王银堂，等，1996. 长江中游洞庭湖防洪系统水流模拟——建模思路和基本算法 [J]. 水科学进展，7 (4)：336-345.
谭维炎，施勇，1999. 浅水障碍绕流的数值模拟 [J]. 水科学进展，10 (4)：351-361.
谭维炎，1999. 浅水动力学的回顾和当代前沿问题 [J]. 水科学进展，10 (3)：296-303.
谭维炎，胡四一，1991. 二维浅水流动的一种普适的高性能格式——有限体积 Osher 格式 [J]. 水科学进展，2 (3)：154-161.
谭维炎，胡四一，1992. 二维浅水明流的一种二阶高性能算法 [J]. 水科学进展，3 (2)：89-95.
谭维炎，胡四一，1994. 浅水流动计算中一阶有限体积法 Osher 格式的实现 [J]. 水科学进展，5 (4)：262-270.
谭维炎，赵棣华，1984. 二维浅水渐变不恒定明流的有限元算法及程序包 [J]. 水利学报 (10)：1-13.
汪哲荪，金菊良，魏一鸣，等，2010. 加速遗传算法在马斯京根洪水演算模型参数估计中的应用 [J]. 地理科学，30 (6)：916-920.
王船海，程文辉，1987. 河道二维非恒定流计算 [J]. 河海大学学报 (自然科学版)，15 (3)：39-53.
王船海，程文辉，1991. 河道二维非恒定流场计算方法研究 [J]. 水利学报 (1)：10-18.
王德爠，2011. 计算水力学理论与应用 [M]. 北京：科学出版社.
王辉，项祖伟，陈晖，2006. 长江上游大型水利工程对三峡枯水径流影响分析 [J]. 人民长江，37 (12)：21-23.
韦直林，1990. 河道水流泥沙问题的一种有限元解法 [J]. 武汉水利电力学院学报，23 (6)：77-86.
吴时强，丁道扬，1992. 剖开算子法解具有自由表面的平面紊流速度场 [J]. 水利水运科学研究，1992 (1)：39-48.
吴时强，丁道扬，1997. 中间渠道内非恒定流数值模拟 [J]. 水利水运科学研究 (3)：219-227.
吴寿红，1985. 河网非恒定流四级解法 [J]. 水利学报 (8)：42-50.
夏军强，王光谦，2000. 剖面二维悬移质泥沙输移方程的分步解法 [J]. 长江科学院院报，17 (2)：14-17.
谢平，陈广才，夏军，2005. 变化环境下非一致性年径流序列的水文频率计算原理 [J]. 武汉大学学报 (工学版)，38 (6)：6-9.
谢平，陈广才，雷红富，2008. 变化环境下基于跳跃分析的水资源评价方法 [J]. 干旱区地理，31 (4)：588-593.
谢平，陈广才，雷红富，2009. 变化环境下基于趋势分析的水资源评价方法 [J]. 水力发电学报，25 (2)：14-19.
谢平，李析男，许斌，等，2013. 基于希尔伯特-黄变换的非一致性洪水频率计算方法——以大湟江口站为例 [J]. 自然灾害学报，22 (1)：85-93.
熊立华，郭生练，付小平，等，1996. 两参数月水量平衡模型的研制和应用 [J]. 水科学进展 (S1)：80-86.
徐小明，2001. 大型河网水力水质数值模拟方法 [D]. 南京：河海大学.
徐小明，张静怡，健丁，等，2000. 河网水力数值模拟的松弛迭代法及水位的可视化显示 [J]. 水文，20 (6)：1-4.
徐小明，何建京，汪德爠，2001a. 求解大型河网非恒定流的非线性方法 [J]. 水动力学研究与进展 (A 辑)，16 (1)：18-24.
徐小明，汪德爠，2001b. 大型线性代数方程组解法的探讨 [J]. 河海大学学报 (自然科学版)，29 (2)：

38 - 42.

徐小明，汪德爟，2001c. 河网水力数值模拟中 Newton - Raphson 法收敛性的证明 [J]. 水动力学研究与进展（A 辑），16（3）：319 - 324.

徐宗学，赵芳芳，2005. 黄河流域日照时数变化趋势分析 [J]. 资源科学，27（5）：153 - 159.

许继军，2007. 分布式水文模型在长江流域的应用研究 [D]. 北京：清华大学.

杨军军，高小红，李其江，等，2013. 湟水流域 SWAT 模型构建及参数不确定性分析 [J]. 水土保持研究，20（1）：82 - 88.

姚立军，宋益澄，张杰，等，2004. 广东大亚湾核电站海域水水边界的调和分析 [J]. 暨南大学学报（自然科学与医学版），25（3）：281 - 284.

姚琪，丁训静，郑孝宇，1991. 运河水网水量数学模型的研究和应用 [J]. 河海大学学报（自然科学版）（4）：9 - 17.

姚仕明，2006. 三峡葛洲坝通航水流数值模拟及航运调度系统研究 [D]. 北京：清华大学.

叶长青，陈晓宏，张家鸣，等，2013. 具有趋势变异的非一致性东江流域洪水序列频率计算研究 [J]. 自然资源学报，28（12）：2105 - 2116.

叶长青，陈晓宏，张家鸣，等，2014. 不同变化环境背景下非平稳性洪水频率对比研究 [J]. 水力发电学报，33（3）：1 - 9.

俞烜，冯琳，严登华，等，2008. 雅砻江流域分布式水文模型开发研究 [J]. 水文，28（3）：49 - 53.

詹士昌，徐婕，2005. 蚁群算法在马斯京根模型参数估计中的应用 [J]. 自然灾害学报，14（5）：20 - 24.

张二骏，张东生，李挺，1982. 河网非恒定流的三级联合解法 [J]. 华东水利学院学报（1）：1 - 13.

张洪刚，郭生练，刘攀，等，2005. 基于贝叶斯方法的实时洪水校正模型 [J]. 武汉大学学报（工学版），38（1）：58 - 63.

张建云，2010. 中国水文预报技术发展的回顾与思考 [J]. 水科学进展，21（4）：435 - 443.

张莉，徐小明，刘松涛，2008. 平面二维明渠非恒定流的数学模型 [J]. 水电能源科学，26（6）：69 - 72.

张铭，李承军，张勇传，2009. 贝叶斯概率水文预报系统在中长期径流预报中的应用 [J]. 水科学进展，20（1）：40 - 44.

张小峰，许全喜，裴莹，2001. 流域产流产沙 BP 网络预报模型的初步研究 [J]. 水科学进展，12（1）：17 - 22.

赵超，2010. 基于抗差算法的马斯京根参数估计（英文）[J]. 中国科学院研究生院学报，27（4）：556 - 562.

赵人俊，1984. 流域水文模拟：新安江模型与陕北模型 [M]. 北京：水利电力出版社.

中共中央国务院，2006. 国家中长期科学和技术发展规划纲要（2006—2020 年）[Z]. 2006 - 2 - 6.

中华人民共和国水利部，中华人民共和国国家统计局，2013. 第一次全国水利普查公报 [M]. 北京：中国水利水电出版社.

周建军，林秉南，王连祥，1991. 河道平面二维水流数值计算 [J]. 水利学报（5）：8 - 18.

DRONKERS J J，韩曾萃，周潮生，1973. 河流、近海区和外海的潮汐计算 [J]. 水利水运科技情报（S5）：24 - 67.

AARON B，JAMES S F，JEFFREY P W，et al，2003. Impact of bias correction to reanalysis products on simulations of North American soil moisture and hydrological fluxes [J]. Journal of Geophysical Research，108（D16）：ACL 2 - 1 - ACL 2 - 15.

AKAIKE H，1974. A new look at the statistical model identification [J]. IEEE Transactions on Automatic Control，19（6）：716 - 723.

ALILAY，MTIRAOUI A，2002. Implications of heterogeneous flood - frequency distributions on traditional stream - discharge prediction techniques [J]. Hydrological Processes, 16 (5): 1065 - 1084.

ARNOLD J G, SRINIVASAN R, RAMANARAYANAN T S, et al, 1999. Water resources of the Texas Gulf Basin [J]. Water Science and Technology, 39 (3): 121 - 133.

CANNON A J, 2010. A flexible nonlinear modelling framework for nonstationary generalized extreme value analysis in hydroclimatology [J]. Hydrological Processes, 24: 673 - 685.

CHRISTENSEN N S, WOOD A W, VOISIN N, et al, 2004. The effects of climate change on the hydrology and water resources of the Colorado River basin [J]. Climatic Change, 62 (1 - 3): 337 - 363.

COLES S, 2001. An introduction to statistical modelling of extreme values [M]. London: Springer.

COOLEY D, 2013. Return periods and return levels under climate change [M]. In: AghaKouchak A, Easterling D, Hsu K, et al. (eds.), Extremes in a changing climate. Springer, Dordrecht, Netherlands.

CUNGE J A, 1975. Two - Dimension Modeling of Flooding Plains [M]. Unsteady Flow in Open Channels. Mahmood K, Yevjevich V, USA: Water Resources Publications.

DAVISON A C, HINKLEY D V, 1997. Bootstrap methods and their application [M]. Cambridge University Press, UK.

DU T, XIONG L H, XU C Y, et al, 2015. Return period and risk analysis of nonstationary low - flow series under climate change [J]. Journal of Hydrology, 527: 234 - 250.

EFRON B, 1979. Bootstrap methods: another look at the jackknife [J]. Annals of Statistics, 7 (1): 1 - 26.

EFRON B, TIBSHIRANI R J, 1979. An introduction to the bootstrap [M]. New York: Chapman&Hall, 1993.

FREAD D L, 1973. Technique for Implicit Dynamic Routing in Rivers with Tributaries [J]. Water Resources Research, 9 (4): 918 - 926.

GILROY K L, MCCUEN R H, 2012. A non - stationary flood frequency analysis method to adjust for future climate change and urbanization [J]. Journal of Hydrology, 414: 40 - 48.

GOOVAERTS P, 2000. Geostatistical Approaches for Incorporating Elevation into the Spatial Interpolation of Rainfall [J]. Journal of Hydrology, 228 (1): 113 - 129.

GUO J, ZHOU J, ZOU Q, et al, 2013. A novel multi - Objective shuffled complex differential evolution algorithm with application to hydrological model parameter optimization [J]. Water Resources Management, 27 (8): 2923 - 2946.

HUANG X, LONG M A, LIU T X, et al, 2016. Temperature mutation and globe warming stagnate study in typical area of Yellow River basin in recently 60 years [J]. China Environmental Science.

IPCC, 2013. Climate Change 2013: The physical science basis, contribution of working group I to the fifth assessment report of the Intergovernmental Panel on Climate Change [M]. Cambridge: Cambridge University Press.

KATZ R W, 2013. Statistical methods for non - stationary extremes [M]. In: AghaKouchak A, Easterling D, Hsu K, et al. (Eds.), Extremes in a changing climate. Springer, Dordrecht, Netherlands.

KATZ R W, PARLANG M B, NAVEAU P, 2002. Statistics of extremes in hydrology [J]. Advances in Water Resources, 25 (8): 1287 - 1304.

KHALIQ M N, OUARDA T B M J, ONDO J C, et al, 2006. Frequency analysis of a sequence of dependent and/or non - stationary hydro - meteorological observations: a review [J]. Journal of Hydrology, 329 (3): 534 - 552.

KHARIN V V, ZWIERS F W, 2005. Estimating extremes in transient climate change simulations [J]. Journal of Climate, 18 (8): 1156 - 1173.

KYSELÝ J, 2008. A cautionary note on the use of nonparametric bootstrap for estimating uncertainties in extreme - value models [J]. Journal of Applied Meteorology and Climatology, 47 (12): 3236 - 3251.

KHOI D N, THOM V T, 2015. Parameter uncertainty analysis for simulating streamflow in a river catchment of Vietnam [J]. Global Ecology and Conservation, 2015 (4): 538 - 548.

LINSLEY K R, CRAWFORD H N, 1960. Computation of a synthetic streamflow record on a digital computer [J]. Surface Water, Proceeding of the Helsinki Symposium, 51: 526 - 538.

LIU J, SHANGUAN D, LIU S, et al, 2018. Evaluation and hydrological simulation of CMADS and CFSR reanalysis datasets in the Qinghai - Tibet Plateau [J]. WATER - SUI, 10 (4): 513.

MCCUEN R H, 1982. A Guide to Hydrologic Analysis Using SGS Methods [M]. London: Prentice - Hall.

MORIASI D N, ARNOLD J G, LIEW M W V, et al, 2007. Model Evaluation Guidelines for Systematic Quantification of Accuracy in Watershed Simulations [J]. Transactions of the Asabe, 50 (3): 885 - 900.

OBEYSEKERA J, SALAS J, 2014. Quantifying the uncertainty of design floods under nonstationary conditions [J]. Journal of Hydrologic Engineering, 19 (7): 1438 - 1446.

PARAJULI P B, NELSON N O, FREES L D, et al, 2009. Comparison of AnnAGNPS and SWAT model simulation results in USDA - CEAP agricultural watersheds in south - central Kansas [J]. Hydrological Processes, 23 (5): 748 - 763.

PAREY S, HOANG T T H, Dacunha - Castelle D, 2010. Different ways to compute temperature return levels in the climate change context [J]. Environmetrics, 21: 698 - 718.

PAREY S, MALEK F, LAURENT C, et al, 2007. Trends and climate evolution: statistical approach for very high temperatures in France [J]. Climatic Change, 81 (3 - 4): 331 - 352.

POFF L R, ALLAN J D, BAIN M B, et al, 1997. The natural flow regime [J]. BioScience, 47 (11): 769 - 784.

READ L K, VOGEL R M, 2015. Reliability, return periods, and risk under nonstationarity [J]. Water Resources Research, 51 (8): 6381 - 6398.

RIGBY R A, STASINOPOULOS D M, 2005. Generalized additive models for location, scale and shape [J]. Journal of the Royal Statistical Society: Series C (Applied Statistics), 54: 507 - 554.

ROOTZÉN H, KATZ R W, 2013. Design life level: Quantifying risk in a changing climate [J]. Water Resources Research, 49: 5964 - 5972.

SALAS J D, OBEYSEKERA J, 2014. Revisiting the concepts of return period and risk for non - stationary hydrologic extreme events [J]. Journal of Hydrologic Engineering, 19: 554 - 568.

SCHOMBERG J D, HOST G, JOHNSON L B, et al, 2005. Evaluating the influence of landform, surficial geology, and land use on streams using hydrologic simulation modeling [J]. Aquatic Sciences, 67 (4): 528 - 540.

SELLAMI H, LA JEUNESSE I, BENABDALLAH S, et al, 2013. Parameter and rating curve uncertainty propagation analysis of the SWAT model for two small Mediterranean catchments [J]. Hydrological Sciences Journal, 58 (8): 1635 - 1657.

SERINALDI F, KILSBY C G, 2015. Stationarity is undead: Uncertainty dominates the distribution of extremes [J]. Advances in Water Resources, 77: 17 - 36.

SHEFFIELD J, ZIEGLER A D, WOOD E F, et al, 2004. Correction of the high - latitude rain day anomaly in the NCEP - NCAR reanalysis for land surface hydrological modeling [J]. Journal of Climate, 17 (19): 3814 - 3828.

SINGH K P, SINCLAIR R A, 1972. Two - distribution method for flood frequency analysis [J]. Journal of Hydraulics Division, 98 (1): 29 - 44.

SPRUILL C A, WORKMAN S R, TARABA J L, 2000. Simulation of daily and monthly stream discharge from small watersheds using the SWAT model [J]. Transactions of the ASAE. American Society of Agricultural Engineers, 43 (6): 1431 - 1439.

STONE M C, HOTCHKISS R H, Hubbard C M, et al, 2010. Impacts of Climate Change On Missouri River Basin Water Yield [J]. Jawra Journal of the American Water Resources Association, 37 (5): 1119 - 1129.

STRUPCZEWSKI W G, KACZMAREK Z, 2001a. Non - stationary approach to at - site flood frequency modelling Ⅱ. Weighted least squares estimation [J]. Journal of Hydrology, 248 (1 - 4): 143 - 151.

STRUPCZEWSKI W G, SINGH V P, FELUCH W, 2001b. Non - stationary approach to at - site flood frequency modelling Ⅰ. Maximum likelihood estimation [J]. Journal of Hydrology, 248 (1 - 4): 123 - 142.

STRUPCZEWSKI W G, SINGH V P, MITOSEK H T, 2001c. Non - stationary approach to at - site flood frequency modelling Ⅲ. Flood analysis of Polish rivers [J]. Journal of Hydrology, 248 (1 - 4): 152 - 167.

SUGAWAR A M, WATANABE I, OZAKI E, et al, 1984. Tank Model with Snow Component [R]. Japan: NRC for Disaster Prevention Science and Technology Agency.

VICENTE - SERRANO S, SAZ - SáNCHEZ MA, CUADRAT J, 2003. Comparative analysis of interpolation methods in the middle Ebro Valley (Spain): application to annual precipitation and temperature [J]. Climate Research, 24 (2): 161 - 180.

VILLARINI G, SMITH J A, NAPOLITANO F, 2010. Nonstationary modeling of a long record of rainfall and temperature over Rome [J]. Advances in Water Resources, 33 (10): 1256 - 1267.

VILLARINI G, SMITH J A, SERINALDI F, et al, 2009. Flood frequency analysis for nonstationary annual peak records in an urban drainage basin [J]. Advance in Water Resource, 32: 1255 - 1266.

VILLARINI G, SMITH J A, SERINALDI F, et al, 2012. Analyses of extreme flooding in Austria over the period 1951 - 2006 [J]. International Journal of Climatology, 32 (8): 1178 - 1192.

WIGLEY T M L, 1988. The effect of climate change on the frequency of absolute extreme events [J]. Climate Monitoring, 17 (1 - 2): 44 - 55.

WIGLEY T M L, 2009. The effect of changing climate on the frequency of absolute extreme events [J]. Climatic Change, 97 (1 - 2): 67 - 76.

YANG J, REICHERT P, ABBASPOUR K C, et al, 2007. Hydrological modelling of the Chaohe Basin in China: Statistical model formulation and Bayesian inference [J]. Journal of Hydrology, 340 (3): 167 - 182.

YUE S, PILON P, CAVADIAS G, 2002. Power of the Mann - Kendall and Spearman's Rho Tests for detecting monotonic trends in hydrological series [J]. Journal of Hydrology, 259 (1): 254 - 271.

ZAMANI R, MIRABBASI R, ABDOLLAHI S, et al, 2016. Streamflow trend analysis by considering autocorrelation structure, long - term persistence, and Hurst coefficient in a semi - arid region of Iran [J]. Theoretical & Applied Climatology, 129 (1 - 2): 1 - 13.

ZHANG N, HE H M, ZHANG S F, et al, 2012. Influence of reservoir operation in the upper reaches of the Yangtze River (China) on the inflow and outflow regime of the TGR - based on the improved SWAT model [J]. Water Resources Management, 26 (3): 691 - 705.

ZHAO F, WU Y, QIU L, et al, 2018. Parameter uncertainty analysis of the SWAT model in a Mountain - Loess transitional watershed on the Chinese Loess Plateau [J]. WATER - SUI, 10 (6): 690.